# "十三五"普通高等教育本科系列教材

普通高等教育"十一五"国家级规划教材
PUTONG GAODENG JIAOYU SHIYIWU GUOJIAJI GUIHUA JIAOCAI

（第三版）

# 安装工程定额与预算

主　编　吕金全　邵兰云

副主编　朱兆亮　张　莹　吕翠英

编　写　管锡珺　陈冬辰　曹银妹　乔廷乐　陈志华

主　审　张林华　刘乃玲　崔　萍

U0246567

• 微信扫码，关注，阅览本书配套知识拓展内容。

中国电力出版社
CHINA ELECTRIC POWER PRESS

## 内 容 提 要

本书为"十三五"普通高等教育本科系列教材，曾被评为"十一五"国家级规划教材。

本书依据 GB 50500—2013《建设工程工程量清单计价规范》、GB 50856—2013《通用安装工程工程量计算规范》、TY 02-31—2015《通用安装工程消耗量定额》、SD 02-31—2016《山东省安装工程消耗量定额》，以及《山东省建设工程费用项目组成及计算规则》《建筑业营改增建设工程计价依据调整实施意见》等计价文件，结合编者多年工程造价教学、实践和科研成果编制而成。

全书主要内容包括安装工程概预算，工程定额的种类及计价依据，山东省建设工程费用项目组成及计算规则，安装工程识图基础，机械设备安装工程施工图预算的编制，电气设备安装工程施工图预算的编制，工业管道安装工程施工图预算的编制，给排水、采暖、燃气安装工程施工图预算的编制，消防工程施工图预算的编制，通风空调工程施工图预算的编制，刷油、防腐蚀、绝热工程施工图预算的编制，安装工程工程量清单计价等。书中列举了许多水、电、暖等安装专业例题，突出实用性；对同一实例还分别用定额计价法和工程量清单计价法分别进行计价，以便掌握定额计价与工程量清单计价的区别与联系。

本书主要作为普通高等院校工程造价、工程管理及安装工程相关专业教材，也可供从事安装工程造价管理相关工作的专业技术、管理人员学习参考。

**图书在版编目(CIP)数据**

安装工程定额与预算/吕金全，邵兰云主编. —3 版. —北京：中国电力出版社，2019.1（2022.12 重印）
"十三五"普通高等教育本科规划教材
普通高等教育"十一五"国家级规划教材
ISBN 978-7-5198-2467-9

Ⅰ.①安…　Ⅱ.①吕…　②邵…　Ⅲ.①建筑安装-建筑预算定额-高等学校-教材　Ⅳ.①TU723.34

中国版本图书馆 CIP 数据核字（2018）第 223955 号

---

出版发行：中国电力出版社
地　　址：北京市东城区北京站西街 19 号（邮政编码 100005）
网　　址：http://www.cepp.sgcc.com.cn
责任编辑：熊荣华（010-63412543　124372496@qq.com）
责任校对：王小鹏
装帧设计：张俊霞
责任印制：钱兴根

---

印　　刷：北京雁林吉兆印刷有限公司
版　　次：2004 年 3 月第一版　2019 年 1 月第三版
印　　次：2022 年 12 月北京第二十八次印刷
开　　本：787 毫米×1092 毫米　16 开本
印　　张：23.75
字　　数：585 千字
定　　价：**60.00 元**

# 前　言

随着建设工程造价领域新规范、新定额、新文件相继颁布实施，尤其是国家标准 GB 50500—2013《建设工程工程量清单计价规范》、GB 50856—2013《通用安装工程工程量计算规范》、TY02-31—2015《通用安装工程消耗量定额》，以及财政部、国家税务总局《关于全面推开营业税改征增值税试点的通知》（财税〔2016〕36 号）、山东省住房和城乡建设厅发布的 SD 02-31—2016《山东省安装工程消耗量定额》、《山东省建设工程费用项目组成及计算规则》（鲁建标字〔2016〕39、40 号）、《建筑业营改增建设工程计价依据调整实施意见》（鲁建办字〔2016〕20 号）等的颁布实施，原教材内容已不适应现行工程预算要求，因此我们组织了具有丰富工程预算教学实践的教授、专家，对教材进行了修订，编写了《安装工程定额与预算》（第 3 版）。

工程预算是一门实践性很强的专业课程，为此，本书列举了许多水、电、暖等安装专业例题，在不失理论性与系统性的前提下，突出实用性，对同一预算实例分别用定额计价法（工料单价法）和工程量清单计价法（综合单价法）进行计价，以便更加清楚定额计价与工程量清单计价的区别与联系。另外还增加了最近几年普遍采用的新工艺和新材料。

本书主要作为工程造价、工程管理专业及安装工程相关专业本专科教学用书，以及从事安装工程造价管理专业技术人员的学习参考用书，也可作为高职院校、函授教育教材。

工程造价的编制方法既具有通用性又具有一定的地区性。本书所举例题是参照 2018 年 6 月前，国家及山东省颁布的标准、规范、定额等有关文件编制的，各地区在编制相关工程造价文件时，应掌握本地区相关定额、计算程序、工程费用的划分、取费标准等有关规定。另外，由于定额具有时效性，每年新的文件都会出现，如取费程序、取费内容、费率等都可能出现变化，教材无法跟上变化，各位教师在授课时要给学生补充。

本书第三版由山东建筑大学吕金全、邵兰云主编，朱兆亮、张莹、吕翠英副主编。其中吕金全编写了第三、第七、第九、第十、第十三、第十四章等内容，邵兰云编写第六章，朱兆亮编写第一、第二、第八章，乔廷乐编写第四、第五章等内容，张莹编写第十一、第十二章等内容，吕翠英参编第九、第十、第十四章等内容。感谢张秀德、管锡珺、陈冬辰、曹银妹、陈志华等为前两版所做的工作！

本书由山东建筑大学张林华、刘乃玲、崔萍教授主审。

由于编者水平有限，加之时间仓促，书中难免有错误和不足之处，敬请读者批评指正。

编　者

2018 年 6 月

# 第一版前言

众所周知,工程造价管理是基本建设管理的重要组成部分。合理确定和有效地控制工程造价,最大限度地提高投资效益,是工程建设管理的核心问题。为了向国际惯例靠拢,我国目前正在进行工程造价计价方式的改革,以求体现工程、市场、企业等各种因素的影响,逐步建立与完善"政府宏观调控,统一计价规则,企业自主报价,市场形成价格"的工程造价运行机制,由原来传统的施工图预结算的计价方式(工料单价法)改为施工图预结算和工程量清单计价(综合单价法)并存的计价方式。

本书重点介绍施工图预结算的编制方法,并对《建设工程工程量清单计价规范》作一简单介绍。

由于部分省、自治区、直辖市将量价合一的预算(综合)定额改为量价分离的消耗量定额,故本书将分别介绍其内容和作用。

工程预算是一门实践性很强的专业课程,为此,本书列举了较多的安装专业例题,在不失理论性与系统性的前提下,重点强调了实用性。该书主要作为工程造价专业及相关专业本、专科教学用书和从事安装工程造价管理专业技术人员的学习参考用书。

本书主要依据建设部 2000 年《全国统一安装工程预算定额》、2003 年《建设工程工程量清单计价规范》和部分省市颁布施行的《安装工程消耗量定额》及价目表、现行有关建设工程最新文件进行编制的。

工程造价具有很强的地区性,本书所举例题是参照山东省、山西省地区定额及有关文件编制的,仅作为参考,各地区在编制施工图概预算时,必须掌握本地区相关定额、计算程序、工程费用的划分、取费标准及补充定额等有关规定。

本书由山东建筑工程学院张秀德、青岛建筑工程学院管锡珺任主编,山东建筑工程学院陈冬辰、青岛建筑工程学院曹银妹任副主编。其中张秀德编写第一、二、三、四、七、十、十二、十三、十五章等内容。管锡珺编写第六章电气例题、第十四章市政工程例题等内容。陈冬辰编写第八、九、十六章等内容。第九章气体灭火例题由山东建筑工程学院吕金全编写。山东建筑工程学院陈彬剑编写第十一章。山西大学陈志华编写第五章。青岛建筑工程学院马升平编写第六章、第九章安全防范基础及例题。青岛建筑工程学院孙立编写第十四章市政给水、市政燃气工程等内容。青岛建筑工程学院涂健成编写第十四章市政排水、市政供热等内容。

由于编者水平所限,加之时间仓促,书中难免有错误和不足之处,敬请读者批评指正。

编　者

2004 年 3 月

# 第二版前言

工程造价管理是基本建设管理的重要组成部分。合理确定和有效地控制工程造价，最大限度地提高投资效益，是工程建设管理的核心问题。为了向国际惯例靠拢，我国目前正在进行工程造价计价方式的改革，以求体现工程、市场、企业等各种因素的影响，逐步建立与完善"政府宏观调控，统一计价规则，企业自主报价，市场形成价格"的工程造价运行机制。由原来传统的施工图预结算的计价方式（工料单价法）改为施工图预结算和工程量清单计价（综合单价法）并存的计价方式。

由于部分省、自治区、直辖市将量价合一的预算（综合）定额改为量价分离的消耗量定额，故本书将分别介绍其内容和作用。

工程预算是一门实践性很强的专业课程，为此，本书列举了较多的安装专业例题，在不失理论性与系统性的前提下，重点强调了实用性。该书主要作为工程造价专业及相关专业本、专科教学用书和从事安装工程造价管理专业技术人员的学习参考用书。

本书主要依据建设部 2000 年《全国统一安装工程预算定额》、2008 年《建设工程工程量清单计价规范》、2003 年部分省市颁布施行的《安装工程消耗量定额》及最新价目表、现行有关建设工程最新文件进行编制的。

工程造价具有很强的地区性，本书所举例题是参照山东省地区定额及有关文件编制的，仅作为参考，各地区在编制施工图概预算时，必须掌握本地区相关定额，计算程序、工程费用的划分、取费标准及补充定额等有关规定，另外，由于定额具有时效性，每年新的文件都会出现，像取费程序、取费内容、费率等都可能出现变化，因此教材无法跟上变化，各位教师在授课时主要给学生讲授一种方法。

考虑到近几年有关部门出台了不少相关的定额解释，本书一并编到教材里面，供大家学习使用。

本书由山东建筑大学张秀德、青岛理工大学管锡珺、山东建筑大学吕金全主编，山东建筑大学陈冬辰、青岛理工大学曹银妹副主编。其中张秀德编写第一章、山东建筑大学陈明九编写第二章、山东贝利工程咨询有限公司张莹编写第三章、第四章，第六章电气例题由协和职业技术学院殷宪花编写，山西大学陈志华编写第五章。青岛理工大学马升平编写第六章前三节、山东贝利工程咨询公司乔廷乐编写第七章、第十二章四、五节，陈冬辰编写第八章，山东凯文学院赵新编写第九章前三节内容，吕金全编写第九章气体灭火例题及第十章内容，山东轻工设计院崔建编写第九章安全防范基础及例题，山东凯文学院张璐编写地暖例题，山东建筑大学陈彬剑编写第十一章，山东建设厅执业资格注册中心梁泽庆编写第十二章前三节，山东建设厅执业资格注册中心刘为公编写第十三章等内容。

本书由山东建筑大学张林华、曲云霞教授主审。

限于编者水平，加之时间仓促，书中难免有疏漏和不足之处，敬请读者批评指正。

编　者

2009 年 12 月

# 目　　录

# 第一章　安装工程概预算

## 第一节　概预算的性质和作用

安装工程概预算是安装工程各阶段设计、施工的全部造价，是设计、施工文件的组成部分，也是基本建设管理工作的重要环节。

安装工程概预算不仅是计算基本建设项目的全部费用，而且是对全部基本建设投资进行筹措、分配、管理、控制和监督的重要依据。其主要作用如下。

1. 是编制基本建设计划的依据

国家确定基本建设投资的规模和投资方向，对国民经济各部门进行投资分配，各基本建设项目的年度计划投资额也是根据设计概预算来确定的，没有批准的设计概预算，不得列入年度基建计划。

2. 是衡量设计方案是否经济合理的依据

要衡量建设项目的设计方案是否经济合理，必须依据基本建设预算。因为基本建设预算是基本建设工程经济价值的货币表现，也就是基本建设产品的价格。设计人员在扩大初步设计阶段，对选择理想的设计方案，进行技术经济指标的分析对比，确定一个经济合理的设计方案。

3. 是基本建设投资拨款和工程价款结算的依据

基本建设概（预）算是控制基本建设投资的依据。根据设计概（预）算控制建设项目和单位工程的投资；根据工程进度结算工程价款。如果没有较大的设计变更和材料设备价差调整，建设项目和单位工程的拨款，不得超过设计概（预）算。

4. 是施工单位加强内部经济核算的依据

施工企业根据会审后的施工图纸、施工图预算、施工组织设计、施工定额等编制施工预算，具体计算出单位工程（或分部分项）施工所需的材料、人工、施工机械台班数量。按照施工预算组织施工，降低工程成本。

## 第二节　基本建设预算的种类

目前基本建设预算主要分为投资估算、设计概算、施工图预算、施工预算、工程结算和竣工决算。

### 一、投资估算

投资估算一般主要是根据设计功能、规模、生产能力等因素来确定。设计单位在草图或初步设计阶段用这种方法估算基本建设投资。投资估算也是国家审批确定基本建设投资计划的重要文件。它的编制依据主要是：估算指标、估算手册或类似工程的预（决）算资料等。

### 二、设计概算

设计概算是设计文件的重要组成部分，是确定基本建设项目投资，实行基本建设大包干的重要文件，是编制年度基本建设计划，控制建设项目拨款和施工图预算，考核基本建设成本的依据，也是衡量设计是否经济合理的基本文件。

设计概算是设计部门在扩大初步设计阶段根据设计图纸、设计说明书、概算定额、经济指标、用定额（或取费标准）等资料进行编制的。

### 三、施工图预算

施工图预算是计算单位工程或分部分项工程费用的文件。一般由施工单位编制，经建设单位审定。经审定后的施工图预算，是建设单位向施工单位拨付工程价款和施工单位与建设单位进行工程结算和竣工结算的重要依据之一；是施工单位实行成本核算、降低工程成本、考核材料、人工和施工机械台班消耗数量的依据；也是施工单位编制施工计划和统计工作的依据。

施工图预算编制的依据是：施工图纸、地区安装工程消耗量定额、地区安装工程价目表、地区发布的材料预算价格信息、费用计算规则、施工及验收规范、标准图集、施工组织设计或设计方案。

### 四、施工预算

施工预算是施工单位根据施工图纸、施工定额、施工及验收规范、标准图集、施工组织设计（或施工方案）编制的单位工程（或分部分项工程）施工所需的人工、材料和施工机械台班数量；是施工企业内部文件，是单位工程（或分部分项工程）施工所需的人工、材料和施工机械台班消耗数量的标准。

施工预算的主要作用是控制班（组）单位工程（或分部分项工程）施工所消耗的材料、人工和施工机械台班数量，降低工程成本。因此，施工预算是施工企业加强经营管理，提高经济效益，降低工程成本的重要手段。

工程竣工验收合格后，施工单位都要进行两算对比，即施工图预算和施工预算进行对比，对比的结果，施工预算的人工、材料、机械的消耗乘上实际发的工资标准变成实际人工费，实际消耗的材料工程量乘上实际购买材料的价格，变成工程实际材料。

### 五、工程结算

工程结算由施工单位来编制。由于建筑安装产品施工周期长，投资大，不像一般商品可以一手交钱一手交货，建筑安装产品只有工程完工，竣工验收合格才能交付建设单位使用。对于工程建设周期较长的工程，建设单位不可能在工程开工前一次性将工程款拨付施工单位，施工单位在施工准备阶段和施工过程中的用款应由建设单位预支，预付款的多少，一般根据工程设计概算、施工图预算和施工进度及合同中的约定等确定。一般约占整个工程款的15%～20%左右。此款作为施工单位购买材料、构件、零配件、部件的款项和临时设施的搭建以及未完工程的流动资金，工程预付款是合同的主要条款之一。

按国家现阶段有关规定，建筑安装业工程的结算方法有两种：

（1）定期结算，即每月末按已完工程进度结算一次，工程完工后办理完工结算（竣工结算）。其形式有，可以旬末预支、月终结算、完（竣）工后一次结算；也可以月中预支、月终结算、完（竣）工后一次结算。跨年度工程年终盘点工程情况，办理年终结算。

如某高层建筑因各种原因前后共干了六年，施工队报结算时按最后一年的相关文件及定额做，这时的人工、材料、机械价格变化很大，所以审计部门将其退回重做，按当年完成的工程量、相关定额及文件结算。

（2）竣工结算，也称为完工结算，承包方待单位工程完工后，经有关部门验收合格，即可与业主办理竣工结算，结清财务费用。

竣工结算，用审定的施工图预算或用工程承包价（采用工程量清单报价投标中标的中标价）作为结算依据，将施工过程中发生的工程变更签证、有关经济签证，以及材料价差调整等产生的费用（采用工程量清单结算的工程，综合单价一般不变），作增减调整，结清工程价款财务手续工作。

**六、竣工决算**

单位工程竣工后进行竣工决算。竣工决算由业主委托有相应资质的专家编制。工程决算的工程费用就是建筑安装工程的实际成本（实际造价），是建设单位确定固定资产的唯一根据，也是反映工作项目投资效果的文件。

国家规定：所有竣工验收的建设项目或单项工程在办理验收手续之前，应认真清理所有财产和物资，编好竣工决算，分析预（概）算执行情况，考核投资效果，报上级主管部门审查。

竣工决算必须报给国家批准的有关单位审计，严格按照批准的投资估算或设计概算，对国家的投资负责，参照国家制定的有关定额标准、工程量计算方法、取费标准及有关文件精神严格审查工程决算。

基本建设程序与概预算的对应关系如图 1-1 所示。

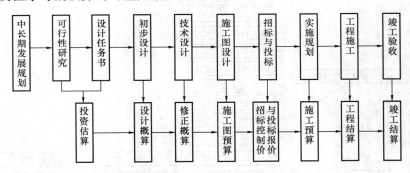

图 1-1 基本建设程序与概预算的对应关系

# 第二章　工程定额的种类及计价依据

## 第一节　定 额 的 种 类

工程定额使用的定额种类繁多，其内容和形式是根据生产建设的需要而制定的。因此，不同的定额及其在使用中的作用也不尽相同，现将各种定额作如下分类，如图 2-1 所示。

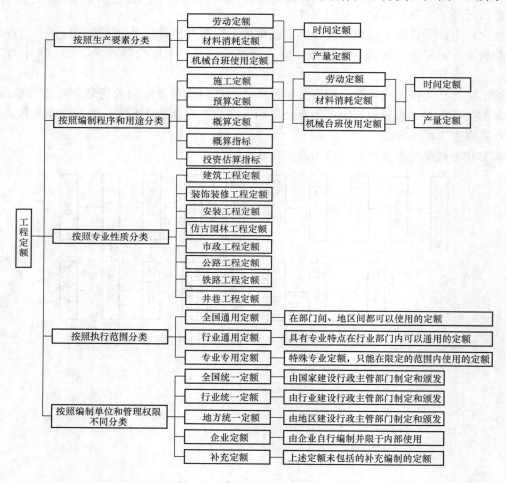

图 2-1　建设工程定额分类图

全国统一定额：是综合全国工程建设的生产技术和施工组织的一般情况拟定的，是在全国范围内执行的定额。如 1977 年编制的《通用设备安装工程预算定额》9 册；1986 年编制的《全国统一设备安装工程预算定额》15 册；2000 年编制的《全国统一安装工程预算定额》12 册。

地区定额：考虑到各地区不同情况，由于生产技术和施工组织的一般情况不尽相同，参照统一定额水平编制，在规定的地区执行。各地区不同的气候条件、物质技术条件、地方资源条件和运输条件等，对定额水平和内容的影响，是拟订地方定额的客观依据之一，如2003年颁发的《山东省安装工程消耗量定额》。

企业定额：由企业编制，在企业内部范围执行（如冶金企业定额、油田企业定额等），其编制是以统一定额和地方定额为依据，个别企业也可以根据企业实际情况对定额水平进行修订，但需要相关机构批准。

上述各种定额，是为适应不同要求和内容而编制的，其表现的内容只是反映工程建设劳动消耗的某个方面。因此，使用时要注意协调，互相配合。为此，我们应把各种工程定额看作一个整体，同时，也应使其保持每一种定额的相对独立性，这样才能深入研究。

工程定额的作用、范围，涉及工程建设工作的各个方面，无论是生产、分配计划、财会工作，都以定额作为一个参考，因此，工程定额在工程建设的组织管理中，占有极为重要的意义。

## 第二节　建设工程计价依据

建设工程造价计价依据是指用来合理确定和有效控制建设工程造价的标准。建设工程计价依据包括下列内容：

（1）投资估算指标、概算指标；

（2）概算定额、预算定额、消耗量定额、费用定额、工期定额、劳动定额、施工机械台班费用定额；

（3）工程量清单计价规范（规则）、工程量计算规范；

（4）人工、材料、设备和施工机械台班工程价格；

（5）国家和省规定的其他计价依据。

建设工程造价计价依据分为统一计价依据、行业计价依据和一次性补充计价依据。本节主要介绍《山东省安装工程消耗量定额》。

2003年发布实施的《山东省安装工程消耗量定额》（以下简称03定额）在合理确定和有效控制工程造价，维护工程建设各方的合法权益方面起到了重要作用，但随着新技术、新工艺、新材料、新设备等不断出现，相关技术标准、规程等也全面更新，已不能满足现阶段工程计价的需要，需进行全面修订。

工程造价行业"十三五"规划明确提出，到2020年，健全市场决定工程造价机制，建立统一的计价规则。按照简明适用、传承和扬弃相结合的原则，对定额进行全面修编，并与工程量清单计价紧密衔接，构建统一完整的工程计价体系。依据《山东省工程造价管理办法》和建设部《建设工程定额管理办法》规定的定额管理职能，具体由山东省工程建设标准定额站负责组织《山东省安装工程消耗量定额》的全面修订工作。自2014年1月启动编制工作以来，在各位编制人员共同努力下，历经准备、编制初稿、征求意见、审查、发布五个阶段，《山东省安装工程消耗量定额》（SD 02-31—2016，以下简称16定额）于2016年11月11日，经山东省住房和城乡建设厅批准发布。

### 一、消耗量定额的主要内容

《山东省安装工程消耗量定额》分12册，共18 000个定额子目。具体包括：

第一册　　机械设备安装工程
第二册　　热力设备安装工程
第三册　　静置设备与工艺金属结构制作安装工程
第四册　　电气设备安装工程
第五册　　建筑智能化工程
第六册　　自动化控制仪表安装工程
第七册　　通风空调工程
第八册　　工业管道工程
第九册　　消防工程
第十册　　给排水、采暖、燃气工程
第十一册　　通信设备及线路工程
第十二册　　刷油、防腐蚀、绝热工程

**二、定额结构形式**

本定额由总说明、册说明、目录、各章说明及工程量计算规则、定额消耗量表和附录组成。

1. 总说明

总说明主要包括定额主要内容、适用范围、编制依据、主要问题的确定、共性问题等。

2. 册说明

册说明主要包括本册主要内容、适用范围、编制依据、与其他册界限、本册主要共性问题的说明等。

3. 各章说明及工程量计算规则

这主要包括本章主要内容、适用范围、定额适用条件、使用注意事项等，以及工程量计算规则及注意事项。

4. 定额消耗量表

定额消耗量表包括项目名称、定额编号、工作内容、计量单位，以及各类消耗量的名称、规格、数量等。

5. 附录

附录主要包括定额消耗量取定的主要参数，如主要材料损耗率表、管件数量取定表，以及工程量计算参考数据等。其结构形式见表2-1。

表 2-1　　　　　　　　　　室内塑料给水管（热熔连接）

工作内容：切管、组对、预热、熔接，管道及管件安装，水压试验及水冲洗。　　　计量单位：10m

| 定额编号 | | | 10-1-323 | 10-1-324 | 10-1-325 | 10-1-326 | 10-1-327 | 10-1-328 |
|---|---|---|---|---|---|---|---|---|
| 项目名称 | | | 公称外径(mm) | | | | | |
| | | | 20 | 25 | 32 | 40 | 50 | 63 |
| 名称 | | 单位 | 消耗量 | | | | | |
| 人工 | 综合工日 | 工日 | 1.015 | 1.127 | 1.217 | 1.368 | 1.592 | 1.740 |

续表

| | 名称 | 单位 | 消耗量 | | | | | |
|---|---|---|---|---|---|---|---|---|
| 材料 | 塑料给水管 | m | (10.160) | (10.160) | (10.160) | (10.160) | (10.160) | (10.160) |
| | 室内塑料给水管热熔管件 | 个 | (15.200) | (12.250) | (10.810) | (8.870) | (7.420) | (6.590) |
| | 锯条（各种规格） | 根 | 0.120 | 0.144 | 0.183 | 0.225 | 0.268 | 0.326 |
| | 电 | kW·h | 1.017 | 1.146 | 1.405 | 1.598 | 1.637 | 1.843 |
| | 热轧厚钢板 δ8.0～15.0 | kg | 0.030 | 0.032 | 0.034 | 0.037 | 0.039 | 0.042 |
| | 低碳钢焊条 J422 φ3.2 | kg | 0.002 | 0.002 | 0.002 | 0.002 | 0.002 | 0.002 |
| | 氧气 | m³ | 0.003 | 0.003 | 0.003 | 0.006 | 0.006 | 0.006 |
| | 乙炔 | kg | 0.001 | 0.001 | 0.001 | 0.002 | 0.002 | 0.002 |
| | 铁砂布 | 张 | 0.053 | 0.066 | 0.070 | 0.116 | 0.151 | 0.203 |
| | 橡胶板 δ1～3 | kg | 0.007 | 0.008 | 0.008 | 0.010 | 0.010 | 0.010 |
| | 六角螺栓 | kg | 0.004 | 0.004 | 0.004 | 0.005 | 0.005 | 0.005 |
| | 螺纹阀门 DN20 | 个 | 0.004 | 0.004 | 0.004 | 0.005 | 0.005 | 0.005 |
| | 焊接钢管 DN20 | m | 0.013 | 0.014 | 0.015 | 0.016 | 0.016 | 0.017 |
| | 橡胶软管 DN20 | m | 0.006 | 0.006 | 0.007 | 0.007 | 0.007 | 0.008 |
| | 弹簧压力表 Y-100.0～1.6MPa | 块 | 0.002 | 0.002 | 0.002 | 0.002 | 0.002 | 0.003 |
| | 压力表弯管 DN15 | 个 | 0.002 | 0.002 | 0.002 | 0.002 | 0.003 | 0.003 |
| | 水 | m³ | 0.008 | 0.014 | 0.023 | 0.040 | 0.053 | 0.088 |
| | 其他材料费 | % | 2.000 | 2.000 | 2.000 | 2.000 | 2.000 | 2.000 |
| 机械 | 电焊机（综合） | 台班 | 0.001 | 0.001 | 0.001 | 0.001 | 0.002 | 0.002 |
| | 试压泵 3MPa | 台班 | 0.001 | 0.001 | 0.001 | 0.001 | 0.002 | 0.002 |
| | 电动单级离心清水泵 100mm | 台班 | 0.001 | 0.001 | 0.001 | 0.001 | 0.001 | 0.001 |

### 三、定额的适用范围及作用

1. 适用范围

本定额适用于山东省行政区域内工业与民用建筑的新建、扩建通用安装工程，不适用于修缮和改造的安装工程。

2. 定额的作用

消耗量定额是完成规定计量单位分部分项工程所需的人工、材料、施工机械台班的消耗量标准，它的作用主要有以下几个方面：

（1）它是我省安装工程计价活动中统一安装工程量的计算、项目划分、计量单位的依据；

（2）它是编制国有投资工程最高投标限价的依据；

（3）它是编制国有投资工程投资估算、设计概算的依据；

（4）它可作为制定企业定额的基础和投标报价的参考。

### 四、消耗量定额的编制

（一）编制原则

1. 坚持科学合理、实事求是、简明适用的原则

定额项目的设置既要能反映工程实际内容，又要便于工程计量，尽量以主体工序为主列项，带次要工序，又要考虑工程实际中次要工序复现性。对次要工序在不同工程中变化大，不易综合到主要项目中的，均另列定额项目，使定额更能反映实际。比如给排水管道项目03 定额包括支架，但实际工程中支架形式、用量差距很大，本次编制将支架项目单列，管道项目不再含支架。

2. 坚持与现行技术标准、规范相适应的原则

对由于技术标准、规范更新引起的消耗量的种类和数量的变化进行了调整，做到与现行技术标准、规范要求相适应。优先采用现行标准图集，无标准图集的，采用具有代表性的设计图纸。

3. 坚持紧跟科技发展，体现技术进步的原则

对技术成熟、推广应用的新技术、新工艺、新材料、新设备，尽量补充编制定额项目，满足目前工程计价的需要。反映目前工程建设的技术、施工管理水平和技术装备的应用、施工工艺等，合理调整定额消耗量。

4. 坚持与现行工程量计算规范相衔接的原则

定额章、节、项目划分尽量与《通用安装工程工程量计算规范》（GB 50856—2013）一致或协调，同时考虑到清单计价与定额计价的不同，进行适当调整。

5. 坚持定额消耗量总体水平反映社会平均的原则

定额消耗量经过代表性工程与市场投标报价、工程结算对比测算，反复调整，使定额水平基本反映市场实际情况。

（二）编制依据

本定额以《通用安装工程消耗量定额》（TY02-31—2015）为基础，以国家和省有关部门发布的现行设计规范、施工及验收规范、技术操作规程、质量评定标准、产品标准和安全操作规程，现行工程量清单计价规范、计算规范和有关定额为依据，并参考了典型工程设计、施工和其他资料，结合我省实际情况编制。编制的主要技术依据有：

（1）《通用安装工程消耗量定额》（TY02-31—2015）；

（2）《通用安装工程工程量计算规范》（GB 50856—2013）；

（3）《全国统一安装工程基础定额》（GJD-201~209—2006）；

（4）《山东省安装工程消耗量定额》（DXD37-201~211—2002、DXD37-213—2004）；

（5）《建设工程施工机械台班费用编制规则》（住建部 2015 年）；

（6）《建设工程施工仪器仪表台班费用编制规则》（住建部 2015 年）；

（7）其他省、市、行业安装工程定额；

（8）国家及省发布的现行标准图集，典型工程设计图纸；

（9）国家、省、行业部门现行的设计、施工及验收规范、质量评定标准、产品标准、施工技术、安全操作规程等。

（三）消耗量定额编制中主要问题的确定

1. 定额编制考虑的基本条件

消耗量定额按正常施工条件，省内大多数施工企业采用的施工方法，机械化程度和合理的劳动组织及工期进行编制的，主要考虑满足以下基本条件。

（1）设备、材料、成品、半成品、构配件完整无损，符合质量标准和设计要求，附有合格证书和实验记录。

（2）安装工程和土建工程之间的交叉作业正常。

（3）正常的气候、地理条件和施工环境。

（4）安装地点、建筑物、设备基础、预留孔洞等均符合安装要求。

（5）水、电供应均满足安装施工正常使用。

定额未考虑特殊施工条件下所发生的人工、材料、机械等各类消耗量，如有发生可按批准的施工组织设计另行计算。

2. 关于人工

（1）本定额的人工不分列工种和技术等级，以综合工日表示。

（2）本定额的人工包括基本用工、超运距用工、辅助用工和人工幅度差。

1）基本用工：是以劳动定额或施工记录为基础，按照相应的工序内容进行计算的用工数量。

2）超运距用工：是指定额取定的材料、成品、半成品的水平运距超过施工定额（或劳动定额）规定的运距所增加的用工。

3）辅助用工：是指为保证基本工作的顺利进行所必需的辅助性工作所消耗的用工。

4）人工幅度差：是指工种之间的工序搭接，土建与安装工程的交叉、配合中不可避免的停歇时间，施工机械在场内变换位置及施工中移动临时水、电线路引起的临时停水、停电所发生的不可避免的间歇时间，施工中水、电维修用工，隐蔽工程验收、质量检查掘开及修复的时间，现场内操作地点转移影响的操作时间，施工过程中不可避免的少量零星用工。

本定额的人工每工日按 8 小时工作制算。

3. 关于材料

（1）本定额中的材料包括施工中消耗的主要材料、辅助材料、周转材料和其他材料。

（2）本定额中材料消耗量包括净用量和损耗量。损耗量包括从工地仓库、现场集中堆放地点（或现场加工地点）至操作（或安装）地点的施工场内运输损耗、施工操作损耗、施工现场堆放损耗等，规范（设计文件）规定的预留量、搭接量不在损耗率中考虑。

（3）本定额中主要材料数量均以加"（　）"表示。以"（一）"表示的，是指主要材料数量需按设计要求和工程量计算规则计算（含损耗量）。

（4）本定额中的周转性材料按不同施工方法，不同类别、材质，计算出一次摊销量进入消耗量定额。

（5）对于用量少、低值易耗的零星材料，列为其他材料，并以占该定额项目的辅助材料的百分比表示。

（6）第六册《自动化控制仪表安装工程》中的校验材料费经测算后以"元"表示。

4. 关于机械

（1）本定额中的机械按常用机械、合理机械配备和施工企业的机械化装备程度，并结合工程实际综合确定。

（2）本定额的机械台班消耗量是按正常机械施工工效并考虑机械幅度差综合取定。

（3）凡单位价值 2000 元以内、使用年限在一年以内的不构成固定资产的施工机械，不列入机械台班消耗量，作为工具用具在建筑安装工程费中的企业管理费考虑，其消耗的燃料动力等列入材料。

（4）本定额中未包括大型施工机械进出场费及其安拆费，应另行计算。

5. 关于仪器仪表

（1）本定额的仪器仪表台班消耗量是按正常施工工效综合取定。

（2）凡单位价值 2000 元以内、使用年限在一年以内的不构成固定资产的仪器仪表，不列入仪器仪表台班消耗量。

6. 关于水平和垂直运输

(1) 设备包括自安装现场指定堆放地点运至安装地点的水平和垂直运输。

(2) 材料、成品、半成品包括自施工单位现场仓库或现场指定堆放地点运至安装地点的水平和垂直运输。

(3) 垂直运输基准面室内以室内地平面为基准面,室外以设计标高正负零平面为基准面。

(4) 消耗量定额内考虑的水平运输距离,设备按 100m,材料、成品、半成品按 300m;垂直运输距离设备按 ±10m,材料、成品、半成品按 6 层(或 20m)。超过部分的垂直运输按定额规定另行计取。

**五、定额总体水平情况**

定额编制完成后,选取代表性工程,对新编定额与 03 定额总体水平进行了对比测算。共选取代表性工程 14 个,其中工业工程 6 个,民用工程 8 个。工业工程涉及热电、化工、制药等项目,民用工程涉及住宅、医院、办公楼、学校、图书馆等项目,测算涵盖的定额项目包括了除新增第十一册《通信设备及线路工程》外的各册的常用章节,有典型代表性。测算依据新编 16 定额与 03 定额两套定额,计算工程范围一致,工程量及其工作内容一致,各消耗量价格取定一致。经测算,16 定额与 03 定额总体水平相比如下:

工业工程:总体水平为 −8.67%,人工水平为 −29.27%,材料水平为 −1.53%,机械水平为 −0.82%。

民用工程:总体水平为 −4.59%,人工水平为 −21.77%,材料水平为 −0.87%,机械水平为 +49.98%。

按册、章、子目对比测算分析,总体水平变化的主要原因:一是新技术、新工艺应用,施工工艺方案改变;二是新材料、新设备应用,定额工作内容发生了变化,施工更简洁高效;三是施工械化程度提高,人工消耗减少;四是施工标准规范变化。

**六、消耗量定额应用中应注意的主要问题**

(一) 关于措施项目费

措施项目费是指为完成建设工程施工,发生于该工程施工前和施工过程中的技术、生活、安全、环境保护等方面的费用。措施项目的项目设置、工作内容及包含范围参照《通用安装工程工程量计算规范》(GB 50856—2013)。在安装工程计价依据中,措施项目费的计取方法主要有三种:一是定额中列有项目的按定额计价,如组装平台铺设与拆除;二是定额总说明、册说明中列有计取系数的项目,按系数计取,如安装与生产(使用)同时进行施工增加费、在有害身体健康环境中施工增加费、脚手架搭拆费、地下室(暗室)施工增加费(工程量计算规范中为非夜间施工增加费)、建筑物超高增加费(工程量计算规范中为高层施工增加费);三是在安装工程费用项目组成及计算规则中按费率计取的项目,如夜间施工费、二次搬运费、冬雨季施工增加费、已完工程及设备保护费。

1. 安装与生产(使用)同时进行施工增加费

它是指扩建工程在生产车间内或装置一定范围内施工,因生产操作或生产条件限制(如不准动火等)干扰了安装工作正常进行而增加的费用,包括火灾防护、噪声防护及降效费用。按定额人工费的 10% 计算,其费用中人工费占 70%。

2. 在有害身体健康环境中施工增加费

这是指扩建工程由于车间、装置一定范围内有害物质超过国家标准以至影响身体健康而增加的费用，包括有害化合物防护、粉尘防护、有害气体防护、高浓度氧气防护及降效费用。按定额人工费的 10% 计算，其费用中人工费占 70%。

3. 地下室（暗室）施工增加费

这是指在地下室（包括地下车库、半地下室）、暗室施工时所采用的照明设备的安拆、维护、照明用电及通风等措施费，以及施工降效费用。按定额人工费的 15% 计算，其费用中人工费占 70%。

4. 脚手架搭拆费

脚手架搭拆包括材料搬运，搭、拆脚手架，拆除脚手架后材料的堆放。分别在各册的册说明中规定了脚手架搭拆费的计取系数，以人工费为计取基数，其费用中人工费占 35%。除说明中规定不应计取脚手架搭拆费的项目外，均应作为计取基数。脚手架搭拆系数考虑安装专业自设脚手架，如部分使用土建专业脚手架按无偿使用考虑。

5. 建筑物超高增加费

建筑物超高增加费是指在建筑物层数大于 6 层或建筑物高度大于 20m 以上的工业与民用建筑上进行安装时，因建筑物超高增加的费用，内容包括高层施工引起的人工、机械降效，材料、工器具垂直运输增加的机械费用，操作工人所乘坐的升降设备以及通信联络设备的费用。该费用的计算按包括 6 层或 20m 以下全部工程（含其刷油保温）人工费乘以表 2-2 系数计取，其费用中人工费占 65%。

表 2-2　　　　　　　　　　　　建筑物超高增加费计算系数

| 建筑物高度（m） | ≤40 | ≤60 | ≤80 | ≤100 | ≤120 | ≤140 | ≤160 | ≤180 | ≤200 |
|---|---|---|---|---|---|---|---|---|---|
| 建筑层数（层） | ≤12 | ≤18 | ≤24 | ≤30 | ≤36 | ≤42 | ≤48 | ≤54 | ≤60 |
| 按人工费的百分比（%） | 6 | 10 | 14 | 21 | 31 | 40 | 49 | 58 | 68 |

计算建筑物超高增加费时应注意：

（1）高层建筑中地下室部分不计层数和高度，也不计算建筑物超高增加费。

（2）屋顶单独水箱间、电梯间不计层数和高度。

（3）同一建筑物高度不同时，可按垂直投影以不同高度分别计算。

（4）建筑物坡形屋顶可按平均高度计算。

（5）层高不超过 2.2m 时，不计层数。层高超过 3.3m 时，可按 3.3m 折算层数。

（6）为高层建筑供电的变电所和供水泵站（间）等动力工程，如装在建筑的底层，不计取建筑物超高增加费，如装在 6 层以上的动力工程计取建筑物超高增加费。

（7）建筑层数大于 60 层或建筑物檐高大于 200m 时，每增高 6 层或 20m。费用增加 10%。

（二）关于操作高度增加费

操作高度增加费（03 定额为超高增加费）是指操作物高度超过定额考虑的正常操作高度（各册正常操作高度见各册说明）时计取的人工、机械降效费用。计算操作高度增加费时应注意：

（1）计算该费用时，按超过起算点以上部分的工程量为基础计算。03 定额则包括起算点以下工程量。

（2）计算该费用时，定额人工、机械均乘以系数，03 定额为人工乘以系数。

（3）各册已说明包括超高内容的项目不计算该费用。

（4）工业项目中工艺管线、刷油防腐等操作高度按设计标高正负零平面为基准，不以平台平面为基准。

（三）关于联动试车费

本消耗量定额除有明确规定者外，只包括生产系统的设备单体、单机或单系统的无负荷试运转，不包括生产系统（小型站类除外）的负荷联动试运转费用。工业项目生产系统的负荷联动试运转工作，应以建设单位为主，施工单位配合。施工单位配合联动试运转费用可按试车方案或国家行业主管部门的规定计取，也可按各系统工程人工费的 5％计取。

民用工程联动调试已包括在相应定额中，不再单独计取。如火灾报警系统、自动消防、喷淋系统、排风（烟）、电梯、防火卷帘门等联系在一起的综合调试已包括在各分项定额内。

（四）定额中各种系数的区别

安装定额中系数繁多，有换算系数、子目系数和综合系数。只有正确选套项目系数才能合理确定工程消耗量，这也是各工程造价专业人员业务水平的重要体现。计算时第一类系数列入第二类系数的计算基础；第一类与第二类系数列入第三类系数的计算基础，当一个项目适用两个或两个以上调整系数时，同一类系数分别计算，不能将系数连乘计算。

1. 换算系数

换算系数大部分是由于安装工作物的材质、几何尺寸或施工方法与定额子目规定不一致，需进行调整的换算系数，如：成品四通的安装可按相应管件连接定额乘以 1.40 的系数计算；单片法兰安装执行法兰安装相应项目，定额乘以系数 0.61；安装带保温层的管道时，可执行相应材质及连接形式的管道安装项目，其人工乘以系数 1.10。换算系数一般都标注在各册的章节说明或工程量计算规则中。

2. 子目系数

子目系数一般是对特殊的施工条件、工程结构等因素影响进行调整的系数，如洞库、暗室施工增加，高层建筑增加，操作高度增加等。子目系数一般都标注在各册说明中。

3. 综合系数

综合系数是针对专业工程特殊需要、施工环境等进行调整的系数。如脚手架搭拆、采暖系统调整费，通风空调系统调整费，小型站类工艺系统调整费，安装与生产同时施工和有害身体健康环境施工增加费等。综合系数一般标注在总说明和各册说明中。

**七、安装工程价目表**

《山东省安装工程价目表》以《山东省安装工程消耗量定额》和《山东省建设工程费用项目组成及计算规则》为基础，计入山东省现行消耗量价格后编制而成，它与《山东省安装工程消耗量定额》《山东省安装工程费用项目组成及计算规则》配套使用。

价目表中的内容、工程适用范围、册章节项目名称、定额编号、计量单位及未计价材料消耗量均与《山东省安装工程消耗量定额》对应一致。使用时应按照《山东省安装工程消耗量定额》中的册章说明、工作内容的相应规定执行。

价目表中分简易计税和一般计税两种方式列支增值税，对应定额编号和项目名称分别列有单价（含税）、单价（除税）及对应组成的人工费、材料费、机械费。

　　价目表中人工、材料、施工机械价格属于省统一发布的工程价格信息，可作为招标工程编制标底的依据，作为其他计价活动的参考。

　　价目表中的人工单价是按鲁建标字〔2017〕5号《关于发布山东省建设工程定额人工单价及定额价目表的通知》中的定额人工单价103元计入的。该单价适用于鲁建标字〔2016〕39号文件发布的各计价依据，由省建设行政主管部门统一管理。

　　按照山东省定额人工单价及机械台班、仪器仪表台班费用编制规则，并通过调查建筑市场材料价格信息，住建厅组织编制了新版建筑、安装、市政、园林绿化工程消耗量定额价目表，登载在山东省住房和城乡建设厅门户网站的定额站子网站上。

　　按照《山东省建设工程费用项目组成及计算规则》规定，省定额人工单价和省定额价目表应作为措施费、企业管理费、利润等各项费用的计算基础。省定额人工单价和省定额价目表也是招标控制价编制、投标报价、工程结算等工程计价活动的重要参考。

　　各市应跟踪市场人工价格变化情况，建立人工单价动态管理制度，结合本市实际情况，适时发布本市定额人工市场指导单价，为工程造价计价行为提供指导。

　　本定额人工单价及价目表自2017年3月1日起执行，见表2-3。

表2-3　　　　　　　　　　　给排水管道（031001）价目表

| 定额编号 | 项目名称 | 定额单位 | 增值税（简易计税） | | | | 增值税（一般计税） | | | |
|---|---|---|---|---|---|---|---|---|---|---|
| | | | 单价（含税） | 人工费 | 材料费（含税） | 机械费（含税） | 单价（含税） | 人工费 | 材料费（含税） | 机械费（含税） |
| 一、镀锌钢管 | | | | | | | | | | |
| 1. 室外镀锌钢管（螺纹连接） | | | | | | | | | | |
| 10-1-1 | 公称直径 15mm 以内 | 10m | 82.44 | 66.64 | 15.21 | 0.59 | 80.18 | 66.64 | 13.01 | 0.53 |
| 10-1-2 | 公称直径 20mm 以内 | 10m | 89.79 | 69.42 | 19.58 | 0.79 | 86.87 | 69.42 | 16.74 | 0.71 |
| 10-1-3 | 公称直径 25mm 以内 | 10m | 95.61 | 72.41 | 21.83 | 1.37 | 92.31 | 72.41 | 18.67 | 1.23 |
| 10-1-4 | 公称直径 32mm 以内 | 10m | 100.42 | 74.37 | 24.59 | 1.46 | 96.73 | 74.37 | 21.04 | 1.32 |
| 10-1-5 | 公称直径 40mm 以内 | 10m | 103.92 | 76.32 | 25.88 | 1.72 | 100.01 | 76.32 | 22.15 | 1.54 |
| 10-1-6 | 公称直径 50mm 以内 | 10m | 120.89 | 84.15 | 30.91 | 5.83 | 115.90 | 84.15 | 26.47 | 5.28 |
| 10-1-7 | 公称直径 65mm 以内 | 10m | 149.27 | 91.88 | 49.73 | 7.66 | 141.40 | 91.88 | 42.58 | 6.94 |
| 10-1-8 | 公称直径 80mm 以内 | 10m | 166.11 | 102.79 | 52.96 | 10.36 | 157.55 | 102.79 | 45.37 | 9.39 |
| 10-1-9 | 公称直径 100mm 以内 | 10m | 253.77 | 121.44 | 66.87 | 65.46 | 238.46 | 121.44 | 57.34 | 59.68 |
| 10-1-10 | 公称直径 125mm 以内 | 10m | 294.62 | 140.90 | 81.43 | 72.29 | 276.67 | 140.90 | 69.88 | 65.89 |
| 10-1-11 | 公称直径 150mm 以内 | 10m | 335.27 | 151.72 | 96.08 | 87.47 | 313.96 | 151.72 | 82.52 | 79.72 |
| 2. 室内镀锌钢管（螺纹连续） | | | | | | | | | | |

# 第三章　山东省建设工程费用项目组成及计算规则

　　本章重点介绍山东省住房和城乡建设厅发布施行的《山东省建设工程费用项目组成及计算规则》（以下简称《费用计算规则》），它是根据住房和城乡建设部、财政部关于印发《建筑安装工程费用项目组成》的通知（建标〔2013〕44号），为加强对工程造价的动态管理，适应建设工程计价的需要，统一我省建设程费用项目组成、计价程序并发布相应费率，制定本费用计算规则。并以鲁建标字〔2016〕40号文规定正式颁发，自2017年3月1日起实行。

## 第一节　《费用计算规则》简介

**一、费用计算规则的主要内容**

　　费用计算规则共包括五部分主要内容，即：

（1）总说明；

（2）建设工程费用项目组成；

（3）建设工程费用计算程序；

（4）建设工程费用费率；

（5）工程类别划分标准。

**二、费用计算规则适用范围**

　　本规则适用于山东省行政区域内一般工业与民用建筑工程的建筑、装饰、安装、市政、园林绿化工程的计价活动，与我省现行建筑、装饰、安装、市政、园林绿化工程消耗量定额配套使用。本规则涉及的建设工程计价活动包括编制招标控制价、投标报价和签订施工合同价以及确定工程结算等内容。

**三、费用计算规则的作用**

　　费用计算规则的主要作用是，在山东省建设工程计价活动中，统一建设工程费用的项目构成及组成内容，统一形成建设工程费用的方法及程序，统一建设工程的类别标准。

　　本规则中的费率是编制招标控制价的依据，也是其他计价活动的重要参考（其中规费、税金必须按规定计取，不得作为竞争性费用）。

　　规费中的社会保险费，按省政府鲁政发〔2016〕10号和省住建厅鲁建办字〔2016〕21号文件规定，在工程开工前由建设单位向建筑企业劳保机构交纳。规费中的建设项目工伤保险，按鲁人社发〔2015〕15号《关于转发人社部发〔2014〕103号文件明确建筑业参加工伤保险有关问题的通知》，在工程开工前向社会保险经办机构交纳。编制招标控制价、投标报价时，应包括社会保险费和建设项目工伤保险。编制竣工结算时，若已按规定交纳社会保险费和建设项目工伤保险，该费用仅作为计税基础，结算时不包括该费用；若未交纳社会保险费和建设项目工伤保险，结算时应包括该费用。

　　本规则中的费用计价程序是计算我省建设工程费用的依据。其中，包括定额计价和工程量清单计价两种计价方式。工程类别划分标准是根据不同的单位工程，按其施工难易程度，结合我省实际情况确定的。工程类别划分标准缺项时，拟定Ⅰ类工程的项目由省工程造价管理机构核准；Ⅱ、Ⅲ类工程项目由市工程造价管理机构核准，并同时报省工程造价管理机构备案。

# 第二节　建设工程费用项目组成

## 一、建设工程费用项目组成（按费用构成要素划分）

建设工程费按照费用构成要素划分，由人工费、材料费（设备费）、施工机具使用费、企业管理费、利润、规费和税金组成（详见图 3-1）。

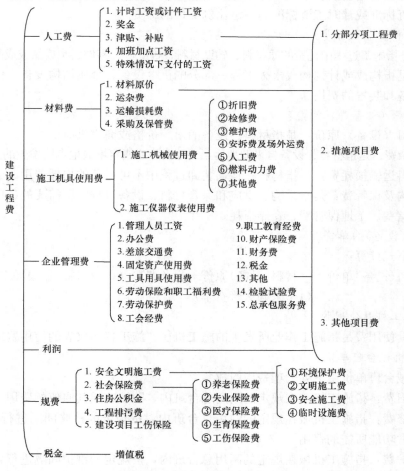

图 3-1　建设工程费用项目组成图（按费用构成要素划分）

（一）人工费

人工费是指按工资总额构成规定，支付给从事建筑安装工程施工的生产工人和附属生产单位工人的各项费用。内容包括：

（1）计时工资或计件工资：是指按计时工资标准和工作时间或对已做工作按计件单价支付给个人的劳动报酬。

（2）奖金：是指对超额劳动和增收节支支付给个人的劳动报酬。如节约奖、劳动竞赛奖等。

（3）津贴补贴：是指为了补偿职工特殊或额外的劳动消耗和因其他特殊原因支付给个人的津贴，以及为了保证职工工资水平不受物价影响支付给个人的物价补贴。如流动施工津贴、特殊地区施工津贴、高温（寒）作业临时津贴、高空津贴等。

（4）加班加点工资：是指按规定支付的在法定节假日工作的加班工资和在法定日工作时间外延时工作的加点工资。

（5）特殊情况下支付的工资：是指根据国家法律、法规和政策规定，因病、工伤、产假、计划生育假、婚丧假、事假、探亲假、定期休假、停工学习、执行国家或社会义务等原因按计时工资标准或计时工资标准的一定比例支付的工资。

**（二）材料费（设备费）**

材料费是指施工过程中耗费的原材料、辅助材料、构配件、零件、半成品或成品的费用。

设备费是指构成或计划构成永久工程一部分的机电设备、金属结构设备、仪器装置及其他类似的设备和装置的费用。

1. 材料费（设备费）的内容

（1）材料（设备）原价：是指材料、设备的出厂价格或商家供应价格。

（2）运杂费：是指材料、设备自来源地运至工地仓库或指定堆放地点所发生的全部费用。

（3）材料运输损耗费：是指材料在运输装卸过程中不可避免的损耗费用。

（4）采购及保管费：是指采购、供应和保管材料、设备过程中所需要的各项费用。包括采购费、仓储费、工地保管费、仓储损耗。

2. 材料（设备）的单价

单价按下式计算：

$$材料（设备）单价 = [（材料（设备）原价 + 运杂费）\times（1 + 材料运输损耗率）] \times$$
$$（1 + 采购保管费率）$$

**（三）施工机具使用费**

施工机具使用费是指施工作业所发生的施工机械、施工仪器仪表的使用费或其租赁费。

1. 施工机械台班单价

施工机械台班单价由下列七项费用组成。

（1）折旧费：指施工机械在规定的耐用总台班内，陆续收回其原值的费用。

（2）检修费：指施工机械在规定的耐用总台班内，按规定的检修间隔进行必要的检修，以恢复其正常功能所需的费用。

（3）维护费：指施工机械在规定的耐用总台班内，按规定的维护间隔进行各级维护和临时故障排除所需的费用。

维护费包括：保障机械正常运转所需替换设备与随机配备工具附具的摊销费用，机械运转及日常维护所需润滑与擦拭的材料费用及机械停滞期间的维护费用等。

（4）安拆费及场外运费：安拆费是指施工机械在现场进行安装与拆卸所需的人工、材料、机械和试运转费用以及机械辅助设施的折旧、搭设、拆除等费用。场外运费是指施工机械整体或分体自停放地点运至施工现场，或由一施工地点运至另一施工地点的运输、装卸、辅助材料等费用。

（5）人工费：指机上司机（司炉）和其他操作人员的人工费。

（6）燃料动力费：指施工机械在运转作业中所耗用的燃料及水、电等费用。

（7）其他费：指施工机械按照国家规定应缴纳的车船税、保险费及检测费等。

2. 施工仪器仪表台班单价

施工仪器仪表台班单价由下列四项费用组成：

（1）折旧费：指施工仪器仪表在耐用总台班内，陆续收回其原值的费用。

（2）维护费：指施工仪器仪表各级维护、临时故障排除所需的费用及保证仪器仪表正常使用所需备件（备品）的维护费用。

（3）校验费：指按国家与地方政府规定的标定与检验的费用。

（4）动力费：指施工仪器仪表在使用过程中所耗用的电费。

（四）企业管理费

企业管理费是指施工企业组织施工生产和经营管理所需的费用。内容包括：

（1）管理人员工资：是指按规定支付给管理人员的计时工资、奖金、津贴补贴、加班加点工资及特殊情况下支付的工资等。

（2）办公费：是指企业管理办公用的文具、纸张、账表、印刷、邮电、书报、办公软件、现场监控、会议、水电、烧水和集体取暖降温（包括现场临时宿舍取暖降温）等费用。

（3）差旅交通费：是指职工因公出差、调动工作的差旅费、住勤补助费，市内交通费和误餐补助费，职工探亲路费，劳动力招募费，职工退休、退职一次性路费，工伤人员就医路费，工地转移费以及管理部门使用的交通工具的油料、燃料等费用。

（4）固定资产使用费：是指管理和试验部门及附属生产单位使用的属于固定资产的房屋、设备、仪器等的折旧、大修、维修或租赁费。

（5）工具用具使用费：是指企业施工生产和管理使用的不属于固定资产的工具、器具、家具、交通工具和检验、试验、测绘、消防用具等的购置、维修和摊销费。

（6）劳动保险和职工福利费：是指由企业支付的职工退职金、按规定支付给离休干部的经费，集体福利费、夏季防暑降温、冬季取暖补贴、上下班交通补贴等。

（7）劳动保护费：是企业按规定发放的劳动保护用品的支出。如工作服、手套、防暑降温饮料以及在有碍身体健康的环境中施工的保健费用等。

（8）工会经费：是指企业按《工会法》规定的全部职工工资总额比例计提的工会经费。

（9）职工教育经费：是指按职工工资总额的规定比例计提，企业为职工进行专业技术和职业技能培训，专业技术人员继续教育、职工职业技能鉴定、职业资格认定以及根据需要对职工进行各类文化教育所发生的费用。

（10）财产保险费：是指施工管理用财产、车辆等的保险费用。

（11）财务费：是指企业为施工生产筹集资金或提供预付款担保、履约担保、职工工资支付担保等所发生的各种费用。

（12）税金：是指企业按规定缴纳的房产税、车船使用税、土地使用税、印花税、城市维护建设税、教育费附加及地方教育附加、水利建设基金等。

（13）其他：包括技术转让费、技术开发费、投标费、业务招待费、绿化费、广告费、公证费、法律顾问费、审计费、咨询费、保险费等。

（14）检验试验费：是指施工企业按照有关标准规定，对建筑以及材料、构件和建筑安装物进行一般鉴定、检查所发生的费用，包括自设试验室进行试验所耗用的材料等费用。

一般鉴定、检查，是指按相应规范所规定的材料品种、材料规格、取样批量，取样数量，取样方法和检测项目等内容所进行的鉴定、检查。例如，砌筑砂浆配合比设计、砌筑砂浆抗压试块、混凝土配合比设计、混凝土抗压试块等施工单位自制或自行加工材料按规范规定的内容所进行的鉴定、检查。

（15）总承包服务费：是指总承包人为配合、协调发包人根据国家有关规定进行专业工程发包、自行采购材料、设备等进行现场接收、管理（非指保管）以及施工现场管理、竣工资料汇总整理等服务所需的费用。

（五）利润

利润是指施工企业完成所承包工程获得的盈利。

（六）规费

规费是指按国家法律、法规规定，由省级政府和省级有关权力部门规定必须缴纳或计取的费用。包括：

1. 安全文明施工费

（1）环境保护费：是指施工现场为达到环保部门要求所需要的各项费用。

（2）文明施工费：是指施工现场文明施工所需要的各项费用。

（3）安全施工费：是指施工现场安全施工所需要的各项费用。

（4）临时设施费：是指施工企业为进行建设工程施工所必须搭设的生活和生产用的临时建筑物、构筑物和其他临时设施费用。

临时设施包括：办公室、加工场（棚）、仓库、堆放场地、宿舍、卫生间、食堂、文化卫生用房与构筑物，以及规定范围内的道路、水、电、管线等临时设施和小型临时设施。

临时设施费，包括临时设施的搭设、维修、拆除、清理费或摊销费等。

2. 社会保险费

（1）养老保险费：是指企业按照规定标准为职工缴纳的基本养老保险费。

（2）失业保险费：是指企业按照规定标准为职工缴纳的失业保险费。

（3）医疗保险费：是指企业按照规定标准为职工缴纳的基本医疗保险费。

（4）生育保险费：是指企业按照规定标准为职工缴纳的生育保险费。

（5）工伤保险费：是指企业按照规定标准为职工缴纳的工伤保险费。

3. 住房公积金

这是指企业按规定标准为职工缴纳的住房公积金。

4. 工程排污费

这是指按规定缴纳的施工现场的工程排污费。

5. 建设项目工伤保险

按鲁人社发〔2015〕15号《关于转发人社部发〔2014〕103号文件明确建筑业参加工伤保险有关问题的通知》，在工程开工前向社会保险经办机构交纳，应在建设项目所在地参保。

按建设项目参加工伤保险的，建设项目确定中标企业后，建设单位在项目开工前将工伤保险费一次性拨付给总承包单位，由总承包单位为该建设项目使用的所有职工统一办理工伤保险参保登记和缴费手续。

按建设项目参加工伤保险的房屋建筑和市政基础设施工程，建设单位在办理施工许可手续时，应当提交建设项目工伤保险参保证明，作为保证工程安全施工的具体措施之一。安全施工措施未落实的项目，住房城乡建设主管部门不予核发施工许可证。

（七）税金

税金是指国家税法规定应计入建筑安装工程造价内的增值税。其中甲供材料、甲供设备不作为增值税计税基础。

**二、建设工程费用项目组成（按造价形成划分）**

建设工程费按照工程造价形成由分部分项工程费、措施项目费、其他项目费、规费、税金组成（详见图 3-2）。

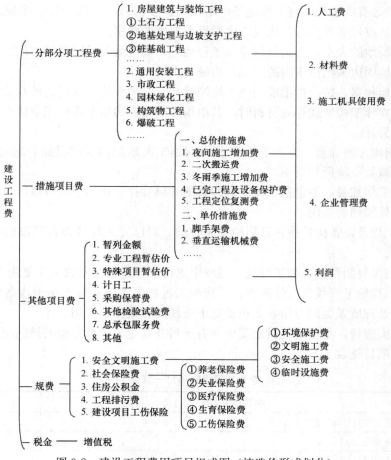

图 3-2　建设工程费用项目组成图（按造价形成划分）

（一）分部分项工程费

分部分项工程费是指各专业工程的分部分项工程应予列支的各项费用。

（1）专业工程：是指按现行国家计量规范划分的房屋建筑与装饰工程、通用安装工程、市政工程、园林绿化工程等各类工程。

（2）分部分项工程：指按现行国家计量规范或现行消耗量定额对各专业工程划分的项目。如房屋建筑与装饰工程划分的土石方工程、地基处理与边坡支护工程、桩基础工程、砌筑工程、钢筋及混凝土工程等。

（二）措施项目费

措施项目费是指为完成工程项目施工，发生于该工程施工准备和施工过程中的技术、生活、安全、环境保护等方面的项目费用。

（1）总价措施费：是指省建设行政主管部门根据建筑市场状况和多数企业经营管理情况、技术水平等测算发布了费率的措施项目费用。

总价措施费的主要内容包括：

1）夜间施工增加费：是指因夜间施工所发生的夜班补助费、夜间施工降效、夜间施工照明设备摊销及照明用电等费用。

2）二次搬运费：是指因施工场地条件限制而发生的材料、构配件、半成品等一次运输不能到达堆放地点，必须进行二次或多次搬运所发生的费用。

施工现场场地的大小，因工程规模、工程地点、周边情况等因素的不同而各不相同，一般情况下，场地周边围挡范围内的区域，为施工现场。

若确因场地狭窄，按经过批准的施工组织设计，必须在施工现场之外存放材料或必须在施工现场采用立体架构形式存放材料时，其由场外到场内的运输费用或立体架构所发生的搭设费用，按实另计。

3）冬雨期施工增加费：是指在冬期或雨期施工需增加的临时设施、防滑、排除雨雪，人工及施工机械效率降低等费用。

冬雨期施工增加费，不包括混凝土、砂浆的骨料炒拌、提高强度等级以及掺加于其中的早强、抗冻等外加剂的费用。

4）已完工程及设备保护费：是指竣工验收前，对已完工程及设备采取的必要保护措施所发生的费用。

5）工程定位复测费：是指工程施工过程中进行全部施工测量放线和复测工作的费用。

6）市政工程地下管线交叉处理费：是指施工过程中对现有施工场地内各种地下交叉管线进行加固及处理所发生的费用，不包括地下管线改移发生的费用。

（2）单价措施费，是指消耗量定额中列有子目并规定了计算方法的措施项目费用。

单价措施项目见表3-1。

表 3-1                        专业工程措施项目一览表

| 序号 | 措施项目名称 | 备注 |
|---|---|---|
| 1 | 建筑工程与装饰工程 | |
| 2 | 安装工程 | |
| 2.1 | 吊装加固 | |
| 2.2 | 金属抱杆安装、拆除、移位 | |
| 2.3 | 平台铺设、拆除 | |
| 2.4 | 顶升、提升装置 | |
| 2.5 | 大型设备专用机具 | |
| 2.6 | 焊接工艺评定 | |
| 2.7 | 胎（模）具制作、安装、拆除 | |
| 2.8 | 防护棚制作、安装、拆除 | |
| 2.9 | 特殊地区施工增加 | |

| 序号 | 措施项目名称 | 备注 |
|------|------------|------|
| 2.10 | 安装与生产同时进行施工增加 | |
| 2.11 | 在有害身体健康环境中施工增加 | |
| 2.12 | 工程系统检测、检验 | |
| 2.13 | 设备、管道施工的安全、防冻和焊接保护 | |
| 2.14 | 焦炉烘炉、热态工程 | |
| 2.15 | 管道安拆后的充气保护 | |
| 2.16 | 隧道内施工的通风、供水、供气、供电、照明及通信设施费 | |
| 2.17 | 脚手架搭拆 | |
| 2.18 | 非夜间施工增加 | |
| 2.19 | 高层施工增加 | |

（三）其他项目费

（1）暂列金额：是指建设单位在工程量清单中暂定，并包括在工程合同价款中的一笔款项，用于施工合同签订时尚未确定或不可预见的材料、设备、服务的采购，施工中可能发生的工程变更、合同约定调整因素出现时工程价款的调整以及发生的索赔、现场签证等费用。

暂列金额，包含在投标总价和合同总价中，但只有施工过程中实际发生了，并且符合合同约定的价款支付程序，才能纳入到竣工结算价款中。暂列金额，扣除实际发生金额后的余额，仍属于建设单位所有。

暂列金额，一般可按分部分项工程费的10％～15％估列。

（2）专业工程暂估价：是指建设单位根据国家相应规定、预计需由专业承包人另行组织施工、实施单独分包（总承包人仅对其进行总承包服务），但暂时不能确定准确价格的专业工程价款。

专业工程暂估价，应区分不同专业，按有关计价规定估价，并仅作为计取总承包服务费的基础，不计入总承包人的工程总造价。

（3）特殊项目暂估价，是指未来工程中肯定发生、其他费用项目均未包括，但由于材料、设备或技术工艺的特殊性，没有可参考的计价依据、事先难以准确确定其价格、对造价影响较大的项目费用。

（4）计日工：是指在施工过程中，承包人完成建设单位提出的工程合同范围以外的、突发性的零星项目或工作，按合同中约定的单价计价的一种方式。

计日工，不仅指人工，零星项目或工作使用的材料、机械，均应计列于本项之下。

（5）采购保管费：定义同前。

（6）其他检验试验费：检验试验费，不包括相应规范规定之外要求增加鉴定、检查的费用，新结构、新材料的试验费用，对构件做破坏性试验及其他特殊要求检验试验的费用，建设单位委托检测机构进行检测的费用。此类检测发生的费用，在该项中列支。

建设单位对施工单位提供的、具有出厂合格证明的材料要求进行再检验，经检测不合格的，该检测费用由施工单位支付。

（7）总承包服务费：定义同前。

总承包服务费＝专业工程暂估价（不含设备费）×相应费率

（8）其他：包括工期奖惩、质量奖惩等，均可计列于本项之下。

（四）规费

（1）安全文明施工费：安全文明施工措施项目清单，详见表 3-2。

**表 3-2　　　　　　　　建设工程安全文明施工措施项目清单**

| 类别 | 项目名称 | | 具体要求 |
|---|---|---|---|
| 环境保护费 | 材料堆放 | | (1) 材料、构件、料具等堆放时，悬挂有名称、品种、规格等标牌；<br>(2) 水泥和其他易飞扬细颗粒建筑材料应密闭存放或采取覆盖等措施；<br>(3) 易燃、易爆和有毒有害物品分类存放。 |
| | 垃圾清运 | | 施工现场应设置密闭式垃圾站，施工垃圾、生活垃圾应分类存放。施工垃圾必须采用相应容器或管道运输。 |
| | 环保部门要求所需要的其他保护费用。 | | |
| 文明施工费 | 施工现场围挡 | | (1) 现场采用封闭围挡，高度≥1.8m；<br>(2) 围挡材料可采用彩色、定型钢板，砖、砼砌块等墙体。 |
| | 五板一图 | | 在进门处悬挂工程概况、管理人员名单及监督电话、安全生产、文明施工、消防保卫五板；施工现场总平面图。 |
| | 企业标志 | | 现场出入的大门应设有本企业标识或企业标识。 |
| | 场容场貌 | | (1) 道路畅通；<br>(2) 排水沟、排水设施通畅；<br>(3) 工地地面硬化处理；<br>(4) 绿化。 |
| | 宣传栏等 | | |
| | 其他有特殊要求的文明施工做法。 | | |
| 临时设施费 | 现场办公生活设施 | | (1) 临时宿舍、文化福利及公用事业房屋与构筑物仓库、办公室、加工厂以及规定范围内道路等临时设施；<br>(2) 施工现场办公、生活区与作业区分开设置，保持安全距离；<br>(3) 工地办公室、现场宿舍、食堂、厕所、饮水休息场所符合卫生和安全要求。 |
| | 施工现场临时用电 | 配电线路 | (1) 按照 TN-S 系统要求配备五芯电缆、四芯电缆和三芯电缆；<br>(2) 按要求架设临时用电线路的电杆、横担、瓷夹瓷瓶等，或电缆埋地的地沟；<br>(3) 对靠近施工现场的外电线路，设置木质、塑料等绝缘体的防护设施。 |
| | | 配电箱开关箱 | (1) 按三级配电要求，配备总配电箱、分配电箱开关箱三类标准电箱。开关箱应符合一机、一箱、一闸、一漏。三类电箱中的各类电器应是合格品。<br>(2) 按两级保护的要求，选取符合容量要求和质量合格的总配电箱和开关箱中的漏电保护器。 |
| | | 接地装置保护 | 施工现场保护零线的重复接地应不少于三处。 |
| | 施工现场临时设施用水 | | 生活用水。 |
| | | | 施工用水。 |

续表

| 类别 | 项目名称 | | 具体要求 |
|---|---|---|---|
| 安全施工费 | 接料平台 | | （1）在脚手架横向外侧1～2处的部位，从底部随脚手架同步搭设。包括架杆、扣件、脚手板、拉结短管、基础垫板和钢底座。<br>（2）在脚手架横向1～2处的部位，在建筑物层间地板处用两根型钢外挑，形成外挑平台。包括两根型钢、预埋件、斜拉钢丝绳、平台底座垫板、平台进（出）料口门以及周边两道水平栏杆。 |
| | 上下脚手架人行通道（斜道） | | 多层建筑施工随脚手架搭设的上下脚手架的斜道，一般成"之"字形。 |
| | 一般防护 | | 安全网（水平网、密目式立网）、安全帽、安全带。 |
| | 通道棚 | | 包括杆架、扣件、脚手板。 |
| | 防护围栏 | | 建筑物作业周边防护栏杆，施工电梯和物料提升机吊篮升降处防护栏杆，配电箱和固定位使用的施工机械周边围栏、防护棚，基坑周边防护栏杆以及上下人斜道防护栏杆。 |
| | 消防安全防护 | | 灭火器、砂箱、消防水桶、消防铁锨（钩）、高层建筑物安装消防水管（钢管、软管）、加压泵等。 |
| | 临边洞口交叉高处作业防护 | 楼板、屋面、阳台等临边防护 | 用密目式安全立网全封闭，作业层另加两边防护栏杆和18cm高的踢脚板。 |
| | | 通道口防护 | 设防护棚，防护棚应为≥5cm厚的木板或两道相距50cm的竹笆。两侧应沿栏杆架用密目式安全网封闭。 |
| | | 预留洞口防护 | 用木板全封闭；短边超过1.5m长洞口，除封闭外四周还应设有防护栏杆。 |
| | | 电梯井口防护 | 设置定型化、工具化、标准化的防护门；在电梯井内每隔两层（＜10m）设置一道安全平网。 |
| | | 楼梯边防护 | 设1.2m高的定型化、工具化、标准化的防护栏杆18cm高的踢脚板。 |
| | | 垂直方向交叉作业防护 | 设置防护隔离棚或其他设施。 |
| | | 高空作业防护 | 有悬挂安全带的悬索或其他设施；有操作平台；有上下的梯子或其他形式的通道。 |
| | 安全警示标志牌 | | 危险部位悬挂安全警示牌、各类建筑材料及废弃物堆放标志牌。 |
| | 其他 | | 各种应急救援预案的编制、培训和有关器材的配置及检修等费用。 |
| | 其他必要的安全措施。 | | |
| | 危险性较大工程的安全措施费，各市根据实际情况确定。 | | |

（2）社会保险费：定义同前。

（3）住房公积金：定义同前。

（4）工程排污费：定义同前。

（5）建设项目工伤保险：定义同前。

（五）税金

定义同前。

# 第三节　建设工程费用计算程序

## 一、定额计价计算程序（见表 3-3）

表 3-3　　　　　　　　　　定额计价计算程序

| 序号 | 费用名称 | 计算方法 |
|---|---|---|
| 一 | 分部分项工程费 | $\Sigma\{[$定额$\Sigma($工日消耗量×人工单价$)+\Sigma($材料消耗量×材料单价$)+\Sigma($机械台班消耗量×台班单价$)]×$分部分项工程量$\}$ |
| | 计费基础 JD1 | 详见三、计费基础说明 |
| 二 | 措施项目费 | 2.1＋2.2 |
| | 2.1　单价措施费 | $\Sigma\{[$定额$\Sigma($工日消耗量×人工单价$)+\Sigma($材料消耗量×材料单价$)+\Sigma($机械台班消耗量×台班单价$)]×$单价措施项目工程量$\}$ |
| | 2.2　总价措施费 | JD1×相应费率 |
| | 计费基础 JD2 | 详见三、计费基础说明 |
| 三 | 其他项目费 | 3.1＋3.3＋…＋3.8 |
| | 3.1　暂列金额 | |
| | 3.2　专业工程暂估价 | |
| | 3.3　特殊项目暂估价 | |
| | 3.4　计日工 | 按第三章第二节相应规定计算 |
| | 3.5　采购保管费 | |
| | 3.6　其他检验试验费 | |
| | 3.7　总承包服务费 | |
| | 3.8　其他 | |
| 四 | 企业管理费 | (JD1＋JD2)×管理费费率 |
| 五 | 利润 | (JD1＋JD2)×利润率 |
| 六 | 规费 | 4.1＋4.2＋4.3＋4.4＋4.5 |
| | 4.1　安全文明施工费 | （一＋二＋三＋四＋五）×费率 |
| | 4.2　社会保险费 | （一＋二＋三＋四＋五）×费率 |
| | 4.3　住房公积金 | 按工程所在地设区市相关规定计算 |
| | 4.4　工程排污费 | 按工程所在地设区市相关规定计算 |
| | 4.5　建设项目工伤保险 | 按工程所在地设区市相关规定计算 |
| 七 | 设备费 | $\Sigma($设备单价×设备工程量$)$ |
| 八 | 税金 | （一＋二＋三＋四＋五＋六＋七）×税率 |
| 九 | 工程费用合计 | 一＋二＋三＋四＋五＋六＋七＋八 |

## 二、工程量清单计价计算程序(见表 3-4)

表 3-4                                工程量清单计价计算程序

| 序号 | 费用名称 | 计算方法 |
|---|---|---|
| 一 | 分部分项工程费 | $\Sigma$(J$_i$×分部分项工程量) |
| | 分部分项工程综合单价 | J$_i$=1.1+1.2+1.3+1.4+1.5 |
| | 1.1 人工费 | 每计量单位$\Sigma$(工日消耗量×人工单价) |
| | 1.2 材料费 | 每计量单位$\Sigma$(材料消耗量×材料单价) |
| | 1.3 施工机械使用费 | 每计量单位$\Sigma$(机械台班消耗量×台班单价) |
| | 1.4 企业管理费 | JQ1×管理费费率 |
| | 1.5 利润 | JQ1×利润率 |
| | 计费基础 JQ1 | 详见三、计费基础说明 |
| 二 | 措施项目费 | 2.1+2.2 |
| | 2.1 单价措施费 | $\Sigma$\{[每计量单位$\Sigma$(工日消耗量×人工单价)+$\Sigma$(材料消耗量×材料单价)+$\Sigma$(机械台班消耗量×台班单价)+JQ2×(管理费费率+利润率)]×单价措施项目工程量\} |
| | 计费基础 JQ2 | 详见三、计费基础说明 |
| | 2.2 总价措施费 | $\Sigma$[(JQ1×分部分项工程量)×措施费费率+(JQ1×分部分项工程量)×省发措施费费率×H×(管理费费率+利润率)] |
| 三 | 其他项目费 | 3.1+3.3+…+3.8 |
| | 3.1 暂列金额 | |
| | 3.2 专业工程暂估价 | |
| | 3.3 特殊项目暂估价 | |
| | 3.4 计日工 | 按第三章第二节相应规定计算 |
| | 3.5 采购保管费 | |
| | 3.6 其他检验试验费 | |
| | 3.7 总承包服务费 | |
| | 3.8 其他 | |
| 四 | 规费 | 4.1+4.2+4.3+4.4+4.5 |
| | 4.1 安全文明施工费 | (一+二+三)×费率 |
| | 4.2 社会保险费 | (一+二+三)×费率 |
| | 4.3 住房公积金 | 按工程所在地设区市相关规定计算 |
| | 4.4 工程排污费 | 按工程所在地设区市相关规定计算 |
| | 4.5 建设项目工伤保险 | 按工程所在地设区市相关规定计算 |
| 五 | 设备费 | $\Sigma$(设备单价×设备工程量) |
| 六 | 税金 | (一+二+三+四+五)×税率 |
| 七 | 工程费用合计 | 一+二+三+四+五+六 |

### 三、计费基础说明

各专业工程计费基础的计算方法，见表3-5。

表3-5 各专业工程计费基础的计算方法

| 专业工程 | 计费基础 | | | 计算方法 |
|---|---|---|---|---|
| 建筑、装饰、安装、园林绿化工程 | 人工费 | 定额计价 | JD1 | 分部分项工程的省价人工费之和 |
| | | | | Σ[分部分项工程定额Σ(工日消耗量×省人工单价)×分部分项工程量] |
| | | | JD2 | 单价措施项目的省价人工费之和+总价措施费中的省价人工费之和 |
| | | | | Σ[单价措施项目定额Σ(工日消耗量×省人工单价)×单价措施项目工程量]+Σ(JD1×省发措施费费率×H) |
| | | | H | 总价措施费中人工费含量(%) |
| | | 工程量清单计价 | JQ1 | 分部分项工程每计量单位的省价人工费之和 |
| | | | | 分部分项工程每计量单位(工日消耗量×省人工单价) |
| | | | JQ2 | 单价措施项目每计量单位的省价人工费之和 |
| | | | | 单价措施项目每计量单位Σ(工日消耗量×省人工单价) |
| | | | H | 总价措施费中人工费含量(%) |
| 市政工程 | 人工费+机械费 | 定额计价 | JD1 | 分部分项工程的省价人机费之和 |
| | | | | Σ{[分部分项工程定额Σ(工日消耗量×省人工单价)+Σ(机械消耗量×省台班单价)]×分部分项工程量} |
| | | | JD2 | 单价措施项目的省价人机费之和+总价措施费中的省价人机费之和 |
| | | | | Σ{[单价措施项目定额Σ(人机消耗量×省人机单价)×单价措施项目工程量]}+Σ(JD1×省发措施费费率×H) |
| | | | H | 总价措施费中人机费含量(%) |
| | | 工程量清单计价 | JQ1 | 分部分项工程每计量单位的省价人机费之和 |
| | | | | 分部分项工程每计量单位Σ(工日消耗量×省人工单价)+Σ(机械消耗量×省台班单价) |
| | | | JQ2 | 单价措施项目每计量单位的省价人机费之和 |
| | | | | 单价措施项目每计量单位Σ(工日消耗量×省人工单价)+Σ(机械消耗量×省台班单价) |
| | | | H | 总价措施费中人机费含量(%) |

# 第四节 建设工程费用费率

## 一、措施费

### (一)建筑、装饰、安装、园林绿化工程

1. 对于一般计税法（见表3-6）

表3-6 %

| 专业名称＼费用名称 | 夜间施工费 | 二次搬运费 | 冬雨季施工增加费 | 已完工程及设备保护费 |
|---|---|---|---|---|
| 建筑工程 | 2.55 | 2.18 | 2.91 | 0.15 |
| 装饰工程 | 3.64 | 3.28 | 4.10 | 0.15 |
| 安装工程　民用安装工程 | 2.50 | 2.10 | 2.80 | 1.20 |
| 安装工程　工业安装工程 | 3.10 | 2.70 | 3.90 | 1.70 |
| 园林绿化工程 | 2.21 | 4.42 | 2.21 | 5.89 |

2. 对于简易计税法（见表 3-7）

**表 3-7** %

| 费用名称＼专业名称 | 夜间施工费 | 二次搬运费 | 冬雨期施工增加费 | 已完工程及设备保护费 |
|---|---|---|---|---|
| 建筑工程 | 2.80 | 2.40 | 3.20 | 0.15 |
| 装饰工程 | 4.00 | 3.60 | 4.50 | 0.15 |
| 安装工程　民用安装工程 | 2.66 | 2.28 | 3.04 | 1.32 |
| 安装工程　工业安装工程 | 3.30 | 2.93 | 4.23 | 1.87 |
| 园林绿化工程 | 2.40 | 4.80 | 2.40 | 6.40 |

注　建筑、装饰工程中已完工程及设备保护费的计费基础为省价人材机之和。

**表 3-8** 措施费中的人工费含量 %

| 费用名称＼专业名称 | 夜间施工费 | 二次搬运费 | 冬雨期施工增加费 | 已完工程及设备保护费 |
|---|---|---|---|---|
| 建筑工程、装饰工程 | | 25 | | 10 |
| 园林绿化工程 | | 25 | | 10 |
| 安装工程 | 50 | 40 | | 25 |

（二）市政工程

1. 对于一般计税法（见表 3-9）

**表 3-9** %

| 费用名称＼专业名称 | 夜间施工费 | 二次搬运费 | 冬雨期施工增加费 | 已完工程及设备保护费 | 工程定位复测费 | 地下管线交叉处理 |
|---|---|---|---|---|---|---|
| 道路工程 | 0.61 | 1.05 | 0.38 | 0.58 | 0.12 | 0.28 |
| 桥涵工程 | 0.36 | 1.43 | 0.36 | 0.60 | 0.07 | 0.36 |
| 隧道工程 | 0.30 | 1.23 | 0.31 | 0.61 | 0.07 | 0.20 |
| 给水工程 | 1.28 | 1.69 | 1.28 | 0.67 | 0.28 | 1.02 |
| 排水工程 | 0.41 | 1.18 | 0.42 | 0.47 | 0.09 | 0.71 |
| 燃气工程 | 0.94 | 1.18 | 0.95 | 0.61 | 0.62 | 0.80 |
| 供热工程 | 0.92 | 1.22 | 0.93 | 0.49 | 0.48 | 0.74 |
| 水处理工程 | 0.40 | 0.70 | 0.41 | 0.70 | 0.09 | 0.23 |
| 垃圾处理工程 | 0.75 | 1.24 | 0.77 | 0.54 | 0.18 | 0.75 |
| 路灯工程 | 0.53 | 0.75 | 0.74 | 0.68 | 0.10 | 0.46 |

2. 对于简易计税法（见表 3-10）

**表 3-10** %

| 费用名称＼专业名称 | 夜间施工费 | 二次搬运费 | 冬雨期施工增加费 | 已完工程及设备保护费 | 工程定位复测费 | 地下管线交叉处理费 |
|---|---|---|---|---|---|---|
| 道路工程 | 0.62 | 1.07 | 0.39 | 0.59 | 0.12 | 0.29 |
| 桥涵工程 | 0.38 | 1.53 | 0.39 | 0.64 | 0.08 | 0.38 |

续表

| 费用名称\专业名称 | 夜间施工费 | 二次搬运费 | 冬雨期施工增加费 | 已完工程及设备保护费 | 工程定位复测费 | 地下管线交叉处理费 |
|---|---|---|---|---|---|---|
| 隧道工程 | 0.31 | 1.28 | 0.32 | 0.64 | 0.07 | 0.21 |
| 给水工程 | 1.35 | 1.79 | 1.36 | 0.71 | 0.30 | 1.08 |
| 排水工程 | 0.43 | 1.25 | 0.44 | 0.50 | 0.10 | 0.75 |
| 燃气工程 | 0.99 | 1.24 | 1.00 | 0.64 | 0.65 | 0.84 |
| 供热工程 | 0.95 | 1.26 | 0.96 | 0.51 | 0.50 | 0.76 |
| 水处理工程 | 0.43 | 0.75 | 0.44 | 0.75 | 0.10 | 0.25 |
| 垃圾处理工程 | 0.80 | 1.33 | 0.82 | 0.58 | 0.19 | 0.80 |
| 路灯工程 | 0.57 | 0.81 | 0.80 | 0.73 | 0.11 | 0.49 |

注　市政工程措施费中人机费含量均为45%。

## 二、企业管理费、利润

### (一)企业管理费、利润

1. 对于一般计税法(见表3-11)

表3-11　　　　　　　　　　　　　　　　　　　　　　　　　　　　　　　　　　%

| 费用名称\专业名称 | | 企业管理费 | | | 利润 | | |
|---|---|---|---|---|---|---|---|
| | | Ⅰ | Ⅱ | Ⅲ | Ⅰ | Ⅱ | Ⅲ |
| 建筑工程 | 建筑工程 | 43.4 | 34.7 | 25.6 | 35.8 | 20.3 | 15.0 |
| | 构筑物工程 | 34.7 | 31.3 | 20.8 | 30.0 | 24.2 | 11.6 |
| | 单独土石方工程 | 28.9 | 20.8 | 13.1 | 22.3 | 16.0 | 6.8 |
| | 桩基础工程 | 23.2 | 17.9 | 13.1 | 16.9 | 13.1 | 4.8 |
| 装饰工程 | | 66.2 | 52.7 | 32.2 | 36.7 | 23.8 | 17.3 |
| 安装工程 | 民用安装工程 | 55 | | | 32 | | |
| | 工业安装工程 | 51 | | | 32 | | |
| 市政工程 | 道路工程 | 20.3 | 17.4 | 16.2 | 11.4 | 6.6 | 3.8 |
| | 桥涵工程 | 19.7 | 19.0 | 18.2 | 12.9 | 7.6 | 5.5 |
| | 隧道工程 | 15.4 | 14.0 | 12.5 | 10.5 | 7.0 | 5.4 |
| | 给水工程 | 39.1 | 35.4 | 22.0 | 24.7 | 22.2 | 13.3 |
| | 排水工程 | 19.7 | 17.2 | 15.8 | 10.9 | 6.2 | 4.9 |
| | 燃气工程 | 27.3 | 24.3 | 20.8 | 22.6 | 16.2 | 9.8 |
| | 供热工程 | 28.9 | 23.6 | 18.2 | 20.9 | 18.2 | 11.8 |
| | 水处理工程 | 18.8 | 16.6 | — | 9.2 | 6.2 | — |
| | 垃圾处理工程 | 39.6 | 38.1 | — | 15.1 | 13.9 | — |
| | 路灯工程 | 30.2 | 22.4 | 20.6 | 12.6 | 8.9 | 8.1 |
| 园林绿化工程 | | 57.6 | 45.7 | 36.7 | 30.0 | 25.0 | 20.0 |

注　企业管理费费率中,不包括总承包服务费费率。

2. 对于简易计税法（见表 3-12）

**表 3-12** %

| 专业名称＼费用名称 | | 企业管理费 | | | 利润 | | |
|---|---|---|---|---|---|---|---|
| | | Ⅰ | Ⅱ | Ⅲ | Ⅰ | Ⅱ | Ⅲ |
| 建筑工程 | 建筑工程 | 43.2 | 34.5 | 25.4 | 35.8 | 20.3 | 15.0 |
| | 构筑物工程 | 34.5 | 31.2 | 20.7 | 30.0 | 24.2 | 11.6 |
| | 单独土石方工程 | 28.8 | 20.7 | 13.0 | 22.3 | 16.0 | 6.8 |
| | 桩基础工程 | 23.1 | 17.8 | 13.0 | 16.9 | 13.1 | 4.8 |
| 装饰工程 | | 65.9 | 52.4 | 32.0 | 36.7 | 23.8 | 17.3 |
| 安装工程 | 民用安装工程 | 54.19 | | | 32 | | |
| | 工业安装工程 | 50.13 | | | 32 | | |
| 市政工程 | 道路工程 | 18.0 | 15.5 | 14.5 | 10.5 | 6.1 | 3.6 |
| | 桥涵工程 | 18.4 | 17.5 | 16.8 | 12.6 | 7.2 | 5.3 |
| | 隧道工程 | 14.1 | 12.8 | 11.4 | 10.1 | 6.7 | 5.2 |
| | 给水工程 | 36.3 | 32.7 | 19.6 | 23.9 | 21.5 | 12.9 |
| | 排水工程 | 18.6 | 16.0 | 14.7 | 10.5 | 6.0 | 4.7 |
| | 燃气工程 | 25.0 | 22.1 | 19.2 | 21.6 | 15.5 | 9.3 |
| | 供热工程 | 25.6 | 20.7 | 15.5 | 19.7 | 17.2 | 11.1 |
| | 水处理工程 | 17.6 | 16.5 | — | 9.0 | 7.0 | — |
| | 垃圾处理工程 | 37.5 | 36.0 | — | 14.7 | 13.5 | — |
| | 路灯工程 | 28.5 | 20.5 | 18.2 | 12.2 | 8.8 | 7.8 |
| 园林绿化工程 | | 55.0 | 43.0 | 34.0 | 30.0 | 25.0 | 20.0 |

**注** 企业管理费费率中，不包括总承包服务费费率。

（二）总承包服务费、采购保管费（见表 3-13）

**表 3-13** %

| 费用名称 | | 费率 |
|---|---|---|
| 总承包服务费 | | 3 |
| 采购保管费 | 材料 | 2.5 |
| | 设备 | 1 |

## 三、规费

（一）建筑、装饰、安装、园林绿化工程

1. 对于一般计税法（见表 3-14）

**表 3-14** %

| 费用名称＼专业名称 | 建筑工程 | 装饰工程 | 安装工程 | | 园林绿化工程 |
|---|---|---|---|---|---|
| | | | 民用 | 工业 | |
| 安全文明施工费 | 3.70 | 4.15 | 4.98 | 4.38 | 2.92 |
| 其中：1. 安全施工费 | 2.34 | 2.34 | 2.34 | 1.74 | 1.16 |

续表

| 费用名称 \ 专业名称 | 建筑工程 | 装饰工程 | 安装工程 民用 | 工业 | 园林绿化工程 |
|---|---|---|---|---|---|
| 2. 环境保护费 | 0.11 | 0.12 | 0.29 | | 0.16 |
| 3. 文明施工费 | 0.54 | 0.10 | 0.59 | | 0.35 |
| 4. 临时设施费 | 0.71 | 1.59 | 1.76 | | 1.25 |
| 社会保险费 | | | 1.52 | | |
| 住房公积金 | | | | | |
| 工程排污费 | | 按工程所在地设区市相关规定计算 | | | |
| 建设项目工伤保险 | | | | | |

**2. 对于简易计税法（见表 3-15）**

**表 3-15** %

| 费用名称 \ 专业名称 | 建筑工程 | 装饰工程 | 安装工程 民用 | 工业 | 园林绿化工程 |
|---|---|---|---|---|---|
| 安全文明施工费 | 3.52 | 3.97 | 4.86 | 4.31 | 2.84 |
| 其中：1. 安全施工费 | 2.16 | 2.16 | 2.16 | 1.61 | 1.07 |
| 2. 环境保护费 | 0.11 | 0.12 | 0.30 | | 0.16 |
| 3. 文明施工费 | 0.54 | 0.10 | 0.60 | | 0.35 |
| 4. 临时设施费 | 0.71 | 1.59 | 1.80 | | 1.26 |
| 社会保险费 | | | 1.40 | | |
| 住房公积金 | | | | | |
| 工程排污费 | | 按工程所在地设区市相关规定计算 | | | |
| 建设项目工伤保险 | | | | | |

**（二）市政工程**

**1. 对于一般计税法（见表 3-16）**

**表 3-16** %

| 费用名称 \ 专业名称 | 道路工程 | 桥涵工程 | 隧道工程 | 排水工程 | 给水工程 | 燃气工程 | 供热工程 | 水处理工程 | 垃圾处理工程 | 路灯工程 |
|---|---|---|---|---|---|---|---|---|---|---|
| 安全文明施工费 | 4.35 | | | | 3.45 | | | 4.35 | | 4.14 |
| 其中：1. 安全施工费 | 1.74 | | | | | | | | | |
| 2. 环境保护费 | 0.20 | | | | | | | | | |
| 3. 文明施工费 | 0.60 | | | | | | | | | |
| 4. 临时设施费 | 1.81 | | | | 0.91 | | | 1.81 | | 1.60 |
| 社会保险费 | 1.52 | | | | | | | | | |
| 住房公积金 | | | | | | | | | | |
| 工程排污费 | 按工程所在地设区市相关规定计算 | | | | | | | | | |
| 建设项目工伤保险 | | | | | | | | | | |

2. 对于简易计税法（见表 3-17）

表 3-17　　　　　　　　　　　　　　　　　　　　　　　　　　　　　　　　　　　　　　　%

| 专业名称<br>费用名称 | 道路<br>工程 | 桥涵<br>工程 | 隧道<br>工程 | 排水<br>工程 | 给水<br>工程 | 燃气<br>工程 | 供热<br>工程 | 水处理<br>工程 | 垃圾处<br>理工程 | 路灯<br>工程 |
|---|---|---|---|---|---|---|---|---|---|---|
| 安全文明施工费 | 4.23 | | | | 3.33 | | | 4.23 | | 4.02 |
| 其中：1. 安全施工费 | 1.61 | | | | | | | | | |
| 　　　2. 环境保护费 | 0.20 | | | | | | | | | |
| 　　　3. 文明施工费 | 0.60 | | | | | | | | | |
| 　　　4. 临时设施费 | 1.82 | | | | 0.92 | | | 1.82 | | 1.61 |
| 社会保险费 | 1.40 | | | | | | | | | |
| 住房公积金 | 按工程所在地设区市相关规定计算 | | | | | | | | | |
| 工程排污费 | | | | | | | | | | |
| 建设项目工伤保险 | | | | | | | | | | |

## 四、税金（见表 3-18）

表 3-18　　　　　　　　　　　　　　　　　　　　　　　　　　　　　　　　　　　　　　　%

| 费用名称 | 税率 |
|---|---|
| 增值税 | 10 |
| 增值税（简易计税） | 3 |

注　甲供材料、甲供设备不作为计税基础。

# 第四章 安装工程识图基础

## 第一节 双线图与单线图

### 一、管线的单双线图

用三视图形式表示一根圆管，需要较多的线条表示，如图 4-1 所示。由于实际工程中，管线较多，如用三视图形式表示，图样中线条烦琐，并且为了能把管子和管件完整的表示出来，就必须画得非常细小，这样画图和视图都变得非常困难。

管道施工图从图纸上可分为单线图和双线图。为了方便制图和识图，省去表示管子壁厚的线条，只用两根线条线表示管子和管件形状，这种画法叫双线绘制法。用这种画法画成的管线图称为双线图。施工图中往往把空心的管子画成一条线的投影，这种用单根粗实线表示管子图样的方法叫单线绘制法，用这种方法画成的管线图称为单线图。

1. 管子的单双线图（见图 4-2）

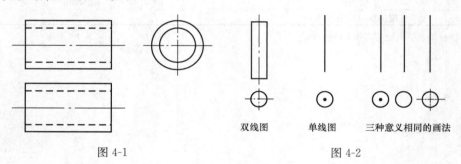

图 4-1 图 4-2

2. 弯头的双线图与单线图（见图 4-3）

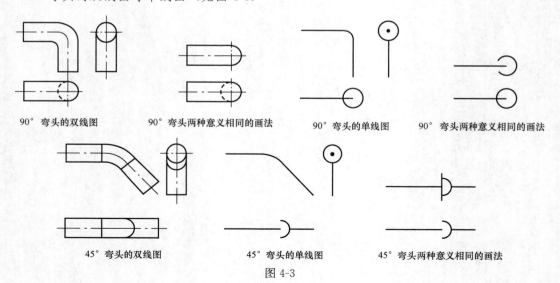

图 4-3

3. 三通、四通的双线图与单线图（见图4-4）

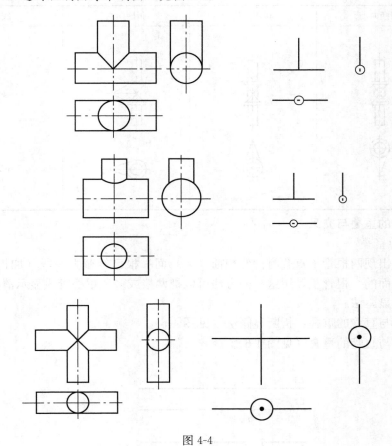

图 4-4

4. 阀门的双线图与单线图（见表4-1）

表 4-1                          阀门的几种表示形式

| | 阀柄向前 | 阀柄向后 | 阀柄向右 | 阀柄向左 |
|---|---|---|---|---|
| 单线图 | | | | |

续表

| | 阀柄向前 | 阀柄向后 | 阀柄向右 | 阀柄向左 |
|---|---|---|---|---|
| 双线图 | | | | |

## 二、管子的重叠与交叉

### 1. 管子的重叠

当投影中出现两根管子重叠时，假想前（上）面一根已经截去一段（加折断符号），显示出后（下）面的一根管子，用这样的方法可以把两根或多根重叠管线显示清楚，这种表示方法称为折断显露法。

（1）直管与直管的重叠：折断显露法（见图4-5）。

（2）弯管与直管的重叠（见图4-6）。

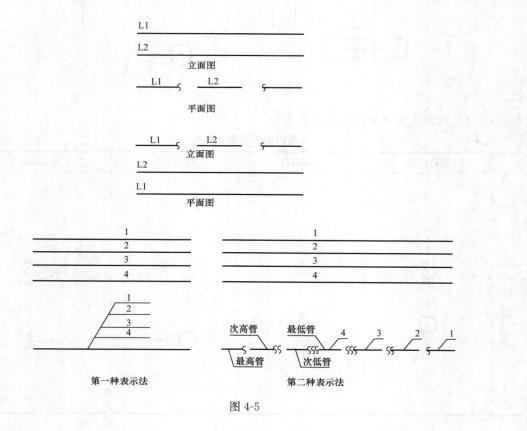

图 4-5

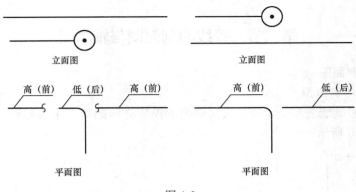

图 4-6

2. 管子的交叉

不论是单线图还是双线图，两根管线交叉，在平面图中，高的管线显示完整，而低的管线断开或用虚线表示；在单、双线同时存在的平面图上，若双线绘制的大管高于单线绘制的小管，则小管与大管相交部分的投影用虚线表示。当小管高于大管时，相交部分没有虚线，如图 4-7 所示。

### 三、管线投影图的识读

（1）看视图，想形状：

对于管线的平面图，先要弄清它是由几个视图来表示这些管线的形状和走向的，再看立面图或侧立面图，看清平面图和立面图之间的关系，然后想象出这些关系的大概轮廓形状。

（2）对线条，找关系：

管线的大体轮廓想象出后，各个视图之间的相互关系可利用对线条（即对投影关系）的方法，找出视图之间对应的投影关系，尤其是积聚、重叠、交叉管线之间的投影关系。

（3）合起来，看整体：

看懂了诸视图的各部分形状后，再根据它们相应的投影关系综合起来想象，对各路管线形成一个完整的认识。这样就可以把整个管线的立体形状、空间走向完整地勾画出来了。

交叉管线平面图如图 4-8 所示从上到下排列的顺序应是 a、b、d、c。

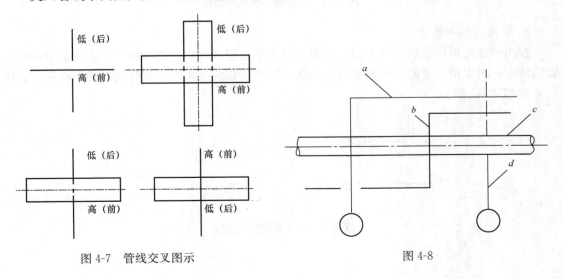

图 4-7　管线交叉图示　　　　　　　　　图 4-8

## 第二节　管线的剖面图与轴测图

**一、管线的剖面图**

1. 单根管线的剖面图

利用剖切符号既能表示剖切位置线又能表示投影方向的特点来表示管线的某个投影面，如图 4-9 和图 4-10 所示。

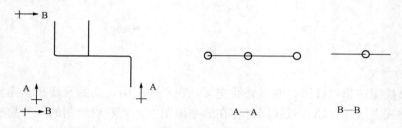

图 4-9　单根管线剖面图

A—A 剖面图反映的图样，从三视图投影角度来看就是主视图，而 B—B 剖面图则是左视图。

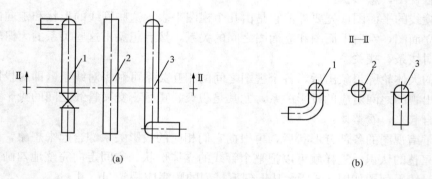

图 4-10　双线图的管线剖面图

2. 管线间的剖面图

在两根或两根以上的管线之间，假想用剖切平面切开，然后把剖切平面前面部分的所有管线移走，对保留下来的管线重新进行投影，这样得到的投影图称为管线间的剖面图，如图 4-11 和图 4-12 所示。

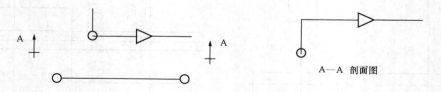

图 4-11　单线图管线间剖面

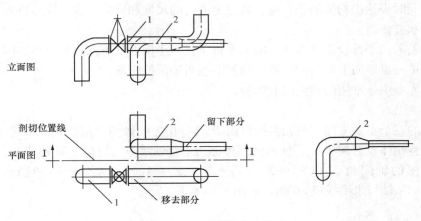

图 4-12 双线图管线间剖面

3. 管线间的转折剖面图

用两个相互平行的剖切平面，在管线间进行剖切，所得到的剖面图称为转折剖面图，如图 4-13 和图 4-14 所示。

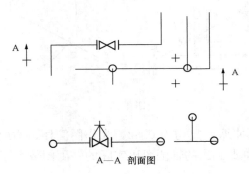

图 4-13 单线图转折剖面图

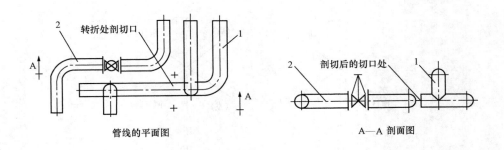

图 4-14 双线图的管线转折剖面

## 二、管道的轴测图

用多面正投影图能够完全、准确地表达物体的形状和尺寸，但缺乏立体感。而轴测图能用一个图面同时表达出物体的长、宽、高三个方向的尺度和形状，富有立体感，是生产中常用的辅助图示方法。

轴测图是采用平行投影的方法，沿不平行于任一坐标面的方向，将物体连同三个坐标轴一起投射到单一投影面上所得的图形。轴测图也叫轴测投影图。

在管道专业中，常用的轴测图有两种。

1. 正等测图

使物体的三个主要方向都与轴测投影面 $P$ 具有相等的倾角，然后用与 $P$ 平面垂直的平行投射线，将物体投射到 $P$ 上，所得的图形称为正等轴测图（简称正等测图）。

正等测图的轴间角 $X_1O_1Y_1 = X_1O_1Z_1 = Y_1O_1Z_1 = 120°$，$O_1Z_1$ 轴一般画成铅直方向，$O_1X_1$ 轴、$O_1Y_1$ 轴与水平线成 $30°$ 角，如图 4-15 所示。

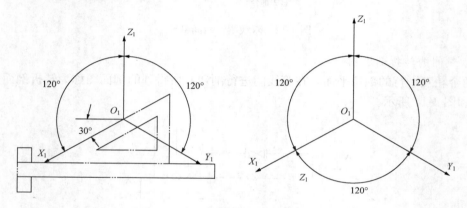

图 4-15

$X$、$Y$、$Z$ 三轴的轴向伸缩系数均为 $0.82$，为作图简便，均取 $1$，称为简化伸缩系数。轴向线段可按实长量取。如此画出的轴测图比实际的轴测图放大了 $0.82$ 倍，但不影响图形的立体感。

$O_1Z_1$ 轴一般画成垂直位置，$O_1X_1$ 轴、$O_1Y_1$ 轴可以互换，坐标轴可以反向延长，如图 4-16 所示。

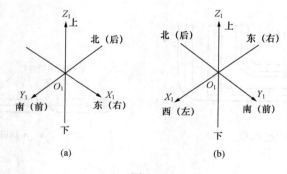

图 4-16

作管道正等测图的方法、步骤如下：

（1）图形分析。

对管道平、立面图进行图形分析，弄清各段管线在空间的走向和具体位置及转弯点、分支点、阀门、设备等的位置，建立立体形象，并对管段编号。

（2）根据管路走向建立坐标系。

坐标原点宜选在分支点或转弯点上，定 $X_1$ 轴为左右走向，定 $Y_1$ 轴为前后走向，而 $Z_1$ 轴一定为上下走向。

（3）逐段画图。

从坐标原点开始向外逐分支、逐段沿轴向画出每一管段。

（4）整理。

擦去不必要的线条，描深，即得管道轴测图。

举例（见图 4-17）：

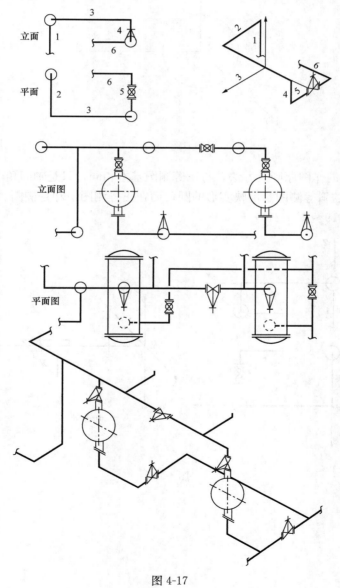

图 4-17

2. 斜等测图

使物体的坐标平面 $XOZ$ 平行于轴测投影面 $P$，然后用与 $P$ 平面倾斜的平行投射线，将物体投射到 $P$ 上，当三条坐标轴的轴向伸缩系数均为 1 时，所得图形称为斜等轴测图（简称斜等测图）。

斜等测图的轴间角 $X_1O_1Z_1 = 90°$，$X_1O_1Y_1 = Y_1O_1Z_1 = 135°$，如图 4-18 所示，轴向伸缩系数均为 1。

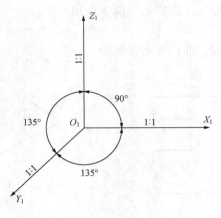

图 4-18

管道斜等测图的作图原则及方法，与正等测图基本相同，只是轴间角不同，而且平行于坐标面 $XOZ$ 的圆的斜等测图是反映实形的圆，而在正等测图中却是椭圆。

举例（见图 4-19～图 4-21）：

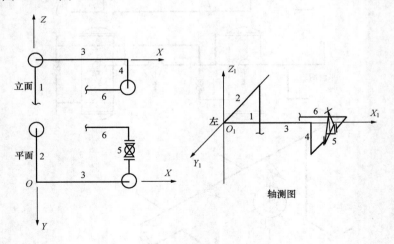

图 4-19

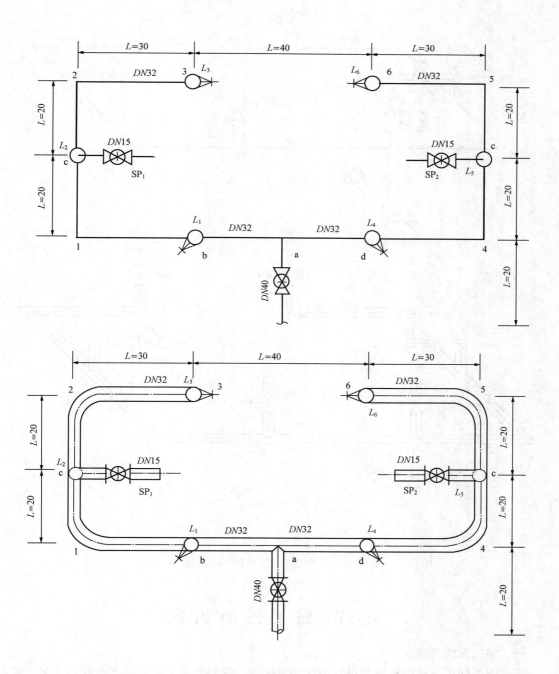

图 4-20　单双线图管道平面图

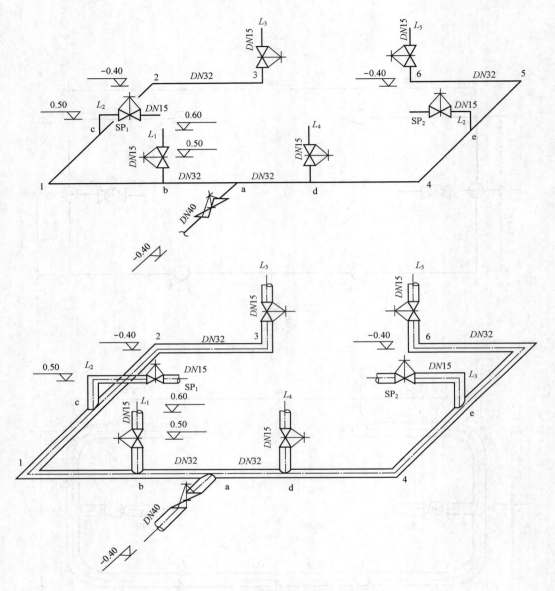

图 4-21　单双线图管道斜等轴测图

# 第三节　施 工 图 的 识 读

## 一、施工图的组成

　　施工图纸的识读在预算编制过程中起关键作用。完整的施工图包括基本图和详图。基本图包括图纸目录、施工图说明、设备材料表、流程图、平面图、轴侧图和立（剖）面图。详图包括节点图、大样图和标准图（重复利用图）。

　　（1）图纸目录：对数量众多的施工图纸，设计人员把它按一定的图名和顺序归纳编排成图纸目录以便查阅。

（2）施工图说明：在图纸上无法表示出来，而要求施工人员知道的一些技术和质量方面的要求，一般用文字形式加以说明。

（3）设备、材料表：该工程所需的各种设备和各类管道、管件、阀门以及防腐、保温材料的名称、规格、型号、数量的明细表。

（4）流程图：是对一个生产系统的工艺变化过程的表示。通过它可以对设备、建筑物、仪表以及管道的规格、输送介质、主要控制阀门有确切的了解。

（5）平面图：施工图中的基本图。主要表示设备的平面分布、管线的走向、排列、标高等具体数据，使施工人员对该项工程有大概的了解。

（6）轴测图：表示了管路系统的空间立体走向，让人一目了然。清楚表示管道的标高、坡度坡向、干管与支管连接，阀门、器具与设备的位置等。

（7）立面图和剖面图：施工图中最常见的图样，表达设备的立面分布和走向，以及管径、标高。

（8）节点图：清楚地表示某一部分管道的详细结构及尺寸，是对平面图及其他图不能反映清楚的某点图形的放大。

（9）大样图：设备配管及管配件组合的详图，特点是双线图表示，对物体有真实感。

（10）标准图：（重复利用图）具有通用性质的图样。它不能用来作为单独进行施工的图纸，只作为某些施工图的一个组成部分。一般由国家或有关部门出版标准图集。

**二、设备施工图的识读**

设备施工图是指在单项工程一整套施工图纸中用作设备施工依据的图纸，简称"设施"。设备施工图的内容包括有室内上下水施工图、室内供暖和供燃气、通风与空调设备施工图等。

为了准确、快速地编制施工图预算，在编制安装工程等单位工程施工图预算之前，必须全面熟悉施工图纸，了解设计意图和工程全貌。熟悉图纸过程，也是对施工图纸的再审查过程。检查施工图、标准图等是否齐全，如有短缺，应当补齐。对设计中的错误、遗漏可提交设计单位改正、补充。对于不清楚之处，可通过技术交底解决。这样才能避免预算编制工作的重算和漏算。熟悉图纸一般可按如下顺序进行。

1. 阅读设计说明书

设计说明书中阐明了设计意图、施工要求、管道保温材料及方法，管道连接方法、材料等内容。

2. 熟悉图例符号

安装工程的工程施工图中管道、管件、附件、灯具、设备和器具等，都是按规定的图例表示的。所以在熟悉施工图纸时，了解图例所代表的内容，对识图是必要的和有用的。常用给排水工程图例见表 4-2～表 4-11，暖通空调图例见表 4-12～表 4-15。

**表 4-2** 管道类别

| 序号 | 名称 | 图例 | 序号 | 名称 | 图例 |
|---|---|---|---|---|---|
| 1 | 生活给水管 | —— J —— | 4 | 中水给水管 | —— ZJ —— |
| 2 | 热水给水管 | —— RJ —— | 5 | 循环冷却给水管 | —— XJ —— |
| 3 | 热水回水管 | —— RH —— | 6 | 循环冷却回水管 | —— XH —— |

| 序号 | 名称 | 图例 | 序号 | 名称 | 图例 |
|---|---|---|---|---|---|
| 7 | 热媒给水管 | ——RM—— | 20 | 保温管 | 也可用文字说明保温范围 |
| 8 | 热媒回水管 | ——RMH—— | | | |
| 9 | 蒸汽管 | ——Z—— | 21 | 伴热管 | 也可用文字说明保温范围 |
| 10 | 凝结水管 | ——N—— | | | |
| 11 | 废水管 | ——F——<br>可与中水原水管合用 | 22 | 多孔管 | |
| | | | 23 | 地沟管 | |
| 12 | 压力废水管 | ——YF—— | 24 | 防护套管 | |
| 13 | 通气管 | ——T—— | 25 | 管道立管 | XL-1 平面　XL-1 系统<br>X为管道类别<br>L为立管<br>1为编号 |
| 14 | 污水管 | ——W—— | | | |
| 15 | 压力污水管 | ——YW—— | | | |
| 16 | 雨水管 | ——Y—— | 26 | 空调凝结水管 | ——KN—— |
| 17 | 压力雨水管 | ——YY—— | 27 | 排水明沟 | 坡向 |
| 18 | 虹吸雨水管 | ——HY—— | 28 | 排水暗沟 | 坡向 |
| 19 | 膨胀管 | ——PZ—— | | | |

**注**　1. 分区管道用加注角标方式表示；
　　　2. 原有管线可用比同类型的新设管线细一级的线型表示，并加斜线，拆除管线则加叉线。

**表 4-3　　　　　　　　　　　管道附件**

| 序号 | 名称 | 图例 | 序号 | 名称 | 图例 |
|---|---|---|---|---|---|
| 1 | 管道伸缩器 | | 5 | 波纹管 | |
| 2 | 方形伸缩器 | | 6 | 可曲挠橡胶接头 | 单球　双球 |
| 3 | 刚性防水套管 | | 7 | 管道固定支架 | |
| 4 | 柔性防水套管 | | 8 | 立管检查口 | |

续表

| 序号 | 名称 | 图例 | 序号 | 名称 | 图例 |
|---|---|---|---|---|---|
| 9 | 清扫口 |  平面　　系统 | 16 | 挡墩 | |
| 10 | 通气帽 | 成品　　蘑菇形 | 17 | 减压孔板 | |
| 11 | 雨水斗 | 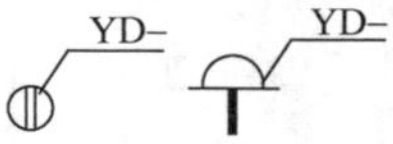 YD—　　YD—<br>平面　　系统 | 18 | Y形除污器 | |
| 12 | 排水漏斗 | 平面　　系统 | 19 | 毛发聚集器 | 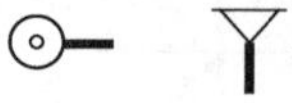 平面　　系统 |
| 13 | 圆形地漏 | 平面　　系统<br>通用。如无水封，<br>地漏应加存水弯 | 20 | 倒流防止器 | |
| | | | 21 | 吸气阀 |  |
| 14 | 方形地漏 | 平面　　系统 | 22 | 真空破坏器 |  |
| 15 | 自动冲洗水箱 | | 23 | 防虫网罩 |  |
| | | | 24 | 金属软管 |  |

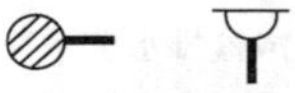

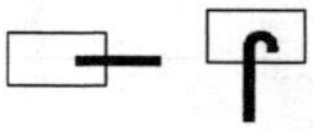

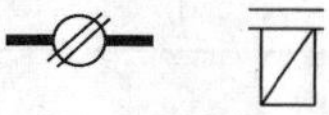

**表 4-4　　　　　　　　　　　　　管道连接**

| 序号 | 名称 | 图例 | 序号 | 名称 | 图例 |
|---|---|---|---|---|---|
| 1 | 法兰连接 | | 7 | 弯折管 | 高　低　　低　高 |
| 2 | 承插连接 | | 8 | 管道丁字上接 |  高<br>低 |
| 3 | 活接头 | | 9 | 管道丁字下接 |  高<br>低 |
| 4 | 管堵 | | 10 | 管道交叉 | 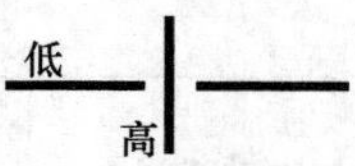 低<br>高<br>在下面和后面的管道应断开 |
| 5 | 法兰堵盖 | | | | |
| 6 | 盲板 | | | | |

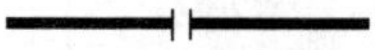

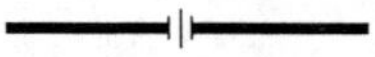

**表 4-5**　　　　　　　　　　　　　**管　件**

| 序号 | 名　称 | 图　例 | 序号 | 名　称 | 图　例 |
|---|---|---|---|---|---|
| 1 | 偏心异径管 | 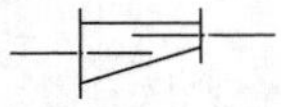 | 8 | 90°弯头 | |
| 2 | 同心异径管 | 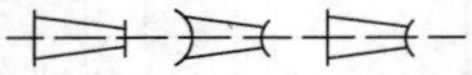 | 9 | 正三通 |  |
| 3 | 乙字管 |  | 10 | TY 三通 |  |
| 4 | 喇叭口 |  | 11 | 斜三通 |  |
| 5 | 转动接头 |  | 12 | 正四通 |  |
| 6 | S 形存水弯 |  | 13 | 斜四通 |  |
| 7 | P 形存水弯 |  | 14 | 浴盆排水管 |  |

**表 4-6**　　　　　　　　　　　　　**阀　门**

| 序号 | 名称 | 图　例 | 序号 | 名称 | 图　例 |
|---|---|---|---|---|---|
| 1 | 闸阀 | 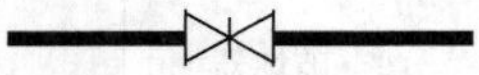 | 8 | 液动闸阀 | 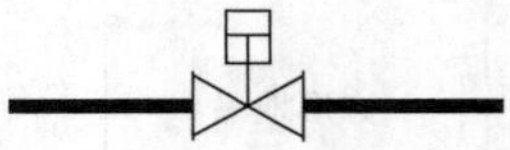 |
| 2 | 角阀 | 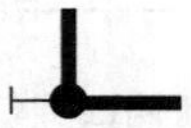 | 9 | 气动闸阀 |  |
| 3 | 三通阀 |  | 10 | 电动蝶阀 | 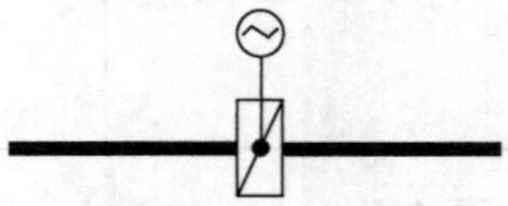 |
| 4 | 四通阀 | 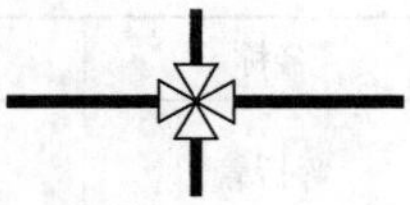 | 11 | 液动蝶阀 | 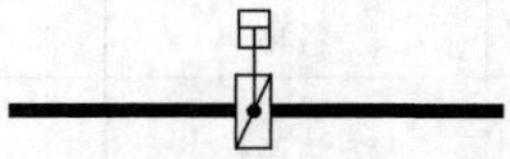 |
| 5 | 截止阀 | | 12 | 气动蝶阀 | 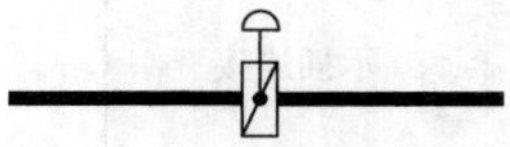 |
| 6 | 蝶阀 | 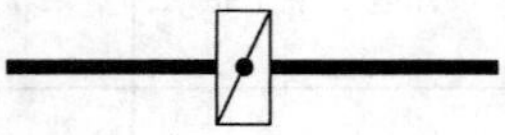 | 13 | 减压阀 | 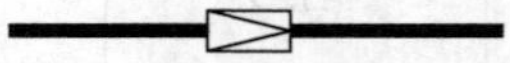 左侧为高压端 |
| 7 | 电动闸阀 | 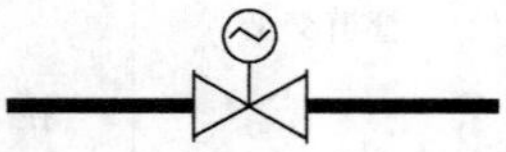 | 14 | 旋塞阀 | 平面　系统 |

续表

| 序号 | 名称 | 图例 | 序号 | 名称 | 图例 |
|------|------|------|------|------|------|
| 15 | 底阀 | 平面　　系统 | 26 | 持压阀 | |
| 16 | 球阀 | | 27 | 泄压阀 | |
| 17 | 隔膜阀 | | 28 | 弹簧安全阀 | 左侧为通用 |
| 18 | 气开隔膜阀 | | 29 | 平衡锤安全阀 | |
| 19 | 气闭隔膜阀 | | 30 | 自动排气阀 | 平面　　系统 |
| 20 | 电动隔膜阀 | | 31 | 浮球阀 | 平面　　系统 |
| 21 | 温度调节阀 | | 32 | 水力液位控制阀 | 平面　　系统 |
| 22 | 压力调节阀 | | 33 | 延时自闭冲洗阀 | |
| 23 | 电磁阀 | | 34 | 感应式冲洗阀 | |
| 24 | 止回阀 | | 35 | 吸水喇叭口 | 平面　　系统 |
| 25 | 消声止回阀 | | 36 | 疏水器 | |

表 4-7 给水配件

| 序号 | 名 称 | 图 例 | 序号 | 名 称 | 图 例 |
|---|---|---|---|---|---|
| 1 | 水嘴 | 平面 系统 | 6 | 脚踏开关水嘴 | |
| 2 | 皮带水嘴 | 平面 系统 | 7 | 混合水嘴 | |
| 3 | 洒水（栓）水嘴 | | 8 | 旋转水嘴 | |
| 4 | 化验水嘴 | | 9 | 浴盆带喷头混合水嘴 | |
| 5 | 肘式水嘴 | | 10 | 蹲便器脚踏开关 | |

表 4-8 消防设施

| 序号 | 名称 | 图例 | 序号 | 名称 | 图例 |
|---|---|---|---|---|---|
| 1 | 消火栓给水管 | —— XH —— | 10 | 自动喷洒头（开式） | 平面 系统 |
| 2 | 自动喷水灭火给水管 | —— ZP —— | 11 | 自动喷洒头（闭式） 下喷 | 平面 系统 |
| 3 | 雨淋灭火给水管 | —— YL —— | 12 | 自动喷洒头（闭式） 上喷 | 平面 系统 |
| 4 | 水幕灭火给水管 | —— SM —— | 13 | 自动喷洒头（闭式） 上下喷 | 平面 系统 |
| 5 | 水炮灭火给水管 | —— SP —— | 14 | 侧墙式自动喷洒头 | 平面 系统 |
| 6 | 室外消火栓 | | | | |
| 7 | 室内消火栓（单口） | 平面 系统 白色为开启面 | | | |
| 8 | 室内消火栓（双口） | 平面 系统 | | | |
| 9 | 水泵接合器 | | | | |

续表

| 序号 | 名称 | 图例 | 序号 | 名称 | 图例 |
|---|---|---|---|---|---|
| 15 | 水喷雾喷头 | 平面　系统 | 22 | 信号闸阀 | |
| 16 | 直立型水幕喷头 | 平面　系统 | 23 | 信号蝶阀 | |
| 17 | 下垂型水幕喷头 | 平面　系统 | 24 | 消防炮 | 平面　系统 |
| 18 | 干式报警阀 | 平面　系统 | 25 | 水流指示器 | |
| 19 | 湿式报警阀 | 平面　系统 | 26 | 水力警铃 | |
| 20 | 预作用报警阀 | 平面　系统 | 27 | 末端试水装置 | 平面　系统 |
| 21 | 雨淋阀 | 平面　系统 | 28 | 手提式灭火器 | |
|  |  |  | 29 | 推车式灭火器 | |

注 1. 分区管道用加注角标方式表示；

2. 建筑灭火器的设计图例可按现行国家标准《建筑灭火器配置设计规范》（GB 50140）的规定确定。

表 4-9　　　　　　　　　　　　　　　卫生设备

| 序号 | 名称 | 图例 | 序号 | 名称 | 图例 |
|---|---|---|---|---|---|
| 1 | 立式洗脸盆 | | 3 | 挂式洗脸盆 | |
| 2 | 台式洗脸盆 | | 4 | 浴盆 | |

续表

| 序号 | 名称 | 图例 | 序号 | 名称 | 图例 |
|---|---|---|---|---|---|
| 5 | 化验盆、洗涤盆 | 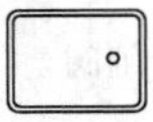 | 11 | 立式小便器 | 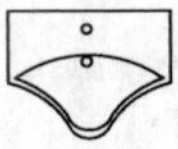 |
| 6 | 厨房洗涤盆 | 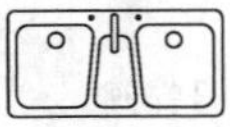 不锈钢制品 | 12 | 壁挂式小便器 | 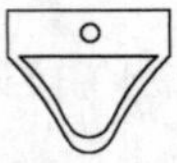 |
| 7 | 带沥水板洗涤盆 | 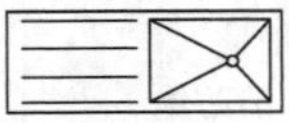 | 13 | 蹲式大便器 | 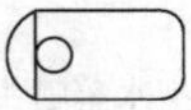 |
| 8 | 盥洗槽 | 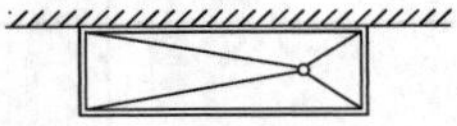 | 14 | 坐式大便器 | 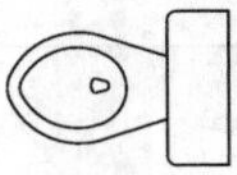 |
| 9 | 污水池 |  | 15 | 小便槽 | 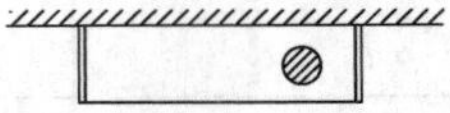 |
| 10 | 妇女净身盆 | 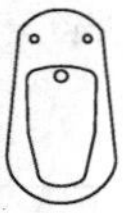 | 16 | 淋浴喷头 |  |

注　卫生设备图例也可以建筑专业资料图为准。

表 4-10　　　　　　　　　　给排水设备

| 序号 | 名称 | 图例 | 序号 | 名称 | 图例 |
|---|---|---|---|---|---|
| 1 | 卧式水泵 |  平面　　系统 | 6 | 卧式容积热交换器 | 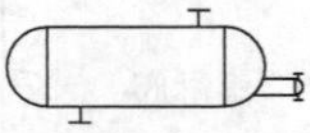 |
| 2 | 立式水泵 | 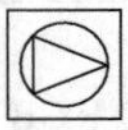 平面 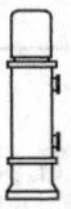　　系统 | 7 | 立式容积热交换器 | 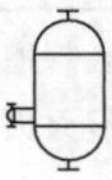 |
| 3 | 潜水泵 |  | 8 | 快速管式热交换器 |  |
| 4 | 定量泵 |  | 9 | 板式热交换器 | 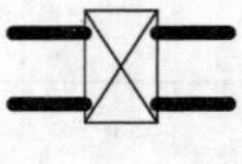 |
| 5 | 管道泵 |  | 10 | 开水器 | 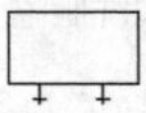 |

| 序号 | 名称 | 图例 | 序号 | 名称 | 图例 |
|---|---|---|---|---|---|
| 11 | 喷射器 | 小三角为进水端 | 13 | 水锤消除器 | |
| 12 | 除垢器 | | 14 | 搅拌器 | |
| | | | 15 | 紫外线消毒器 | ZWX |

**表 4-11**　　　　　　　　　　　　　　给排水仪表

| 序号 | 名称 | 图例 | 序号 | 名称 | 图例 |
|---|---|---|---|---|---|
| 1 | 温度计 | | 8 | 真空表 | |
| 2 | 压力表 | | 9 | 温度传感器 | T |
| 3 | 自动记录压力表 | | 10 | 压力传感器 | P |
| 4 | 压力控制器 | | 11 | pH 传感器 | pH |
| 5 | 水表 | | 12 | 酸传感器 | H |
| 6 | 自动记录流量表 | | 13 | 碱传感器 | Na |
| 7 | 转子流量计 | 平面　系统 | 14 | 余氯传感器 | Cl |

**表 4-12**　　　　　　　　　　　　　**水、汽管道阀门和附件**

| 序号 | 名称 | 图例 | 序号 | 名称 | 图例 |
|---|---|---|---|---|---|
| 1 | 截止阀 | | 16 | 节流阀 | |
| 2 | 闸阀 | | 17 | 调节止回关断阀 | 水泵出口用 |
| 3 | 球阀 | | 18 | 膨胀阀 | |
| 4 | 柱塞阀 | | 19 | 排入大气或室外 | |
| 5 | 快开阀 | | 20 | 安全阀 | |
| 6 | 蝶阀 | | 21 | 角阀 | |
| 7 | 旋塞阀 | | 22 | 底阀 | |
| 8 | 止回阀 | | 23 | 漏斗 | |
| 9 | 浮球阀 | | 24 | 地漏 | |
| 10 | 三通阀 | | 25 | 明沟排水 | |
| 11 | 平衡阀 | | 26 | 向上弯头 | |
| 12 | 定流量阀 | | 27 | 向下弯头 | |
| 13 | 定压差阀 | | 28 | 法兰封头或管封 | |
| 14 | 自动排气阀 | | 29 | 上出三通 | |
| 15 | 集气罐、放气阀 | | 30 | 下出三通 | |

续表

| 序号 | 名称 | 图例 | 序号 | 名称 | 图例 |
|---|---|---|---|---|---|
| 31 | 变径管 |  | 41 | 直通型（或反冲型）除污器 | 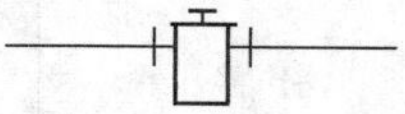 |
| 32 | 活接头或法兰连接 | 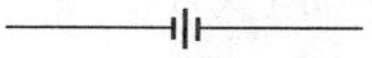 | | | |
| 33 | 固定支架 | 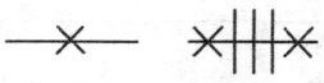 | 42 | 除垢仪 | 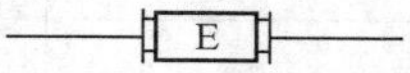 |
| 34 | 导向支架 | 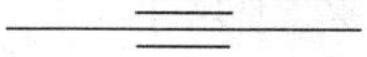 | 43 | 补偿器 | |
| 35 | 活动支架 | 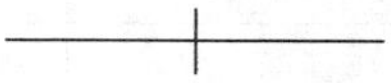 | 44 | 矩形补偿器 | |
| 36 | 金属软管 |  | 45 | 套管补偿器 |  |
| 37 | 可屈挠橡胶软接头 |  | 46 | 波纹管补偿器 | 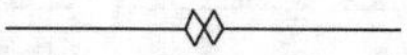 |
| 38 | Y 形过滤器 | 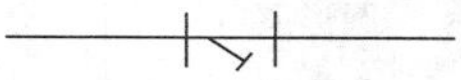 | 47 | 弧形补偿器 |  |
| 39 | 疏水器 |  | 48 | 球形补偿器 |  |
| 40 | 减压阀 | 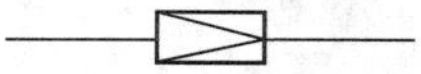 左高右低 | 49 | 伴热管 |  |

**表 4-13　　　　风管、阀门和附件**

| 序号 | 名称 | 图例 | 序号 | 名称 | 图例 |
|---|---|---|---|---|---|
| 1 | 矩形风管 | 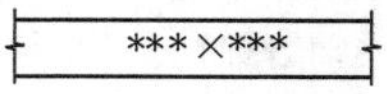 ***×*** 宽×高（mm） | 7 | 天圆地方 | 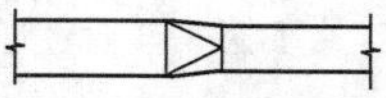 左接矩形风管，右接圆形风管 |
| 2 | 圆形风管 | 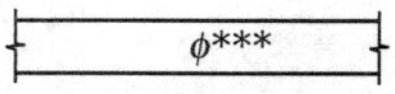 φ*** φ 直径（mm） | 8 | 软风管 |  |
| 3 | 风管向上 | 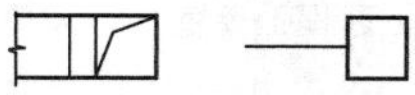 | 9 | 圆弧形弯头 | 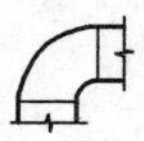 |
| 4 | 风管向下 |  | 10 | 带导流片的矩形弯头 |  |
| 5 | 风管上升摇手弯 | 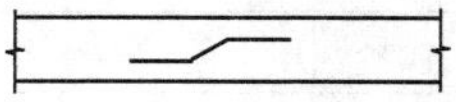 | 11 | 消声器 | 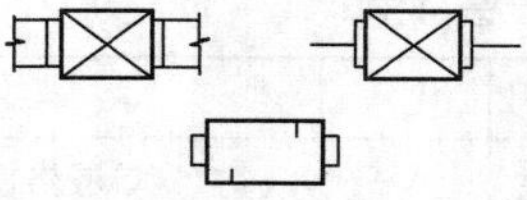 |
| 6 | 风管下降摇手弯 | 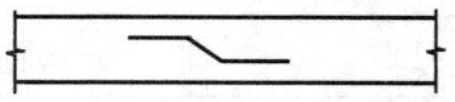 | 12 | 消声弯头 | |

续表

| 序号 | 名称 | 图例 | 序号 | 名称 | 图例 |
|---|---|---|---|---|---|
| 13 | 消声静压箱 | | 22 | 方形风口 | |
| 14 | 风管软接头 | | 23 | 条缝形风口 | |
| 15 | 对开多叶调节风阀 | | 24 | 矩形风口 | |
| 16 | 蝶阀 | | 25 | 圆形风口 | |
| 17 | 插板阀 | | 26 | 侧面风口 | |
| 18 | 止回风阀 | | 27 | 防雨百叶 | |
| 19 | 余压阀 | DPV DPV | 28 | 检修门 | J J |
| 20 | 三通调节阀 | | 29 | 气流方向 | 左为通用表示法,中表示送风,右表示回风 |
| 21 | 防烟、防火阀 | *** *** ＊＊＊表示防烟、防火阀名称代号 | 30 | 远程手控盒 | B 防排烟用 |
| | | | 31 | 防雨罩 | |

| 表 4-14 | | 风口和附件代号 | | | |
|---|---|---|---|---|---|

| 序号 | 代号 | 图例 | 序号 | 代号 | 图例 |
|---|---|---|---|---|---|
| 1 | AV | 单层格栅风口,叶片垂直 | 5 | C* | 矩形散流器,＊为出风面数量 |
| 2 | AH | 单层格栅风口,叶片水平 | 6 | DF | 圆形平面散流器 |
| 3 | BV | 双层格栅风口,前组叶片垂直 | 7 | DS | 圆形凸面散流器 |
| 4 | BH | 双层格栅风口,前组叶片水平 | 8 | DP | 圆盘形散流器 |

续表

| 序号 | 代号 | 图例 | 序号 | 代号 | 图例 |
|---|---|---|---|---|---|
| 9 | DX* | 圆形斜片散流器，*为出风面数量 | 20 | KH | 门铰形蛋格式回风口 |
| 10 | DH | 圆环形散流器 | 21 | L | 花板回风口 |
| 11 | E* | 条缝形风口，*为条缝数 | 22 | CB | 自垂百叶 |
| 12 | F* | 细叶形斜出风散流器，*为出风面数量 | 23 | N | 防结露送风口 冠于所用类型风口代号前 |
| 13 | FH | 门铰形细叶回风口 | | | |
| 14 | G | 扁叶形直出风散流器 | 24 | T | 低温送风口 冠于所用类型风口代号前 |
| 15 | H | 百叶回风口 | | | |
| 16 | HH | 门铰形百叶回风口 | 25 | W | 防雨百叶 |
| 17 | J | 喷口 | 26 | B | 带风口风箱 |
| 18 | SD | 旋流风口 | 27 | D | 带风阀 |
| 19 | K | 蛋格形风口 | 28 | F | 带过滤网 |

表 4-15　　　　　　　　　　　　暖通空调设备

| 序号 | 名称 | 图例 | 序号 | 名称 | 图例 |
|---|---|---|---|---|---|
| 1 | 散热器及手动放气阀 | 左为平面图画法，中为剖面图画法，右为系统图（Y轴侧）画法 | 10 | 空调机组加热、冷却盘管 | 从左到右分别为加热、冷却及双功能盘管 |
| 2 | 散热器及温控阀 | | 11 | 空气过滤器 | 从左至右分别为粗效、中效及高效 |
| 3 | 轴流风机 | | | | |
| 4 | 轴（混）流式管道风机 | | 12 | 挡水板 | |
| 5 | 离心式管道风机 | | 13 | 加湿器 | |
| 6 | 吊顶式排气扇 | | 14 | 电加热器 | |
| 7 | 水泵 | | 15 | 板式换热器 | |
| 8 | 手摇泵 | | 16 | 立式明装风机盘管 | |
| 9 | 变风量末端 | | 17 | 立式暗装风机盘管 | |

| 序号 | 名称 | 图例 | 序号 | 名称 | 图例 |
|---|---|---|---|---|---|
| 18 | 卧式明装风机盘管 | 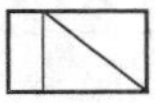  | 21 | 分体空调器 |  室内机　室外机 |
| 19 | 卧式暗装风机盘管 | 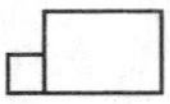  | 22 | 射流诱导风机 | 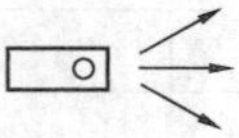  |
| 20 | 窗式空调器 | 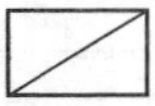  | 23 | 减振器 | 左为平面图画法，右为剖面图画法 |

3. 熟悉工艺流程

给排水、供暖、燃气和通风空调工程、电气施工图，是按照一定工艺流程顺序绘制的。如读建筑给水系统图时，可按引入管→水表节点→水平干管→立管→支管→用水器具的顺序进行。因此，了解工艺流程（或系统组成），对熟悉施工图纸时十分必要的。

4. 阅读施工图纸

在熟悉施工图纸时，应将施工平面图、系统图和施工详图结合起来看。从而搞清管道与管道、管道与管件、管道与设备（或器具）间的关系。有的内容在平面图或系统图上看不出来时，可在施工详图中搞清。如卫生间管道及卫生器具安装尺寸，通常不标注在平面图和系统图上，在计算工程量时，可在施工详图中找出相应的尺寸。识读时应注意：

（1）由于这类施工图纸重点表达的是有关设备管线的走向和管线、附件、阀门与有关设备的衔接，分别用特定的线型和图例符号加以表示。这类图样明显的特点是专业化、符号化。

（2）表达相对完整的设备系统，图纸要求每个专业都要在室内的范围按照设备的工作流程表示清楚，例如室内上水系统，要表明水源进户管，经过水表井，再按照一定的流向有干管、立管、支管直到用水设备。

（3）设备施工图纸与土建施工图关系极为密切，施工人员必须了解这两种图纸的配合关系，管线沿着"建施""结施"的预留孔洞穿过，不得随意开凿孔洞和损伤梁柱。

（4）在设备施工图中，常用单线轴测图表示管线系统的空间关系，轴测图成为设备施工图纸的一个重要组成部分。

# 第五章 机械设备安装工程施工图预算的编制

## 第一节 机械设备安装工程基本知识

工业与民用设备品种繁多,结构各异,形状不一。对那些被普遍使用,具有满足各种要求共同点的设备称为通用机械设备。工程预算人员在建筑安装工程施工中,主要应熟悉安装中所进行的每道主要工序的内容,以及施工过程所需要的机具(材料)性能,才能更好地掌握施工实际情况,编制好施工图预算与施工预算。

### 一、设备安装工序

通用机械设备的安装工序包括施工准备、安装、清洗、试运转。

(一)施工准备

(1)施工前后的现场清理,工具、材料的准备。

(2)临时脚手架(梯子、高凳、跳板等)的搭拆。

(3)设备及其附件的地面运输和移位以及施工机具在设备安装范围内的移动。

(4)设备开箱检查、清洗、润滑,施工全过程的保养维护,专用工具、备品、备件施工完后的清点归还。

(5)基础验收、画线定位、垫铁组配放、铲麻面、地脚螺栓的除锈或脱脂。

设备底座安放垫铁,通过对垫铁厚度的调整,使设备安装达到安装要求的标高和水平,同时便于二次灌浆,使设备的全部重量和运转过程中产生的力通过垫铁均匀地传递到基础上。常用的垫铁有钩头成对斜垫铁、平垫铁、斜垫铁,它们成对组合使用;开口垫铁与开孔垫铁等配合使用。

(二)安装

(1)吊装。使用起重设备将被安装设备就位,初平、找正,找平部位的清洗和保护。

(2)精平组装。精平、找平、找正、对中、附件装配、垫铁焊固。

(3)本体管路、附件和传动部分的安装。

(三)清洗

在试运转之前,应对设备传动系统、导轨面、液压系统、油润滑系统密封、活塞、罐体、进排气阀、调节系统等构件及零件等进行物理清洗和化学清洗;对各有关零部件检查调整,加注润滑油脂。清洗程度必须达到试运转要求标准。

清洗是设备安装工作中一项重要内容,是一项不可忽视的技术性很强的工作,因为清洗工作搞不好,直接影响设备安装质量和正常运行。

(四)试运转

试运转就是要综合检验前阶段及各工序的施工质量,发现缺陷,及时修理和调整,使设备的运行特性能够达到设计指标的要求。

各类设备的试运转应执行 GB 50231—1998《机械设备安装工程施工及验收通用规范》的规定,同时要结合设备安装说明书的要求,做好试运转前的准备工作,以及试运转完毕后的收尾工作、验收工作。

机械设备的试运转步骤为：先无负荷、后带负荷，先单机、后系统，最后联动。试运转首先从部件开始，由部件至组件，再由组件至单台设备。不同设备的试运转具体要求不一样。

（1）属于无负荷试运转的各类设备有金属切削机床、机械压力机、液压机、弯曲校正机，活塞式气体压缩机，活塞式氨制冷压缩机、通风机等。

（2）需要进行无负荷、静负荷、超负荷试运转的设备有电动桥式起重机、龙门式起重机。

（3）需进行额定负荷试运转的有各类泵。

（4）中、小型锅炉安装试运转，包括临时加药装置的准备、配管、投药，排气管的敷设和拆除，烘炉、煮炉、停炉，检查、试运转等全部工作。

**二、安装中常用的起重设备**

设备的搬运及安装广泛采用运输机械和起重机械作业。由于设备安装的特点，施工作业半机械化还占很大比重。

1. 起重机具

起重机具指千斤顶、桅杆、人字架等机具，能对设备进行起吊和装卸作业。这些机具主要有圆木制单柱桅杆及人字桅杆、无缝钢管制桅杆和人字桅杆，以及型钢制成格框结构桅杆。安装时应根据设备大小，选择适用规格的桅杆进行作业。

2. 起重机械

起重机械主要有履带式起重机、轮胎式起重机、汽车式起重机和塔式起重机。

履带式起重机是自行式、全回转、接地面积较大、重心较低的一种起重机。它使用灵活、方便，在一般平整坚实的道路上可以吊荷载行驶，是目前建筑安装工程中使用的主要起重机械，常用的有起重量 10、15、20、25、40、50t 等规格。

轮胎式起重机是一种全回转、自行式、起重机构安装在以轮胎做行走轮的特种底盘上的起重机。它具有移动方便、安全可靠等特点。

汽车式起重机是一种把工作机构安装在通用或专用汽车底盘上的起重机械，工作机构所用动力，一般由汽车发动机供给。汽车式起重机具有行驶速度快、机动性能好、适用范围较广等优点。

塔式起重机也被应用于通用机械设备的安装作业。

3. 水平运输机械

水平运输机械主要有载重汽车、牵引车、挂车等。我国目前生产的载重汽车，主要以往复式发动机为动力，以后轮或中后轮驱动，前轮转向。

# 第二节　机械设备安装工程定额的编制

**一、项目设置及适用范围**

本册定额主要包括通用机械设备和部分专用机械设备安装项目，共分 13 章 1417 个子目。

本册定额适用于工业与民用建筑的新建、扩建通用安装工程中机械设备的安装和拆装检查，不适用于修缮、临时工程。

**二、本册定额与其他册定额的关系**

（1）与第八册《工业管道工程》的界限：凡属于设备本体外联管道或仪表系统的第一个阀门或第一片法兰以外的管道安装，均执行第八册或其他相关册定额。如属于设备配套供应成品管道系统而未供应的，现场按施工图设计配制安装的，也属于此范围。

（2）与第四册《电气设备安装工程》的界限：本册定额中均未包括各种设备的电气系统检查接线调试等内容，该内容应执行第四册《电气设备安装工程》。

（3）与第三册《静置设备与工艺金属结构制作安装工程》的界限：凡属于工艺金属结构工程范围内的，均执行第三册《静置设备与工艺金属结构制作安装工程》。与本册中各种设备配套的小型金属构件，如有短缺或少量增加时，也应执行第三册有关定额项目。

（4）与第二册《热力设备安装工程》的界限：凡属热力车间（或电站）中所用风机、泵、输送设备等，在第二册《热力设备安装工程》册已按其型号规格列有项目者，均套用第二册有关定额，此外，均套用本册定额。

（5）与第七册《通风空调工程》的界限：凡属于通风空调工程系统的风机、空调设备等均执行第七册《通风空调工程》。

（6）各种小型站（库）系统的附属设备制作工程，均执行第三册《静置设备与工艺金属结构制作安装工程》。

**三、本册定额除各章另有说明外，均包括的工作内容**

（1）安装主要工序。

1）整体安装：施工准备，设备、材料及工、机具水平搬运，设备开箱检验、配合基础验收、垫铁设置，地脚螺栓安放，设备吊装就位安装、连接，设备调平找正，垫铁点焊，配合基础灌浆，设备精平对中找正，与机械本体连接的附属设备、冷却系统、润滑系统及支架防护罩等附件部件的安装，机组油、水系统管线的清洗，配合检查验收。

2）解体安装：施工准备，设备、材料及工、机具水平搬运，设备开箱检验、配合基础验收、垫铁设置，地脚螺栓安放，设备吊装就位、组对安装，各部间隙的测量、检查、刮研和调整，设备调平找正，垫铁点焊，配合基础灌浆，设备精平对中找正，与机械本体连接的附属设备、冷却系统、润滑系统及支架防护罩等附件部件的安装，机组油、水系统管线的清洗，配合检查验收。

3）解体检查：施工准备，设备本体、部件及第一个阀门以内管道的拆卸，清洗检查，换油，组装复原，间隙调整，找平找正，记录，配合检查验收。

（2）施工及验收规范中规定的调整、试验及空负荷试运转。

（3）与设备本体联体的平台、梯子、栏杆、支架、屏盘、电机、安全罩以及设备本体第一个法兰以内的成品管道等安装。

（4）工种间交叉配合的停歇时间，临时移动水、电源时间，以及配合质量检查、交工验收等工作。

（5）配合检查验收。

**四、本册定额不包括的内容**

（1）设备场外运输。

（2）因场地狭小，有障碍物等造成设备不能一次就位所引起设备、材料增加的二次搬运、装拆工作。

（3）设备基础的铲磨，地脚螺栓孔的修整、预压，以及在木砖地层上安装设备所需增加的费用。

（4）地脚螺栓孔和基础灌浆。

（5）设备、构件、零部件、附件、管道、阀门、基础、基础盖板等的制作、加工、修理、保温、刷漆及测量、检测、试验等工作。

（6）设备试运转所用的水、电、气、油、燃料等。

（7）联合试运转、生产准备试运转。

（8）专用垫铁、特殊垫铁（如螺栓调整垫铁、球型垫铁、钩头垫铁等）、地脚螺栓和设备基础的灌浆。

（9）脚手架搭设与拆除。

（10）电气系统、仪表系统、通风系统、设备本体第一个法兰以外的管道系统等的安装、调试工作；非与设备本体联体的附属设备或附件（如平台、梯子、栏杆、支架、容器、屏盘等）的制作、安装、刷油、防腐、保温等工作。

**五、下列费用可按系数分别计取**

（1）本册定额第四章"起重设备安装"、第五章"起重机轨道安装"脚手架搭拆费按定额人工费的 8％计算，其费用中人工费占 35％。

（2）操作高度增加费，设备底座的安装标高，如超过地平面±10m 时，超过部分工程量按定额人工、机械费乘以表 5-1 系数。

表 5-1　　　　　　　　　　　　　操作高度增加费系数表

| 设备底座正或负标高（m） | ≤20 | ≤30 | 40 | ≤50 | >50 |
|---|---|---|---|---|---|
| 系数 | 1.15 | 1.20 | 1.30 | 1.50 | 按施工方案另行计算 |

（3）制冷站（库）、空气压缩站、乙炔发生站、水压机蓄势站、制氧站、煤气站、换热站等工程的系统调整费，按各站工艺系统内全部安装工程人工费的 15％计算，其费用中人工费占 35％。在计算系统调整费时，必须遵守下列规定：

1）上述系统调整费仅限于全部采用本定额第一册《机械设备安装工程》、第三册《静置设备与工艺金属结构制作安装工程》、第八册《工业管道工程》、第十二册《刷油、防腐蚀、绝热工程》等四册内有关定额的站内工艺系统安装工程。

2）各站内工艺系统安装工程的人工费，必须全部由上述四册中有关定额的人工费组成。如上述四册定额有缺项时，则缺项部分的人工费在计算系统调整费时应予扣除，不参加系统工程调整费的计算。

3）系统调试费必须是由施工单位为主来实施时，方可计取系统调试费。若施工单位仅配合建设单位（或制造厂）进行系统调试时，则应按实际发生的配合人工费计算。

**六、本册定额其他共性问题的说明**

（1）本册定额中设备地脚螺栓和连接设备各部件的螺栓、销钉、垫片及传动部分的润滑油料等按随设备配套供货考虑。

（2）关于大型设备：一台（套）设备，其最大件重量大于 60t 时，则该设备可视为大型设备，其吊装机具定额内未考虑，发生时可按施工方案计算。

（3）关于特殊垫铁、专用垫铁及一般地脚螺栓各种设备安装定额内已考虑了所需的平、斜垫铁和钩头成对斜垫铁，而特殊垫铁（调整垫铁、球形垫垫等）及专用垫铁、地脚螺栓均按随设备供货考虑，如设备未配有，其费用可另行计算。

（4）关于风机、泵、压缩机的拆装检查该设备凡是施工及验收技术规范规定必须进行拆装检查工作的，或因设备久置或受潮湿等原因，建设单位或设计部门提出进行拆装检查，均可套用相应拆装检查定额。本册的拆装检查定额亦适用其他册中相应设备安装定额中未包括而又需要拆装检查的设备安装工程。

（5）设备试运转。

1）定额内已包括设备的机械部分无负荷试运转，其工作内容按规范中规定的内容为准。第四章起重机的试运转包括了静负荷、动负荷及超负荷试运转。

2）试运转中所用的水、电、气、油、燃料等均不包括在定额内，发生时应按施工方案另行计算。

3）除各章说明内另有规定外，定额均不包括负荷试运转，联合试运转，生产准备试运转以及单机试运转后负荷试运转及联合试转前的试调费用。

4）定额不包括机械部分以外各系统（如电气系统、仪表系统、通风系统等）的试验、调整、试运转。

5）关于试运转中所需的配合电工。定额已包括各机械部分的调整、试运转时所必须配合的电工；电气部分的安装、调整、试验、试运转所需的电工，已包括在相应电气安装定额内。

（6）旧设备的拆装。

已安装好的设备无论是否使用过，如需拆除后重新安装，均视为旧设备。只有未经安装的设备才算新设备。拆旧装新或拆移位置皆按本规定计算。旧设备拆除可按相应安装定额的50％计算。

本册设备安装定额不适用于引进设备的安装，引进设备的安装费用，则按有关专业部门的规定计算。

（7）关于技术监督检验费。

国家技术监督监察部门对起重机、锅炉等进行监督检测所收取的费用，不属于建安工程费，发生时应按有关规定另行计算。

# 第三节 机械设备安装工程量计算

## 一、切削设备安装工程及工程量计算

（一）切削设备的分类、特性

切削设备（机床）是用刀具对金属工件进行切削加工，使获得预定形状、精度及表面粗糙度的工件。切削设备是按加工性质和所用刀具进行分类的，代号见表 5-2 和表 5-3。

表 5-2　　　　　　　　　　机 床 分 类 代 号 表

| 类别 | 车床 | 钻床 | 镗床 | 磨 床 | 铣床 | 齿轮加工机床 | 螺纹加工机床 | 刨(插)床 | 拉床 | 电加工机 床 | 切断机床 | 其他机床 |
|---|---|---|---|---|---|---|---|---|---|---|---|---|
| 代号 | C | Z | T | M、2M、3M | X | Y | S | B | L | D | G | Q |

表 5-3　　　　　　　　　　　　机床通用特性代号表

| 通用特性 | 高精度 | 精度 | 自动 | 半自动 | 程控 | 轻型 | 万能 | 筒式 | 仿形 | 自动换刀 | 高速 |
|---|---|---|---|---|---|---|---|---|---|---|---|
| 代号 | G | M | Z | B | K | Q | W | J | F | H | S |

(1) 车床类。车床类机床主要用于各种较精密的车削加工，可以进行各种回转表面的加工，如内圆、外圆柱面，端面仿形车削，切槽，钻孔，扩孔及铰孔等工作，按其结构和用途划分可分为普通仪表车床、车床、立式车床、落地车床等。

(2) 钻床类。钻床类机床用来钻孔、扩孔、铰孔、刮平面、攻螺纹和其他类似工作，主要分为深孔钻床、摇臂钻床、立式钻床、中心孔钻床、钢轨及梢轮钻床、卧式钻床等，单机重量 0.1~60t。

(3) 镗床类。镗床类机床用于钻削深孔，主要有坐标镗床、深孔镗床、卧式镗床、金刚镗床等，单机重量 1~300t。

(4) 磨床类。磨床类机床用于研磨和抛光，主要有仪表磨床、内圆磨床、外圆磨床、工具磨床、导轨磨床、研磨机、轧辊磨床等，单机重量 1~150t。

(5) 铣床、齿轮及螺纹加工机床类。铣床是进行铣削的机床，主要类型有单臂及单柱铣床、龙门及双柱铣床、平面及单面铣床、仿形铣床、立式及卧式铣床、工具铣床等。用来加工齿轮表面的机床称为齿轮机床，一般可分为仪表齿轮加工机床、推齿轮加工机床、滚齿机、剃齿机、形齿机等。螺纹加工机床主要用于切削螺纹，还可用滚铣法加工花铣键轴、带轴齿轮和蜗轮以及纵铣长轴上的键槽等，机床单重 1~500t。

(6) 刨、插、拉床类。刨床的用途是刨削各种平面和端槽，一般可分为牛头刨、龙门、单臂刨等。插床通常只用于单件、小批生产中插削槽、平面及成型表面。拉床是用拉刀进行加工的机床，主要用于加工通孔、平面及一些典型的成型表面。

(7) 超声波及电加工机床类。利用电化学作用，使金属在电解液中发生阳极溶解从而对零件进行电解加工，主要有电解穿孔机床、电火花内圆磨床、电解加工磨床等。这些设备本体较轻，单机重量一般 0.5~8t。

(8) 木工机械类。木工机械广泛用于加工木工制品的机械化车间、建筑施工现场的木作工程、木构件预制工程及工厂铸造车间木模制作工程等。木工机械按机械的加工性质和使用的刀具种类，大致可分为制材机械、细木工机械和附属机具三类。

制材机械包括带锯机、圆锯机、框锯机等。

细木工机械包括刨床、铣床、开样机、钻孔机、样槽机、车床、磨光机等。

附属机具包括锯条开齿机、锯条焊接机、锯条辊压机、压料机、挫锯机、刀磨机等。

木工机械代号见表 5-4。

表 5-4　　　　　　　　　　　　木工机械代号表

| 类别 | 锯机 | 刨床 | 车床 | 铣床及开样机 | 钻孔机、样槽机 | 磨光机 | 木工刃具修磨设备 |
|---|---|---|---|---|---|---|---|
| 代号 | MJ | MB | MC | MX | MK | MM | MR |

(二) 本章定额包括的工作内容

(1) 机体安装：底座、立柱、横梁等全套设备部件安装以及润滑装置及润滑管道安装。

（2）清洗组装时结合精度检查。

（3）跑车杠带锯机跑车轨道安装。

（三）本章定额不包括的工作内容

（1）设备的润滑、液压系统的管道附件加工、煨弯和阀门研磨。

（2）润滑、液压的法兰及阀门连接所用的垫圈（包括紫铜垫）加工。

（3）跑车木结构、轨道枕木、木保护罩的加工制作。

（四）工程量计算规则

（1）金属切削设备安装以"台"为计量单位。

（2）气动踢木器以"台"为计量单位，按单面卸木和双面卸木分列定额项目。

（3）带锯机保护罩制作与安装以"个"为计量单位，按规格分列定额项目。

（4）数控机床执行本章对应的机床子目。

（5）本章内所列设备重量均为设备净重。

## 二、锻压设备安装工程及工程量计算

（一）锻压设备的分类、特性和代号

锻压设备主要用于冲压、冲孔、剪切、弯曲和校正，可分为机械压力机、液压机、自动锻压机、锤类、剪切机和弯曲校正机、水压机等。锻压机代号见表 5-5。

表 5-5                          锻 压 机 代 号 表

| 名称 | 机械压力机 | 液压机 | 自动锻压机 | 锤类 | 剪切机 | 锻机 | 弯曲校正机 | 其他 |
|------|-----------|--------|-----------|------|--------|------|-----------|------|
| 代号 | J | Y | Z | C | Q | D | W | T |

1. 机械压力机

这类压力机主要用于板料冲压、冲孔、剪切、弯曲、校正及浅拉伸，有的则用来使工件变形，包括单柱固定台式压力机和双柱固定台式压力机、闭式单点压力机及闭式双点压力机、双柱可倾式压力机、摩擦压力机等。

2. 液压机类

液压机有适用于可塑性材料制品的压制、冲孔、弯曲、校正及冲压成型，如四柱式万能液压机、塑料制品液压机和粉末制品液压机，还有适用于金属板料的冷、热成型的油压机，适用于铁道车辆及大型机电制造业压装及拆卸各类大型轮轴过盈配合的轮轴压装机，此外还有金属打包液压机和其他用途的液压机。

3. 自动锻压机类

自动冷镦机可制造各种不同形状的电器触头及各种形状的铆钉、螺钉、螺栓等。辊锻机适用于辊锻各种杆型锻件预成型和热模锻压力机或与模锻锤配合使用，也能作终锻成型和其他类型锻件，有悬臂式和复合式两种。锻管机适用于各种圆轴、台阶轴、复杂台阶轴、锥度轴以及圆管类缩短、枪管来复线、圆螺母等零件锻造。自动锻压机类还有多工位自动压力机、气动薄板落锤、平锻机等。

4. 锤类

有适用于各种自由锻造，如延伸、锻粗、冲孔、剪切、锻焊、扭转和弯曲等的空气锤类、模锻锤类和自由锻锤类。常用的模锻锤有无砧座模锻锤，蒸汽、空气两用模锻锤。自由锻锤在冶金企业中可将特殊钢锭热锻成材，在机械、造船、农机等企业用来锻制各种自由锻件或胎模锻件，也可以在机修厂锻打零星配件，还可以与对台锤组成模锻机组，是一种通用的热锻设备。自由锻锤有三种结构形式，即单臂自由锻锤、拱式自由锻锤、桥式自由锻锤等。

5. 剪切机和弯曲校正机

有用于切割金属板料、冲孔和剪切型材的剪切机、联合冲剪机和热锯机，还有弯曲与校直用的弯管机、校直机、滚板机、液压钢轨校正机、校平机等。

6. 锻造水压机类

它们主要用于锻造钢锭、镦粗一定重量的钢锭的重型设备。

7. 其他机械

如折边机适用于各种金属板的冷弯作业，可弯折槽形、方形、弧形、圆筒形、圆锥筒形等。滚波纹机用于一定厚度的板材上滚制波纹加强筋。折弯压力机用来完成板料弯曲设备。卷圆机用于做各种型材（角钢、槽钢、扁钢）的卷圆工作。整形机用于轮圈整内径。扭拧机用于校正在拉伸校正机上不能克服的型材局部扭曲。

（二）本章定额包括的工作内容

（1）机械压力机、液压机、水压机的拉紧螺栓及立柱的热装。

（2）液压机及水压机液压系统钢管的酸洗。

（3）水压机本体安装包括：底座、立柱、横梁等全部设备部件安装，润滑装置和润滑管道安装，缓冲器、充液罐等附属设备安装，分配阀、充液阀、接力电机操纵台装置安装，梯子、栏杆、基础盖板安装，立柱、横梁等主要部件安装前的精度预检，活动横梁导套的检查和刮研，分配器、充液阀、安全阀等主要阀件的试压和研磨，机体补漆，操纵台、梯子、栏杆、盖板、支撑梁、立式液罐和低压缓冲器表面刷漆。

（4）水压机本体管道安装包括：设备本体至第一个法兰以内的高低压水管、压缩空气管等本体管道安装、试压、刷漆；高压阀门试压、高压管道焊口预热和应力消除，高低压管道的酸洗，公称直径70mm以内的管道煨弯。

（5）锻锤砧座周围敷设油毡、沥青、沙子等防腐层以及垫木排找正时表面精修。

（三）本章定额不包括的工作内容

本章定额不包括以下工作内容，应执行其他章节有关定额或规定。

（1）机械压力机、液压机、水压机拉紧大螺栓及立柱如需热装时所需的加热材料（如硅碳棒、电阻丝、石棉布、石棉绳等）。

（2）除水压机、液压机外，其他设备的管道酸洗。

（3）锻锤试运转中，锤头和锤杆的加热以及试冲击所需的枕木。

（4）水压机工作缸、高压阀等的垫料、填料。

（5）设备所需灌注的冷却液、液压油、乳化液等。

（6）蓄势站安装及水压机与蓄势站的联动试运转。

（7）锻锤砧座垫木排的制作、防腐、干燥等。

（8）设备润滑、液压和空气压缩管路系统的管子和管路附件的加工、焊接、煨弯和阀门的研磨。

（9）设备和管路的保温。

（10）水压机管道安装中的支架、法兰、紫铜垫圈、密封垫圈等管路附件的制作，管子和焊口无损检测和机械强度试验。

（四）工程量计算规则

（1）空气锤、模锻锤、自由锻锤及蒸汽锤以"台"为计量单位。

（2）锻造水压机以"台"为计量单位。

**三、铸造设备安装工程及工程量计算**

（一）铸造设备的分类、特性、代号

铸造设备分为六种：砂处理设备、造型及造芯设备、落砂及清理设备、抛丸清理室、金属型铸造设备、材料准备设备等。铸造设备代号见表5-6。

**表 5-6　铸造设备代号表**

| 名　称 | 砂处理设备 | 造型及造芯设备 | 落砂设备 | 抛丸清理室 | 金属型铸造设备 | 材料准备设备 |
|---|---|---|---|---|---|---|
| 代　号 | S | Z | L | Q | J | C |

1. 砂处理设备

砂处理设备主要用于配制型砂和芯砂以供造型和制芯的需要，包括混砂机、烘砂机、松砂破碎机、筛砂机等。

混砂机是铸造工作中制备型砂和芯砂的主要设备。它是通过搅拌、碾压和控研的机构来制混型砂的。目前使用的混砂机大致可分两类：一类是纯搅拌作用的混砂机，如叶片式混砂机；另一类是兼有搅拌和碾压搓研作用的混砂机，如辗轮式、摆轮式、滚筒式混砂机等。

经过混砂机制出的型砂，还有不少压实的砂团，必须经松砂机进行松散后才能使用。松砂机目前有两种形式，即双轮式松砂机、梳式松砂机。

筛砂机是为了分离混入新砂中的小石块、木片杂物等，所以新砂和旧砂均要过筛。这类设备有双轴惯性振动筛、滚筒破碎筛、滚筒筛、摆动筛等。

2. 造型及造芯设备

造型过程包括填砂、紧实、起模、下芯、合箱及运输。造型及造芯设备有震压式造型机、震实式造型机、震实式制芯机、射芯机等。

3. 落砂及清理设备

落砂包括砂箱落砂和铸件落砂，设备主要有偏心振动落砂机、单轴惯性振动落砂机、双轴惯性振动落砂机、电磁振动落砂机等。清理设备有抛丸机、抛丸清理滚筒、喷丸器等。

4. 抛丸清理室

抛丸清理室适用于大型铸件的清理，有台车式抛丸清理室和悬链式抛丸清理室。

（二）本章定额包括的工作内容

（1）地轨安装。

（2）垫木排制作、防腐。

（3）抛丸清理室的除尘机及除尘器与风机间的风管安装。

（三）工程量计算规则

（1）抛丸清理室的安装，以"室"为计量单位，以室所含设备重量"t"分列定额项目。

（2）铸铁平台安装，以"10t"为计量单位，按方形平台或铸梁式平台的安装方式（安装在基础上或支架上）及安装时灌浆与不灌浆分列定额项目。

（3）抛丸清理室安装定额单位为"室"，是指除设备基础等土建工程及电气箱、开关、敷设电气管线等电气工程外，成套供应的抛丸机、回转台、斗式提升机、螺旋输送机、电动小车等设备以及框架、平台、梯子、栏杆、漏斗、漏管等金属结构件安装。设备重量是指上述全套设备加金属结构件的总重量。

#### 四、起重设备安装工程及工程量计算

（一）起重设备的分类、特性

起重设备广泛用于工厂、露天仓库及其他场所的运输作业。其类型主要有电动双梁桥式起重机、抓斗及电磁三用桥式起重机、桥式锻造起重机、装料及双钩梁桥式起重机、双小车吊钩桥式起重机、门式起重机等。

（二）本章定额包括的工作内容

（1）起重机静负荷、动负荷及超负荷试运转。

（2）必需的端梁铆接。

（3）解体供货的起重机现场组装。

（三）本章定额不包括试运转所需重物的供应和搬运

（四）工程量计算规则

起重机安装按照型号规格选用子目，以"台"为计量单位，同时有主副钩时以主钩额定起重量为准。

#### 五、起重机轨道安装

本章定额内容包括工业用起重输送设备的轨道安装，地轨安装。

（一）本章定额包括的工作内容

（1）测量、下料、矫直、钻孔。

（2）钢轨切割、打磨、附件部件检查验收、组对、焊接（螺栓连接）。

（3）车档制作安装的领料、下料、调直、吊装、组对、焊接等。

（二）本章定额不包括的工作内容

（1）吊车梁调整及轨道枕木干燥、加工、制作。

（2）"8"字形轨道加工制作。

（3）"8"字形轨道工字钢轨的立柱、吊架、支架、辅助梁等的制作与安装。

（三）工程量计算规则

（1）起重机轨道安装按照型号规格选用子目，以"10m"为计量单位计算。

（2）车档安装均按照每组4个，每个单重选用子目，以"组"为计量单位计算。

（3）车档制作以"t"为计量单位计算。

（4）轨道附属的各种垫板、连接板、压板、固定板、鱼尾板、连接螺栓、垫圈、垫板、垫片等部件配件均按随钢轨订货考虑（主材）。

#### 六、输送设备安装工程及工程量计算

（一）输送设备的分类、特性

输送设备主要用于物料的水平运输、上下运输，包括固定式胶带输送机、斗式提升机、螺旋输送机、刮板输送机、板式输送机、悬挂式输送机等。

1. 固定式胶带输送机

胶带运输机是由一封闭的环形挠性件（胶带）绕过驱动和改向装置的运动来运移物品的，可以作水平方向的运输，也可以按一定倾斜角度向上或向下运输，分为移动式和固定式

两种。带式运输机结构简单，运行、安装、维修方便，同时经济性好。

2. 斗式提升机

斗式提升机用在垂直方向或接近于垂直方向运送均匀、干燥、粒状或成型物品，常用于厂房底楼垂直运至高层楼房，分为链条斗式提升机或胶带斗式提升机两种。斗式提升机提升物料高度最高可达 30～60m，一般为 4～30m。

3. 螺旋输送机

螺旋输送机是利用安设在封闭槽内螺旋杆的转动，将物料推动向前输送的。螺旋输送机的直径为 300～600mm，长度为 6～26m。

4. 刮板输送机

刮板输送机是利用装在链条上或绳索上的刮板沿固定导槽移动而将物料运输的，有箱形刮板运输机和沉埋刮板运输机等。

5. 悬挂输送机

悬挂输送机是一种架空运输设备，可以根据需要布置，占地面积小，甚至可不占用有效的生产面积，在一般生产车间作为机械化架空运输系统。运输物料时，大件可以单个悬挂，小件可盛装筐内悬挂。悬挂输送机也可以进行车间之间的运输，但需要增设空中走廊或地面通道。

（二）输送设备安装工程包括的工作内容

设备本体（机头、机尾、机架、漏斗）、外壳、轨道、托辊、拉紧装置、传动装置、制动装置、附属平台梯子栏杆等的组对安装、敷设及接头。

（三）本章定额不包括的工作内容

（1）钢制外壳、刮板、漏斗制作。

（2）平台、梯子、栏杆制作。

（3）输送带接头的疲劳性试验、震动频率检测试验、滚筒无损检测、安全保护装置灵敏可靠性试验等特殊试验。

（四）工程量计算规则

（1）输送设备安装按型号规格以"台"为计量单位；刮板输送机定额单位是按一组驱动装置计算的。超过一组时，按输送长度除以驱动装置组数（即 m/组），以所得 m/组数来选用相应子目。例如：某刮板输送机，宽为 420mm，输送长度为 250m，其中共有四组驱动装置，则其 m/组为 250m 除以 4 组等于 62.5m 组，应选用定额"420mm 宽以内；80m/组以内"的子目，现该机有四组驱动装置，因此将该子目的定额乘以 4.0，即得该台刮板输送机的费用。

（2）皮带接头胶接按照皮带宽度选用子目，以"个"为计量单位计算。

**七、风机安装工程及工程量计算**

（一）通风机分类及性能

通风机是用来输送气体的设备，种类很多，有离心式通（引）风机、轴流通风机、回转式鼓风机、离心式鼓风机，被广泛地用于建筑物的通风换气、空气输送、排尘、排烟等。

离心式通风机是利用离心力来工作的，一般是单级的，常用于小流量、高压力的场合，如排尘、高温、防爆等。

轴流通风机与离心式通风机的主要区别是其气体的进出方向都是轴向的，它的特点是流量大、风压低、体积小，在大型电站、隧道、矿井等通风工程中广泛使用。

回转式鼓风机包括罗茨鼓风机和叶氏鼓风机两种类型。它的特点是排气量不随阻力大小而改变，特别适用于要求稳定流量的工艺流程，一般使用在要求输气量不大，压力在0.01～0.2MPa 的范围。

风机运转过程中为了减低噪声，可安装消声器。

（二）本章定额包括的工作内容

1. 风机安装

（1）风机本体、底座、电动机、联轴节及与本体联体的附件、管道、润滑冷却装置等的清洗、刮研、组装、调试；

（2）联轴器、皮带、减震器及安全防护罩安装。

2. 风机拆装检查

设备本体及部件以及第一个阀门以内的管道等拆卸、清洗、检查、刮研、换油、调间隙及调配重、找正、找平、找中心、记录、组装复原。

（三）本章定额不包括的工作内容（应执行其他章节有关定额或规定）

1. 风机安装

（1）风机底座、防护罩、键、减振器的制作；

（2）电动机的抽芯检查、干燥、配线、调试。

2. 风机拆装检查

（1）设备本体的整（解）体安装；

（2）电动机安装及拆装、检查、调整、试验；

（3）设备本体以外的各种管道的检查、试验等工作。

（四）工程量计算规则

（1）直联式风机按风机本体及电动机、变速器和底座的总重量计算。

（2）非直联式风机，以风机本体和底座的总重量计算，不包括电动机重量，但电动机的安装已包括在定额内。

（3）塑料风机及耐酸陶瓷风机按离心式通（引）风机定额执行。

**八、泵**

泵是一种输送液体的流体设备，在通用设备中系列和型号最多，应用最广。泵的种类很多，按其性能、结构分为三大类：①叶片式泵，包括各式离心泵、轴流泵、混流泵和旋涡泵；②容积式泵，包括往复式泵和转子泵；③真空泵，包括水环式真空泵和往复式真空泵。

（一）泵的分类及性能

（1）叶片式泵：离心泵可分离心水泵、双级和多级离心水泵、离心式耐腐蚀泵、离心式杂质泵、离心式油泵、DB 高硅铁高心泵等，适于工矿企业，城市给、排水，农田灌溉之用，可供输送清水及物理、化学性质类似于水的液体，酸、碱、盐类溶液，80℃以下的带有纤维或其他悬浮物的液体，矿砂、泥浆，输送含有砂砾矿渣等混合液体。

水泵的性能主要用流量、扬程表示。流量是指单位时间内所排出液体的数量，单位用L/h 或 m³/h 表示。扬程是指水泵能够扬水的高度。

旋涡泵的叶轮是圆盘状，在两个侧面的外圆上铣出许多径向叶片。它的特点是高扬程，与同样尺寸的离心泵相比，扬程可高 2～4 倍，还具有一定自吸能力。有些旋涡泵可以输送气液混合物。

（2）容积式泵：电动往复泵主要用于常温下输送无腐蚀性的乳化液、液压油，输送各种腐蚀性液体或高温高黏度带颗粒液体以及其他特殊液体，也可以作为水压机、液压机的动力源。

计量泵分微、小、中、大、特大五种机型；液缸结构分柱塞、隔膜两种形式。它用于输送不含固体颗粒的腐蚀性或非腐蚀性液体。隔膜泵适用于输送易燃、易爆、剧毒及放射性的液体。

螺杆泵依靠螺杆运动输送液体，机体内的主动螺杆为凸齿的右螺纹，从动螺杆为凹齿的左螺纹，液体从左端吸入后，槽内就充满了液体，然后随着螺杆旋转，做轴向前进运动，到右端排出，螺杆不断旋转，螺纹作螺旋线运动，连续地将液体从螺杆槽排出。螺杆泵的优点是排出液体比齿轮泵均匀，压力可达 30MPa；由于其螺杆凹槽较大，少量杂质颗粒也可以不妨碍运转。

齿轮油泵有内啮合、外啮合、直齿、斜齿等形式，用来输送腐蚀性、无固体颗粒的各种油类及有润滑性的液体，温度一般不超过 70℃；对有特殊要求的输送，温度可达到 300℃左右。

（3）真空泵：水环式真空泵的特点是泵壳中的叶轮安装在偏心位置，利用叶轮旋转产生的离心力，连续不断地抽吸气体或液体进行工作。真空泵结构简单、紧凑，内部无须润滑，可使气体免受油污，可用作大型水泵的真空引水，也可和其他泵串联作为前置泵，气体温度在 20～40℃为宜。

屏蔽泵由屏蔽电机与泵连成一体，无轴封，密封性能好。电机的转子、定子用薄壁圆筒与输送介质隔绝。由于无轴封，它有利于输送剧毒、易爆、易燃以及不允许混入空气、水和润滑油等的纯净液体。

（二）本章定额包括的工作内容

（1）泵的安装包括：设备开箱检验、基础处理、垫铁设置、泵设备本体及附件（底座、电动机、联轴器、皮带等）吊装就位、找平找正、垫铁点焊、单机试车、配合检查验收。

（2）泵拆装检查包括：设备本体及部件以及第一个阀门以内的管道等拆卸、清洗、检查、刮研、换油、调间隙、找正、找平、找中心、记录、组装复原、配合检查验收。

（3）设备本体与本体联体的附件、管道、滤网、润滑冷却装置的清洗、组装。

（4）离心式深水泵的泵体吸水管、滤水网安装及扬水管与平面的垂直度测量。

（5）联轴器、减震器、减震台、皮带安装。

（三）本章定额不包括的工作内容

（1）底座、联轴器、键的制作。

（2）泵排水管道组对安装。

（3）电动机的检查、干燥、配线、调试等。

（4）试运转时所需排水的附加工程（如修筑水沟、接排水管等）。

（四）工程量计算规则

（1）直联式泵按泵本体、电动机以及底座的总重量。

（2）非直联式泵按泵本体及底座的总重量计算。不包括电动机重量，但包括电动机的安装。

（3）离心式深水泵按本体、电动机、底座及吸水管的总重量计算。

（4）高速泵安装按离心式油泵安装子目人工、机械乘以系数 1.20；拆装检查时按离心式油泵拆检子目乘以系数 2.0。

（5）深水泵橡胶轴与连接吸水管的螺栓按设备带有考虑。

**九、压缩机安装工程及工程量计算**

（一）压缩机分类及性能

压缩机分容积型压缩机及速度型压缩机两大类。

1. 容积型压缩机

容积型压缩机的工作原理是：气体压力的提高是靠活塞在汽缸内的往复运动，使容积缩小，从而使单位体积内气体分子的密度增加而形成。

活塞式空气压缩机是利用活塞在汽缸内的往复运动完成压缩空气任务。设备构造包括机身、中体、曲轴、连杆、十字头等部件，气缸部分包括气缸、气阀、活塞、填料以及安置在气缸上的排气量调节装置等部件，辅助部分包括冷却器、缓冲器、液气分离器、过滤器、安全阀、油泵、注油器、储气罐以及各种管路系统等。

螺杆式空气压缩机是容积型回转式空气压缩机的一种，在"8"字形气缸内，相互平行啮合的阴、阳转子（即螺杆）旋转，使依附于转子齿槽之间的空气不断产生周期性的容积变化，而沿着转子轴线由吸入侧输送至压出侧，实现其吸气、压缩和排出的全部过程。

滑片式空气压缩机由一、二级气缸，一、二级转子，滑片，齿轮联轴器及主油泵、副油泵等组成。

2. 速度型压缩机

速度型压缩机的工作原理是：气体的压力是由气体分子的速度转化而来，即先使气体分子得到一个很高的速度，然后又让它停滞下来，使动能转化为位能，即速度转化为压力。

离心式压缩机是高速高压的机械，通常用汽轮机或电动机驱动。离心式压缩机主机主要由定子和转子组成，还有附属设备及其他保护装置。

（二）本章定额包括的工作内容

（1）设备本体及与主机本体联体的附属设备、附属成品管道、冷却系统、润滑系统以及支架、防护罩等附件的安装；

（2）与主机在同一底座上的电动机安装；

（3）空负荷试车。

（三）本章定额不包括的工作内容

（1）除与主机在同一底座上的电动机已包括安装外，其他类型解体安装的压缩机，均不包括电动机、汽轮机及其他动力机械的安装；

（2）与主机本体联体的各级出入口第一个法兰外的各种管道、空气干燥设备及净化设备、油水分离设备、废油回收设备、自控系统、仪表系统安装以及支架、沟槽、防护罩等的制作加工；

（3）介质的充灌；

（4）主机本体循环油（按设备带有考虑）；

（5）电动机拆装检查及配线、接线等电气工程；

（6）负荷试车及联动试车。

（四）工程量计算规则

（1）整体安装压缩机的设备重量，按同一底座上的压缩机本体、电动机、仪表盘及附件、底座等总重量计算。

（2）解体安装压缩机按压缩机本体、附件、底座及随本体到货附属设备的总重量计算，不包括电动机、汽轮机及其他动力机械的重量。电动机、汽轮机及其他动力机械的安装按相应项目另行计算。

（3）DMH 型对称平衡式压缩机［包括活塞式 2D（2M）型对称平衡式压缩机、活塞式 4D（4M）型对称平衡式压缩机、活塞式 H 型中间直联同步压缩机］的重量，按压缩机本体、随本体到货的附属设备的总重量计算，不包括附属设备的安装，附属设备的安装按相应项目另行计算。

（4）本章原动机是按电动机驱动考虑，如为汽轮机驱动则相应定额人工乘以系数 1.14。

（5）活塞式 V、W、S 型压缩机的安装是按单级压缩机考虑的，安装同类型双级压缩机时，按相应子目人工乘以系数 1.4。

（6）解体安装的压缩机需在无负荷试运转后检查、回装及调整时，按相应解体安装子目人工、机械乘以系数 1.15。

**十、工业炉设备安装工程及工程量计算**

（一）工业炉设备的种类

工业炉是一种供生产使用的热能设备，可以分为电弧炼钢炉、无芯工频感应电炉、电阻炉、真空炉、高频及中频感应炉、加热炉及热处理炉和冲天炉七种。

电弧炼钢炉是利用电弧产生的热能以熔炼金属的一种电炉，主要用来熔炼合金钢及优质钢，也可用来熔炼生铁。

无芯工频感应电炉用于熔化铸铁。

电阻炉、真空炉、高频及中频感应炉、加热炉及热处理炉和冲天炉都用于金属零件在氧化性气氛下进行正火、退火、淬火及其他加热用途。

（二）本章定额包括的内容

（1）无芯工频感应电炉的水冷管道、油压系统、油箱、油压操纵台等安装以及油压系统的配管、刷漆。

（2）电阻炉、真空炉以及高频、中频感应炉的水冷系统、润滑系统、传动装置、真空机组、安全防护装置等安装。

（3）冲天炉本体和前炉安装。

（4）冲天炉加料机构的轨道、加料车、卷扬装置等安装。

（5）加热炉及热处理炉的炉门升降机构、轨道、炉算、喷嘴、台车、液压装置、拉杆或推杆装置、传动装置、装料、卸料装置等安装。

（三）本章定额不包括的内容

（1）各类工业炉安装均不包括炉体内衬砌筑。

（2）电阻炉电阻丝的安装。

（3）热工仪表系统的安装、调试。

（4）风机系统的安装、试运转。

（5）液压泵房站的安装。

（6）阀门的研磨、试压。

（7）台车的组立、装配。

（8）冲天炉出渣轨道的安装。

（9）解体结构井式热处理炉的平台安装。

（10）设备二次灌浆。

（11）烘炉。

（四）工程量计算规则

（1）电弧炼钢炉、电阻炉、真空炉、高频及中频感应炉、加热炉及热处理炉安装以"台"为计量单位，按设备重量"t"选用定额项目。

（2）无芯工频感应电炉安装以"组"为计量单位，按设备重量"t"选用定额项目。每一炉组按二台炉子考虑。

（3）冲天炉安装以"台"为计量单位，按设备熔化率（t/h）选用项目。冲天炉的出渣轨道安装，可套用本册第五章内"地平面上安装轨道"的相应项目。

（4）加热炉及热处理炉在计算重量时，如为整体结构（炉体已组装并有内衬砌体），应包括内衬砌体的重量，如为解体结构（炉体为金属结构件，需要现场组合安装，无内衬砌体）时，则不包括内衬砌体的重量。炉窑砌筑执行相关专业定额项目。

（5）无芯工频感应电炉安装是按每一炉组为两台炉子考虑，如每一炉组为一台炉子时，则相应定额乘以系数0.6。

（6）冲天炉的加料机构，按各类形式综合考虑，已包括在冲天炉安装内。

（7）加热炉及热处理炉，如为整体结构（炉体已组装并有内衬砌体），则定额人工乘以系数0.7，计算设备重量时应包括内衬砌体的重量。如为解体结构（炉体是金属构件，需现场组合安装，无内衬砌体），则定额不变，计算设备重量时不包括内衬砌体的重量。

## 十一、煤气发生设备安装

本章定额内容包括以煤或焦炭作燃料的冷热煤气发生炉及其各种附属设备、容器、构件的安装；分节容器外壳组对焊接。

（一）本章定额包括的工作内容

（1）煤气发生炉本体及其底部风箱、落灰箱安装，灰盘、炉箅及传动机构安装，水套、炉壳及支柱、框架、支耳安装，炉盖加料筒及传动装置安装，上部加煤机安装，本体其他附件及本体管道安装。

（2）无支柱悬吊式（如W-G型）煤气发生炉的料仓、料管安装。

（3）炉膛内径1m及1.5m的煤气发生炉包括随设备带有的给煤提升装置及轨道平台安装。

（4）电气滤清器安装包括沉电极、电晕极检查、下料、安装，顶部绝缘子箱外壳安装。

（5）竖管及人孔清理、安装，顶部装喷嘴和本体管道安装。

（6）洗涤塔外壳组装及内部零件、附件以及必须在现场装配的部件安装。

（7）除尘器安装包括下部水封安装。

（8）盘阀、钟罩阀安装包括操纵装置安装及穿钢丝绳。

（9）水压试验、密封试验及非密闭容器的灌水试验。

（二）本章定额不包括的工作内容（应执行其他章节有关定额或规定）

（1）煤气发生炉炉顶平台安装。

（2）煤气发生炉支柱、支耳、框架因接触不良而需要的加热和修整工作。

（3）洗涤塔木格层制作及散片组成整块、刷防腐漆。

（4）附属设备内部及底部砌筑、填充砂浆及填瓷环。

（5）洗涤塔、电气滤清器等的平台、梯子、栏杆安装。

（6）安全阀防爆薄膜试验。

（7）煤气排送机、鼓风机、泵安装。

（三）工程量计算规则

（1）煤气发生设备安装以"台"为计量单位，按炉膛内径（m）和设备重量选用定额项目。

（2）如实际安装的煤气发生炉，其炉膛内径与定额内径相似，其重量超过10％时，先按公式求其重量差系数。然后按表5-7乘以相应系数调整安装费。

设备重量差系数＝设备实际重量/定额设备重量

表 5-7　　　　　　　　　　　　　　　　系数表

| 设备重量差系数 | 1.1 | 1.2 | 1.4 | 1.6 | 1.8 |
| --- | --- | --- | --- | --- | --- |
| 安装费调整系数 | 1.0 | 1.1 | 1.2 | 1.3 | 1.4 |

（3）洗涤塔、电气滤清器、竖管及附属设备安装以"台"为计量单位，按设备名称、规格型号选用定额项目。

（4）煤气发生设备附属的其他容器构件安装以"t"为计量单位，按单体重量在0.5t以内和大于0.5t选用定额项目。

（5）煤气发生设备分节容器外壳组焊，以"台"为计量单位，按设备外径（m）/组成节数选用定额项目。

（6）除洗涤塔外，其他各种附属设备外壳均按整体安装考虑，如为解体安装需要在现场焊接时，除执行相应整体安装定额外，尚需执行"煤气发生设备分节容器外壳组焊"的相应项目，且该定额是按外圈焊接考虑。如外圈和内圈均需焊接时，相应定额乘以系数1.95。

（7）煤气发生设备分节容器外壳组焊时，如所焊设备外径大于3m，则以3m外径及组成节数（3/2、3/3）的定额为基础，按表5-8乘以调整系数。

表 5-8　　　　　　　　　　　　　　　　调整系数表

| 设备外径$\phi$（m以内）/组成节数 | 4/2 | 4/3 | 5/2 | 5/3 | 6/2 | 6/3 |
| --- | --- | --- | --- | --- | --- | --- |
| 调整系数 | 1.34 | 1.34 | 1.67 | 1.67 | 2.00 | 2.00 |

## 十二、制冷设备安装

（一）本章定额适用范围

（1）制冷机组包括：活塞式制冷机组、螺杆式冷水机组、离心式冷水机组、热泵机组、溴化锂吸收式制冷机。

（2）制冰设备包括：快速制冰设备、盐水制冰设备、搅拌器。

（3）冷风机包括：落地式冷风机、吊顶式冷风机。

（4）制冷机械配套附属设备包括：冷凝器、蒸发器、储液器、分离器、过滤器、冷却器、玻璃钢冷却塔、集油器、油视镜、紧急泄氨器等。

（5）制冷容器单体试密与排污。

（二）本章定额包括的内容

（1）设备整体、解体安装。

（2）设备带有的电动机、附件、零件等安装。

（3）制冷机械附属设备整体安装；随设备带有与设备连体固定的配件（放油阀、放水阀、安全阀、压力表、水位表）等安装。

（4）制冷容器单体气密试验（包括装拆空气压缩机本体及连接试验用的管道、装拆盲板、通气、检查、放气等）与排污。

（三）本章定额不包括的内容

（1）与设备本体非同一底座的各种设备、起动装置与仪表盘、柜等的安装、调试。

（2）电动机及其他动力机械的拆装检查、配管、配线、调试。

（3）非设备带有的支架、沟槽、防护罩等的制作安装。

（4）设备保温及油漆。

（5）加制冷剂、制冷系统调试。

（四）工程量计算规则

（1）制冷机组安装以"台"为计量单位，按设备类别、名称及机组重量选用定额项目。

（2）制冰设备安装以"台"为计量单位，按设备类别、名称、型号及重量选用定额项目。

（3）冷风机安装以"台"为计量单位，按设备名称、冷却面积及重量选用定额项目。

（4）立式、卧式管壳式冷凝器、蒸发器、淋水式冷凝器、蒸发式冷凝器、立式蒸发器、中间冷却器、空气分离器均以"台"为计量单位，按设备名称、冷却或蒸发面积（m²）及重量选用定额项目。

（5）立式低压循环储液器和卧式高压储液器（排液桶）以"台"为计量单位，按设备名称、容积（m³）和重量选用定额项目。

（6）氨油分离器、氨液分离器、氨气过滤器、氨液过滤器安装以"台"为计量单位，按设备名称、直径（mm）和重量选用定额项目。

（7）玻璃钢冷却塔以"台"为计量单位，按设备处理水量（m³/h）选用定额项目。

（8）集油器、油视镜、紧急泄氨器以"台"或"支"为计量单位，按设备名称和设备直径（mm）选用定额项目。

（9）制冷容器单体试密与排污以"每次/台"为计量单位，按设备容量（m³）选用定额项目。

（10）制冷机组、制冰设备和冷风机的设备重量按同一底座上的主机、电动机、附属设备及底座的总重量计算。

（五）计算工程量时应注意的事项

（1）制冷机组、制冰设备和冷风机等按设备的总重量计算。

（2）制冷机械配套附属设备按设备的类型分别以面积（m²）、容积（m³）、直径（ϕmm 或 ϕm）、处理水量（m³/h）等作为项目规格时，按设计要求（或实物）的规格，选用相应范围内的项目。

（3）除溴化锂吸收式制冷机外，其他制冷机组均按同一底座，并带有减震装置的整体安装方法考虑的。如制冷机组解体安装，可套用相应的空气压缩机安装定额。减震装置若由施工单位提供，可按设计选用的规格计取材料费。

（4）制冷机组安装定额中，已包括施工单位配合制造厂试车的工作内容。

（5）制冷容器的单体气密试验与排污定额是按试一次考虑的。如"技术规范"或"设计要求"需要多次连续试验时，则第二次的试验按第一次相应定额乘以系数 0.9。第三次及其以上的试验，定额从第三次起每次均按第一次的相应定额乘以系数 0.75。

**十三、其他机械安装及设备灌浆**

（一）本章定额适用范围

（1）润滑油处理设备包括：压力滤油机、润滑油再生机组、油沉淀箱。

（2）制氧设备包括：膨胀机、空气分馏塔及小型制氧机械配套附属设备（洗涤塔、干燥器、碱水拌和器、纯化器、加热炉、加热器、储氧器、充氧台）。

（3）其他机械包括：柴油机、柴油发电机组、电动机及电动发电机组、空气压缩机配套的储气罐、乙炔发生器及其附属设备、水压机附属的蓄势罐；离心机安装。

（4）设备灌浆包括：地脚螺栓孔灌浆、设备底座与基础间灌浆。

（二）本章定额包括的内容

（1）设备整体、解体安装。

（2）整体安装的空气分馏塔包括本体及本体第一个法兰内的管道、阀门安装；与本体联体的仪表、转换开关安装；清洗、调整、气密试验。

（3）设备带有的电动机安装；主机与电动机组装联轴器或皮带机。

（4）储气罐本体及与本体联体的安全阀、压力表等附件安装，气密试验。

（5）乙炔发生器本体及与本体联体的安全阀、压力表、水位表等附件安装；附属设备安装、气密试验或试漏。

（6）水压机蓄势罐本体及底座安装；与本体联体的附件安装，酸洗、试压。

（三）本章定额不包括的内容

（1）各种设备本体制作以及设备本体第一个法兰以外的管道、附件安装。

（2）平台、梯子、栏杆等金属构件制作、安装（随设备到货的平台、梯子、栏杆的安装除外）。

（3）空气分馏塔安装前的设备、阀门脱脂、试压；冷箱外的设备安装；阀门研磨、结构、管件、吊耳临时支撑的制作。

（4）其他机械安装不包括刮研工作；与设备本体非同一底座的各种设备、起动装置、仪表盘、柜等的安装、调试。

（5）小型制氧设备及其附属设备的试压、脱脂、阀门研磨；稀有气体及液氧或液氮的制取系统安装。

（6）电动机及其他动力机械的拆装检查、配管、配线、调试。

（四）工程量计算规则

（1）润滑油处理设备以"台"为计量单位，按设备名称、型号及重量（t）选用定额项目。

（2）膨胀机以"台"为计量单位，按设备重量（t）选用定额项目。

（3）柴油机、柴油发电机组、电动机及电动发电机组以"台"为计量单位，按设备名称和重量（t）选用定额项目。大型电机安装以"t"为计量单位。

（4）储气罐以"台"为计量单位，按设备容量（$m^3$）选用定额项目。

（5）乙炔发生器以"台"为计量单位，按设备规格（$m^3/h$）选用定额项目。

（6）乙炔发生器附属设备以"台"为计量单位，按设备重量（t）选用定额项目。

（7）水压机蓄水罐以"台"为计量单位，按设备重量（t）选用定额目。

（8）小型整体安装空气分馏塔以"台"为计量单位，按设备型号规格选用定额项目。

（9）小型制氧附属设备中，洗涤塔、加热炉、加热器、储氧器及充氧台以"台"为计量单位，干燥器和碱水拌和器以"组"为计量单位，纯化器以"套"为计量单位，以上附属设备均按设备名称及型号选用定额项目。

（10）设备减震台座安装以"座"为计量单位，按台座重量（t）选用定额项目。

（11）地脚螺栓孔灌浆、设备底座与基础间灌浆，以"$m^3$"为计量单位，按一台设备灌浆体积（$m^3$）选用定额项目。

（12）坐浆垫板安装以"墩"为计量单位，按垫板规格尺寸（mm）选用定额项目。

（五）计算工程量时应注意的事项

（1）乙炔发生器附属设备、水压机蓄水罐、小型制氧机械配套附属设备及解体安装空气分馏塔等设备重量的计算应将设备本体及与设备联体的阀门、管道、支架、平台、梯子、保护罩等的重量计算在内。

（2）乙炔发生器附属设备是按"密闭性设备"考虑的。如为"非密闭性设备"时，则相应定额的人工、机械乘以系数0.8。

（3）润滑处理设备、膨胀机、柴油机、电动机及电动发动机组等设备重量的计算方法：在同一底座上的机组按整体总重量计算；非同一底座上的机组按主机、辅机及底座的总重量计算。

（4）柴油发电机组定额的设备重量，按机组的总重量计算。

（5）以"型号"作为项目时，应按设计要求的型号执行相同的项目。新旧型号可以互换。相近似的型号，如实物的重量相差在10%以内时，可以执行该定额。

（6）当实际灌浆材料与本册定额中材料不一致时，根据设计选用的特殊灌浆材料，替换本册定额中相应材料，其他消耗量不变。

（7）本册定额所有设备地脚螺栓灌浆、设备底座与基础间灌浆套用本章相应子目。

# 第四节　工程预算实例

【例 5-1】　某金加工车间机床设备安装工程预算

（一）工程概况

该车间设备的平面布置图见图 5-1，设备表见表 5-9。

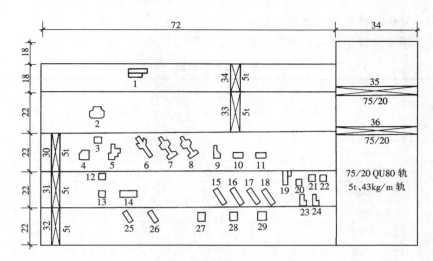

图 5-1　某金加工车间设备平面布置图

（二）施工条件

符合预算定额中规定的正常施工条件。单机重 5t 以内设备可利用车间内桥式起重机施工。单机重量超过 5t 以上的设备可由机械及半机械配合施工。

（三）编制要求

计算定额直接费。

（四）编制依据

2016 年颁布的《山东省安装工程消耗量定额》第一册及 2018 山东省安装工程价目表。

（五）编制步骤

第一步　按表 5-9 给出的设备规格、单重、类别统计安装工程量。

表 5-9　　　　　　　　　　　　某 金 工 车 间 设 备 表

| 图 5-1 中编号 | 设备名称 | 型号 | 台数 | 重量（t） | 图 5-1 中编号 | 设备名称 | 型号 | 台数 | 重量（t） |
|---|---|---|---|---|---|---|---|---|---|
| 1 | 单柱立车 | C6513 | 1 | 10.50 | 15 | 车　床 | C630 | 1 | 4.00 |
| 2 | 双柱立车 | C5235 | 1 | 44.15 | 16 | 车　床 | C630 | 1 | 4.00 |
| 3 | 插　床 | B5052A | 1 | 12.00 | 17 | 车　床 | C630 | 1 | 4.00 |
| 4 | 立　车 | C5225 | 1 | 31.86 | 18 | 车　床 | C630 | 1 | 4.00 |
| 5 | 镗　床 | T2110 | 1 | 10.20 | 19 | 滚齿机 | Y31125B | 1 | 12.00 |
| 6 | 龙门刨床 | B2010A | 1 | 23.03 | 20 | 滚齿机 | Y3180 | 1 | 5.00 |
| 7 | 龙门铣床 | X2010A | 1 | 28.50 | 21 | 插齿机 | Y34 | 1 | 3.53 |
| 8 | 龙门铣床 | X2010A | 1 | 28.50 | 22 | 刨齿机 | Y236 | 1 | 45.50 |
| 9 | 卧式镗床 | T6112 | 1 | 23.00 | 23 | 卧式镗床 | T68 | 1 | 10.50 |
| 10 | 车　床 | C6110 | 1 | 17.20 | 24 | 卧式镗床 | T68 | 1 | 10.50 |
| 11 | 车　床 | C6110 | 1 | 17.20 | 25 | 万能铣床 | X63W | 1 | 3.80 |
| 12 | 弓锯床 | G72 | 1 | 0.50 | 26 | 立　铣 | X53K | 1 | 4.25 |
| 13 | 弓锯床 | G72 | 1 | 0.50 | 27 | 牛头刨 | B665 | 1 | 2.00 |
| 14 | 内圆磨床 | M250A | 1 | 4.50 | 28、29 | 摇臂钻 | Z35 | 2 | 单 3.50 |

第二步　分析各种设备应套取的基价。

第三步　填写安装工程施工图预算表，见表 5-10。

表 5-10　　　　　　　　　　　安装工程预算表

| 序号 | 定额编码 | 子目名称 | 单位 | 工程量 | 单价 | 合价 | 其中 | |
|---|---|---|---|---|---|---|---|---|
| | | | | | | | 省人工单价 | 省人工合价 |
| 1 | 1-1-23 | 立式车床 15t 内 | 台 | 1 | 7601.25 | 7601.25 | 5514.31 | 5514.31 |
| 2 | 1-1-27 | 立式车床 50t 内 | 台 | 1 | 21 916.28 | 21 916.28 | 14 762.06 | 14 762.06 |
| 3 | 1-1-113 | 刨床、插床、拉床 15t 内 | 台 | 1 | 7266.2 | 7266.2 | 5347.86 | 5347.86 |
| 4 | 1-1-26 | 立式车床 35t 内 | 台 | 1 | 14 720.2 | 14 720.2 | 9955.16 | 9955.16 |
| 5 | 1-1-58 | 镗床 15t 内 | 台 | 1 | 8417.87 | 8417.87 | 6205.75 | 6205.75 |
| 6 | 1-1-115 | 刨床、插床、拉床 25t 内 | 台 | 1 | 12 463.69 | 12 463.69 | 7742.82 | 7742.82 |
| 7 | 1-1-97 | 铣床及齿轮、螺纹加工机床 30t 内 | 台 | 2 | 14 748.62 | 29 497.24 | 8815.77 | 17 631.54 |
| 8 | 1-1-60 | 镗床 25t 内 | 台 | 1 | 11 838.34 | 11 838.34 | 8283.26 | 8283.26 |
| 9 | 1-1-10 | 车床 20t 内 | 台 | 2 | 8172.8 | 16 345.6 | 5399.26 | 10 798.52 |
| 10 | 1-1-132 | 其他机床及金属材料试验机械 1t 内 | 台 | 2 | 745.57 | 1491.14 | 560.32 | 1120.64 |
| 11 | 1-1-75 | 磨床 5t 内 | 台 | 1 | 2569.1 | 2569.1 | 1803.94 | 1803.94 |
| 12 | 1-1-6 | 车床 5.0t 内 | 台 | 4 | 2376.22 | 9504.88 | 1626.27 | 6505.08 |
| 13 | 1-1-94 | 铣床及齿轮、螺纹加工机床 15t 内 | 台 | 1 | 7884.61 | 7884.61 | 5628.13 | 5628.13 |
| 14 | 1-1-91 | 铣床及齿轮、螺纹加工机床 5t 内 | 台 | 1 | 2362.71 | 2362.71 | 1680.65 | 1680.65 |
| 15 | 1-1-99 | 铣床及齿轮、螺纹加工机床 50t 内 | 台 | 1 | 22 117.86 | 22 117.86 | 13 849.59 | 13 849.59 |
| 16 | 1-1-58 | 镗床 15t 内 | 台 | 2 | 8417.87 | 16 835.74 | 6205.75 | 12 411.5 |
| 17 | 1-1-91 | 铣床及齿轮、螺纹加工机床 5t 内 | 台 | 1 | 2362.71 | 2362.71 | 1680.65 | 1680.65 |
| 18 | 1-1-91 | 铣床及齿轮、螺纹加工机床 5t 内 | 台 | 1 | 2362.71 | 2362.71 | 1680.65 | 1680.65 |
| 19 | 1-1-109 | 刨床、插床、拉床 3t 内 | 台 | 1 | 1326.01 | 1326.01 | 1043.7 | 1043.7 |
| 20 | 1-1-42 | 钻床 5t 内 | 台 | 2 | 2188.72 | 4377.44 | 1457.76 | 2915.52 |
| | | 分部分项工程费合计 | | | | 203 261.58 | 109 243.66 | 136 561.33 |

# 第六章　电气设备安装工程施工图预算的编制

## 第一节　电气工程定额编制

### 一、定额概况

第四册《电气设备安装工程》主要包括 10kV 以下一般工业与民用建筑（电气安装工程）即：变配电、动力、照明工程。变配电设备、线路安装工程、动力电气设备、电气照明器具、防雷及接地装置安装、配管配线、起重、输送设备电气装置、电气设备调试等的安装工程。共计 16 章，190 节，2385 个子目。

（1）第一章　变压器安装工程。本章定额包括 10kV 油浸电力变压器、干式变压器、单相变压器、消弧线圈安装及变压器干燥、变压器油过滤、组合式成套箱式变电站安装，共 6 节 54 个定额子目。

（2）第二章　配电装置安装工程。本章适用于 10kV 以下高、低压配电装置的安装以及变配电主站、子站、远端终端等智能配电装置的安装。共设 15 节，130 个定额子目。

（3）第三章　绝缘子、母线安装工程。本章包括 10kV 以下绝缘子、穿墙套管安装、软母线安装、矩形母线及引下线安装、伸缩节头及铜过渡板安装、槽形母线安装及与设备连接、管形母线安装、分相封闭母线安装、共箱母线安装、低压封闭式插接母线槽安装、重型母线安装、伸缩器及导板制作、安装、重型铝母线接触面加工、母线绝缘套管安装共 16 节 138 个定额子目。

（4）第四章　配电控制、保护、直流装置安装工程。本章包括控制、继电、模拟、弱电控制返回屏安装、控制台、控制箱安装、端子箱、端子板安装及端子板外部接线、接线端子安装、直流屏及其他电气屏（柜）安装，共 5 节 62 个定额子目。

（5）第五章　蓄电池、太阳能光伏电池安装工程。本章包括蓄电池防震支架安装、碱性蓄电池安装、密封式铅酸蓄电池安装、免维护铅酸蓄电池安装、蓄电池组充放电、太阳能电池安装、UPS 安装共计 7 节 69 个定额子目，其中太阳能电池、UPS 安装两项为新增项目。

（6）第六章　发电机、电动机及低压电气装置检查接线。本章包括发电机检查接线、直流发电机检查接线、直流电动机检查接线、交流电动机检查接线、立式电动机检查接线、大中型电动机检查接线、微型电机、变频机组检查接线、电磁调速电动机检查接线、低压电气装置检查接线、电机干燥共计 10 节 70 个定额子目。

（7）第七章　金属构件、穿通板、箱盒制作安装工程。本章包括金属构件制作、安装及箱盒制作、穿通板制作安装、网门、保护网制作安装、二次喷漆三节 18 个定额子目。适用于本册范围内除滑触线支架制作安装外的各种支架、构件的制作与安装。（铁制箱、盒一般都是厂家成套供应，很少现场制作，这些制作子目适应于现场加工、制作的箱盒）

（8）第八章　起重、输送设备电气装置安装工程。本章包括起重设备电气安装、输送设备电气安装、轻型滑触线安装、安全节能型滑触线安装、型钢类滑触线安装、滑触线支架安装、滑触线指示灯、拉紧装置及挂式支持器制作、安装、移动软电缆安装共计 8 节 64 个定额子目。

(9) 第九章　电缆敷设工程。本章定额包括沟槽挖填、开挖路面、路面修复、电缆沟铺砂、盖砖及揭（盖）、移动盖板、电缆保护管埋地敷设、电缆桥架安装、线槽安装、电力电缆、控制电缆敷设、电力电缆头、控制电缆头制作安装、防火阻燃装置安装等共计 24 节 414 个子目。

新增：路面修复、防火阻燃装置、电缆沟机械挖填、穿墙防水套管、线槽安装、冷缩电缆头、带 T 形、肘型插头的电力电缆终端头制作、安装、电缆保护管适用范围：平原地区和厂内（生活小区内）。开挖路面、路面修复，适应于在厂区内和生活小区内的道路。非上述范围的应执行市政工程相关定额。

(10) 第十章　防雷及接地装置安装工程。本章包括避雷针制作、避雷针安装、独立避雷针塔安装、半导体少长针消雷装置安装、避雷针拉线安装、避雷引下线敷设、避雷网安装、均压环敷设、接地极（板）制作与安装、接地母线敷设、等电位装置及构架接地安装、电涌保护器安装共计 12 节 76 个定额子目。

(11) 第十一章　10kV 及以下架空配电线路安装工程。本章包括工地运输、土石方工程、杆基础、拉线盘安装及电杆、拉线棒防腐、电杆组立、撑杆及钢圈焊接、拉线制作、安装、横担安装、架线工程、导线跨越、进户线架设、杆上变配电设备安装、接地环及绝缘护套等安装共计 12 节，125 个定额子目。

本章增加了拉线棒防腐、现制基础等 7 个子目，导线架设增加了截面 300mm² 的裸铝绞线、钢芯铝绞线、绝缘铝绞线、绝缘铜绞线项目 4 个子目。增加了截面 35mm² 至 240mm² 的钢绞线 4 个子目，增加了集束导线二芯、四芯 35mm² 至 120mm² 的规格的 6 个子目。再是增加了接地环及绝缘护套 5 个子目。本章适用于 10kV 及以下的架空配电线路安装工程，大于 10kV 的架空线路安装工程应执行电力建设工程相应定额。

(12) 第十二章　配管工程。本章包括电线管、钢管、防爆钢管、可挠金属套管、硬聚氯乙烯管、刚性阻燃管、半硬质阻燃管、套接紧定式、扣压式钢导管、金属软管敷设和接线箱安装、接线盒安装、动力配管混凝土地面刨沟、墙体剔槽、打孔洞共计 13 节 251 个定额子目。

其中焊接钢管、紧定式、扣压式钢导管、打孔洞为新增项目。

(13) 第十三章　配线工程。本章包括管内穿线、绝缘子配线、塑料槽板配线、塑料护套线明敷设、线槽配线、车间带形母线安装、盘、柜、箱、板配线、钢索架设、拉紧装置制作与安装共 11 节 193 个定额子目。新增了线槽配线中的多芯导线，车间带型母线中的铜母线安装，将原第四章中的盘、柜、箱、板配线移到了本章中。

(14) 第十四章　照明器具安装工程。本章包括普通灯具安装、装饰灯具安装、荧光灯具安装、嵌入式地灯安装、工厂灯安装、医院灯具安装、浴霸安装、路灯安装、景观照明灯具安装、艺术喷泉照明系统安装、开关、按钮安装、插座安装共计 12 节 400 个定额子目。其中景观照明、艺术喷泉照明系统为新增项目。

工厂厂区内、住宅小区内路灯、景观照明灯、艺术喷泉照明安装执行本定额，除此以外属于城市道路、建筑物、构筑物、城市广场等的路灯、景观照明灯、高杆灯等的安装执行市政相关定额。

(15) 第十五章　低压电器设备安装工程。本章包括控制开关安装、熔断器、限位开关安装、控制器、接触器、起动器、电磁铁安装、电阻器、变阻器安装、控制按钮、操作柱、电笛安装、水位电气信号装置安装、仪表、电器、小母线、子母钟安装、分流器安装、安全变压器、电铃、门铃、风扇安装、医院呼叫系统安装共计 10 节 76 个定额子目。

内容上主要是由 03 版的第四章控制设备及低压电气、第十三章照明器具两章中的相关内容合并而成，其中操作柱、子母钟、音乐电铃、医院呼叫系统为新增项目。医院呼叫系统适用于病员与护士之间的呼叫、联络，也适用于疗养院、养老院等需要护理对讲的场所，取代了原定额的电铃号牌箱。

（16）第十六章　电气设备调试工程。本章定额适用于一般工业和民用建筑电气设备的电气系统调试，内容包括电气设备的本体试验和分系统调试、整套启动调试，共计 26 节 242 个定额子目。本章与 03 版比较，将调相机同期系统、励磁机系统单独列项，增加了发电机变压器组系统调试和整套启动调试，并将发电机容量扩展到了 4MW。

本调试定额是按现行施工技术验收规范编制的，凡现行规范未包括的新调试项目和内容均未包括在定额中。

**二、适用范围**

本册定额适用于一般工业与民用新建、扩建工程中 10kV 以下电气安装工程。（变配电、动力、照明）分部分项：变、配电设备、线路、照明器具、防雷及接地装置、配管配线、起重、输送设备电气装置、电气设备调试等的安装工程。

**三、与各册的界限划分**

（1）下列情况执行电力建设工程相关定额（专业定额）：

1）电压等级大于 10kV 的输变电设备及线路安装。

2）50 000kW 以上发电机接线、系统调试，燃煤发电厂、变电站、配电室、输电线路、太阳能光伏电站的整套启动调试。

3）厂区或居民生活小区以外的变配电设备安装。

（2）下列情况执行市政工程相关定额：

厂区、居民生活小区以外的路灯照明工程、景观（艺术）照明工程、户外保护管道沟、电缆沟、接地沟土石方工程，应执行市政工程相关定额。

**四、与清单的衔接情况**

清单计量单位均是基本单位，与定额计量单位有多处不同，但清单工程量计规则与定额工程量计算规则相同。

# 第二节　变配电工程

**一、变配电工程定额设置内容**

1. 变压器安装工程

《山东省安装工程消耗量定额》（2016 年版）第四册电气设备安装工程中第一章编制了变压器安装工程定额。本章包括 10kV 油浸电力变压器、干式变压器、单相变压器、消弧线圈安装及变压器干燥、变压器油过滤、组合式成套箱式变电站安装，共六节 54 个定额子目。定额编号从 4-1-1～4-1-54。

（1）油浸式变压器安装。油浸式变压器安装定额区分变压器容量编制了 7 个定额子目，计量单位：台。定额工作内容：开箱检查，本体就位，器身检查，套管、油枕及散热器清洗，油柱试验，风扇油泵电机检查接线，附件安装，垫铁止轮器制作、安装，补充柱油及安装后整体密封试验，接地，补漆，配合电气试验。

（2）干式变压器安装。干式变压器安装定额区分变压器容量编制了8个定额子目，计量单位：台。定额工作内容：开箱检查，本体就位，垫铁及止轮器制作、安装，附件安装，接地，补漆，配合电气试验。

（3）单相变压器安装。单相变压器安装定额区分变压器容量编制了2个定额子目，计量单位：台。定额工作内容：开箱检查，本体就位，器身检查，垫铁制作、安装，附件安装，接地，补漆，配合电气试验。

（4）消弧线圈安装。

1）消弧线圈油浸式安装。消弧线圈油浸式安装定额区分变压器容量编制了8个定额子目，计量单位：台。定额工作内容：开箱检查，本体就位，器身检查，垫铁及止轮器制作、安装，附件安装，补充柱油及安装后整体密封试验，接地，补漆，配合电气试验。

2）消弧线圈干式安装。消弧线圈干式安装定额区分变压器容量编制了8个定额子目，计量单位：台。定额工作内容：开箱检查，本体就位，器身检查，垫铁及止轮器制作、安装，附件安装，接地，补漆，配合电气试验。

（5）变压器干燥、绝缘油过滤。

1）变压器干燥。变压器干燥定额区分变压器容量编制了7个定额子目，计量单位：台。定额工作内容：准备、干燥及维护、检查、记录整理、清扫、收尾及注油。

2）绝缘油过滤。绝缘油过滤定额编制了1个定额子目，计量单位：t。定额工作内容：过滤前的准备及过滤后的清理、油过滤、取油样、配合试验。

（6）组合式成套箱式变电站安装。组合式成套箱式变电站安装定额区分变压器容量编制了13个定额子目，计量单位：座。

定额工作内容：开箱清点、检查、就位、找正、固定、连锁装置检查、导体接触面检查、接地。

2. 配电装置安装工程

《山东省安装工程消耗量定额 》（2016年版）第四册电气设备安装工程中第二章编制了配电装置安装工程定额。本章适用于10kV以下高、低压配电装置的安装以及变配电主站、子站、远端终端等智能配电装置的安装。共设15节，130个定额子目。本次新编了开闭所成套配电装置安装、嵌入式成套配电箱安装、配电智能设备安装。

（1）断路器、真空接触器安装。

1）油断路器安装。定额区分断路器电流编制了4个定额子目，计量单位：台。定额工作内容：开箱、解体检查、组合、安装及调整、传动装置安装调整、动作检查、消弧室干燥、注油、接地。

2）真空断路器、SF6断路器安装。定额区分断路器电流编制了4个定额子目，计量单位：台。定额工作内容：开箱清点检查、安装及调整、传动装置安装调整、动作检查、接地。

3）空气断路器、真空接触器安装。定额编制了6个定额子目，计量单位：台。定额工作内容：开箱检查、画线、安装固定、绝缘柱杆组装、传动机构及接点调整、接地。

（2）隔离开关、负荷开关安装。定额编制了8个定额子目，计量单位：组。定额工作内容：开箱检查、安装固定、调整、拉杆配制和安装、操作机构连锁装置和信号装置接头检查、安装，接地。

（3）互感器安装。定额编制了6个定额子目，计量单位：台。定额工作内容：开箱检查、打眼、安装固定、接地。

（4）高压熔断器、避雷器安装。定额编制了3个定额子目，计量单位：组。定额工作内容：开箱检查、打眼、安装固定、接地。

（5）电抗器安装。

1）干式电抗器安装。定额编制了4个定额子目，计量单位：组。定额工作内容：开箱检查、安装固定、接地、补漆。

2）油浸电抗器安装。定额编制了4个定额子目，计量单位：台。定额工作内容：开箱检查、安装固定、补充注油及安装后整体密封试验、接地、补漆。

（6）电抗器干燥。

1）干式电抗器干燥。定额编制了4个定额子目，计量单位：组。定额工作内容：准备、通电干燥、维护值班、测量、记录、清理。

2）油浸电抗器干燥。定额编制了4个定额子目，计量单位：台。定额工作内容：准备、通电干燥、维护值班、测量、记录、收尾及注油、清理。

（7）电容器、成套低压无功自动补偿装置及电容器柜安装。

1）移相及串联电容器、集合式并联电容器安装。定额编制了7个定额子目，计量单位：个。定额工作内容：开箱检查、安装固定、接地、补漆。

2）并联补偿电容器组架（TBB系列）安装。定额编制了5个定额子目，计量单位：台。定额工作内容：开箱检查、安装固定、接地。

3）成套低压无功自动补偿装置、低压电容器柜安装。定额编制了2个定额子目，计量单位：台。定额工作内容：开箱、检查、安装、一次接线、接地、补漆。

（8）交流滤波装置组架（TJL系列）安装。定额编制了3个定额子目，计量单位：台。定额工作内容：开箱检查、安装固定、接线、接地。

（9）开闭所成套配电装置安装。定额区分开关间隔单元数量编制了4个定额子目，计量单位：座。定额工作内容：开箱清点检查、就位、找正、固定、连锁装置检查、导体接触面检查、接地等。

（10）高压成套配电柜安装。

1）单母线柜安装。定额编制了3个定额子目，计量单位：台。定额工作内容：开箱、检查、安装固定、放注油、导电接触面检查调整、附件拆装、接地。

2）双母线柜安装。定额编制了3个定额子目，计量单位：台。定额工作内容：开箱、检查、安装固定、放注油、导电接触面检查调整、附件拆装、接地。

（11）低压成套配电柜（屏）、集装箱式配电室安装。定额编制了2个定额子目，计量单位：台/t。定额工作内容：开箱清点检查、就位、找正、固定、柜间连接、开关及机构调整、接地。

（12）成套配电箱安装。

1）落地式、悬挂式配电箱安装。定额区分配电箱半周长编制了6个定额子目，计量单位：台。定额工作内容：测定、打孔、固定、查校线、接线、开关及机构调整、接地、补漆。

2）嵌入式配电箱安装。定额区分配电箱半周长编制了5个定额子目，计量单位：台。定额工作内容：配电箱模壳制作、预留、箱洞预留、箱体固定、箱芯拆装、查校线、接线、接地、补漆。

（13）低压封闭母线插接箱安装。定额区分插接箱电流编制了10个定额子目，计量单位：台。定额工作内容：开箱检查、触头检查及清洁处理、绝缘测试、箱体插接固定、接地。

（14）配电智能设备安装。

1）远方终端设备安装。定额编制了5个定额子目，计量单位：台。定额工作内容：开箱检查、清洁、安装、固定、接地。

2）子站设备安装。定额编制了2个定额子目，计量单位：套/台。定额工作内容：①GPS时钟安装：开箱检查、清洁、安装、固定、接地、安装天线、通电检查、对时。②配电自动化子站柜安装（也称中压监控单元）：开箱检查、清洁、安装、固定、接地、软件安装。

3）主站系统设备安装。定额编制了7个定额子目，计量单位：系统/台。定额工作内容：①服务器、工作站等主站设备安装：开箱检查、清洁、定位安装、互联、操作系统、应用软件等安装，包括数据库软件、人机交互软件、通信软件、配电监控、管理应用软件等。②安全隔离装置安装、物理防火墙安装：技术准备、开箱检查、清洁、定位安装、互联、安全策略设置。③调制解调器、路由器、双机切换装置设备、局域网交换机安装：技术准备、开箱检查、清洁、定位安装、互联、安全策略设置。

4）电能表集中采集系统安装。定额编制了2个定额子目，计量单位：块。定额工作内容：开箱检查、清洁、安装、固定、柜（箱）内校接线、挂牌。

5）抄表采集系统安装。定额编制了10个定额子目。定额工作内容：技术准备、开箱检查、清洁、定位安装、固定、柜（箱）内校接线、互联、接口检查、设备加电、本体调试、操作系统、应用软件安装检测、挂牌。

（15）配电板制作、安装。

1）配电板制作、木板包铁皮。定额编制了4个定额子目，计量单位：m²。定额工作内容：①配电板制作：下料、制作、做榫、拼缝、钻孔、拼装、砂光、喷涂防火涂料。②木板包铁皮：下料、包打铁皮。

2）配电板安装。定额编制了3个定额子目，计量单位：块。定额工作内容：测位、画线、打眼、安装、接地。

3. 配电控制、保护、直流装置安装工程

《第四册电气设备安装工程》中第四章"配电控制、保护、直流装置安装工程"编制了配电控制、保护、直流装置安装工程定额。本章包括控制、继电、模拟、弱电控制返回屏安装、控制台、控制箱安装、端子箱、端子板安装及端子板外部接线、接线端子安装、直流屏及其他电气屏（柜）安装。共5节62个定额子目，定额编号从4-4-1～4-4-62。

（1）控制、继电、模拟及配电屏安装。控制屏、继电、信号、屏、模拟屏及弱电控制返回屏等的外形尺寸，一般为（600～800）mm×2200mm×600mm（宽×高×深），正面安装设备，背后敞开。控制屏，继电、信号屏，弱电控制返回屏分别编制了 1 个子目。模拟屏区分宽度编制了 2 个子目。定额计量单位：台。

工作内容：开箱、检查、安装，电器、表计及继电器等附件的拆装，送交试验，盘内整理及一次校线、接线、补漆。

（2）控制台、控制箱安装。控制台区分宽度编制了 2 个子目。程序控制箱区分嵌入式半周长编制了 3 个子目。集中控制台，同期小屏控制箱，程序控制柜，程序控制箱（落地式）分别编制了 1 个子目。定额计量单位：台。

工作内容：开箱、检查、安装，各种电器、表计及继电器等附件的拆装，送交试验，盘内整理及一次校线、接线、补漆。

（3）端子箱、端子板安装及端子板外部接线。端子箱安装区分户内、户外划分了 2 个子目，计量单位：台。端子板安装为 1 个子目，定额计量单位：组。无端子外部接线和有端子外部接线分别根据截面积划分 2 个子目，定额计量单位：个。

工作内容：开箱、检查、安装、校线、套绝缘管、压焊端子、接线、补漆、送交试验。

（4）接线端子安装。焊铜接线端子根据导线截面划分了 8 个子目，定额计量单位：个。压铜接线端子根据导线截面划分了 8 个子目，定额计量单位：个。压铝接线端子根据导线截面划分了 8 个子目，定额计量单位：个。

定额工作内容：剥削线头、套绝缘管、焊（压）接头、包缠绝缘带。

（5）直流屏及其他电气屏（柜）安装。硅整流柜安装区分电流编制了 5 个子目。可控硅柜安装区分电流编制了 3 个子目。高频开关电源安装区分电流编制了 3 个子目。其他电气屏（柜）安装（自动调节励磁屏、励磁灭磁屏、蓄电池屏、直流馈电屏、事故照明切换屏、屏边）各编制了 1 个子目。定额计量单位：台。

定额工作内容：开箱、检查、安装、电器、表计及继电器等附件的拆装、送交实验、盘内整理及一次接线、接地、补漆。

4. 金属构件、穿通板、箱盒制作安装工程

《第四册电气设备安装工程》中第 7 章"金属构件、穿通板、箱盒制作安装工程"编制了金属构件、穿通板、箱盒制作安装工程定额。本章包括金属构件制作、安装及箱盒制作、穿通板制作安装、网门、保护网制作安装、二次喷漆。适用于本册范围内除滑触线支架制作安装外的各种支架、构件的制作与安装。共设置了 3 节 18 个定额子目。

（1）金属构件制作、安装及箱盒制作。基础型钢制作安装区分型钢类型编制 2 个子目，定额计量单位：m。电缆桥架支撑安装编制 1 个子目，定额计量单位：t。一般铁构件和轻型铁构件区分制作、安装分别编制 2 个子目，定额计量单位：t。金属箱、盒制作编制 1 个子目，定额计量单位：kg。定额工作内容：制作、平直、画线、下料、钻孔、组对、焊接、刷油（喷漆）、安装、补刷油。

（2）穿通板制作、安装。石棉水泥板、塑料板、电木板（环氧树脂板）、钢板编制了 1 个子目。定额计量单位：块。

定额工作内容：平直、下料、制作、焊接、打洞、刷油（喷漆）、安装、补刷油。

（3）网门、保护网制作与安装、二次喷漆。保护网和网门区分制作、安装分别编制 2 个子目，定额计量单位：m²。二次喷漆编制 2 个子目，定额计量单位：m²。

定额工作内容：制作、平直、画线、下料、钻孔、组对、焊接、刷油（喷漆）、安装、

补刷油。

**二、变配电工程定额工作内容及施工工艺**

1. 变压器安装工程

（1）变压器工作内容：包括从开箱检查，本体就位到配合电气试验等安装工作，但不包括变压器本体调试工作，变压器的本体调试包含在变压器系统调试中。

（2）本章定额不包括下列工作内容：

1）变压器干燥棚的搭拆工作，变压器防地震措施，若发生时可按实计算。

2）变压器铁梯及母线铁构件的制作、安装，另执行本册第七章铁构件制作、安装定额。

3）瓦斯继电器的检查及试验已列入变压器调整试验定额内。

4）端子箱、控制箱的制作、安装，另执行本册第七章和第十二章有关定额。

5）二次喷漆发生时按本册第七章有关定额执行。

2. 配电装置安装工程

（1）各种配电装置的安装工作内容均不含本体调试，本体调试包含在各分系统调试中。

（2）高压熔断器安装方式有墙上与支架上安装。墙上按打眼埋螺栓考虑；支架上按支架已埋设好考虑。

（3）电抗器：

1）设备的搬运和吊装是按机械考虑的，在吊车配备上除考虑起重能力外，还考虑了起吊高度和角度。

2）定额对三种安装方式作了综合考虑，三种安装方式的取值为：三相叠放占20%，三相平放占10%，两相叠放一相平放占70%。

（4）成套高压配电柜：高压柜与基础型钢采用焊接固定，柜间用螺栓连接；柜内设备按厂家已安装好，连接母线已配制，油漆已刷好来考虑。

（5）开闭所成套配电装置安装：开闭所成套配电装置安装按照厂家成套供货，安装基础也已完成，固定地脚螺栓随设备带来考虑。

（6）成套配电箱安装：

1）配电箱安装定额中半周长2.5m子目考虑了扁钢接地，其余配电箱安装（半周长1.5m以内）均考虑裸铜线接地。

2）挂墙明装考虑采用镀锌膨胀螺栓固定，嵌入式，增加箱洞预留的措施费用，未考虑配电箱灌缝费用。嵌入式综合考虑了混凝土、砖墙上两种安装方式，

3）混凝土墙箱洞考虑采用放置木箱，一次性摊销。

4）砖墙、砌块墙考虑采用Φ10钢筋作横梁。

定额是按在确保工程质量的前提下，按正常施工条件、正常施工工艺、正常施工组织管理等条件下编制的，对于只埋空箱体的工程，发生时由相关各方根据实际协商解决。

3. 配电控制、保护、直流装置安装工程

各种控制（配电）屏、柜与其基础型钢的固定方式，定额中均按综合考虑。不论其与基础连接采用螺栓连接还是焊接方式，均可执行定额。柜、屏及母线的连接如因孔距不符或没有留孔，开孔工作可另行计算。

4. 金属构件、穿通板、箱盒制作安装工程

基础槽钢（角钢）制作安装，包括运搬、平直、下料、钻孔、基础铲平、安装膨胀螺

栓、接地、油漆等工作内容，但不包括二次浇灌。

**三、变配电工程工程量计算说明**

1. 变压器安装工程

（1）油浸式变压器安装定额适用于自偶式、带负荷调压变压器的安装；油浸式和干式变压器安装也适用于非晶合金变压器的安装；电炉变压器安装执行同容量变压器定额乘以系数1.6；整流变压器安装执行同容量变压器定额乘以系数1.2。

（2）变压器的器身检查：容量4000kV·A以下按吊芯考虑；容量4000kV·A以上按吊钟罩考虑。如果4000kV·A以上的变压器需吊芯检查时，定额机械台班乘以系数2.0。

（3）干式变压器安装如果带有保护外罩时，执行相应定额的人工和机械乘以系数1.1。

（4）整流变压器、消弧线圈的干燥，执行同容量变压器干燥定额，电炉变压器按同容量变压器定额乘以系数2.0。

（5）变压器安装过程中的放注油、油过滤所使用的油罐等设施，已摊入油过滤定额中。

（6）变压器油是按设备带来考虑的，但在施工中变压器油的过滤损耗及操作损耗已包括在相关定额中。

（7）组合式成套箱式变电站是按照通用布置方式考虑的，执行定额时，不因布置方式而调整。

（8）本章定额不包括下列内容：

1）变压干燥棚的搭拆工作，变压器防地震措施，若发生时可按实计算；

2）变压器铁梯及母线铁构件的制作、安装，另执行本册铁构件制作、安装定额；

3）瓦斯继电器的检查及试验已列入变压器调整试验定额内；

4）端子箱、控制箱的制作、安装，另执行本册相应定额；

5）二次喷漆发生时按本册相应定额执行。

2. 配电装置安装工程

（1）设备本体所需的绝缘油、六氟化硫气体、液压油等均按设备带有考虑。

（2）电抗器安装定额是按三相叠放、三相平放和二叠一平的安装方式综合考虑的，工程实际与其不同时，执行定额不做调整。干式电抗器安装定额适用于混凝土电抗器、铁芯干式电抗器和空心电抗器等干式电抗器的安装。

（3）集装箱式低压配电室是指组合型低压配电装置，内装多台低压配电箱（屏），箱的两端开门，中为通道。

（4）高低压成套配电柜安装定额综合考虑了不同容量、不同回路数量，执行定额时不做调整。不包括母线配置及设备干燥。

（5）互感器安装定额是按照单相考虑的，不包括抽芯检查及绝缘油过滤。工程实际发生时，应另行计算。

（6）开闭所（开关站）成套配电装置安装定额综合考虑了开关的不同容量与形式，执行定额时不做调整。

（7）环网柜安装根据进出线回路数量执行"开闭所成套配电装置安装"定额，环网柜进出线回路数量与开闭所成套配电装置间隔数量对应。

（8）交流滤波装置安装定额不包括铜母线安装。

（9）设备安装所需要的地脚螺栓按土建预埋考虑，不包括二次灌浆。

（10）开闭所配电采集器安装定额是按照分散分布式考虑的，若实际采用集中组屏形式，执行分散式定额乘以 0.9 系数；若为集中式配电终端安装，可执行环网柜配电采集器定额乘以 1.2 系数；单独安装屏可执行有关相应定额。

（11）环网柜配电采集器安装定额是按照集中式配电终端考虑的，若实际采用分散式配电终端，执行开闭所配电采集器定额乘以 0.85 系数。

（12）电能表集中采集系统安装定额包括基准表安装、抄表采集系统安装。定额不包括箱体及固定支架安装、端子板与汇线槽及电气设备元件安装、通信线及保护管敷设、设备电源安装测试、通信测试等。

（13）本章定额不包括下列工作内容，另执行本册相应定额：①端子箱、控制箱安装；②设备绝缘台、支架制作及安装；③绝缘油过滤；④基础槽（角）钢安装；⑤母线安装；⑥配电板制作安装中的板上设备元件安装及端子板外部接线。

**四、变配电工程工程量计算规则**

1. 变压器安装工程

（1）三相变压器、消弧线圈安装区分不同结构形式、容量以"台"为单位计算工程量。

（2）单相变压器安装区分不同容量以"台"为单位计算工程量。

（3）变压器干燥区分不同容量以"台"为单位计算工程量。

（4）组合式成套箱式变电站安装区分引进技术特征的不同和其中变压器不同容量以"台"为单位计算工程量。

（5）绝缘油过滤不分次数至油过滤合格止，按照下列规定以"吨"为单位计算工程量。

1）变压器绝缘油过滤，按照变压器铭牌充油量计算。

2）油断路器及其他充油设备绝缘油过滤，按照断路器铭牌充油量计算。

2. 配电装置安装工程

（1）断路器、真空接触器安装，根据设计图纸区分其不同的灭弧介质、额定电流以"台"为单位计算工程量。

（2）隔离开关、负荷开关安装，根据设计图纸区分不同的安装场所、额定电流以"组"为单位计算工程量，三相为一组。

（3）电压互感器不分电压等级和容量以"台"为单位计算工程量；电流互感器根据设计图纸区分不同的安装场合、额定电流以"台"为单位计算工程量。

（4）熔断器不分电压等级和额定电流以"组"为单位计算工程量；避雷器区分不同的电压等级，以"组"为单位计算工程量，三相为一组。

（5）干式电抗器安装或干燥，根据设计区分每组不同的重量，以"组"为单位计算工程量，三相为一组；油浸电抗器安装或干燥区分不同容量，以"台"为单位计算工程量。

（6）电抗器安装，根据设计图纸区分不同的连接形式和单个重量，以"个"为单位计算工程量；并联补充电容器组架（TBB 系列）安装，区分不同的组架形式，以"台"为单位计算工程量；成套低压无功自动补偿装置、低压电容器柜安装，以"台"为单位计算工程量。

（7）交流滤波装置组架（TJL 系列）安装，根据设计区分不同的组架用途，以"台"为单位计算工程量。

（8）开闭所成套配电装置安装，按照设计图纸区分不同的开关间隔单元数，以"座"为单位计算工程量。

（9）高压成套配电柜安装，按照设计图纸区分不同母线型式和配电柜功能，以"台"为单位计算工程量。

（10）低压配电柜（屏）安装，以"台"为单位计算工程量；集装箱式配电室安装以"t"为单位计算工程量。

> **注意**
>
> 上述高、低压成套配电柜（屏）安装均不包括基础槽钢、角钢的制作安装，另外执行本册相应定额。

（11）成套配电箱安装。

落地式成套配电箱安装以"台"为计量单位计算工程量；嵌入式和悬挂式成套配电箱根据设计图纸区分不同的安装方式和箱体半周长，以"台"为计量单位计算工程量。"箱体半周长"指配电箱"高+宽"的长度，如配电箱尺寸：$300 \times 250 \times 150$，半周长为：$300+250=550$mm。

> **注意**
>
> （1）成套配电箱安装所需要的基础槽钢或角钢制作、安装应另行计算，套相应定额。
>
> （2）成套配电箱端子板外部接线或焊、压接线端子的工程量套相应定额子目。

（12）配电智能远方终端设备安装：

1）变压器、柱上变压器、环网柜配电采集器安装根据系统布置，按照设计安装变压器或环网柜，以"台"为单位计算工程量。

2）开闭所配电采集器安装根据系统布置，以"台"为单位计算工程量。

3）电压监控切换装置安装根据系统布置，按照设计安装数量"台"为单位计算工程量。

（13）插接式空气开关箱（分线箱）、始端箱安装，根据设计图纸区分不同的额定电流，以"台"为单位计算工程量。

（14）配电智能电能表集中采集系统和抄表采集系统安装：

1）电度表、中间继电器安装，根据系统布置，按照设计安装数量以"块"为单位计算工程量。

2）电表采集器、数据采集器安装，根据系统布置，按照设计安装数量以"台"为单位计算工程量。

（15）配电板制作，根据设计区分不同的材质，以"m²"为单位计算工程量；木板包铁皮以"m²"为单位计算工程量；配电板的安装不分材质，根据设计图纸区分不同的半周长以"块"为单位计算工程量。

3. 配电控制、保护、直流装置安装工程

（1）控制屏，继电、信号屏、弱电控制返回屏安装，按图纸设计以"台"为单位计算工程量。

（2）模拟屏安装，按照设计图纸区分不同的屏宽尺寸，以"台"为单位计算工程量。

（3）控制台安装，按照设计图纸区分不同的台宽尺寸，以"台"为单位计算工程量。

（4）同期小屏控制箱，以"台"为单位计算工程量。

（5）程序控制柜、箱，按设计图纸区分不同的安装方式或半周长大小，以"台"为单位计算工程量。

（6）端子箱安装，按照设计图纸区分不同的安装场所，以"台"为单位计算工程量。

（7）端子板安装，依照图纸设计，以"组"为单位计算工程量。

（8）端子板外部接线。

端子板外部接线是指 $6mm^2$ 以下导线引进或引出配电箱时与箱内端子板的连接。端子板外部接线有端子和无端子两种形式，有端子外部接线是指线头需要有接线端子，一般是锡焊，然后与端子板连接，无端子外部接线是指线头没有接线端子，直接与端子板连接。

端子板外部接线按照设备盘、箱、柜、台的外部接线图，区分有、无端子两种形式，按照导线截面大小，以"个"为单位计算工程量。

**注意**

（1）通常单股铜线采用直接与开关压接不加端子，可按端子板外部接线（无端子）计费，若小于 $10mm^2$ 的多股软铜线可按端子板外部接线有端子计费。

（2）各种配电箱、盘安装均未包括端子板的外部接线工作内容，应根据按设备盘、箱、柜、台的外部接线图上端子板的规格、数量，另套"端子板外部接线"定额。

（9）接线端子安装。

焊、压接线端子是指截面 $6mm^2$ 以上多股单芯导线与设备或电源连接时必须加装的接线端子。接线端子按材质有铜接线端子和铝接线端子，铜接线端子有焊接和压接两种形式，铝接线端子只有压接。接线端子安装，按照设计图中的电气接线系统图等图纸，区分不同的材质（铜、铝）、工艺（焊接、压接）和导线的截面积，以"个"为单位计算工程量。

**注意**

（1）接线端子（俗称接线鼻子）费用已经包括在定额内，不得另计。

（2）接线端子安装定额只适用于导线，电缆终端头制作安装定额中已包括焊接线端子，不得重复计算。

（10）直流屏安装，根据设计图纸，区分不同的整流方式以及不同的额定输出电流，以"台"为单位计算工程量。

（11）其他电气屏（柜）安装，按照图纸设计区分不同的功能和作用，以"台"为单位计算工程量。

4. 金属构件、穿通板、箱盒制作安装工程

（1）基础槽钢、角钢制作与安装，根据设计图纸、设备布置以"m"为单位计算工程量。

高压成套配电柜、低压成套配电柜（屏）、集装箱式配电室以及落地式成套配电箱安装，均需设置在基础槽钢或角钢上。若有多台相同型号的柜、屏安装在同一公共型钢基础上，其基础型钢设计长度按式（6-1）计算或根据实际需要设计长度为所有配电柜箱的底边周长。

$$L = 2(A + B) \tag{6-1}$$

式中　$L$——基础槽钢或角钢设计长度，m；

　　　$A$——单列屏（柜）总长度；

　　　$B$——屏（柜）深（或厚）度，m。

基础槽钢和角钢制作安装工程量，根据设计图纸、设备布置以"10m"为计量单位，计算工程量并套用相关定额子目。其中槽钢和角钢为未计价材料。

（2）铁构件制作安装、金属箱、盒制作，均是按照成品的重量来计算，所谓成品重量是不包括制作与安装损耗量、焊条重量，包括制作螺栓及连接件的重量。即

成品重量＝铁构件本身重量＋制作螺栓重量＋连接件重量

（3）电缆桥架支撑架安装，区分制作或安装，按厂家成套供应的成品重量，以"t"为单位计算工程量。

（4）铁构件制作安装，按照定额规定和设计图纸，区分不同的构件类型和制作、安装，按成品重量以"t"为单位计算工程量。

（5）金属箱、盒制作，按照设计图纸，按成品重量以"kg"为单位计算工程量。

（6）穿通板制作安装，按照设计图纸，区分穿通板不同的材质，以"块"为单位计算工程量。

（7）网门、保护网制作安装，按照设计图纸区分网门、保护网和制作、安装，以"m²"为单位计算工程量；保护网长度按照中心线计算，高度按照图纸设计（或实际），不计算保护网底至地面的高度。

（8）二次喷漆，是对制作安装过程中的油漆破坏处进行补漆，发生时应按照实际喷漆面积，以"m²"为单位计算工程量。

**五、编配电工程计价案例**

【例 6-1】某住宅楼安装 24 台成套照明配电箱，24 台配电箱系统全部相同，规格为 300×250×150 且嵌入式安装，图 6-1 为此照明配电箱系统图，试计算此配电工程中照明配电箱的工程量及安装费用。

**解：**

1. 列出预算项目

成套配电箱安装、端子板外部接线

2. 工程量计算

（1）成套配电箱安装：24 台

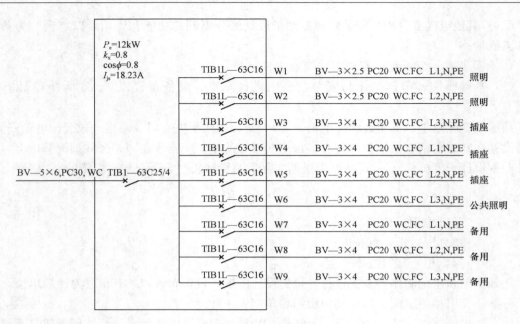

图 6-1　照明配电箱系统图

（2）端子板外部接线：

2.5mm² 端子板外部接线：6×24＝144（个）

4mm² 端子板外部接线：21×24＝504（个）

6mm² 端子板外部接线：5×24＝120（个）

3. 套定额，计算安装费用，见表 6-1

表 6-1　　　　　　　　　　　　配电箱安装工程预算表

| 序号 | 定额编码 | 子目名称 | 单位 | 工程量 | 单价 | 合价 | 其中 | | |
|---|---|---|---|---|---|---|---|---|---|
| | | | | | | | 人工合价 | 材料合价 | 机械合价 |
| 1 | 4-2-84 | 成套配电箱安装　嵌入式半周长≤1.0m 换为【成套配电箱安装　嵌入式半周长≤1.0m 300×250×150】 | 台 | 24 | 196.76 | 4722.24 | 3119.76 | 1516.56 | 85.92 |
| | 补充设备001 | 成套配电箱安装　嵌入式半周长≤1.0m　300×250×150 | 台 | 24 | 256.41 | 6153.84 | | 6153.84 | |
| 2 | 4-4-18 | 无端子外部接线≤2.5mm² | 个 | 144 | 3.46 | 498.24 | 178.56 | 319.68 | |
| 3 | 4-4-19 | 无端子外部接线≤6mm² | 个 | 624 | 3.97 | 2477.28 | 1092 | 1385.28 | |
| 4 | BM47 | 脚手架搭拆费（第四册电气设备安装工程）（单独承担的室外直埋敷设电缆工程除外） | 元 | 1 | 219.52 | 219.52 | 76.83 | 142.69 | |
| | | 合计 | | | | 14 071.12 | 4467.15 | 9518.05 | 85.92 |

【例 6-2】 图 6-2 为某底层动力配电平面图，请计算图中成套配电柜（箱）安装工程量及其安装费用。

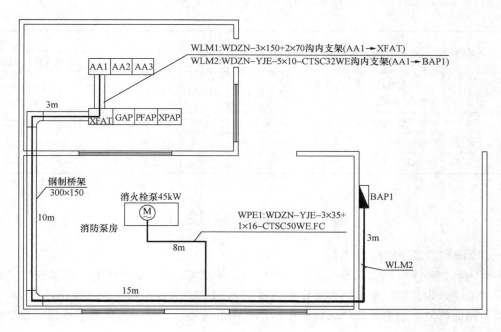

图 6-2　动力配电平面图

说明：（1）室内外地坪相同，室外土为普通土。

（2）低压开关柜 AA₁、AA₂、AA₃ 和配电箱 XFAT、GTAP、PFAP、XPAP 均安装在 10 号基础槽钢上，其外形尺寸如下：AA₁、AA₂、AA₃ 规格相同均为 $650 \times 800 \times 2200$（宽 ×深×高）；XFAT、GTAP、PFAP、XPAP 规格相同均为 $700 \times 500 \times 800$（宽×深×高）。每排柜为一基础，柜间不考虑槽钢。

（3）动力配电箱 BAP1 明装于墙上，BAP1 规格为 $380 \times 280 \times 380$（宽×深×高），箱下沿距地 1.5m。

**解**

1. 工程量计算

（1）成套低压开关柜（$650 \times 800 \times 2200$）：3 台

（2）落地式配电箱（$700 \times 500 \times 800$）：4 台

（3）明装配电箱（宽×深×高：$380 \times 280 \times 380$）：1 台

（4）落地式配电箱 10 号基础槽钢：$(0.7 \times 4 + 0.5) \times 2 = 6.6$（m）

低压开关柜 10 号基础槽钢：$(0.65 \times 3 + 0.8) \times 2 = 5.5$（m）

小计：$6.6 + 5.5 = 12.1$（m）

2. 套定额，并计算安装费用，见表 6-2

表 6-2　　　　　　成套安配电柜（箱）安装工程预算表（含主材不含设备）

| 序号 | 定额编码 | 子目名称 | 单位 | 工程量 | 单价 | 合价 | 其中 | | |
|---|---|---|---|---|---|---|---|---|---|
| | | | | | | | 人工合价 | 材料合价 | 机械合价 |
| 1 | 4-2-75 | 低压成套配电柜（屏） | 台 | 3 | 581.18 | 1743.54 | 1361.16 | 144.24 | 238.14 |
| 2 | 4-2-77 | 成套配电箱安装　落地式 | 台 | 4 | 318.18 | 1272.72 | 850.8 | 104.64 | 317.28 |

续表

| 序号 | 定额编码 | 子目名称 | 单位 | 工程量 | 单价 | 合价 | 其中 | | |
|---|---|---|---|---|---|---|---|---|---|
| | | | | | | | 人工合价 | 材料合价 | 机械合价 |
| 3 | 4-2-81 | 成套配电箱安装　悬挂式半周长≤2.5m | 台 | 1 | 231.32 | 231.32 | 163.98 | 61.5 | 5.84 |
| 4 | 4-7-1 | 基础型钢制作安装　槽钢 | m | 12.1 | 18.96 | 229.42 | 143.39 | 56.51 | 29.52 |
| | Z01000029@1 | 槽钢　10号 | m | 12.705 | 35.92 | 456.36 | | 456.36 | |
| | | 合计 | | | | 3933.41 | 2519.33 | 823.3 | 590.78 |

# 第三节　电缆敷设工

**一、电缆敷设工程定额简介**

本节内容主要按照《山东省安装工程消耗量定额》(2016) 第四册电气设备安装工程中第九章"电缆敷设工程"编制。本章定额的适用范围：平原地区和厂内（生活小区内）。开挖路面、路面修复，适应于在厂区内和生活小区内的道路。非上述范围的应执行市政工程相关定额。

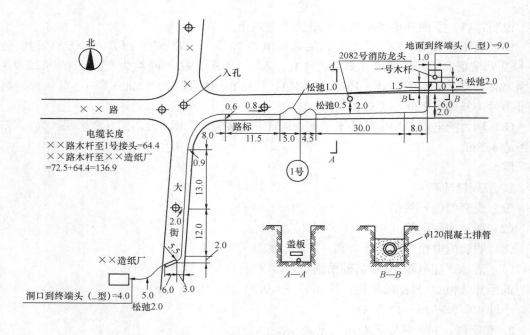

图 6-3　10kV 电缆线路工程的平面图（单位：m）

本章定额主要设置了沟槽挖填，开挖路面，路面修复，电缆沟铺砂、盖砖及揭（盖）、移动盖板，电缆保护管埋地敷设，电缆桥架安装，线槽安装，电力电缆、控制电缆敷设，电力电缆头、控制电缆头制作安装，防火阻燃装置安装等共计 24 节 414 个子目，定额编号从 4-9-1～4-9-414，适用于 10kV 以下电力电缆及控制电缆敷设，如图 6-3 所示。

1. 沟槽挖填

电缆沟挖填定额区分施工方式（人工、机械）和土质情况（普通土、坚土和冻土）划分定额子目，共编制 6 个子目。工作内容有：测位、划线、挖沟、回填土、夯实。

2. 开挖路面

开挖路面定额区分不同的路面材质结构（混凝土路面、沥青混凝土路面、砂石路面、预制块人行道）和厚度，共编制了 8 个定额子目，工作内容：测量、划线、路面切割、路基挖掘、挖掘物堆放、渣土清理运输。

3. 路面修复

路面修复定额区分不同的路面材质结构（混凝土路面、沥青混凝土路面、砂石路面、预制块人行道）和厚度，共编制了 8 个定额子目。定额工作内容：清理、过滤原碎石、回填、铺面层、养护、标识。

4. 电缆沟铺沙、盖砖及揭（盖）、移动盖板

（1）电缆沟铺沙盖砖、盖保护板定额分别区分敷设 1～2 根、每增加 1 根编制了 4 个子目。工作内容主要有：调整电缆间距、铺沙、盖砖（或保护板）、埋设标桩。

（2）电缆沟揭（盖）、移动盖板定额按盖板长度（mm 以下）划分 3 个子目。工作内容主要有：盖板揭起、堆放、盖板覆盖、调整等。

5. 电缆保护管埋地敷设

（1）电缆保护管埋地敷设定额区分管材（钢管、塑料管、混凝土管、石棉水泥管）和其管径规格（mm 以内），设置了 12 个子目。工作内容：沟底夯实、锯管、弯管、打喇叭口、接口、敷设、刷漆、堵管口、金属管接地。

（2）电缆穿墙防水套管制作安装区分公称口径，编制了 6 个子目。工作内容：放样、下料、切割、组对、焊接、刷防锈漆、配合预留孔洞及混凝土浇筑、套管就位。

（3）塑料矩形套管区分外轮廓截面不同，编制了 3 个子目。工作内容：沟底夯实、锯管、接管、敷设、堵管口。

（4）顶管区分公称口径和顶管距离，编制了 4 个子目。工作内容：钢管刷油、下管、装机具、顶管、接管、清理、扫管等。

6. 电缆桥架安装

（1）定额按桥架材质分为钢制、玻璃钢、铝合金等材质桥架。每种材质桥架按桥架类型又分为三种：槽式桥架、梯式桥架、托盘式桥架。每类桥架按桥架截面尺寸（高＋宽 mm 以下）划分定额子目，编制了 109 个子目。工作内容：运输，组对，吊装固定，弯通或三、四通修改、组对，切割口防腐，桥架开孔，上管件、隔板安装，盖板安装，接地，附件安装等。

（2）组合式桥架安装以每片长度 2m 作为一个基型片，需要在施工现场将基型片进行组合成一定规格的桥架，设置了 1 个子目，工作内容：桥架组对、螺栓连接、安装固定、立柱、托臂膨胀螺栓或焊接固定、螺栓固定在支架立柱上。

7. 线槽安装

线槽安装定额区分材质（金属线槽、塑料线槽）和半周长，编制了 6 个子目。工作内容：划线、定位、打眼、槽体清扫、本体固定、配件安装、接地跨接。

8. 电力电缆埋地敷设

电力电缆埋地敷设定额区分导体材质（铝芯、铜芯）和截面规格，编制了 10 个定额子

目。工作内容主要有：开盘、检查、架盘、敷设、锯断、收盘、临时封头、挂牌。

9. 电力电缆穿管敷设

电力电缆穿管敷设定额区分导体材质（铝芯、和铜芯）和截面规格，编制了 10 个定额子目。工作内容主要有：开盘、检查、穿引线、敷设、锯断、收盘、临时封头、挂牌。

10. 电力电缆沿竖直通道敷设

定额区分导体材质（铝芯、和铜芯）和截面规格，编制了 10 个定额子目。工作内容主要有：开盘、检查、架盘、敷设、锯断、排列、整理、固定、收盘、临时封头、挂牌。

11. 电力电缆其他敷设

定额区分导体材质（铝芯、和铜芯）和截面规格，编制了 10 个定额子目。工作内容主要有：开盘、检查、架盘、敷设、锯断、排列、整理、固定、收盘、临时封头、挂牌。

12. 矿物绝缘电力电缆敷设

定额区分芯数（单芯、二～四芯）和电缆截面积，编制了 8 个定额子目。工作内容主要有：开盘、检查、架盘、敷设、锯断、排列、整理、固定、收盘、绝缘检测、驱潮、临时封头、挂牌。

13. 户内干包式电力电缆头制作、安装

定额区分导体材料（铜芯、铝芯）、电缆截面积、电压等级（1kV 以下）电缆头形式（终端头、中间头）和截面规格，编制了 20 个定额子目。工作内容主要有：定位、量尺寸、锯断、剥保护层及绝缘层、清洗、包缠绝缘、压连接管及接线端子、安装、接线。

14. 户内浇注式电力电缆头制作、安装

定额区分电压等级（1kV 以下、10kV 以下）、导体材料（铜芯、铝芯）、电缆头形式（终端头、中间头）和电缆截面规格，编制了 40 个定额子目。

工作内容主要有：定位、量尺寸、锯断、剥切清洗、内屏蔽层处理、包缠绝缘、压扎索管及接线端子/焊压接线端子、装终端盒、配料浇注、安装接线。

15. 户内热缩式式电力电缆头制作、安装

定额区分电压等级（1kV 以下、10kV 以下）、导体材料（铜芯、铝芯）、电缆头形式（终端头、中间头）和截面规格，编制了 36 个定额子目。工作内容主要有：定位、量尺寸、锯断、剥切清洗、内屏蔽层处理、焊接地线、压扎索管及接线端子/压接端子、装热缩管、加热成型、安装、接线。

16. 户外热缩式、浇注式电力电缆端头制作、安装

（1）户外热缩式电缆头定额区分导体材料（铜芯、铝芯）、截面规格，编制了 9 个定额子目。工作内容主要有：定位、量尺寸、锯断、剥切清洗、内屏蔽层处理、套热缩管、压扎索管及接线端子、装终端盒、安装、接线。

（2）户外浇注电缆头定额区分导体材料（铜芯、铝芯）、截面规格，编制了 9 个定额子目。工作内容主要有：定位、量尺寸、锯断、剥切清洗、内屏蔽层处理、压扎索管及接线端子、装终端盒、配料浇注、安装接线。

17. 户内冷缩电力电缆端头制作、安装

定额区分导体材料（铜芯、铝芯）、电缆头形式（终端头、中间头）、电压等级（1kV 以下、10kV 以下）、截面规格，编制了 36 个定额子目。工作内容：定位、量尺寸、剥切外护套和内衬层、内屏蔽层处理、缠填充胶、固定铜屏蔽线、固定冷缩指管、冷缩管、压扎索管/

压接端子、固定冷缩终端、密封端口。

18. 户外冷缩式电力电缆终端头制作、安装

定额区分导体材料（铜芯、铝芯）、截面规格，编制了 8 个定额子目。工作内容：定位、量尺寸、剥切外护套和内衬层、内屏蔽层处理、缠填充胶、固定铜屏蔽线、固定冷缩指管、冷缩管、压接端子、固定冷缩终端、密封端口。

19. 矿物绝缘电力电缆头制作、安装

定额区分芯数（单芯、二～四芯）、电缆头形式（终端头、中间头）、截面规格，编制了16 个定额子目。工作内容：定位、量尺寸、钻固定孔、剥切、驱潮、终端绝缘、终端密封、线芯绝缘、装接地片、装接线端子、固定、接线。

20. 电力电缆穿刺线夹安装

定额区分敷设方式（明敷、直埋）、截面规格，编制了 10 个定额子目。工作内容：定位、剥切电缆外保护层、固定穿刺线夹、支线插入、拧紧力矩螺母、（装外护层）。

21. 带 T 形、肘形插头的电力电缆终端头制作、安装

定额区分加工方式（冷缩式、热缩式）、截面规格，编制了 8 个定额子目。工作内容：定位、量尺寸、剥切外护套和内衬层、内屏蔽层处理、缠填充胶、固定铜屏蔽线、固定冷缩指管、冷缩管、压接端子、安装应力锥、安装 T 形或肘形头、固定冷缩终端头。

22. 控制电缆敷设

控制电缆敷设定额区分安装方式（直埋、穿管、沿竖直通道、其他方式）、芯数编制了20 个定额子目。工作内容：开盘、检查、架盘、敷设、切断、收盘、临时封头、挂牌。

矿物绝缘控制定额区分电缆芯数不同，编制了 3 个定额子目。工作内容：开盘、检查、架盘、锯断、排列、整理、固定、收盘、绝缘检测、驱潮、临时封头、挂牌。

23. 控制电缆头制作、安装

（1）控制缆电缆头定额区分电缆头形式（终端头、中间头）、芯数，编制了 8 个子目。工作内容：定位、量尺寸、锯断、剥切、包缠绝缘、安装、校接线。

（2）矿物绝缘控制电缆头区别电缆头形式（终端头、中间头）、芯数，编制了 6 个子目。工作内容：定位、量尺寸、钻孔定位、剥切、驱潮、测绝缘、装密封罐、密封、线芯绝缘、线芯编号、接线、接地。

24. 防火阻燃装置安装

（1）防火封堵。定额区分不同的封堵部位（盘、柜底部，保护管处，电缆竖井，桥架穿墙）和封堵用的材料（防火板、防火发泡砖、阻火包），编制了 10 个定额子目。工作内容：测位、打眼、上膨胀螺栓、角钢加工固定、切割防火板、防火板固定、填塞防火发泡块、摆放阻火包、缝隙填塞。

（2）电缆沟阻火墙的制作安装。定额区分电缆沟的尺寸（沟宽×沟深）、支架样式（单侧、双侧）、封堵材料（防火板、无机堵料、阻火包），设置了 9 个定额子目。工作内容：测量、切割防火板、支模板、搅拌无机堵料、安装排水钢管、拼接、固定防火板、塞填玻璃纤维、浇注无机堵料、摆放阻火包、塞填柔性有机防火堵料、拆模版、修补整齐。

（3）刷防火涂料。定额区分不同的涂刷部位（电缆、管、线槽、桥架），设置了 2 个定额子目。工作内容：清扫电缆等表面、电缆整理、涂料搅拌、涂刷涂料、清理现场。

## 二、电缆敷设工程定额工作内容及施工工艺

1. 本章除矿物绝缘电缆外,定额中已将裸包电缆、铠装电缆、屏蔽电缆等因素考虑在内,因此,10kV 以下的电力电缆和控制电缆均不分结构形式和型号,按相应的电缆截面和芯数执行定额。

2. 电缆桥架

(1) 桥架安装包括运输,组对,吊装固定、弯通或三、四通修改、组对,切割口防腐,桥架开孔,上管件、隔板安装,盖板安装,接地、附件安装等工作内容。

(2) 玻璃钢梯式桥架和铝合金梯式桥架定额均按不带盖考虑,如这两种桥架带盖,则分别执行玻璃钢槽式桥架定额和铝合金槽式桥架定额。

(3) 常用电缆桥架的单位长度与重量换算见表 6-3。

表 6-3　　　　　　　　　　　　　　　电缆桥架换算表

| 序号 | 规格 | 单位 | 桥架重量(kg/m) | | | |
|---|---|---|---|---|---|---|
| | | | 梯级式 | 托盘式 | 槽盒式 | 组合式 |
| 1 | 100×50 | m | | | 6.00 | 2.00 |
| 2 | 150×75 | m | 5.00 | 6.00 | 8.00 | 3.00 |
| 3 | 200×60 | m | 6.00 | 7.50 | — | 3.50 |
| 4 | 200×100 | m | 7.50 | 9.00 | 12.00 | |
| 5 | 300×60 | m | 6.50 | 10.00 | | |
| 6 | 300×100 | m | 8.00 | 11.50 | | |
| 7 | 300×150 | m | 10.50 | 13.00 | 17.00 | |
| 8 | 400×60 | m | 9.00 | 12.50 | | |
| 9 | 400×100 | m | 10.50 | 14.50 | | |
| 10 | 400×150 | m | 13.00 | 17.00 | | |
| 11 | 400×200 | m | — | — | 25.00 | |
| 12 | 500×60 | m | 11.00 | 15.00 | | |
| 13 | 500×100 | m | 12.50 | 17.00 | | |
| 14 | 500×150 | m | 14.50 | 20.00 | | |
| 15 | 500×200 | m | — | — | 30.00 | |
| 16 | 600×60 | m | 12.50 | 18.00 | | |
| 17 | 600×100 | m | 14.00 | 20.00 | | |
| 18 | 600×150 | m | 16.00 | 23.00 | 35.00 | |
| 19 | 600×200 | m | | | | |
| 20 | 800×100 | m | 16.00 | 26.00 | | |
| 21 | 800×150 | m | 18.00 | 29.00 | | |
| 22 | 800×200 | m | | | 43.00 | |

注 1. "电缆桥架的单位长度与重量换算表" 仅供在设计资料不全时作为编制电缆桥架安装费的工程量参考数据,不作为主材成品订货和结算的依据。电缆桥架的成品数量应按设计计量或实际数量结算。

　　2. 电缆桥架重量包括弯通、三通和连接部件等综合平均每 m 长的桥架重量。

3. 电缆保护管埋地敷设

定额设置了常用的电缆保护管钢管和塑料管两种,敷设方式为埋地,对于其他敷设方式的电缆保护管执行电气配管相应定额。

4. 冷缩电缆头制作安装

冷缩电缆头,现场施工简单方便,其冷缩管具有弹性,只要抽出内芯尼龙支撑条,利用冷缩管的收缩性,使冷缩管与电缆完全紧贴,同时用半导体自粘带密封端口,可紧紧贴服在

电缆上，不需要使用加热工具，克服了热缩材料在电缆运行时，因热胀冷缩而产生的热缩材料与电缆本体之间的间隙，使其具有良好的绝缘和防水防潮效果。

5. 带 T 形或肘形插头的电缆头

开始是作为引进的美式或欧式箱变中的配件进入我国，20 世纪 90 年代后我国制造出了仿美式、欧式 T 形或肘形电缆头。结构安全、紧凑、插拔连接方便，是欧式、美式箱变中重要部件。

6. 防火阻燃装置安装

定额是按照国家标准图集 06D105《电缆防火阻燃设计与施工》编制的，分为防火封堵、电缆沟阻火墙、刷防火涂料三个主要项目，所用材料主要有防火板、无机防火堵料、防火发泡块、柔性防火堵料。

**三、电缆敷设工程量计算说明**

（1）本章的电缆敷设定额适用于 10kV 以下电力电缆和控制电缆敷设。定额是按平原地区和厂内电缆工程的施工条件编制的，未考虑在积水区、水底、井下等特殊条件下的电缆敷设，场外电缆敷设工程按本册第 11 章有关定额另计工地运输。

（2）电缆在一般山地、丘陵地区敷设时，其定额人工乘以系数 1.3。该地段所需的施工材料，如固定桩、夹具等按实另计。

（3）电缆敷设定额未考虑因波形敷设增加长度、弧度增加长度、电缆绕梁（柱）增加长度以及电缆与设备连接、电缆接头等必要的预留长度，该增加长度应计入工程量之内。

（4）电力电缆敷设以及电缆头制作、安装定额均按三芯（包括三芯连地）考虑的，电缆每增加一芯相应定额增加 15％。双屏蔽电缆头制作、安装人工乘以系数 1.05。

（5）单芯电力电缆敷设按同截面电缆定额乘以 0.7，二芯电缆按照三芯电缆执行定额。

（6）截面 400～800mm² 的单芯电力电缆按 400mm² 电力电缆定额乘以系数 1.35，截面 800～1600mm² 的单芯电力电缆敷设，按照 400mm² 电力电缆敷设定额乘以系数 1.85。

（7）预支分支电缆敷设分别以主干和分支电缆的截面，执行同截面电缆敷设定额人工乘以系数 1.05。

（8）矿物绝缘电缆是按 BTT 氧化镁绝缘电缆编制的，详见国标图集 09D101-6，其中多芯的最大单股截面积为 25mm² 以下。高性能防火柔性矿物绝缘电缆，直接执行相应截面的电力电缆定额不做调整。

（9）电力电缆、控制电缆敷设是将裸包电缆、铠装电缆、屏蔽电缆等因素考虑在内，适用于除矿物绝缘电缆（BTT）外的所有结构形式和型号的电缆，一律按相应的电缆截面和芯数执行定额。铝合金电缆敷设执行吕芯电缆人工、机械乘以系数 1.15。

（10）沟槽挖填定额是按照沟深 1.2m 以内编制的，适用于厂区或小区内的电缆沟、电气管道沟、接地沟及一般给排水管道的挖填方工作；厂区或小区以外的沟槽或槽深大于 1.2m 的，应执行市政工程相应定额。机械挖填遇到本定额以外的土质时，执行建筑工程相应定额。定额是按原土回填考虑，若设计要求回填砂，砂的消耗量单计，人工不变。

（11）电缆保护管是按埋地敷设考虑的，其他敷设方式执行电气配管相应定额。金属线槽安装定额也适用于线槽在地面内暗敷设。HDPE 及波纹电缆保护管埋地敷设时，执行塑料电缆保护管埋地敷设定额，其他敷设方式执行塑料管相应定额。

（12）地下人防工程是按人防标准设计施工的管道，执行人防工程相应定额。

（13）桥架安装：

1）桥架安装包括运输，组对，吊装固定，弯通或三、四通修改、制作组对，切割口防腐，桥架开孔，上管件、隔板安装，盖板安装，接地、附件安装等工作内容。

2）玻璃钢梯式桥架和铝合金梯式桥架定额均按不带盖考虑，如这两种桥架带盖，则分别执行玻璃钢槽式桥架定额和铝合金槽式桥架定额。

3）钢制桥架主结构设计厚度大于 3mm 时，定额人工、机械乘以系数 1.2。

4）不锈钢桥架按本章钢制桥架定额乘以系数 1.1，防火桥架安装执行相应的钢制桥架定额。

5）电缆吊架安装定额是按厂家供应成品安装考虑的，若现场需要制作桥架时，应执行本册第七章金属构件制作定额。

（14）刷防火涂料，定额综合考虑了规范规定的涂刷厚度，执行定额时涂刷不分遍数，以达到设计或规范要求为准。

（15）电缆沟上金属盖板的制作，执行铁构件制作定额乘以系数 0.6，安装执行本章揭盖盖板定额子目。

（16）本章定额未包括下列工作内容：

1）隔热层、保护层的制作安装。

2）电缆冬季施工的加温工作和在其他特殊施工条件下的施工措施费和施工降效增加费。

3）电缆头制作安装的固定支架及防护（防雨）罩。

4）地下顶管出入口施工。

5）电缆沟阻火墙制作安装中，未包括防火涂料的涂刷工作，应按设计和规范另行执行相应定额。

#### 四、电缆敷设工程工程量计算规则

1. 电缆直接埋地敷设的工程量

（1）沟槽挖填。沟槽挖填区分不同的施工方式和土质情况，人工挖填以"m³"，机械挖填以"10m³"为单位计算工程量。直埋电缆的挖、填土（石）方，除特殊要求外，可按表6-4 计算土方量。

表 6-4                          直埋电缆的挖、填土（石）方量

| 项　　目 | 电缆根数 | |
| --- | --- | --- |
| | 1～2 | 每增一根 |
| 每米沟长挖方量（m³） | 0.45 | 0.153 |

注　1. 两根以内的电缆沟，是按上口宽度 600mm 、下口宽度 400mm、深度 900mm 计算的常规土方量（深度按规范的最低标准）。电缆沟挖填工程量计算公式：

$$V = 1/2（电缆沟上底 + 下底）\times 沟深 \times 电缆线路长度$$
$$= 1/2（0.4 + 0.6）\times 0.9 \times 1 = 0.45 \times 1 = 0.45（m^3）$$

　　2. 每增加一根电缆，其宽度增加 170mm。

　　3. 以上土方量是按埋深从自然地坪算起，如设计埋深度超过 900mm 时，多挖的土方量应另行计算。

　　4. 挖淤泥、流沙按照上表数量乘以 1.5 系数。

（2）开挖、修复路面。电缆经过道路，需要人工开挖路面。开挖、修复路面区分不同的路面材质结构和厚度，以"m²"为单位计算工程量。

（3）电缆沟铺沙、盖砖及揭（盖）、移动盖板工程量。

1）电缆沟铺沙盖砖（保护板）。根据设计图纸区分"铺沙盖砖"和"铺沙盖保护板"，

依据沟内不同的电缆根数（1～2根、每增1根）分别以"10m"为计量单位计算工程量。

电缆沟铺砂盖砖工程量＝电缆沟沟长

**注意**

（1）如果沟内敷设1～2根电缆，则直接套用4-9-23或4-9-25定额；

（2）如果电缆根数超过2根，则按1～2根的定额计算后，还要另计电缆增加根数的定额子目4-9-24或4-9-26定额。

2）电缆沟揭（盖）、移动盖板。根据设计图纸区分不同的盖板板长，以"10m"为单位计算工程量。移动盖板或揭或盖，定额均按一次考虑，如又揭又盖，则按两次计算。

2. 电缆保护管埋地敷设工程量

（1）电缆保护管敷设。根据设计图纸区分不同的保护管材质、类型及管径，以"10m"为单位计算工程量。电缆保护管长度，除按设计规定长度计算外，遇有下列情况，应按表6-5规定增加保护管长度。

表6-5　　　　　　　　　　　　　电缆保护管增加长度

| 项　目 | 增　加 |
| --- | --- |
| 横穿道路 | 按路基宽度两端增加2m |
| 出地面垂直敷设 | 管口距地面增加2m |
| 穿过建筑物外墙 | 按基础外缘以外增加1m |
| 穿过排水沟 | 按沟壁外缘以外增加1m |

（2）电缆穿墙防水套管制作安装。电缆穿墙防水套管制作安装区分钢管的公称口径，以"个"为计量单位，根据设计图纸计算工程量。

（3）顶管敷设。根据设计图纸区分保护管的不同公称口径及顶管的不同距离，以"10m"为单位计算工程量。顶管的出入口处的施工，应按照设计或中标后的施工组织设计（施工方案）另行计算相关的工程量。

**注意事项**

（1）电缆保护管埋地敷设，其土方量凡有施工图注明的，按施工图计算；无施工图的，一般按沟深0.9m，沟宽按最外边的保护管两侧边缘外各增加0.3m工作面计算。计算公式为：

$$V = (D + 2 \times 0.3)hL \tag{6-2}$$

式中　$D$——保护管外径（m）；

　　　$h$——沟深（m）；

　　　$L$——沟长（m）；

　　　0.3——工作面尺寸（m）。

（2）电缆保护管敷设中的各种管材及管件为未计价材料。

3. 电缆桥架、线槽安装

（1）电缆桥架安装根据设计图纸区分不同的桥架材质和规格尺寸，以"10m"为单位计算工程量，不扣除三通、四通、弯头等所占的长度。

（2）组合式桥架。组合式桥架以每片2m作为一个基片，已综合了宽为100mm、150mm、200mm三种规格，根据设计图纸以"100片"为单位计算工程量。

（3）线槽安装。线槽安装按照设计图纸区分不同的线槽材质和半周长，以"10m"为单位计算工程量，不扣除三通、四通、弯头等所占的长度。

（4）电缆桥架支撑架安装。电缆桥架支撑架安装以"t"为计量单位计算工程量。

**注意**

电缆桥架支撑架安装执行本册定额中第7章"金属构件、穿通扳、箱盒制作安装工程"中子目。

4. 电缆敷设

（1）电力电缆敷设。电力电缆敷设按照设计图纸区分不同的电缆材质和敷设方法以及不同的电缆规格、截面大小，以"100"为单位计算工程量。

电缆敷设工程量以单根延长米，根据其敷设路径的水平和垂直距离计算，电缆附加及预留长度按照设计规定计算，设计无规定时按照表6-6计算。

表6-6　　　　　　　　　　　　　电缆敷设附加及预留长度

| 序号 | 项目 | 预留长度（附加） | 说明 |
|---|---|---|---|
| 1 | 电缆敷设弛度、波形弯度、交叉 | 2.5% | 按电缆全长计算 |
| 2 | 电缆进入建筑物 | 2.0m | 规范规定最小值 |
| 3 | 电缆进入沟内或吊架时引上（下）预留 | 1.5m | 规范规定最小值 |
| 4 | 变电所进线、出线 | 1.5m | 规范规定最小值 |
| 5 | 电力电缆终端头 | 1.5m | 检修余量最小值 |
| 6 | 电缆中间接头盒 | 两端各留2.0m | 检修余量最小值 |
| 7 | 电缆进控制、保护屏及模拟盘等 | 高＋宽 | 按盘面尺寸 |
| 8 | 高压开关柜及低压配电盘、箱 | 2.0m | 盘下进出线 |
| 9 | 电缆至电动机 | 0.5m | 从电机接线盒算起 |
| 10 | 厂用变压器 | 3.0m | 从地坪算起 |
| 11 | 电缆绕过梁柱等增加长度 | 按实计算 | 按被绕物的断面情况计算增加长度 |
| 12 | 电梯电缆与电缆架固定点 | 每处0.5m | 规范最小值 |

电缆敷设工程量计算公式：

$$L = (L_1 + L_2 + L_3) \times (1 + 2.5\%) \tag{6-3}$$

式中　$L$——单根电缆总长（m）；

　　　$L_1$——电缆水平长度（m）；

　　　$L_2$——电缆垂直长度（m）；

　　　$L_3$——电缆预留长度（m）；

　2.5%——电缆曲折弯余量系数。

（2）矿物绝缘电力电缆敷设。矿物绝缘电力电缆敷设根据设计图纸区分电缆不同的芯数和截面，以"100m"为单位计算工程量；计算工程量时，附加及预留长度按设计规定计算，设计无规定时按照表 6-7 计算。

**表 6-7　　　　　　　　　　矿物绝缘电力电缆附加及预留长度**

| 序号 | 项目 | 预留长度（附加） | 说明 |
| --- | --- | --- | --- |
| 1 | 电缆敷设转弯、交叉 | 2.5% | 按电缆全长计算 |
| 2 | 电缆进控制、保护屏及模拟盘等 | 高+宽 | 按盘面尺寸 |
| 3 | 低压配电盘、柜箱 | 高+宽 | 按盘面尺寸 |
| 4 | 电缆至电动机 | 1.0m | 从电机接线盒算起 |

（3）控制电缆敷设。控制电缆敷设按照设计图纸区分不同的敷设方式和芯数，以"100m"为单位计算工程量；矿物绝缘电缆，根据设计区分不同芯数以"100m"为单位计算工程量。

5. 电缆头敷设

（1）电力电缆头制作安装。根据设计图纸区分电缆头的不同形式、工艺特征、电压等级、电缆材质、截面大小，以"个"为计量单位计算工程量。电力电缆均按一根电缆有两个终端头考虑。中间电缆头设计有图示的，按设计确定；设计没有规定的，按实际情况计算（或按平均 250m 一个中间头考虑）。

（2）矿物绝缘电力电缆头制作安装。矿物绝缘电力电缆头制作安装根据设计图纸区分电缆头不同的形式、芯数及截面大小，以"个"为计量单位计算工程量。每一根电缆按有两个终端头计算，中间接头按设计规定或实际数量计算。

（3）控制电缆头制作安装。控制电缆头制作安装按照设计图纸区分电缆头不同的形式和芯数，以"个"为单位计算工程量。

6. 电力电缆绝缘穿刺线夹安装

电力电缆绝缘穿刺线夹安装根据设计图纸区分电缆不同的敷设方式和主电缆截面大小，以"个"为单位计算工程量。

7. 防火阻燃装置安装

（1）对于防火封堵，根据设计要求区分不同的封堵部位、封堵用的材料，按照设计封堵面积，以"m²"为单位计算工程量；不扣除电缆、桥架所占面积，其中保护管处的防火封堵定额综合考虑了面积大小，以"处"为单位计算工程量。

（2）对于电缆沟阻火墙的制作安装，根据设计图纸区分电缆沟不同的尺寸、结构类型和不同的封堵材料，按照电缆沟横截面积，以"m²"为单位计算工程量，不扣除电缆、支架等所占面积。

（3）刷防火涂料，按照设计图纸和规范要求，区分不同的涂刷部位，以"m²"为单位计算工程量。

**五、电缆不同敷设方法造价费用组成**

1. 电力电缆埋地敷设造价费用

电力电缆埋地敷设造价包括六项费用：电缆沟挖填、人工开挖路面、电缆沟铺沙盖砖、电力电缆埋地敷设费用、电缆中间接头制作安装、电缆终端头制作安装。其工程量计算规则见前面所述。

2. 电力电缆穿保护敷设造价费用组成

电力电缆穿保护敷设造价费用包括六项费用：电缆沟挖填、人工开挖路面、电力电缆保护管敷设及顶管、电力电缆穿管敷设、电缆中间接头制作安装、电缆终端头制作安装。若电力电缆保护管穿越建筑物，还需增加电力电缆防水套管制作安装子目，各项工程量计算规则见前面所述。

3. 电缆沿电缆沟支架敷设造价费用组成

电缆沿沟支架敷设造价费用包括七项费用：电缆沟挖填、人工开挖路面、电缆沟砌筑、电缆沟盖揭保护板、支架的制作安装、电力电缆敷设费用、电缆中间接头制作安装、电缆终端头制作安装。各费用计算方法与前面所述内容相似，只是在计算中要注意，电缆沟的砌筑在本册定额中没涉及，费用按土建造价考虑。电缆的支架制作安装子目套用第四册第七章构件、穿通扳、箱盒制作安装工程中的第一节"一般铁钩件制作安装"子目，并另计主材费。

支架的制作、安装工程量计算与线路的长度、电缆固定点间距及支架层数有关。

支架制作安装工程量＝线路长度/电缆固定点间距×支架层数×每根支架的重量。

4. 电缆沿钢索敷设造价费用组成

电缆沿钢索敷设造价费用计算包括四项费用：钢索架设、电力电缆敷设费用、电缆中间接头制作安装、电缆终端头制作安装。钢索架设套用第四册第十三章配线工程中的第十节"钢索架设"子目，并另计主材费。钢索架设工程量计算根据电缆平行还是垂直敷设两种方法来计算。

电缆平行钢索敷设：钢索架设工程量＝线路长度

电缆垂直钢索敷设：钢索架设工程量＝线路长度/固定点间距×每根钢索长度

5. 电缆桥架敷设造价费用组成

电缆桥架敷设造价费用计算包括以下四项费用：电缆桥架安装、电力电缆敷设费用、电缆中间接头制作安装、电缆终端头制作安装。各费用计算方法与前面所述内容相似。其中电力电缆桥架敷设定额套用第四册第十三章配线工程中的第七节"线槽配线"子目，并另计主材费。

**六、电缆敷设工程计价案例**

【例 6-3】已知某电缆敷设工程如图 6-4 所示，2 根电缆分别穿 2 根 SC50 钢管埋地敷设，两台配电箱均安装在同一建筑物内，均为落地式安装，基础高为 0.20m，配电箱的宽与高之和为 2.0m，两台配电箱之间的土质为普通土。试计算此电缆敷设工程的各项工程量。

**解**：1. 列出预算项目

（1）电缆沟挖填土方量；（2）电缆保护管敷设；（3）电力电缆穿保护管敷设；（4）电缆头制作、安装等项目；（5）落地式配电箱安装。

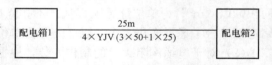

图 6-4　电缆穿管敷设工程

2. 计算工程量

（1）挖填电缆沟：

$$V = (0.06 \times 2 + 0.3 \times 2) \times 0.9 \times 25 = 16.2 (\text{m}^3)$$

（2）电缆保护管（SC50）敷设工程量：

$$L_{水平} = 200(\text{m}); \quad L_{垂直} = (0.9 + 0.2) \times 2 = 2.2(\text{m})$$
$$L_{水平} = (25 + 2.2) \times 2 = 54.4(\text{m})$$

（3）电缆穿保护管敷设工程量 YJV（3×50＋1×25）：

$$L_{预留} = 1.5 \times 4 + 2.0 \times 2 = 10(\text{m})$$
$$L_{单根} = (L_{水平} + L_{垂直} + L_{预留}) \times (1 + 2.5\%)$$
$$= (25 + 2.2 + 10) \times (1 + 2.5\%) = 38.13(\text{m})$$

总 = $L$ 单根 × 2 = 76.26(m)

（4）电缆终端头制作安装工程量（户内干包式）：2×2＝4（个）

（5）落地式配电箱安装：2 台。

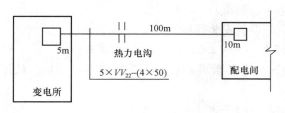

图 6-5　电缆敷设工程

**【例 6-4】** 某电缆敷设工程，采用电缆沟铺砂盖砖直埋，并列敷设 5 根 $VV_{22}$（4 × 50）电力电缆，如图 6-5 所示，变电所配电柜至室内部分电缆穿 SC50 钢管做保护，共 5m 长。室外电缆敷设共 100m 长，中间穿过热力管沟，在配电间有 10m 穿 SC50 钢管保护。试列出预算项目和工程量，并计算该电缆工程的工程量及安装费用。

配电所和配电间内配电柜安装高度均为 20cm。

**解：**

1. 概算项目（该电缆工程的施工费用）

（1）电缆沟挖填土方量；

（2）电缆沟铺砂盖砖；

（3）电缆保护管敷设；

（4）电缆穿墙防水套管制作安装；

（5）电缆敷设；

（6）电缆头制作、安装等项目。

2. 计算工程量

（1）电缆沟挖填土方量：

（电缆直埋挖沟＋电缆保护管挖沟）

$$(0.45 + 0.153 \times 3) \times 100 + (0.06 \times 5 + 0.3 \times 2) \times 0.9 \times 15 = 118.35(m)$$

（2）电缆沟铺砂盖砖工程量：

100m 长。

每增加一根工程量：100×2＝300（m）

（3）电缆敷设工程量：

按施工图中计算电缆敷设工程量，要考虑电缆敷设弛度：2.5%，并考计入电缆在各处预留长度。

电缆埋地敷设工程量（$VV_{22}$-4 × 50）：

$$L = (L 水平 + L 垂直 + L 预留) \times (1 + 2.5\%) \times 电缆根数$$

$$L 水平 = 100m \qquad L 垂直 = 0$$

$L$ 预留 = 变电所出线长度＋电缆进入建筑物长度,其中变电所出线：1.5m；

电缆进入建筑物：2.0m　　$L$ 预留 = 1.5 + 2 = 3.5(m)

$$L = (100 + 3.5) \times (1 + 2.5\%) \times 5 = 530.44(m)$$

（4）电缆保护管（SC50）埋地敷设工程量：

$$(5 + 10 + 0.9 + 0.2 + 1.0 \times 2) \times 5 = 90.5(m)$$

其中，1.0 为穿建筑物外墙长度（m）。

（5）电缆穿墙防水套管制作安装（公称口径 50cm）：

$$2 \times 5 = 10（个）$$

（6）电缆穿保护管敷设工程量（ SC50）：

$$L = (L\text{水平} + L\text{垂直} + L\text{预留}) \times \text{电缆根数}$$

$$L\text{垂直} = (0.9 + 0.2)(\text{电缆埋深} + \text{设备安装高度}) \times 2 = 2.2（m）$$

$$L = (15 + 2.2 + 1.5 \times 2 + 2.0 \times 2) \times (1 + 2.5\%) \times 5 = 124.03（m）$$

其中，1.5 为电缆终端头长度（m）；2.5% 为电缆敷设弛度；2.0 为高压开关柜、低压配电屏安装高度（m）。

（7）电缆头制作安装工程量（$VV_{22}$-4×50，户内干包式）

$$5 \times 2 = 10（个）$$

3. 套用定额，列出工程预算表，见表 6-8，计算安装费用

采用《山东省安装工程消耗量定额》（2016 年版）和《山东省济南地区价目表》（2017 年版）。

表 6-8　　　　　　　　　　　　　　　电缆敷设工程预算表

| 序号 | 定额编码 | 子目名称 | 单位 | 工程量 | 单价 | 合价 | 其中 | | |
|---|---|---|---|---|---|---|---|---|---|
| | | | | | | | 人工合价 | 材料合价 | 机械合价 |
| 1 | 4-9-1 | 沟槽人工挖填　一般沟土 | m³ | 118.35 | 40.79 | 4827.5 | 4827.5 | | |
| 2 | 4-9-23 | 铺砂盖砖　电缆根数≤1~2 根 | 10m | 10 | 136.59 | 1365.9 | 361.5 | 1004.4 | |
| 3 | 4-9-24 | 铺砂盖砖　电缆根数≤每增加 1 根 | 10m | 30 | 51.2 | 1536 | 306 | 1230 | |
| 4 | 4-9-30 | 电缆保护管钢管埋地敷设 DN50 内 | 10m | 9.05 | 94.39 | 854.23 | 612.41 | 144.53 | 97.29 |
| | Z17000015@2 | 钢管　公称口径 50mm | m | 93.215 | 17.94 | 1672.28 | | 1672.28 | |
| 5 | 4-9-124 | 铜芯电力电缆埋地敷设 截面≤120mm² | 100m | 5.334 | 743.24 | 3964.74 | 3527.43 | 102.31 | 335 |
| | Z28000079@2 | 电缆　截面 120mm² | m | 538.774 | 116.66 | 62853.42 | | 62853.42 | |
| 6 | 4-9-134 | 铜芯电力电缆穿管敷设 截面≤120mm² | 100m | 1.24 | 826.35 | 1024.92 | 866.8 | 80.24 | 77.89 |
| | Z28000079@2 | 电缆　截面 120mm² | m | 125.27 | 116.66 | 14614.03 | | 14614.03 | |
| 7 | 4-9-245 | 户内热缩 铜芯终端头≤1kV 截面 ≤120mm² | 个 | 10 | 175.05 | 1750.5 | 754 | 996.5 | |
| | Z29000123@1 | 户内热缩式电缆终端头　铜芯终端头 1kV 截面 120mm² | 套 | 10.2 | 32.84 | 334.97 | | 334.97 | |
| 8 | 4-9-40 | 电缆穿墙防水套管埋地敷设制作安装 DN80 内 | 个 | 10 | 137.2 | 1372 | 937.3 | 319.8 | 114.9 |
| | Z17000031@2 | 焊接钢管　DN80 | m | 5.3 | 76.43 | 405.08 | | 405.08 | |
| 9 | BM47 | 脚手架搭拆费（第四册电气设备安装工程）（单独承担的室外直埋敷设电缆工程除外） | 元 | 1 | 609.65 | 609.65 | 213.38 | 396.27 | |
| | | 合计 | | | | 97185.25 | 12406.32 | 84153.86 | 625.08 |

# 第四节　配管配线工程

## 一、室内电气施工图的识读

阅读建筑电气施工图，在了解电气施工图的基本知识的基础上，按照一定顺序进行，才

能快速地读懂图纸，从而实现识图的目的。一套建筑电气施工图所包括的内容较多，图纸往往有很多张，一般应按一定的顺序阅读，并应相互对照阅读。

（1）首先看图纸目录、设计说明、设备材料表。看标题栏及图纸目录，了解工程名称、项目内容、设计日期及图纸内容、数量等。看设计说明，了解工程概况、设计依据等，了解图纸中未能表达清楚的各有关事项。看设备材料表，了解工程中所使用的设备、材料的型号、规格和数量。

（2）再看系统图。读懂系统图，对整个电气工程就有了一个总体的认识。电气照明工程系统图是表明照明的供电方式、配电线路的分布和相互联系情况的示意图，可以了解以下内容。

① 建筑物的供电方式和容量分配；

② 供电线路的布置形式，进户线和各干线、支线、配线的数量、规格和敷设方法；

③ 配电箱及电度表、开关、熔断器等的数量、型号等。

（3）结合系统图看各平面图。根据平面图标示的内容，识读平面图要沿着电源、引入线、配电箱、引出线、用电器具这样沿"线"来读。在识读过程中，要注意了解导线根数、敷设方式、灯具型号、数量、安装方式及高度，插座和开关安装方式、安装高度等内容。

识读平面图的内容和顺序：

① 电源进户线：位置、导线规格、型号根数、引入方法（架空引入时注明架空高度，从地下敷设时注明穿管材料、名称、管径等）。

② 配电箱的位置（包括配电柜、配电箱）。

③ 各用电器材、设备的平面位置、安装高度、安装方法、用电功率。

④ 线路的敷设方法，穿线器材的名称、管径，导线名称、规格、根数。

（4）从各配电箱引出回路及编号。

【例6-5】以某栋三层砖混结构，现浇混凝土楼板的办公楼为例，说明照明工程图的识读过程，如图6-6～图6-14所示。

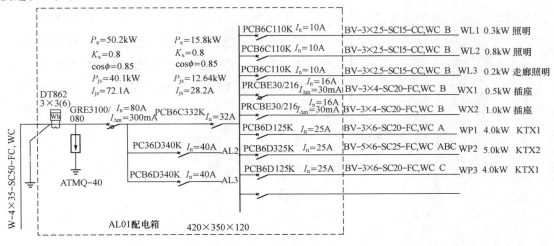

图 6-6　配电系统图（一）

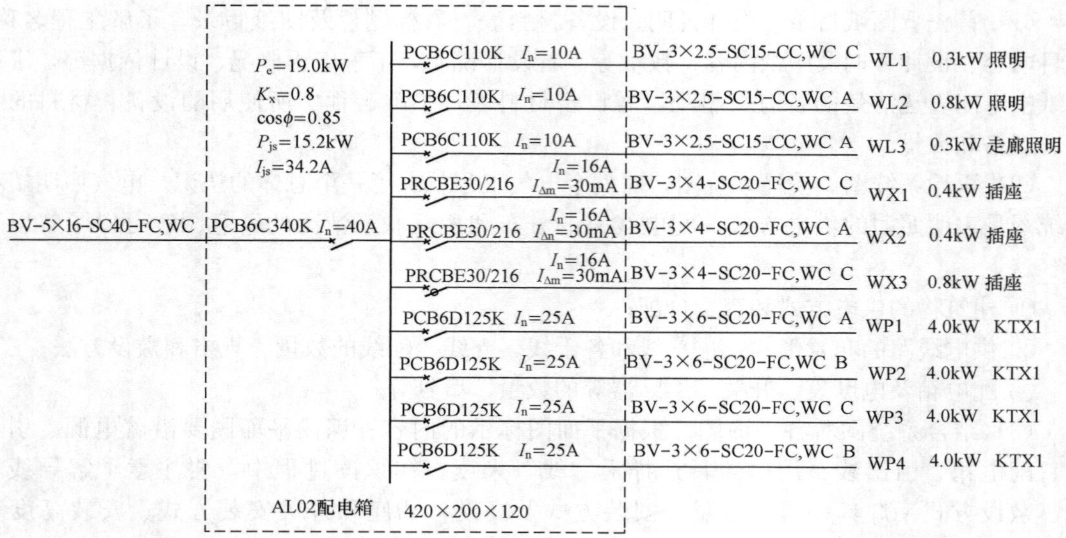

| | PCB6C110K $I_n$=10A | BV-3×2.5-SC15-CC,WC C | WL1 | 0.3kW 照明 |
|---|---|---|---|---|
| $P_e$=19.0kW | PCB6C110K $I_n$=10A | BV-3×2.5-SC15-CC,WC A | WL2 | 0.8kW 照明 |
| $K_x$=0.8 | PCB6C110K $I_n$=10A | BV-3×2.5-SC15-CC,WC A | WL3 | 0.3kW 走廊照明 |
| cos$\phi$=0.85 | PRCBE30/216 $I_n$=16A $I_{\Delta m}$=30mA | BV-3×4-SC20-FC,WC C | WX1 | 0.4kW 插座 |
| $P_{js}$=15.2kW | PRCBE30/216 $I_n$=16A $I_{\Delta m}$=30mA | BV-3×4-SC20-FC,WC A | WX2 | 0.4kW 插座 |
| $I_{js}$=34.2A | PRCBE30/216 $I_n$=16A $I_{\Delta m}$=30mA | BV-3×4-SC20-FC,WC C | WX3 | 0.8kW 插座 |
| BV-5×16-SC40-FC,WC PCB6C340K $I_n$=40A | PCB6D125K $I_n$=25A | BV-3×6-SC20-FC,WC A | WP1 | 4.0kW KTX1 |
| | PCB6D125K $I_n$=25A | BV-3×6-SC20-FC,WC B | WP2 | 4.0kW KTX1 |
| | PCB6D125K $I_n$=25A | BV-3×6-SC20-FC,WC C | WP3 | 4.0kW KTX1 |
| | PCB6D125K $I_n$=25A | BV-3×6-SC20-FC,WC B | WP4 | 4.0kW KTX1 |

AL02配电箱　　420×200×120

图 6-7　配电系统图（二）

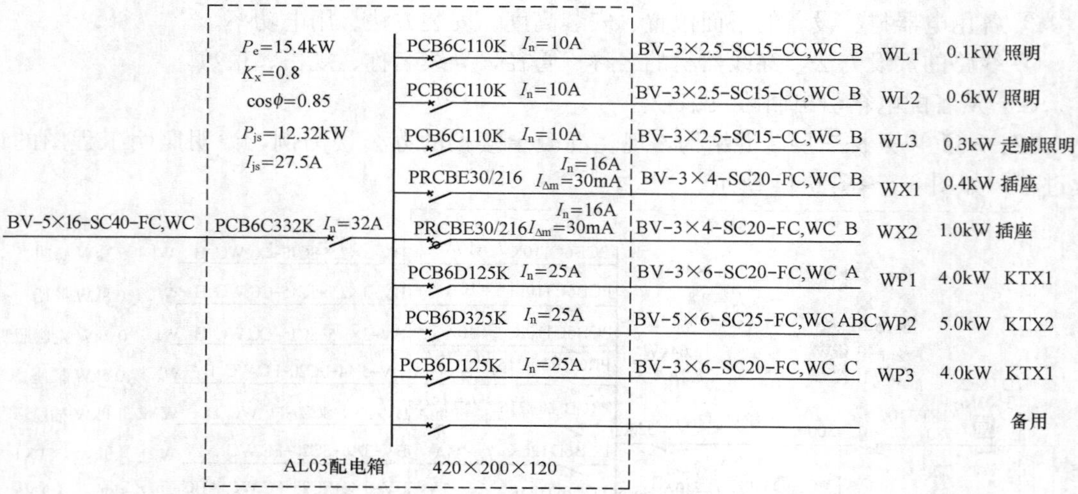

| | PCB6C110K $I_n$=10A | BV-3×2.5-SC15-CC,WC B | WL1 | 0.1kW 照明 |
|---|---|---|---|---|
| $P_e$=15.4kW | PCB6C110K $I_n$=10A | BV-3×2.5-SC15-CC,WC B | WL2 | 0.6kW 照明 |
| $K_x$=0.8 | PCB6C110K $I_n$=10A | BV-3×2.5-SC15-CC,WC B | WL3 | 0.3kW 走廊照明 |
| cos$\phi$=0.85 | PRCBE30/216 $I_n$=16A $I_{\Delta m}$=30mA | BV-3×4-SC20-FC,WC B | WX1 | 0.4kW 插座 |
| $P_{js}$=12.32kW | PRCBE30/216 $I_n$=16A $I_{\Delta m}$=30mA | BV-3×4-SC20-FC,WC B | WX2 | 1.0kW 插座 |
| $I_{js}$=27.5A | PCB6D125K $I_n$=25A | BV-3×6-SC20-FC,WC A | WP1 | 4.0kW KTX1 |
| BV-5×16-SC40-FC,WC PCB6C332K $I_n$=32A | PCB6D325K $I_n$=25A | BV-5×6-SC25-FC,WC ABC | WP2 | 5.0kW KTX2 |
| | PCB6D125K $I_n$=25A | BV-3×6-SC20-FC,WC C | WP3 | 4.0kW KTX1 |
| | | | | 备用 |

AL03配电箱　　420×200×120

图 6-8　配电系统图（三）

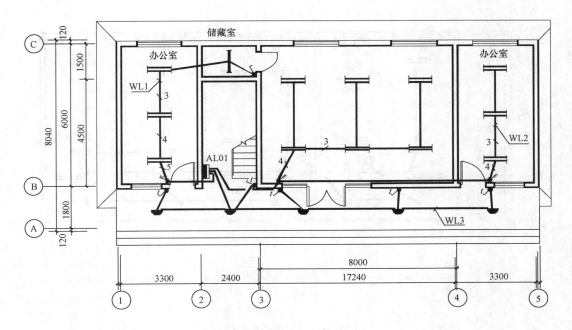

图 6-9 一层照明平面图

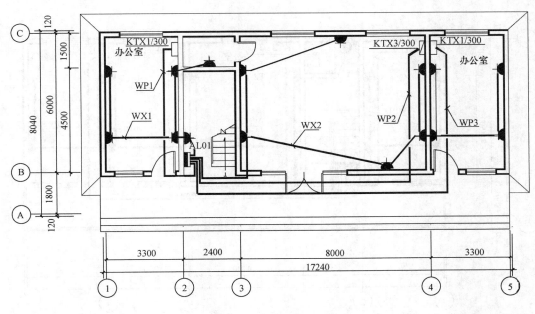

图 6-10 一层插座平面图

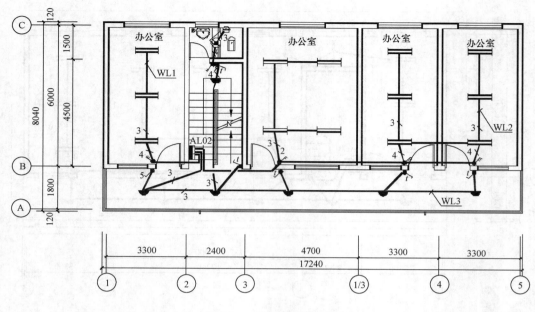

图 6-11　二层照明平面图

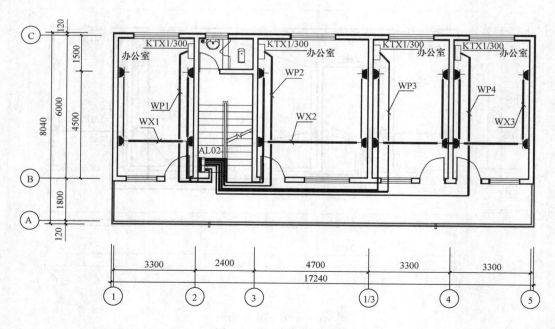

图 6-12　二层插座平面图

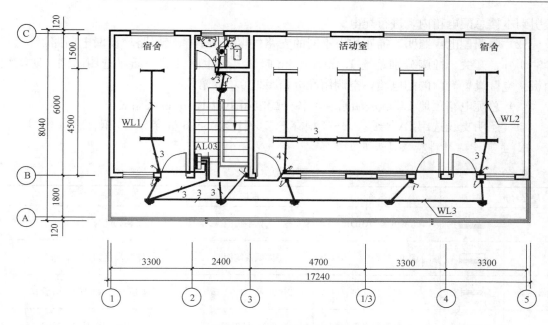

图 6-13　三层照明平面图

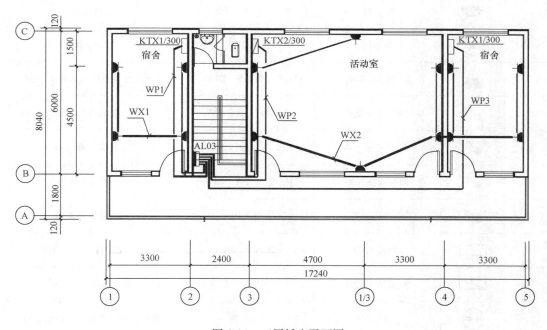

图 6-14　三层插座平面图

### 1. 工程概况

本工程为济南市某办公楼，建筑面积 369.3m²；总建筑高度 11.25m，层数 3 层，一层层高 3.6m，二、三层层高 3.3m。详见办公楼的建筑平面图。吊顶高度 0.3m。

### 2. 主要参数

（1）供电电源：本工程从箱式变压器引来 220/380V 电源，承担本工程的负荷。进线电缆引到本楼总配电箱内，进行配电。

（2）照明配电：照明、插座均由不同的支路供电；所有插座回路均设漏电断路器保护。除注明外，开关、插座分别距地 1.4m、0.3m 暗装。卫生间开关、插座选用防潮、防溅型面板。空调设置专门的配电箱，空调用配电箱距地 0.3m 暗装。

（3）总配电箱距地 1.5m 嵌墙暗装，各分配电箱距地 1.5m 嵌墙暗装。

（4）照明支线选用 BV 导线，2～4 根穿 SC15 钢管，5～6 根穿 SC20 钢管。

3. 主要设备材料表（见表 6-9）

表 6-9　　　　　　　　　　　　　　　主要设备材料表

| 序号 | 图例 | 名称 | 规格 | 备注 |
|---|---|---|---|---|
| 1 | ▬ | 配电箱 ALD1 | 详见系统图 | 安装高度为 15m，暗装 |
| 2 | ▬ | 分配电箱 AL02、AL03 | 详见系统图 | 安装高度为 15m，暗装 |
| 3 | ⊢⊣ | 双管荧光灯 | 2×36W（35001m） | 吸顶安装（1B 荧光灯管） |
| 4 | ⊢⊣ | 单管荧光灯 | 1×36W（33501m） | 吸顶安装（1B 荧光管） |
| 5 | ◖ | 吸顶灯 | 1×20W（声控为 PZ-251） | 吸顶安装 |
| 6 | ⊗ | 防水灯 | 1×32W | 吸顶安装 |
| 7 | ⊤ | 二/三极暗装插座 | E2426/10μS　10A | 安装高度为 0.3m |
| 8 | ✐ | 暗装单极开关 | E2031/1/2A　10A | 安装高度为 14m |
| 9 | ✐ | 暗装三极开关 | E2033/1/2A　10A | 安装高度为 14m |
| 10 | ✐ | 暗装双极开关 | E2032/1/2A　10A | 安装高度为 14m |
| 11 | ✐ | 声光控开关 | 250V　10A | 安装高度为 14m |
| 12 | ▭ | 空调箱 KTX1 | 250V　25A | 安装高度为 0.3m |
| 13 | ▱ | 空调箱 KTX2 | 380V　25A | 安装高度为 0.3m |
| 14 | ⊖ | 排气扇 | 详见设备 | 详见设备，安装高度距地 28m |

## 二、配管配线工程定额简介

本节内容主要依据《山东省安装工程消耗量定额》（2016 年版）第四册电气设备安装工程中第 12 章"配管工程"和第 13 章"配线工程"编制。

配管定额主要设置了电线管敷设，钢管敷设，防爆钢管敷设，可挠金属套管敷设，硬聚氯乙烯管敷设，刚性阻燃管敷设，半硬质阻燃管敷设，套接紧定式、扣压式钢导管敷设，金属软管敷设，接线箱安装，接线盒安装，动力配管混凝土地面刨沟，墙体剔槽、打孔洞等，共计 13 节 251 个子目，定额编号：4-12-1～4-12-251。

配线定额主要设置了管内穿线，鼓形绝缘子配线，针式绝缘子配线，碟式绝缘子配线，塑料槽板配线，塑料护套线明敷设，线槽配线，车间带型母线安装，盘、柜、箱、板配线，钢索架设，拉紧装置制作与安装等，共编制了 11 节 193 个子目，定额编号：4-13-1～4-13-193。

1. 配管项目

（1）电线管敷设。电线管敷设定额按建筑物结构形式、敷设位置（砖混凝土结构明配、砖混凝土结构暗配、钢结构配管、钢索配管）及公称口径（mm 以内）划分定额子目，共编制了 22 个子目，以"100m"为定额计量单位。

工作内容：测位、画线、打眼、埋螺栓、锯管、套丝、煨弯、配管、接地、穿引线、补漆。

（2）钢管敷设。钢管敷设定额按钢管类型（镀锌钢管、焊接钢管），建筑物结构形式和敷设位置（砖混凝土结构明配、砖混凝土结构暗配、钢结构配管、钢索配管）及公称口径（mm 以内）划分定额子目，共编制了 74 个子目，以"100m"为定额计量单位。

工作内容：测位、画线、打眼、埋螺栓、锯管、套丝、煨弯、配管、接地、穿引线、补漆。

（3）防爆钢管敷设。防爆钢管敷设定额按建筑物结构形式、敷设位置（砖混凝土结构明配、砖混凝土结构暗配、钢结构配管、箱罐、塔器照明配管）及公称口径（mm 以内）划分定额子目，共编制了 30 个子目，以"100m"为定额计量单位。

工作内容：测位、画线、锯管、套丝、煨弯、零星刨沟、配管、气密性试验、接地、穿引线、补漆。

（4）可绕金属套管敷设。可绕金属套管敷设定额按建筑物结构形式、敷设位置（砖混凝土结构暗配、吊顶内敷设、现浇板灯具接线盒至吊顶处灯具接线盒保护管），规格划分定额子目，共编制了 20 个子目，以"100m"为定额计量单位。

工作内容：测位、画线、零星刨沟、断管、配管、固定、接地、清理、填补穿引线。

（5）硬聚氯乙烯管敷设。硬聚氯乙烯管敷设定额按建筑物结构形式、敷设位置（砖混凝土结构明配、砖混凝土结构暗配、钢索配管）及公称口径（mm 以内）划分定额子目，共编制了 22 个子目，以"100m"为定额计量单位。

工作内容：测位、画线、打眼、埋螺栓、锯管、煨弯、接管、配管、穿引线。

（6）刚性阻燃管敷设。刚性阻燃管敷设定额按建筑物结构形式、敷设位置（砖混凝土结构明配、砖混凝土结构暗配、吊顶内敷设）及公称口径（mm 以内）划分定额子目，共编制了 21 个子目，以"100m"为定额计量单位。

工作内容：测位、画线、打眼、下胀管、断管、连接管件、配管、上螺钉、穿引线。

（7）半硬质阻燃管暗敷设。半硬质阻燃管暗敷设定额按公称口径（mm 以内）划分定额子目，共编制了 6 个子目，以"100m"为定额计量单位。

工作内容：测位、画线、零星刨沟、打眼、敷设、固定、穿引线。

（8）套接紧定式、扣压式钢导管敷设。套接紧定式、扣压式钢导管敷设定额按建筑物结构形式、敷设位置（砖混凝土结构明配、砖混凝土结构暗配、钢结构支架配管、轻型吊顶内敷设）及公称口径（mm 以内）划分定额子目，共编制了 24 个子目，以"100m"为定额计量单位。

工作内容：测位、画线、打眼、下胀塞、煨弯、锯断、配管、紧定（扣压）固定、穿引线。

（9）金属软管敷设。金属软管敷设定额按照管径大小，并区分每根管长（500mm、1000 mm、2000mm 以内）划分定额子目，共编制了 6 个子目，以"10m"为定额计量单位。

定额工作内容：量尺寸、断管、连接接头、钻眼、攻丝、固定、接地。

2. 配线项目

（1）管内穿线。管内穿线定额区分线路性质（照明线路、动力线路）、线芯材质（铝芯、铜芯）和导线截面规格（mm² 以内）划分定额子目，编制了 37 个定额子目。管内穿多芯软导线按导线定额区分芯数和导线截面规格（mm² 以内）划分定额子目，编制了 19 个项目。以"100m 单线"为定额计量单位。

工作内容：穿引线、扫管、涂滑石粉、穿线、编号、接焊包头。

（2）鼓形绝缘子配线。鼓形绝缘子配线定额按照敷设位置不同（沿木结构、顶棚内及砖、混凝土结构、沿钢结构及钢索）和导线截面规格（mm² 以内）分别列项，共编制了 10 个子目。计量单位：100m 单线。

工作内容：测位、画线、打眼、埋螺钉、钉木楞、下过墙管、上绝缘子、配线、焊接包头。

（3）针式绝缘子配线。针式绝缘子配线定额按照敷设位置不同（沿屋架、梁、柱、墙；跨屋架、梁、柱），并区分导线截面规格（mm² 以内）分别列项，共编制了 14 个子目。计量单位：100m 单线。

工作内容：测位、画线、打眼、安装支架、下过墙管、上绝缘子、配线、焊接包头。

（4）蝶式绝缘子配线。蝶式绝缘子配线定额按照敷设位置不同（沿屋架、梁、柱，跨屋架、梁、柱），并区分导线截面规格（mm² 以内）分别列项，共编制了 14 个子目。计量单位：100m 单线。

工作内容：测位、画线、打眼、安装支架、下过墙管、上绝缘子、配线、焊接包头。

（5）塑料槽板配线。塑料槽板配线定额分为木结构、砖、混凝土结构，有两线式和三线式，按照导线截面规格（mm² 以内）划分定额子目，共编制了 8 个定额子目，以"100m"为定额计量单位。

工作内容：测位、打眼、埋螺钉，下过墙管、断斜、做角弯、装盒子、配线、焊接包头。

（6）塑料护套线明敷设。塑料护套线明敷设定额区别敷设位置（木结构，砖混凝土结构，沿钢索，砖混凝土结构粘接）、导线截面规格（mm² 以内）、导线芯数划分定额子目，编制了 24 个定额子目，以"100m"为定额计量单位。

定额工作内容：测位、画线、打眼、下过墙管、固定扎头、装盒子、配线、焊接包头。

（7）线槽配线。金属线槽安装定额区别线槽宽度（m）划分定额子目，编制了 27 个定额子目。以"100m"为定额计量单位。

定额工作内容：清扫线槽、放线、编号、对号、焊接包头。

（8）盘、柜、箱、板配线。盘、柜、箱、板配线定额区别导线截面积（mm² 内）划分定额子目，编制了 9 个定额子目。以"10m"为定额计量单位。

定额工作内容：放线、下料、包绝缘带、排线、卡线、校线、接线。

3．其他项目

（1）钢索架设。钢索架设定额区分钢索材料（圆钢、钢丝绳）、直径规格（mm 以内）划分定额子目，共编制了 4 个子目，以"100m"为定额计量单位。

定额工作内容：测位、断料、调直、架设、绑扎、拉紧、刷漆。

（2）拉紧装置制作与安装。母线拉紧装置制作、安装定额区别母线截面规格（mm² 以内）划分定额子目，共编制了 2 个子目；钢索拉紧装置制作、安装定额区别花篮螺栓直径规格（mm 以内）划分定额子目，编制了 3 个定额子目，以"10 套"为计量单位。

定额工作内容：下料、钻眼、煨弯、组装、测位、打眼、埋螺栓、连接、固定、刷漆。

（3）车间带型母线安装。车间带型母线安装定额区别安装位置（沿屋架、梁、柱、墙和跨屋架、梁、柱）、母线材质（铝、钢）、母线截面规格（mm² 以内）划分定额子目，编制了 22 个定额子目，以"100m"为定额计量单位。

工作内容：打眼，支架安装，绝缘子灌注、安装，母线平直、煨弯、钻孔、连接、架设，夹具、木夹板制作安装，刷分相漆。

（4）动力配管混凝土地面刨沟。动力配管混凝土地面刨沟指电气工程正常配合主体施工后，有设计变更时，需要将管路再次敷设到混凝土结构内的情况。

定额区别管径规格（mm 以内）划分定额子目，共编制了 5 个项目，计量单位："10m"。定额工作内容：测位、画线、刨沟、清理、填补。

（5）墙体剔槽、打孔洞。墙体剔槽定额区分配管管径规格（mm 以内）划分定额子目，共编制了 11 个子目，计量单位："10m"。定额工作内容：测位、画线、切割、剔除、清理、填补。

（6）接线箱安装。接线箱是指箱内不安装开关设备，只用来分支接线的空箱体，管线长度超过施工规范要求长度，便于管路穿线及线路检修、更换导线所设的管、线过渡箱，导线接头集中在箱内。

接线箱安装定额区分安装方式（明装、暗装），按照接线箱半周长（mm 以内）大小划分定额子目，共编制了 4 个子目，计量单位"10 个"。

定额工作内容：测位、打眼、埋螺栓、预留洞、箱子开孔、修孔、刷漆、固定、接地。

（7）接线盒安装。配管出口处要安装接线盒，用来安装照明器具及接线，体积比接线箱小。接线盒安装定额区分安装形式（明装、暗装、钢索上）分别列项，明装接线盒又包括接线盒、开关盒两个子项，暗装接线盒包括普通接线盒和防暴接线盒两个子项，共编制了 6 个定额子目，计量单位："10 个"。

定额工作内容：测位、大眼、上胀塞、固定、修孔。

**三、配管配线工程定额工作内容及施工工艺**

1．配管工程

（1）配管定额均综合考虑了穿引线的工作，不再将引线包含在穿线子目中。

（2）定额中电线管、紧定（扣压）式钢导管、刚性阻燃管长度按 4m 取定，钢管长度按 6m 取定。

（3）镀锌钢管、防爆钢管敷设中接地跨接按接地卡子考虑，焊接钢管敷设中接地跨接按焊接跨接线考虑。

（4）刚性阻燃管为刚性 PVC 管，管子的连接方式采用插入法连接，连接处结合面涂专用胶合剂，接口密封。

（5）紧定（扣压）式钢套管，连接采用专用接头螺栓头紧定（接头扣压紧定），该管最大特点是：连接、弯曲操作简易，不用套丝，无需做跨接线，无需刷油，效率仅次于刚性阻燃管。

（6）半硬质阻燃管指聚乙烯管，一般成盘供应，采用套接粘接法连接，只能用于暗敷设。

（7）可挠性金属套管指普利卡金属套管（PULLKA），它是由镀锌钢带（Fe、Zn），钢带（Fe）及电工纸（P）构成双层金属制成的可挠性电线、电缆保护套管，主要用于砖、混凝土内暗设和吊顶内敷设及与钢管、电线管与设备连接间的过渡，与钢管、电线、设备入口均采用专用混合接头连接。

（8）金属软管（又称蛇皮管）一般敷设在较小型电动机的接线盒与钢管口的连接处，用来保护电缆或导线不受机械损伤。定额按其内径分别以每根管长列项。

2. 配线工程

（1）配线进入开关箱、屏、柜、板的预留线按工程量计算规则中规定的长度计算。

（2）绝缘子配线，按绝缘子形式、绝缘子配线位置、导线截面，分别列项。绝缘子顶棚内线路引下的支持点至天棚下缘之间的长度应计算在工程量内。

（3）塑料护套线，塑料槽板配线、线槽配线：

1）塑料护套线卡子间距，除钢索敷设按 200mm 考虑外，其余均按 150mm 考虑。

2）塑料护套线以导线截面积、导线芯数、敷设位置分别列项。槽板配线，以配线位置、导线截面、线式、分别列项。线槽配线按导线截面积列项。

3）导线穿墙按每根瓷管穿一根考虑；塑料软管用于导线交叉隔离，长度 40mm 考虑。

4）顶棚内配线执行木结构定额。

5）沿砖、混凝土结构敷设按冲击电钻打眼，埋塑料胀管考虑。

6）电气器具（灯具开关、插座、按钮等）的预留线均包括在器。

3. 车间母线安装

（1）铝母线按每根长 6.6m，铜母线按 6m，平直断料用手工操作考虑。

（2）铜母线焊接，采用氧气乙炔＋铜焊丝＋硼砂方式，铈钨棒不再包含。铝母线焊接，采用氩弧焊＋铝焊条。钢母线焊接，采用交流弧焊机＋低碳钢焊条。

（3）铜、铝母线安装沿墙、梁、屋架时，母线采取夹板式夹具固定，跨梁、柱、屋架时，母线采取卡、板式夹具固定，终点及中间安装拉紧装置。铝、铜母线安装支持绝缘子间距见表 6-10。

表 6-10　　　　　　　　　　铝、铜母线安装支持绝缘子间距表

| 安装方式 | 沿墙，梁，屋架 | 跨梁，柱，屋架 |
| --- | --- | --- |
| 间距（m） | 2.5 | 4.8 |

（4）钢母线安装每根 6m，作中性线考虑，未考虑绝缘子支架（在铝母线中考虑）。

（5）车间带形母线，按不同材质、不同截面、不同安装位置列项。

### 四、配管配线工程量计算说明

1. 配管工程

（1）管线埋地发生挖填土石方工作时，应执行第九章沟槽挖填土相应定额。

（2）套接紧定式、扣压式钢导管电线管（俗称彩镀管），定额综合考虑了紧定式和扣压式两种连接方式；在钢索上敷设时执行钢结构配管定额；在轻型吊顶内敷设时定额考虑了沿楼板、吊顶吊杆、吊管支架三种固定方式，但吊管支架的制作、安装应另套相应定额。

（3）现浇板灯具接线盒至吊顶处灯具接线盒保护管，采用的是可挠金属套管，在吊顶内其他部位的同类型保护管应执行"可挠金属套管在吊顶内敷设"相应项目。

（4）箱体后墙及成排配管处的墙面防裂处理，应执行建筑工程相应定额。

（5）本章中接线箱安装亦适用于电缆兀接箱、模块箱等的安装。

（6）钢索配管项目中未包括钢索架设及拉紧装置制作和安装、接线盒安装，发生时其工程量另行计算。

（7）定额考虑的是符合规范要求的正常施工工序，正常情况下配管和穿引线是连在一起的两个工序，即配完管后就穿上引线。对于只配管不穿铁丝引线的，如果发生，可按如下处理：

1）按相应配管定额工日扣减合计工日 0.4（工日/100m）；

2）按相应定额扣除镀锌铁丝的含量。

（8）半硬质塑料管规范不允许明配，定额综合考虑了沿砖、混凝土和埋地暗设两种敷设方式，均执行暗设定额。

（9）暗配管定额是按照正常的配合土建预留预埋施工的，包括了零星的剔槽打洞，对于设计或工艺无法做到配合预留预埋的（如：框架填充墙结构中使用大块或空心泡沫砖做填充墙，车间机床设备电机口局部位移等），应执行本章的混凝土地面刨沟、墙体剔槽、打孔洞相应项目。

2. 配线工程

（1）管内穿线中照明线路导线截面大于 $6mm^2$ 时，执行动力线路穿线相应定额。

（2）导线在桥架内敷设时，执行线槽配线相应定额。

（3）鼓形绝缘子（沿钢索除外）、针式绝缘子、蝶式绝缘子的配线及车间带形母线的安装均已包括支架安装，支架制作另计。木槽板配线执行塑料槽板配线定额。

（4）盘、柜、箱、板配线仅适用于盘、柜、箱、板上的设备元件的少量现场配线，不适用于工厂设备的修、配、改工程。

（5）除管内穿线外，导线敷设不论材质，只区别不同的敷设方式执行相应的定额。（如绝缘子配线、线槽配线、护套线等）

### 五、配管配线工程工程量计算规则

1. 配管工程

（1）各种管路在计算其长度时，均不扣除管路中间的接线箱、接线盒、灯头盒、开关盒、插座盒、管件等所占长度。

（2）电线管、钢管、防爆钢管敷设，根据设计图纸区分不同的敷设方式和公称口径，以"100m"为单位计算工程量。

（3）可挠金属套管敷设，根据设计区分不同的敷设方式、位置以及规格，以"100m"

为单位计算工程量；对现浇板处灯头盒至吊顶处灯头盒的保护管，根据设计图纸和吊顶到现浇板的实际高差，区分保护管每根不同的长度，以"10m"为单位计算工程量。

（4）硬聚氯乙烯管、刚性阻燃管、半硬质阻燃管敷设，根据设计图纸区分不同的敷设方式和敷设位置以及公称口径，以"100m"为单位计算工程量。

（5）套接紧定式、扣压式钢导管电线管敷设，根据设计图纸区分不同的敷设方式和部位以及管外径，以"100m"为单位计算工程量。

（6）金属软管敷设，根据设计图纸和施工规范要求，区分不同的公称口径和每根管长度，以"10m"为单位计算工程量。

（7）接线箱安装，区分不同的安装方式和箱体半周长尺寸大小，以"个"为单位计算工程量。

（8）接线盒安装，区分不同的安装方式和接线盒类型，以"个"为单位计算工程量；接线盒盖安装，以"个"为单位计算工程量。

（9）动力配管混凝土地面刨沟，按照施工现场设备安装实际情况，区分不同的配管公称口径，以"10m"为单位计算工程量。

（10）墙体剔槽，根据设计图纸和建筑结构型式，区分不同的配管公称口径，以"10m"为单位计算工程量。

（11）水钻打眼，根据实际工艺需要和钻头的口径大小，以"个"为单位计算工程量。

2. 配线工程

（1）管内穿线工程量，根据设计图纸区分不同的线路性质、导线材质、导线截面、以"100m 单线"为单位计算工程量；管内穿多芯软导线时，根据设计图纸区分不同的芯数和每芯的截面大小，以"100m/束"为单位计算工程量。管内穿线的线路分支接头线长度已综合在定额中，不得另行计算。

（2）绝缘子配线工程量，根据设计图纸区分不同的绝缘子形式（针式、鼓形、蝶式）、绝缘子配线位置（沿屋架、梁、柱、墙，跨屋架、梁、柱，木结构、顶棚内、砖、混凝土结构，沿钢结构及钢索）、导线截面积，以"100m 单线"为单位计算工程量。引下线按线路支持点至天棚下缘距离的长度计算。

（3）塑料槽板配线工程量，根据设计区分槽板敷设的不同位置（木结构、砖、混凝土结构）、不同导线截面积、线式（二线、三线），按设计图纸表示的槽板长度，以"100m"为单位计算工程量。

（4）塑料护套线明敷设，根据设计图纸区分不同的芯数（二芯、三芯）、敷设位置（木结构、砖、混凝土结构、沿钢索）、导线截面，以"100m/束"为单位计算工程量。

（5）线槽配线，对于单线，按照设计图纸区分不同的导线截面，以"100m 单线"为单位计算工程量，对于多芯软线，根据设计区分不同的芯数和截面，以"100m/束"为单位计算工程量。

（6）车间带形母线安装，根据设计图纸区分母线不同的材质（铜、铝、钢）、安装位置（沿屋架、梁、柱、墙，跨屋架、梁、柱）、截面积，以"100m"为单位计算工程量。

（7）盘、柜、箱、板配线，按照设计图纸区分不同的导线截面，以"m"为单位计算工程量。

（8）配线在各处进出线预留长度按照设计规定计算，设计无规定的按照表 6-11 计算。

| 序号 | 项　目 | 预留长度 | 说　明 |
|---|---|---|---|
| 1 | 各种盘、柜、箱、板 | 高＋宽 | 盘面尺寸 |
| 2 | 单独安装的铁壳开关、自动开关、刀开关、启动器、箱式电阻器、变阻器母线槽进出线盒等 | 0.3m | 以安装对象中心算起 |
| 3 | 继电器、控制开关、信号灯、按钮、熔断器等小电器 | 0.3m | 以安装对象中心算起 |
| 4 | 分支接头 | 0.2 | 分支线预留 |
| 5 | 由地坪管子出口引至动力接线箱 | 1m | 以管口计算 |
| 6 | 电源与管内导线连接（管内穿线与软、硬母线接头） | 1.5m | 以管口计算 |
| 7 | 出户线 | 1.5m | 以管口计算 |

**表 6-11**　　　　　　　**配线在各处进出线预留长度**　　　　　单位：m/根

（9）灯具、明、暗开关、插座、按钮等预留线，已分别综合在相应的定额内不另行计算。

（10）钢索架设，根据设计图纸区分钢索不同的材质和直径大小，按图示墙（柱）内缘距离，以"100m"为单位计算工程量；不扣除拉紧装置所占长度。

（11）拉紧装置制作与安装，拉紧装置分母线拉紧装置和钢索拉紧装置两种，对于母线拉紧装置制安，根据设计图纸区分不同的母线截面，以"10套"为单位计算工程量；对于钢索拉紧装置制安，根据设计图纸区分拉紧装置中花篮螺栓直径的大小，以"10套"为单位计算工程量。

## 六、配管配线工程计价案例

**【例 6-6】** 某工程局部照明图如图 6-15 和图 6-16 所示，计算此照明配电平面图中的配管配线工程的工程量。

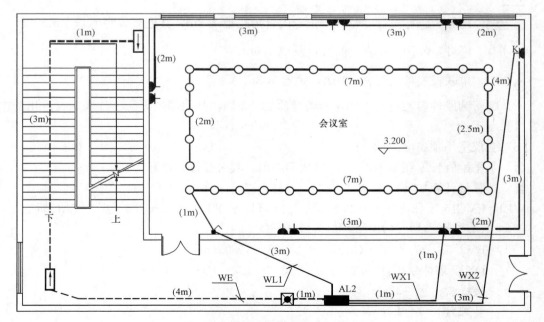

图 6-15　某办公楼局部照明平面图

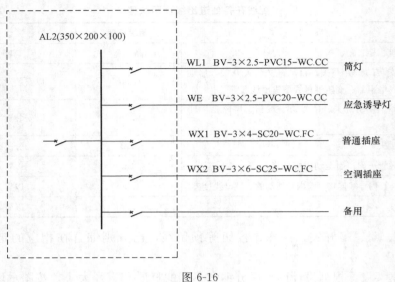

图 6-16

(1) 图例：

AL2 照明配电箱，350mm×200mm×100mm（宽×深×高），暗装，下沿距地 1.5m；

单相二、三孔暗装插座，15A，暗装，距地 0.3m；

三孔暗装空调插座 30A，暗装，距地 2.7m；

应急照明灯，32W，距地 2.5m；

诱导应急标志灯，15W，走廊内管吊距地 2.8m，其他暗装距地 0.5m；

筒灯，$\phi$150，12W，嵌装，距地 3.0m；

单联板式暗装开关，10A，距地 1.3m。

(2) 配管为刚性阻燃管，除插座导管埋深 0.3m 外，其他部位导管不计埋深，进出配电箱管口长度不计。

(3) 会议室吊顶高度距地 3m。

(4) 水平配管长度在图中以（　）内数字注明，其余按设计计算。

**解**　工程量计算如下：

WL1：PVC15　$(3+1+7+2.5+7+2)$(筒灯水平)$+(3.2-1.5-0.2)$(AL 垂直)$+$
$(3.2-1.3)×2$(开关垂直)$=27.8$(m)

　　　　BV2.5　$27.8×3+(0.35+0.2)×3=85.05$(m)

　　　　DN15 墙体剔槽：$(3.2-1.5)+(3.2-1.3)×2=5.5$(m)

　　　　接线盒　　　32 个

　　　　开关盒　　　1 个

WL2：PVC20　$(1+4+3+1)$(水平)$+(3.2-1.5-0.2)$(AL 垂直)$+(3.2-2.5)×2$

（应急灯垂直）＋（3.2＋1.6－0.5）（楼梯应急灯垂直）＝16.2（m）

BV2.5　16.2×3＋（0.35＋0.2）×3＝50.25（m）

DN20 墙体剔槽：（3.2－1.5）＋（3.2－2.5）×2＋（3.2＋1.6－0.5）＝7.4（m）

接线盒：3 个

WX1　SC20　（1＋1＋3＋2＋3＋2＋3＋3＋2）（水平）＋（1.5＋0.3）（AL 垂直）＋（0.3＋0.3）×9（插座垂直）＝27.2（m）

DN20 墙体剔槽：1.5＋0.3×9＝4.2（m）

BV4　27.2×3＋（0.35＋0.2）×3＝83.25（m）

插座盒：5 个

WX2　SC25　（3＋4）（水平）＋（1.5＋0.3）（AL 垂直）＋（2＋0.3）（插座垂直）＝11.1（m）

DN25 墙体剔槽：1.5＋2＝3.5（m）

BV6　11.1×3＋（0.35＋0.2）×3＝34.95（m）

插座盒：1 个

配管配线工程的工程量合计见表 6-12。

表 6-12　　　　　　　　　　　　工程量合计表

| 序号 | 项目名称 | 计量单位 | 工程量 |
|---|---|---|---|
| 1 | 接线盒暗装 | 个 | 32＋3＝35 |
| 2 | 开关盒暗装 | 个 | 1＋5＋1＝7 |
| 3 | 墙体剔槽配管 DN15 内 | m | 5.5 |
|  | 墙体剔槽配管 DN20 内 | m | 7.4＋4.2＝11.6 |
|  | 墙体剔槽配管 DN20 内 | m | 3.5 |
| 4 | 砖、混凝土结构暗配钢管 DN20 内 | m | 27.2 |
| 5 | 砖、混凝土结构暗配钢管 DN25 内 | m | 11.1 |
| 6 | 刚性阻燃管砖混暗配 PVC15 | m | 27.8 |
| 7 | 刚性阻燃管砖混暗配 PVC20 | m | 16.2 |
| 8 | 照明管内穿线 BV2.5mm² | m | 85.05＋50.25＝135.3 |
| 9 | 照明管内穿线 ZR-BV4 mm² | m | 83.25 |
| 10 | 照明管内穿线 BV6mm² | m | 34.95 |

【例 6-7】　某工程消防水泵房部分电气照明安装如图 6-17 和图 6-18 所示。

说明：

（1）主要图例：

▅▅　照明配电箱，箱下沿墙 1.5m 暗装，300mm×200mm×150mm（宽×高×深）；

⊗　杆吊防水防尘灯，100W，杆长 800mm；

⊟　双管日光灯，2×40W，吸顶安装；

⏚KT　三孔空调插座，30A，距地 1.8m 暗装；

⏚　防水五孔插座，15A，距地 0.5m 暗装；

↘　单联板式开关，10A，距地 1.3m 暗装。

（2）PVC 管采用刚性阻燃冷弯电线管。

（3）照明在顶棚内暗配管按 0.1m 考虑，插座暗配管深埋按 0.3m 考虑。

（4）图中数值为配电管平均水平长度，垂直长度另计。

（5）N1：ZR－BV3×4 SC20 WC，FC；    N2：BV3×2.5 PVC15 WC，CC；

N3：BV3×6 PVC25 WC，FC；    N4：BV3×2.5 PVC15 WC，CC。

根据定额工程量计算规则，计算此照明配电工程中的电气工程量，列出预算表。

（1）计算结果均保留两位小数，以下四舍五入。

（2）其他未说明的事项，均按符合定额要求。

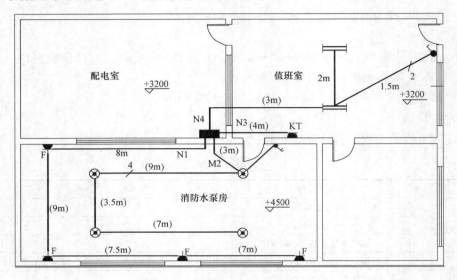

图 6-17  某水泵房照明平面图

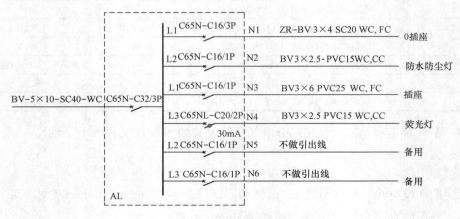

图 6-18  某水泵房照明系统图

**解**

1. 工程量计算

（1）嵌入式配电箱（嵌入式、半周长 1. m 以内）：1 台；

（2）无端子外部接线 2.5mm² ：6 个；

无端子外部接线 6mm² ：6 个；

（3）N1 回路：ZR-BV3×4 SC20 WC，FC；

1）配管 SC20 工程量：

8＋9＋7.5＋7（水平管长）＋1.5＋0.3（配电箱处垂直管长）＋（0.3＋0.5）×7（插座处垂直管长）＝38.9（m）

2）配线 ZR-BV4mm² 工程量：

3×38.9（配管工程量）＋（0.3＋0.25）×3（配电箱预留长度）＝118.35（m）

3）墙体剔槽　工程口径 20mm 内：

1.5（配电箱处垂直管长）＋0.5×7（插座处垂直管长）＝6（m）

4）单相五孔防水暗插座 15A：4 个

5）暗装插座盒：4 个

（4）N2 回路：BV3×2.5 PVC15 WC，CC；

1）配管 PVC15 工程量：

3＋1＋9＋3.5＋9（水平管长）＋（4.5－1.5－0.25＋0.1）（配电箱处垂直管长）＋（4.5－1.3＋0.1）（开关处垂直管长）＝31.65（m）

2）配线 BV2.5mm² 工程量：

[31.65＋（0.3＋0.25）（配电箱预留长度）]×3＋9＝105.6（m）

3）墙体剔槽　公称口径 15mm 内：

（4.5－1.5－0.25）（配电箱处垂直管长）＋（4.5－1.3）（开关处垂直管长）＝5.95（m）

4）直杆式防水防尘灯 100W：4 套

5）暗装灯头盒：4 个

6）双联开关：1 个

7）暗装开关盒：1 个

（5）N3 回路：BV3×6 PVC25 WC，FC；

1）配管 PVC25 工程量：

4（水平管长）＋（1.5＋0.3）（配电箱处垂直管长）＋（0.3＋1.8）（插座处垂直管长）＝7.9（m）

2）配线 BV6mm² 工程量：

[7.9＋（0.3＋0.25）]×3＝25.35（m）

3）墙体剔槽　公称口径 25mm 内：

1.5（配电箱处垂直管长）＋1.8（插座处垂直管长）＝3.3（m）

4）成套吸顶双管荧光灯 2×40W：2 套

5）暗装灯头盒：2 个

6）单联单控开关：1 个

7）暗装开关盒：1 个

（6）N4 回路：BV3×2.5 PVC15 WC，CC；

1）配管 PVC15 工程量：

3＋2＋1.5（水平管长）＋（3.2－1.5－0.25＋0.1）（配电箱处垂直管长）＋（3.2－1.3＋0.1）（开关处垂直管长）＝10.05（m）

2）配线 BV2.5 工程量：

$[10.05＋（0.3＋0.25）]×3－（1.5＋3.2－1.3＋0.1）$（开关至单联开关水平长＋开关处垂直长）$=28.3$（m）

3）墙体剔槽　公称口径 15mm 以内：

（3.2－1.5－0.25）（配电箱处垂直管长）＋（3.2－1.3）（开关处垂直管长）$=3.35$（m）

（7）工程量小计：

SC20：38.9m

PVC15：31.65＋10.05＝41.7（m）

PVC25：7.9m

BV2.5mm²：105.6＋28.3＝133.9（m）

ZR-BV4mm²：118.35m

BV6mm²：25.35m

单相五孔防水暗插座 15A：4 个

单相三孔暗插座：1 个

直杆式防水防尘灯 100W：4 套

成套吸顶双管荧光灯 2×40W：2 套

单联单控开关：1 个

暗装接线盒：6 个

暗装开关盒：6 个

剔槽配管　公称口径 15mm：5.95m＋3.35＝9.3（m）

剔槽配管　公称口径 20mm：6m

剔槽配管　公称口径 25mm：3.3m

嵌入式配电箱：1 台

无端子外部接线 2.5m²：6 个

无端子外部接线 6m²：6 个

2. 套用定额并计算安装费，见表 6-13。

表 6-13　　　　　　　　　　单位工程预算表（含主材及设备）

| 序号 | 定额编码 | 子目名称 | 单位 | 工程量 | 单价 | 合价 | 人工合价 | 材料合价 | 机械合价 |
|---|---|---|---|---|---|---|---|---|---|
| 1 | 4-2-84 | 成套配电箱安装　嵌入式 半周长≤1.0m | 台 | 1 | 196.76 | 196.76 | 129.99 | 63.19 | 3.58 |
| | 001 | 配电箱　宽×高×深： 300×200×150 | 台 | 1 | 500 | 500 | | 500 | |
| 2 | 4-4-18 | 无端子外部接线≤2.5mm² | 个 | 3 | 3.46 | 10.38 | 3.72 | 6.66 | |
| 3 | 4-4-19 | 无端子外部接线≤6mm² | 个 | 3 | 3.97 | 11.91 | 5.25 | 6.66 | |
| 4 | 4-12-72 | 砖、混凝土结构暗配焊接 钢管 DN20 内 | 100m | 0.39 | 534.1 | 208.3 | 178.6 | 21.2 | 8.5 |
| | Z17000019@1 | 焊接钢管　公称口径 20mm | m | 40.95 | 6.03 | 246.93 | | 246.93 | |
| 5 | 4-12-176 | 砖、混凝土结构暗配刚性 阻燃管 DN15 内 | 100m | 0.42 | 369.09 | 155.02 | 138.43 | 16.59 | |

续表

| 序号 | 定额编码 | 子目名称 | 单位 | 工程量 | 单价 | 合价 | 人工合价 | 材料合价 | 机械合价 |
|------|----------|----------|------|--------|------|------|----------|----------|----------|
| 5 | Z29000069@1 | 刚性阻燃管　公称口径15mm | m | 46.2 | 3.5 | 161.7 | | 161.7 | |
| 6 | 4-12-178 | 砖、混凝土结构暗配刚性阻燃管 DN25 内 | 100m | 0.08 | 554.82 | 44.39 | 39.55 | 4.83 | |
| | Z29000069@2 | 刚性阻燃管　公称口径25mm | m | 8.8 | 2.6 | 22.88 | | 22.88 | |
| 7 | 4-12-232 | 暗装　接线盒 | 10个 | 0.6 | 40.35 | 24.21 | 18.91 | 5.3 | |
| | Z29000137@1 | 接线盒 | 个 | 6.12 | 0.8 | 4.9 | | 4.9 | |
| 8 | 4-12-233 | 暗装 开关插座盒 | 10个 | 0.7 | 38.39 | 26.87 | 24.01 | 2.86 | |
| | Z29000137@2 | 开关底盒 | 个 | 7.14 | 0.6 | 4.28 | | 4.28 | |
| 9 | 4-12-241 | 墙体剔槽配管 DN20 内 | 10m | 0.95 | 42.69 | 40.56 | 25.83 | 10.47 | 4.26 |
| 10 | 4-12-242 | 墙体剔槽配管 DN32 内 | 10m | 3.3 | 47.04 | 155.23 | 98.24 | 40.23 | 16.76 |
| 11 | 4-13-5 | 照明管内穿线　铜芯截面 ≤2.5mm$^2$ | 100m 单线 | 1.34 | 98.18 | 131.56 | 111.8 | 19.77 | |
| | Z28000055@1 | 绝缘电线　铜芯截面 2.5mm$^2$ | m | 155.44 | 1.86 | 289.12 | | 289.12 | |
| 12 | 4-13-6 | 照明管内穿线　铜芯截面 ≤4mm$^2$ | 100m 单线 | 1.18 | 69.94 | 82.53 | 65.63 | 16.9 | |
| | Z28000055@2 | 绝缘电线　铜芯截面 4mm$^2$ | m | 129.8 | 2.78 | 360.84 | | 360.84 | |
| 13 | 4-13-7 | 照明管内穿线　铜芯截面 ≤6mm$^2$ | 100m 单线 | 0.25 | 70.37 | 17.59 | 13.91 | 3.69 | |
| | Z28000055@3 | 绝缘电线　铜芯截面 6mm$^2$ | m | 27.5 | 6.56 | 180.4 | | 180.4 | |
| 14 | 4-14-214 | 吸顶式双管成套型荧光灯 | 套 | 2 | 19.44 | 38.88 | 36.06 | 2.82 | |
| | Z25000011@1 | 吸顶式双管荧光灯 | 套 | 2.02 | 48 | 96.96 | | 96.96 | |
| 15 | 4-14-227 | 工厂灯安装　直杆式 | 套 | 4 | 23.94 | 95.76 | 79.12 | 16.64 | |
| | Z25000011@2 | 直杆式防水防尘灯 | 套 | 4.04 | 60 | 242.4 | | 242.4 | |
| 16 | 4-14-351 | 跷板暗开关（单控）单联 | 套 | 1 | 7.05 | 7.05 | 6.39 | 0.66 | |
| | Z26000011@1 | 单联开关　单联 | 只 | 1.02 | 16.5 | 16.83 | | 16.83 | |
| 17 | 4-14-352 | 跷板暗开关（单控）双联 | 套 | 1 | 7.56 | 7.56 | 6.7 | 0.86 | |
| | Z26000011@2 | 双联开关　双联 | 只 | 1.02 | 18.5 | 18.87 | | 18.87 | |
| 18 | 4-14-382 | 暗插座≤15A　单相带接地 | 套 | 4 | 7.73 | 30.92 | 28 | 2.92 | |
| | Z26000029@1 | 单相五孔防水暗插座　单相带接地 15A | 套 | 4.08 | 30 | 122.4 | | 122.4 | |

续表

| 序号 | 定额编码 | 子目名称 | 单位 | 工程量 | 单价 | 合价 | 人工合价 | 材料合价 | 机械合价 |
|---|---|---|---|---|---|---|---|---|---|
| | | | | | | | 其 中 | | |
| 19 | 4-14-385 | 暗插座 30A 单相带接地 | 套 | 1 | 8.71 | 8.71 | 7.62 | 1.09 | |
| | Z26000029@2 | 单相三孔暗插座　单相带接地 30A | 套 | 1.02 | 13 | 13.26 | | 13.26 | |
| 20 | BM47 | 脚手架搭拆费（第四册电气设备安装工程）（单独承担的室外直埋敷设电缆工程除外） | 元 | 1 | 50.89 | 50.89 | 17.81 | 33.08 | |
| | | 合计 | | | | 3626.85 | 1035.57 | 2558.19 | 33.1 |

# 第五节　照明灯具安装

## 一、照明器具安装工程基础知识

### (一) 照明电光源

电光源泛指各种通电后能发光的器件，而用作照明的电光源则称作照明电光源。

1. 照明电光源的分类及性能指标

(1) 照明电光源的分类。

照明电光源按工作原理分类，可分为固体发光光源和气体放电光源两大类。固体发光光源主要包括热辐射光源和电致发光光源两类。热辐射光源是以热辐射作为光辐射的电光源，包括白炽灯、卤钨灯，它们都是以钨丝为辐射体，通电后达到白炽温度，产生辐射。电致发光光源是直接把电能转换成光能的电光源，包括场致发光灯和半导体灯。

气体放电光源主要是利用电流通过气体（蒸汽）时，激发气体（或蒸汽）电离和放电而产生可见光。气体放电光源按其发光物质可分为金属、惰性气体和金属卤化物三种。

目前高层建筑照明的电光源主要有热辐射类有场致发光灯和卤钨灯；气体放电类的有荧光灯、高压汞灯、高压钠灯和金属卤化物灯。其中场致发光灯和荧光灯被广泛应用在建筑物内部照明；金属卤化物灯、高压钠灯、高压汞灯和卤钨灯应用在广场道路、建筑物立面、体育馆等照明。

(2) 电光源的主要性能指标。

电光源的性能指标通常用参数表示光源的光电特性，这些参数由制造厂家提供给用户，作为选择和使用光源的依据。电光源的主要性能指标有额定电压、灯泡功率、光通量输出、发光效率、寿命、颜色特性、启燃和再启燃时间、闪烁与频闪效应。

2. 照明电光源性能比较和选用

电光源技术的迅速发展，使得新型电光源越来越多，这些新光源具有光效高、光色好、功率大、寿命长或者适合某些特殊场所的需要等特点。

根据各种常用电光源性能比较，常用照明电光源选用范围如下：

（1）白炽灯应用在照度和光色要求不高、频繁开关的室内外照明。除普通照明灯泡外，还有 6～36V 的低压灯泡以及用作机电设备局部安全照明的携带式照明。

（2）卤钨灯光效高，光色好，适合大面积、高空间场所照明。

（3）荧光灯光效高，光色好，适用于需要照度高、区别色彩的室内场所，例如教室、办公室和轻工车间。但不适合有转动机械的场所照明。

（4）荧光高压汞灯光色差，常用于街道、广场和施工工地大面积的照明。

（5）氙灯发出强白光，光色好，又称"小太阳"，适合大面积、高大厂房、广场、运动场、港口和机场的照明。

（6）高压钠灯光色较差，适合城市街道、广场的照明。

（7）低压钠灯发出黄绿色光，穿透烟雾性能好，多用于城市道路、户外广场的照明。

（二）照明器具的分类

1. 照明灯具

在照明工程中，照明装置是为实现一个或几个具体目的且特性相配合额照明设备的组合。而灯具则是指除光源以外，所有用于支撑、固定和保护光源必须的所有部件，以及必需的辅助装置和将它们与电源连接的装置。在实际应用中，"照明装置"和"灯具"却并没有十分严格的定义界限。在不作任何说明的情况下，本书所用的"照明灯具"或"灯具"指的就是照明装置。

照明工程中所用灯具的种类很多，其分类方法也有多种，在此介绍几种常用的分类方式。

（1）按灯具的结构特点分类。

1）开启型。光源裸露在外，灯具是敞口的或无灯罩的。

2）闭合型。透光罩将光源包围起来的照明器。但透光罩内外空气能自由流通，尘埃易进入罩内，照明器的效率主要取决于透光罩的透射比。

3）封闭型。透光罩固定处加以封闭，使尘埃不易进入罩内，但当内外气压不同时空气仍能流通。

4）密闭型。透光罩固定处加以密封，与外界可靠地隔离，内外空气不能流通。根据用途又分为防水防潮型和防水防尘型，适用于浴室、厨房、潮湿或有水蒸气的车间、仓库及隧道、露天堆场等场所。

5）防爆安全型。这种照明器适用于在不正常情况下可能发生爆炸危险的场所。其功能主要使周围环境中的爆炸性气体进不了照明器内，可避免照明器正常工作中产生的火花而引起爆炸。

6）隔爆型。这种照明器适用于在正常情况下可能发生爆炸的场所。其结构特别坚实，即使发生爆炸，也不易破裂。

7）防腐型。这种照明器适用于含有腐蚀性气体的场所。灯具外壳用耐腐蚀材料制成，且密封性好，腐蚀性气体不能进入照明器内部。

（2）按使用的光源分类。

1）白炽灯具。采用白炽灯或卤钨灯作为光源的灯具。

2）荧光灯具。采用荧光灯作为光源的灯具。直管荧光灯具的型式很多，主要有带式、简式、格栅、组合式等，是应用最多的灯具。

3）高强度气体放电灯具。采用 HID 灯作为光源的灯具，多用于工厂照明和城市闹市区的装饰照明。

4）混光灯具。为了改善显色性和光色，保证灯具较高的光效率，可将两种不同的高气体放电光源混光使用。例如，把高压汞灯（$R=30\sim40$）和高压钠灯（$R=20\sim30$）安装在一起，按适当的比例产生的混合光，其显色指数（$R$）可提高到 $40\sim50$。

（3）按安装方式分类。

常用灯具的安装有三类，即吊式、吸顶式、壁装式。其中吊式又有线吊式、链吊式、管吊式三种方式；吸顶式又有一般吸顶式、嵌入吸顶式两种方式。

1）吸顶式灯具。吸顶式灯具是直接安装在顶棚上的灯具。吸顶式又有一般吸顶式、嵌入吸顶式两种方式。这种安装方式常有一个较亮的顶棚，但易产生眩光，光通利用率不高。常用于大厅、门厅、走廊、厕所、楼梯及办公室等场所。

2）悬挂式灯具（吊灯）。悬挂式灯具用软线、链条或钢管等将灯具从顶棚吊下。根据挂吊的材料不同可分为线吊式、链吊式和管吊式。一般吊灯用于装饰性要求不高的各种场所；而比较高档的装饰场所多采用花吊灯，这种灯具以装饰为主，花样品种繁多，广泛应用于酒店、餐厅、会议厅和居民住宅等场所。

3）壁灯。照明器吸附在墙壁上，主要作为室内装饰、兼做辅助性照明。由于安装高度较低，易成为眩光源，故多采用小功率光源。广泛用于酒店、餐厅、歌舞厅、卡拉 OK 包房和居民住宅等场所。

4）嵌墙型灯具。将灯具嵌入墙体上，多用于应急疏散指示照明或酒店等场合作为脚灯。

2. 开关

开关的作用是接通或断开照明灯具电源。开关的分类方式有多种。

（1）按其安装方式分为：明装、暗装。明装式有拉线开关、扳把开关等；暗装式多采用扳把开关（跷板式开关）。

（2）按其控制回路分为：单联开关、双联开关、三联开关、四联开关、五联开关、六联开关。开关的联数，是指一次能同时控制的线路数，单联开关一次只能控制一条线路，双联一次能同时控制两条独立的线路。在平面图中用开关符号上的短线数来表示，一条短线表示单极开关，两短线表示双极开关。

（3）按其用途分为：拉线开关（目前很少使用）、扳把开关（目前很少使用）、跷板（板式）开关、声控开关、柜门触动开关、带指示灯开关、密闭开关等。

3. 插座

插座的作用是为移动式电器和设备提供电源。插座种类很多，有普通插座、防爆插座、多联组合开关插座、地面插座等。其中普通插座按其安装方式分：明装插座、暗装插座以及防爆插座；按其电源的相数分：单相插座、三相插座；按其额定电流分为：15A、30A；按其孔数又分为带接地插座、不带接地插座。

（三）照明器具的图例符号

灯具的符号和标号都有统一的国家标准，在实际工程设计中，若统一图例（国标）不能满足图纸表达的需要时，可以根据工程的具体情况，自行设定某些图形符号，此时必须附有图例说明，并在设计图纸中列出来。一般而言，每项工程都应有图例说明，见表 6-14。

表 6-14　　　　　　　　　　　　　　　常用电气照明图例符号

| 图形符号 | 名　称 | 图形符号 | 名　称 |
|---|---|---|---|
| ▬▬ | 照明配电箱 | ⋈ | 风扇 |
| ▬▬ | 动力或动力—照明配电箱 | Wh | 电能表 |
| ☐ | 低压配电柜 | ✎ | 单联开关 |
| ⊠ | 事故照明配电箱 | ✎ | 双联开关 |
| ◩ | 多种电源配电箱 | ✎ | 三联开关 |
| ⊢━┥ | 单管荧光灯 | ✎ | 四联开关 |
| ⊟ | 双管荧光灯 | ✎ | 双控开关 |
| ☰ | 三管荧光灯 | ✎ | 延迟开关 |
| ▣ | 自带电源事故照明灯 | ⚲ | 吊扇调整速开关 |
| ✕ | 专用线路事故照明灯 | ⬚ | 钥匙开关 |
| ⊗ | 防水防尘灯 | ◎ | 按钮 |
| ◓ | 壁灯 | ▼ | 暗装单相插座 |
| ● | 球形灯 | Ｙ | 明装单相插座 |
| ⊗ | 花灯 | ▽ | 密闭单相插座 |
| ⊘ | 嵌入式筒灯 | ▽ | 防爆单相插座 |
| ○ | 普通灯 | ⋏⋏ | 带接地插孔明装三相插座 |
| ◡ | 天棚灯 | ▽ | 带接地插孔密闭三相插座 |
| E | 安全出口标志灯 | ▼ | 带接地插孔暗装三相插座 |
| ⬌ | 双向疏散指示灯 | ▽ | 带接地插孔防爆三相插座 |
| ⬅ | 单向疏散指示灯 | | |

## 二、照明器具安装工程定额简介

本节内容主要按照《山东省安装工程消耗量定额》（2016 年版）第四册电气设备安装工程中第 14 章"照明器具安装"编制。

本章包括普通灯具安装、装饰灯具安装、荧光灯具安装、嵌入式地灯安装、工厂灯安装、医院灯具安装、浴霸安装、路灯安装、景观照明灯具安装、艺术喷泉照明系统安装、开关、按钮安装、插座安装，共计 12 节 400 个定额子目。定额编号为：4-14-1~4-14-400。

1. 普通灯具安装

普通灯具安装定额按吸顶灯具和其他普通灯具分类立项。

（1）吸顶灯具安装：根据灯罩形状划分为圆球形、半圆球形、方形三种。圆球形、半圆球形按灯罩直径大小编制了 5 个子目；方形吸顶灯具按灯罩形式（矩形罩、大口方罩）编制了 2 个定额子目。定额计量单位：套。

工作内容：测定、画线、打眼、上塑料胀塞、灯具安装、接线、接焊包头、接地。

（2）其他普通灯具安装：根据灯的用途及安装方式立项，分为软线吊灯、吊链灯、防水防尘灯、一般弯脖灯、一般壁灯、座灯头、三头吊花灯、五头吊花灯项目，共编制了 8 个定额子目。定额计量单位：套。

工作内容：测位、画线、打眼、上塑料胀塞、上塑料圆台、灯具组装、吊链加工、接线、焊接包头、接地。

2. 装饰灯具安装

装饰灯具定额适用于新建、扩建、改建的宾馆、饭店、影剧院、商场、住宅等建筑物装饰用灯具安装。装饰灯具定额共列 9 类灯具，分 21 项 184 个子目。为了减少因产品规格、型号不统一而发生争议，定额采用灯具彩色图片与子目对照方法编制，以便认定，给定额使用带来极大方便。这九类灯具的定额工作内容均相同：开箱清点、测位画线、打眼、埋螺栓、灯具拼装固定、挂装饰部件、接焊线包头、接地。

（1）吊式艺术装饰灯具。吊式艺术装饰灯具安装定额区别不同装饰物以及灯体直径大小和灯体垂吊长度，编制了 39 个定额子目。定额计量单位：套。

（2）吸顶式艺术装饰灯具。吸顶式艺术装饰灯具安装定额区别不同装饰物、吸盘的几何形状、灯体直径大小、灯体周长和灯体垂吊长度，编制了 66 个定额子目。定额计量单位：套。

（3）荧光艺术装饰灯具。

①组合荧光灯带安装。组合荧光灯带安装定额区别安装形式、灯管数量，编制了 12 个定额子目，定额计量单位：m。

②内藏组合式灯安装。内藏组合式灯安装定额区别灯具组合形式，编制了 7 个定额子目，定额计量单位：m。

③发光棚安装。发光棚安装定额编制了发光棚灯、立体广告灯箱、荧光灯光沿安装 3 个定额子目。

（4）几何形式组合艺术装饰灯具。几何形式组合艺术装饰灯具安装定额区别不同安装形式及灯具的不同形式，编制了 16 个定额子目，定额计量单位：套。

（5）标志、诱导装饰灯具。标志、诱导装饰灯具安装定额区别不同安装形式（吸顶式、吊杆式、墙壁式、嵌入式），编制了 4 个定额子目，定额计量单位：套。

（6）水下艺术装饰灯具。水下艺术装饰灯具安装定额区别灯具的不同形式（简易型彩灯、密封型彩灯、喷水池灯、幻光型灯），编制了 4 个定额子目，定额计量单位：套。

（7）点光源艺术装饰灯具。点光源艺术装饰灯具安装定额区别灯具的安装方式（吸顶式、嵌入式、射灯、滑轨）、灯具直径大小，编制了 7 个定额子目，定额计量单位：套。

（8）草坪灯具。草坪灯具安装定额区别灯具的不同安装方式（立柱式、墙壁式），编制了 2 个定额子目，定额计量单位：套。

（9）歌舞厅灯具。歌舞厅灯具安装定额区别灯具的不同形式（变色转盘灯、雷达射灯、十二头幻影转彩灯等），编制了 24 个定额子目，定额计量单位：套。

3. 荧光灯具安装

荧光灯具安装的预算定额按组装型和成套型分项。

（1）组装型荧光灯具安装。凡不是工厂定型生产的成套灯具，或由市场采购的不同类型散件组装起来，甚至局部改装者，执行组装定额。定额区分不同安装形式（吊链式、吸顶式、荧光灯电容器），按灯管数目编制了 7 个定额子目。定额计量单位：套。

定额的工作内容与成套型荧光灯具安装的工作内容基本相同，只是灯具需要组装。

（2）成套型荧光灯具安装。凡由工厂定型生产成套供应的灯具，因运输需要，散件出厂、现场组装者，执行成套型定额。定额区分不同安装形式（吊链式、吊管式、吸顶式、嵌入式）和灯管数量编制了 13 个定额子目。定额计量单位：套。

定额工作内容：测位、画线、打眼、埋螺栓、上木台、吊链、吊管加工、灯具安装、接线、接焊包头等。

4. 嵌入式地灯安装

嵌入式地灯安装按安装形式分为地板下和地坪下两个定额子目。定额计量单位：套。

定额工作内容：测位、画线、打眼、上胀塞、上膨胀螺栓、灯具安装、接线、焊接包头、接地。

5. 工厂灯安装

装饰灯具定额共列 6 类灯具，分 21 项，31 个子目。

（1）工厂罩灯安装区别不同安装方式，编制了 5 个定额子目。工作内容：灯具固定、接线、接焊包头。

（2）防水防尘灯安装区别不同安装方式编制了 3 个定额子目，计量单位：套。工作内容：测位、画线、上绝缘台、灯具固定、接线、接焊包头。

定额工作内容：测位、画线、上绝缘台、灯具固定、接线、接焊包头。

（3）工厂其他灯具安装定额区别不同灯具类型，编制了 6 个定额子目，计量单位：套。工作内容：测位、画线、上绝缘台、支架制作安装、灯具固定、接线、接焊包头。

（4）混光灯安装定额区别不同的安装形式，编制了 3 个定额子目，计量单位：套。工作内容：测位、画线、打眼、埋螺栓、支架制作安装、灯具及镇流器组装、接线、接地、焊接包头。

（5）烟囱、水塔、独立塔架标志灯安装定额区别安装高度，编制了 6 个定额子目，计量单位：套。定额工作内容：测位、画线、打眼、埋螺栓、支架安装、灯具组装、接线、接焊包头等。

（6）密闭灯具安装定额区别灯具的不同类型，按照不同安装方式编制了 8 个定额子目，定额工作内容：测位、画线、打眼、埋螺栓、上底台、支架安装、灯具安装、接线、接焊包头等。

6. 医院灯具安装

医院灯具安装定额区别灯具种类，编制了 3 个定额子目，计量单位：套。工作内容：测位、画线、打眼、埋螺栓、灯具安装、接线、接焊包头。

7. 浴霸安装

浴霸安装定额区别灯具种类和光源数量多不同,编制了 3 个定额子目,计量单位:套。工作内容:测位、画线、打眼、埋螺栓、灯具安装、接线、接焊包头。

8. 路灯安装

(1) 杆基础制作安装区别混凝土基础中有无钢筋编制定额子目。计量单位:m³。工作内容:钢模板安装、拆除、清理、刷润滑剂、木模制作、安装、拆除、钢筋制作、绑扎、安装、混凝土搅拌、浇捣、养护。

(2) 立金属灯柱安装定额区别不同杆长编制了 3 个定额子目,计量单位:根,定额工作内容:灯柱柱基杂物清理、立杆、找正、紧固螺栓、刷漆。

(3) 杆座安装区分杆座不同材料编制了 3 个定额子目,计量单位:套,工作内容:底箱部件检查、安装、找正、箱体接地、接点防水、绝缘处理。

基础制作区分制作材料编制了 2 个定额子目,计量单位:m³,工作内容:①钢模板安装、拆除、清理、刷润滑剂、木模制作、安装、拆除。②钢筋制作、绑扎、安装。③混凝土搅拌、搅捣、养护。

(4) 单臂悬挑灯架安装有两种安装方式:抱箍式、顶套式,抱箍式按照臂长大小编制了 10 个定额子目,计量单位:套。定额工作内容:定位、抱箍灯架安装、配线、接线。顶套式区分成套型、组装型,按照臂长大小编制了 6 个定额子目,计量单位:套。定额工作内容:配件检查、安装、找正、螺栓固定、配线、接线。

(5) 双臂悬挑灯架安装区别成套型、组装型编制定额子目。成套型、组装型区别对称式、非对称式,按照臂长大小分别编制了 4 个定额子目,计量单位:套。定额工作内容:配件检查、定位安装、螺栓固定、配线、接线。

(6) 中杆灯安装有 12 个定额子目。计量单位:套。定额工作内容:配件检查、定位安装、螺栓固定、灯具安装、配线、焊接包头。

(7) 路灯灯具安装定额区别安装方式编制了敞开式、双光源式、密封式、悬吊式 4 个定额子目,计量单位:套。定额工作内容:开箱检查、灯具安装、接线、焊接包头。

(8) 路灯照明配件安装定额区别安装方式编制了镇流器、触发器、电容器 3 个定额子目,计量单位:套。定额工作内容:开箱、清扫、检查、安装、接线。

(9) 大马路弯灯安装定额区别灯具不同臂长编制了 2 个定额子目,庭院路灯安装定额区别灯具不同火数编制了 2 个定额子目,计量单位:套。定额工作内容:测位、画线、支架安装、灯具组装、接线。

9. 景观照明灯具安装

景观照明灯具分 4 项,10 个子目。地面射灯分两 2 子目、立面点光源灯分 3 个子目。计量单位:套。立面轮廓灯分 2 个子目,计量单位:m。工作内容均为开箱清点、测定画线、打眼、埋螺栓、灯具拼装固定、挂装饰部件、灯具安装、接焊线包头、接地。树挂彩灯分 3 个子目,工作内容为灯具挂设、固定、连接件接线、接焊包头。

10. 艺术喷泉照明系统安装

艺术喷泉照明系统安装定额共列 3 类灯具,分 7 项,21 个子目。

(1) 音乐喷泉控制设备安装定额区别不同控制器编制了 5 个定额子目,计量单位:台。定额工作内容:开箱、检验、定位、安装、校线、接线、接地、单体调试。

（2）喷泉特技效果控制设备安装定额编制了4个定额子目，计量单位：台。定额工作内容：开箱检验、定位、安装、接地、单体调试。

（3）艺术喷泉照明灯具安装定额编制了3项灯具。喷泉水下彩色照明编制了3个定额子目，工作内容为开箱清点、测定画线、打眼埋螺栓、灯具拼装固定、挂装饰部件、防水接线、接焊线包头、接地、调试。计量单位：m。喷泉水上辅助照明安装编制了6个定额子目。工作内容为开箱检验、清洁搬运、铁件加工、接线、调试。

11．开关、按钮安装

开关安装定额区别开关安装形式、种类、极数以及单控与双控，编制了25个定额子目。

（1）普通开关、按钮安装。

①拉线开关、翘板开关明装。计量单位：套。定额工作内容：测位、画线、打眼、上塑料台、装开关、接线。

②翘板暗开关（单控）和翘板暗开关（双控）。计量单位：套。定额工作内容：清扫盒子、装开关、接线、装盖。

③一般按钮和密封开关。计量单位：套。定额工作内容：测位、画线、打眼、上塑料台、清扫盒子、装按钮、接线。

（2）声控延时开关、柜门触动开关、风扇调速开关安装。编制了声控延时开关、柜门触动开关、风扇调速开关3个定项子目。计量单位：套。

定额工作内容：①延时、柜门开关：测位、画线、打眼、埋螺栓、装开关、接线、调校。②风扇开关：清扫盒子、固定底板、装调速开关，接线。

（3）集中空调开关、自动干手装置、卫生洁具自动感应器安装。编制了集中空调开关、自动干手装置、卫生洁具自动感应器3个定项子目。计量单位：台。定额工作内容：开箱、检查、测位、画线、清扫盒子、接线、焊接包头、安装、调试。

（4）床头柜集控板安装。床头柜集控板安装定额根据开关数量编制了3个定项子目。计量单位：套。定额工作内容：开箱、清扫检查、集控板安装对号、接线号。

12．插座安装

（1）普通插座安装。普通插座安装定额区别电源相数、额定电流大小、安装形式，按照插孔个数编制了12个定额子目，计量单位：套。其中，明插座定额工作内容：测位、画线、打眼、埋塑料胀管、上塑料台、装插座、接线、装盖；暗插座定额工作内容：清扫盒子、装插座、接线。

（2）防爆插座安装。防爆插座安装定额区分电源相数、插座插孔个数，按照电流大小编制了6个定额子目，计量单位：套。定额工作内容：测位、画线、打眼、清扫盒子、装插座、接线。

（3）多联组合开关插座安装。多联组合开关插座安装定额区分安装形式联数不同编制了4个定额子目，计量单位：套。定额工作内容：测位、画线、打眼、清扫盒子、装插座、接线。

（4）地面插座安装。地面插座安装定额区分电源相数编制了4个定额子目，计量单位：套。定额工作内容：清扫盒子、接线、固定插座、接地。

**三、照明器具安装工程定额工作内容及施工工艺**

（1）本章定额中各型灯具的引导线、各种灯架元器件的配线，除另注明者外，均已综合考虑在定额内。定额内还包括利用摇表测量绝缘及一般灯具的试亮工作，但不包括程控调光控制的灯具调试工作。

（2）各型灯具的支架制作安装，除另注明者外，均未考虑在定额内。

（3）装饰灯具、路灯、投光灯、碘钨灯、疝气灯、烟囱或水塔指示灯、航空障碍灯，均已考虑了一般工程的高空作业因素，其他器具安装高度如超过 5m，则应按册说明中规定的系数另行计算操作高度增加费。

（4）灯具及其他器具的固定方式见表 6-15。

（5）灯具、开关、插座除有说明者外，每套预留线长度为绝缘导线 $2 \times 0.15$m、$3 \times 0.15$m。规格与容量相适应。

（6）嵌入式灯具安装定额不包括吊顶的开孔、修补等工作；从安装工艺角度划分，不属于安装工序。

**表 6-15**                          **灯具及其他器具固定方式**

| 名 称 | 固定方式 |
|---|---|
| 软线吊灯、圆球吸顶灯、半圆球吸顶灯、座灯头、吊链灯、日光灯 | 在楼板上冲击钻打眼，上塑料胀塞，用木螺丝固定 |
| 一般弯脖灯、墙壁灯 | 在墙上冲击钻打眼，上塑料胀塞，用木螺丝固定 |
| 直杆、吊链、吸顶、弯杠式工厂灯、防水、防尘、防潮灯、腰形舱顶灯 | 在现浇混凝土楼板、混凝土柱上用螺栓固定 |
| 悬挂式吊灯、投光灯、高压水银镇流器 | 在钢结构上焊接吊钩固定、墙上埋支架固定 |
| 管型氙灯、碘钨灯 | 在塔架上固定 |
| 烟囱和水塔指示灯 | 在围栏上焊接固定 |
| 安全、防爆灯、防爆高压水银灯、防爆荧光灯 | 在现浇混凝土楼板上膨胀螺栓固定 |
| 病房指示灯、暗脚灯 | 在墙上嵌入安装 |
| 无影灯 | 在现浇混凝土楼板上预埋螺栓 |
| 装饰灯具 | 在现浇混凝土楼板上预埋圆钢、钢板、螺栓 |
| 庭院路灯 | 用地脚螺栓固定底座 |
| 明装开关、插座、按钮 | 在墙上打眼埋塑料胀管，木螺丝固定 |
| 暗装开关、插座、按钮 | 木螺丝在接线盒上固定 |
| 防爆开关、插座 | 膨胀螺栓 |

### 四、照明器具安装工程量计算说明

（1）各型灯具的引导线、各种灯架元器件的配线，除另注明者外，均按灯具自带考虑，如灯具未带，执行定额时，应计算该部分主材费，其余不变。

（2）各型灯具的支架制作安装，除另注明者外，均为考虑在定额内。

（3）装饰灯具、路灯、投光灯、碘钨灯、疝气灯、烟囱或水塔指示灯、航空障碍灯，均已考虑了一般工程的高空作业因素，其他器具安装高度如果超过 5m，则应按册说明中规定的系数进行计算操作高度增加费。

（4）装饰灯具定额项目与示意图号配套使用。艺术喷泉照明系统和航空障碍灯安装中的控制箱、柜执行本册第四章相应定额。灯柱穿线执行第十三章管内穿线相应子目。

（5）本章仅列高度在 10m 以内的金属灯柱安装项目，其他不同材质、不同高度的灯柱（杆）安装可执行第十一章相应定额。灯柱穿线执行第十三章管内穿线相应子目。

（6）灯具安装定额内已包括利用摇表测量绝缘及一般灯具的试亮工作，但不包括程控调光控制的灯具调试工作。

（7）路灯安装适用于工厂厂区、住宅小区内的路灯安装，上述区域外的或安装高度超过本章定额子目所列高度限制的路灯安装应执行市政定额相关项目。

（8）本章的标志、诱导装饰灯、应急灯，为一般不带地址模块的灯具，对带有地址模块的应急、标志、诱导、疏散指示的智能疏散照明灯具的安装应执行消防册相应定额。

（9）本章灯具安装定额除注明者外，适用于 LED 光源的所有灯具安装。

（10）并联的双光源、三光源灯具安装，执行点光源艺术装饰灯具相应定额人工分别乘以系数 1.2 和 1.4。

（11）带保险盒的开关执行拉线开关、翘板开关明装定额，带保险盒的插座、须刨插座执行相同额定电流的单相插座定额，钥匙取电器执行单联单控开关安装定额。床头柜中的多线插座连插头安装根据插座连插头个数执行相应的床头柜集控板安装定额人工乘以系数 0.8。

### 五、照明器具安装工程工程量计算规则

1. 普通灯具安装工程量

普通灯具安装，定额分为吸顶灯具和其他普通灯具两类，对于吸顶灯具安装，根据设计图纸区分灯具的灯罩形状以及不同的灯罩直径或大小，以"套"为单位计算工程量；对于其他普通灯具安装，应根据设计图纸区分不同的灯具种类、名称，以"套"为单位计算工程量。普通灯具安装适用范围见表 6-16。

| 表 6-16 | 普通灯具安装项目适用范围 |
| :--- | :--- |
| 项目名称 | 灯 具 种 类 |
| 圆球吸顶灯 | 灯罩材质为玻璃或亚克力，灯口为螺口、卡口，光源为白炽灯泡、节能灯管、LED 等的圆球独立吸顶灯 |
| 半圆球吸顶灯 | 灯罩材质为玻璃或亚克力，灯口为螺口、卡口，光源为白炽灯泡、节能灯管、LED 等的独立的半圆球吸顶灯、扁圆罩吸顶灯、平圆型吸顶灯 |
| 方形吸顶灯 | 灯罩材质为玻璃或亚克力，灯口为螺口、卡口，光源为白炽灯泡、节能灯管、LED 等的独立的矩形罩吸顶灯、方形罩吸顶灯、大口方罩吸顶灯 |
| 软线吊灯 | 利用软线为垂吊材料，独立的、材质为玻璃、塑料、搪瓷，形状如碗伞、平盘灯罩组成的各式软线吊灯 |
| 吊链灯 | 利用吊链作辅助悬吊材料，独立的、材质为玻璃、塑料罩的各式吊链灯 |
| 防水吊灯 | 一般防水吊灯 |
| 一般弯脖灯 | 圆球弯脖灯、风雨壁灯 |
| 一般墙壁灯 | 各种材质的一般壁灯、镜前灯 |
| 座灯头 | 一般塑胶、瓷质座灯头 |
| 吊花灯 | 一般花灯 |

2. 装饰灯具安装工程量

（1）吊式艺术装饰灯具安装，根据设计图纸对照示意图号，区分不同的装饰物以及灯体直径和灯体垂吊长度，以"套"为单位计算工程量；灯体直径为装饰物的最大外缘直径，灯体垂吊长度为灯座底部到灯稍之间的总长度。

（2）吸顶式艺术装饰灯具安装，根据设计图纸对照示意图号，区分不同装饰物、吸盘的几何形状、灯体直径、灯体半周长和灯体垂吊长度，以"套"为单位计算工程量；灯体直径为吸盘最大外缘直径，灯体半周长为矩形吸盘的半周长，灯体的垂吊长度为吸盘到灯稍之间的总长度。

（3）荧光艺术装饰灯具安装，对于组合荧光灯光带，根据设计图纸对照示意图号，区分不同的安装型式和灯管的数量，以"m"为单位计算工程量；对于内藏组合式灯，根据设计图纸对照示意图号，区分不同的灯具组合型式，以"m"为单位计算工程量；对于发光棚安装，根据设计图纸对照示意图号，以"m²"为单位计算工程量；对于立体广告箱、荧光灯光沿，根据设计图纸对照示意图号，以"m"为单位计算工程量。灯具的设计数量与定额不符时，可根据设计数量加损耗量来调整主材含量。

（4）几何形状组合艺术灯具安装，根据设计图纸对照示意图号，区分不同的安装方式和灯具型式，以"套"为单位计算工程量。

（5）标志、诱导装饰灯具安装，根据设计图纸对照示意图号，区分不同的安装方式，以"套"为单位计算工程量。

（6）水下艺术装饰灯具安装，根据设计图纸对照示意图号，区分不同的灯具类型，以"套"位计算工程量。

（7）点光源艺术装饰灯具安装，根据设计图纸对照示意图号，区分不同的安装方式、灯具直径，以"套"为单位计算工程量，灯具滑轨安装根据设计图纸，以"m"为单位计算工程量。

（8）草坪灯具安装，根据设计图纸对照示意图号，区分不同的灯具形式，以"套"为单位计算工程量。

（9）歌舞厅灯具安装，根据设计图纸对照示意图号，区分不同的灯具形式，分别以"套""m""台"为单位计算工程量。

装饰灯具安装定额适用范围见表 6-17。

表 6-17　　　　　　　　　　　　　装饰灯具安装项目适用范围

| 项目名称 | 灯具种类（形式） |
| --- | --- |
| 吊式艺术装饰灯具 | 不同材质、不同灯体垂吊长度、不同灯体直径的蜡烛灯、挂片灯、串珠（穗）、串棒灯、吊杆式组合灯、玻璃罩（带装饰）灯 |
| 吸顶式艺术装饰灯具 | 不同材质、不同灯体垂吊长度、不同灯体几何形状的串珠（穗）、串棒灯、挂片、挂碗、挂吊蝶灯、玻璃罩（带装饰）灯 |
| 荧光艺术装饰灯具 | 不同安装形式、不同灯管数量的组合荧光灯光带，不同几何组合形式的内藏组合式灯，不同几何尺寸、不同灯具形式的发光棚，不同形式的立体广告灯箱、荧光灯光沿 |
| 几何形状组合艺术灯具 | 不同固定形式、不同灯具形式的繁星灯、钻石星灯、礼花灯、玻璃罩钢架组合灯、凸片灯、反射桂灯、筒形钢架灯、U形组合灯、弧形管组合灯 |

续表

| 项目名称 | 灯具种类（形式） |
|---|---|
| 标志、诱导装饰灯具 | 不同安装形式的标志灯、诱导灯 |
| 水下艺术装饰灯具 | 简易形彩灯、密封形彩灯、喷水池灯、幻光型灯 |
| 点光源艺术装饰灯具 | 不同安装形式、不同灯体直径的筒灯、牛眼灯、射灯、轨道射灯 |
| 草坪灯具 | 各种立柱式、墙壁式的草坪灯 |
| 歌舞厅灯具 | 各种安装形式的变色转盘灯、雷达射灯、幻影转彩灯、维纳斯旋转彩灯、卫星旋转效果灯、飞蝶旋转效果灯、多头转灯、滚筒灯、频闪灯、太阳灯、雨灯、歌星灯、边界灯、射灯、泡泡发生器、迷你满天星彩灯、迷你单立（盘彩灯）、多头宇宙灯、镜面球灯、蛇光管 |

3. 荧光灯具安装工程量

根据设计图纸区分不同的灯具型式、安装方式和灯管数量，以"套"为单位计算工程量；灯具上的电容器根据设计以"套"为单位计算工程量。荧光灯具安装定额适用范围见表6-18。

**表 6-18　　　　荧光灯具安装定额适用范围**

| 定额名称 | 灯具种类 |
|---|---|
| 组装式荧光灯 | 单管、双管、三管、吊链式、吸顶式、现场组装独立荧光灯 |
| 成套型荧光灯 | 单管、双管、三管、四管、吊链式、吊管式、吸顶式、嵌入式、成套独立荧光灯 |

4. 嵌入式地灯安装工程量

嵌入式地灯安装，根据实际区分不同的安装位置，以"套"为单位计算工程量。

5. 工厂灯安装工程量

（1）工厂罩灯和防水防尘灯的安装，根据设计图纸区分不同的安装方式，以"套"为单位计算工程量。

（2）工厂其他灯具安装，根据设计区分不同的灯具类型，以"套"为单位计算工程量。

（3）混光灯安装，根据设计图纸区分不同的安装方式，以"套"为单位计算工程量。

（4）烟囱、冷却塔、独立塔架上的标志灯安装，根据设计区分不同的安装高度，以"套"为单位计算工程量。

（5）航空障碍灯具安装，按设计图纸数量，以"套"为单位计算工程量。

（6）密封灯具安装，根据图纸区分不同的灯具名称和类型，以"套"为单位计算工程量。工厂灯及防水防尘灯安装项目适用范围见表6-19，工厂其他灯具安装项目适用范围见表6-20。

**表 6-19　　　　工厂灯及防水防尘灯安装项目适用范围**

| 项目名称 | 灯具种类 |
|---|---|
| 直杆工厂吊灯 | 配照（GC$_1$-A）、广照（GC$_3$-A）、深照（GC$_5$-A）、斜照（GC$_7$-A）、圆球（GC$_{17}$-A）、双罩（GC$_{19}$-A） |
| 吊链式工厂灯 | 配照（GC$_1$-B）、深照（GC$_3$-B）、斜照（GC$_5$-C）、圆球（GC$_7$-B）、双罩（GC$_{19}$-A）、广照（GC$_{19}$-B） |
| 吸顶式工厂灯 | 配照（GC$_1$-C）、广照（GC$_3$-C）、深照（GC$_5$-C）、斜照（GC$_7$-C）、双罩（GC$_{19}$-C） |

续表

| 项目名称 | 灯具种类 |
|---|---|
| 弯杆式工厂灯 | 配照（GC$_1$-D/E）、广照（GC$_3$-D/E）、深照（GC$_5$-D/E）、斜照（GC$_7$-D/E）、双罩（GC$_{19}$-C）、局部深照（GC$_{26}$-F/H） |
| 悬挂式工厂灯 | 配照（GC$_{21}$-2）、深照（GC$_{23}$-2） |
| 防水防尘灯 | 广照（GC$_9$-A、B、C），广照保护网（GC$_{11}$-A、B、C）、散照（GC$_{15}$-A、B、C、D、E、F、G） |

表 6-20　　　　　　　　　　　　工厂其他灯具安装适用范围

| 定额名称 | 灯具种类 |
|---|---|
| 防潮灯 | 扁形防潮灯（GC-31）、防潮灯（GC-33） |
| 腰形舱顶灯 | 腰形舱顶灯 CCD-1 |
| 碘钨灯 | DW 型、220V、300-1000W |
| 管形氙气灯 | 自然冷却式 200V/380V、20kW 内 |
| 投光灯 | TG 型室外投光灯 |
| 高压水银灯镇流器 | 外附式镇流器具 125-450W |
| 安全灯 | （AOB-1、2、3）、（AOC-1、2）型安全灯 |
| 防爆灯 | CB　C-200 型防爆灯 |
| 高压水银防爆灯 | CB　C-125/250 型高压水银防爆灯 |
| 防爆荧光灯 | CB　C-1/2 单/双管防爆型荧光灯 |

6. 医院灯具安装工程量

医院灯具安装，根据设计图纸区分不同的灯具种类，以"套"为计量单位计算工程量。医院灯具安装项目适用范围见表 6-21。

表 6-21　　　　　　　　　　　　医院灯具安装项目适用范围

| 定额名称 | 灯具种类 |
|---|---|
| 病房指示灯 | 病房指示灯（影剧院太平灯） |
| 病房暗脚灯 | 病房暗脚灯（建筑物暗脚灯） |
| 无影灯 | 3～12 孔管式无影灯 |

7. 浴霸安装工程量

浴霸安装，根据设计图纸区分不同的浴霸种类和光源数量，以"套"为计量单位计算工程量。

8. 路灯安装工程量

（1）路灯杆基础制作，根据设计要求区分不同的混凝土种类，以"m³"为计量单位计算工程量。

（2）立金属灯杆，根据设计图纸区分不同的杆长，以"根"为计量单位计算工程量。

（3）杆座安装，根据设计图纸区分路灯杆座的不同材质，以"套"为计量单位计算工程量。

（4）路灯悬挑灯架安装，根据设计图纸区分不同的路灯类型、型式和悬挑臂长度，以"套"为计量单位计算工程量。

（5）路灯灯具安装，根据设计图纸区分不同的灯具类型，以"套"为计量单位计算工程量。路灯灯具安装定额适用范围见表6-22。

表6-22　　　　　　　　　　　　　路灯安装定额适用范围表

| | 定额名称 | 灯 具 种 类 |
|---|---|---|
| 单臂<br>悬挑<br>灯架 | 1. 抱箍式<br>2. 顶套式 | 单抱箍臂长1.2、3m以内，双抱箍臂长3、5m以内、5m以上 |
| | | 双拉梗臂长3.5m以内、5m以上 |
| | | 双臂架臂长3、5m以内、5m以上 |
| | | 成套型臂长3、5m以内、5m以上 |
| | | 组装型臂长3、5m以内、5m以上 |
| 双臂<br>悬挑<br>灯架 | 1. 成套型<br>2. 组装型 | 对称式2.5、5m以内、5m以上 |
| | | 非对称式2.5、5m以内、5m以上 |
| 中杆灯杆高<br>11m以下 | 成套型 | 灯火数：7、9、12、15、20、25 |
| | 组合型 | 灯火数：7、9、12、15、20、25 |
| 路灯灯具 | | 敞开式、双光源式、密封式、悬吊式 |
| 大马路弯灯 | | 臂长1200mm以下、臂长1200mm以上 |
| 庭院路灯 | | 柱灯三火以下、七火以下 |

（6）路灯照明配件安装，根据设计图纸区分不同的灯具种类，以"套"为单位计算工程量；对于路灯地下控制接线箱，根据图纸以"台"为单位计算工程量。

（7）大马路弯灯安装，根据设计图纸区分不同的臂长，以"套"为单位计算工程量。

（8）庭院路灯安装，根据设计图纸区分不同的灯头（火）数量，以"套"为单位计算工程量。

9. 景观照明灯具安装工程量

景观照明灯具安装，根据设计图纸区分不同的灯具种类、类型，分别以"m²""m""套"为单位计算工程量。

10. 艺术喷泉照明系统安装工程量

艺术喷泉照明系统，工程量计算按下列规定执行：

（1）音乐喷泉控制设备安装，按图纸设计区分不同的控制设备功能，以"台"为单位计算工程量。

（2）喷泉特技效果控制设备摇摆传动器安装，根据设计图纸，区分不同的摇摆型式和功率大小，以"台"为单位计算工程量。

（3）艺术喷泉照明中水下彩色照明安装，根据设计图纸，区分不同的灯具型式和规格尺寸，以"m"为单位计算工程量；水上辅助照明中彩色灯阵安装根据设计图纸，区分不同的灯具类型以"m²"为单位计算工程量；其他灯具根据设计图纸，区分不同的灯具类型以"套"为单位计算工程量。

11. 开关、按钮插座安装工程量

（1）普通开关、按钮安装。对于明装拉线开关、跷板开关，根据设计图纸以"套"为单位计算工程量；对于跷板暗开关，根据设计图纸区分不同的控制方式、联数，以"套"为单位计算工程量；对于一般按钮安装，根据设计图纸区分不同的安装方式，以"套"为单位计算工程量；对于密闭开关安装，根据设计图纸区分电流大小，以"套"为单位计算工程量。

(2) 声控延时开关、柜门触动开关、风扇调速开关安装，根据设计图纸区分不同的开关种类，以"套"为单位计算工程量。

(3) 集中空调开关、自动干手装置、卫生洁具自动感应器安装，根据设计图纸，以"套"为单位计算工程量。

(4) 床头柜集控板安装，根据设计图纸区分不同的开关数量，以"套"为单位计算工程量。

### 注意事项

(1) 开关安装不包括开关底盒安装，开关底盒安装应另执行开关、插座盒安装定额子目。开关、开关底盒均为未计价材料。

(2) 带保险盒的开关执行拉线开关、翘班开关明装定额，钥匙取电器执行单联单控开关安装定额。

12. 插座安装工程量

(1) 普通插座。插座安装根据设计图纸区分不同的安装方式、额定电流、供电方式，以"个"为单位计算工程量。

(2) 防爆插座。防爆插座安装，根据图纸区分不同的额定电流和供电方式，以"个"为单位计算工程量。

(3) 多联组合开关插座。多联组合开关插座安装，根据设计图纸区分不同的安装方式和联数，以"个"为单位计算工程量。

(4) 地面插座。地面插座安装，根据设计图纸区分不同的额定电流、供方式，以"个"为单位计算工程量。

### 注意事项

(1) 插座安装不包括插座底盒安装，插座底盒安装应另执行开关盒安装定额子目。插座、插座底盒均为未计价材料。

(2) 带保险盒的插座、须刨插座执行相同额定电流的单相插座定额。床头柜中的多线插座连插头安装根据插座连插头个数执行相应的床头柜集控板安装定额人工乘以系数0.8。

**六、照明器具安装工程计价案例**

【例 6-8】 某会所二层照明平面图如图 6-19 所示，主要材料表见表 6-23，试列出该照明配电平面图中的预算项目，并计算其中照明器具安装工程的工程量，并套用定额计算其安装费用。

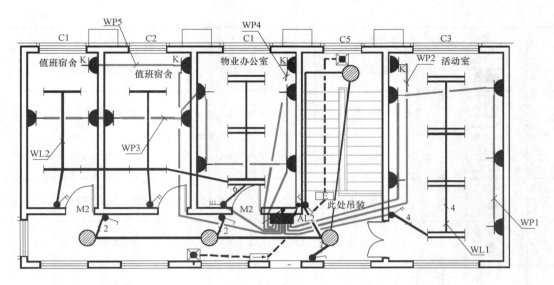

图 6-19　某会所二层照明平面图

| 序号 | 图例 | 名称 | 规格 | 备注 |
|---|---|---|---|---|
| 表 6-23 | | 主要材料表 | | |
| 1 | | 总配电箱 | 详见系统图 | 安装高度为 18m，明装 |
| 2 | | 照明配电箱 | 详见系统图 | 安装高度为 15m，暗装 |
| 3 | | 双管荧光灯 | 2×36W | 吸顶安装（T8 荧光灯管） |
| 4 | | 单管荧光灯 | 1×36W | 吸顶安装（T8 荧光灯管） |
| 5 | | 吸顶灯 | 1×32W | 吸顶安装 |
| 6 | | 防水灯 | 1×32W | 吸顶安装 |
| 7 | | 二/三极暗装插座 | E2426/10US　10A | 安装高度为 0.3m |
| 8 | | 空调插座 | E2426/16GS　16A | 安装高度为 1.8m |
| 9 | | 二/三极暗装插座 | E2426/10US　10A | 安装高度为 1.5m |

续表

| 序号 | 图例 | 名称 | 规格 | 备注 |
|------|------|------|------|------|
| 10 | | 抽油烟机插座 | E2426/16CS　16A | 安装高度为2.0m |
| 11 | | 热水器插座（防溅） | E2426/16CS　16A | 安装高度为2.0m |
| 12 | | 二/三极暗装插座（防溅） | E2426/10US　10A | 安装高度为15m |
| 13 | | 暗装单极开关 | E2031/1/2A　10A | 安装高度为14m |
| 14 | | 暗装三极开关 | E2031/1/2A　10A | 安装高度为14m |
| 15 | | 暗装极开关 | E2031/1/2A　10A | 安装高度为14m |
| 16 | | 双控开关 | E2031/1/2A　10A | 安装高度为14m |
| 17 | | 排气扇 | 1×60W | 详见设备，安装高度距地2.9m |
| 18 | | 监控用电箱 | 详见系统图 | 安装高度为15m，暗装 |
| 19 | | 自带电源事故照明灯 | 1×32W | 安装高度为22m |
| 20 | | 单向指示灯（应急电池） | 1×20W | 安装高度0.4m或者吊装 |
| 21 | | 双向指示灯（应急电池） | 1×20W | 安装高度为0.4m |
| 22 | | 出口指示灯（应急电池） | 1×20W | 安装高度门上0.3m，距地安装高度2.5m |

**解**　1. 预算项目

（1）配电箱安装；（2）端子板外部接线；（3）钢管敷设；（4）管内穿线；（5）灯具安装；（6）开关安装；（7）插座安装；（8）接线盒安装；（9）开关盒安装。

2. 灯具安装工程量计算

（1）双管荧光灯：7套；

（2）单管荧光灯：4套；

（3）圆球吸顶灯：4套；

（4）应急照明疏散指示灯：1套；

　　（5）应急照明安全出口指示灯：2套；

　　（6）自带电源事故照明灯：2套；

　　（7）单联单控开关：3个；

　　（8）双联单控开关：3个；

　　（9）三联单控开关：1个；

　　（10）单联双控开关：1个；

　　（11）五孔普通插座（220V，10A）：13套；

　　（12）空调插座（220V，16A）：4套。

　　3. 套用定额并计算安装费用，见表6-24。

表 6-24　　　　　　　　　　　　单位工程预算表（含主材设备）

| 序号 | 定额编码 | 子目名称 | 单位 | 工程量 | 单价 | 合价 | 其中 | | |
|---|---|---|---|---|---|---|---|---|---|
| | | | | | | | 人工合价 | 材料合价 | 机械合价 |
| 1 | 4-14-2 | 圆球吸顶灯　灯罩直径≤300mm | 套 | 4 | 16.2 | 64.8 | 56.84 | 7.96 | |
| | Z25000011@1 | 圆球吸顶灯 | 套 | 4.04 | 92.44 | 373.46 | | 373.46 | |
| 2 | 4-14-216 | 嵌入式单管成套型荧光灯 | 套 | 4 | 22.28 | 89.12 | 66.76 | 22.36 | |
| | Z25000011@2 | T8 单管荧光灯 | 套 | 4.04 | 105.81 | 427.47 | | 427.47 | |
| 3 | 4-14-217 | 嵌入式双管成套型荧光灯 | 套 | 7 | 35.11 | 245.77 | 188.16 | 57.61 | |
| | Z25000011@3 | T8 双管荧光灯 | 套 | 7.07 | 141.54 | 1000.69 | | 1000.69 | |
| 4 | 4-14-161 | 墙壁式标志、诱导装饰灯 | 套 | 2 | 26.76 | 53.52 | 34.2 | 19.32 | |
| | Z25000011@4 | 自带电源事故照明灯 | 套 | 2.02 | 152 | 307.04 | | 307.04 | |
| 5 | 4-14-160 | 吊杆式标志、诱导装饰灯 | 套 | 1 | 22.59 | 22.59 | 19.88 | 2.71 | |
| | Z25000011@5 | 应急照明疏散指示灯 | 套 | 1.01 | 115.08 | 116.23 | | 116.23 | |
| 6 | 4-14-162 | 嵌入式标志、诱导装饰灯 | 套 | 1 | 28.31 | 28.31 | 19.88 | 8.43 | |
| | Z25000011@6 | 应急照明安全出口灯 | 套 | 1.01 | 17.86 | 18.04 | | 18.04 | |
| 7 | 4-14-351 | 跷板暗开关（单控）单联 | 套 | 3 | 7.05 | 21.15 | 19.17 | 1.98 | |
| | Z26000011@1 | 单联单控开关　单联 | 只 | 3.06 | 4.79 | 14.66 | | 14.66 | |
| 8 | 4-14-352 | 跷板暗开关（单控）双联 | 套 | 3 | 7.56 | 22.68 | 20.1 | 2.58 | |
| | Z26000011@2 | 双联单控开关　双联 | 只 | 3.06 | 8.63 | 26.41 | | 26.41 | |
| 9 | 4-14-353 | 跷板暗开关（单控）三联 | 套 | 1 | 8.06 | 8.06 | 7 | 1.06 | |

续表

| 序号 | 定额编码 | 子目名称 | 单位 | 工程量 | 单价 | 合价 | 其中 | | |
|---|---|---|---|---|---|---|---|---|---|
| | | | | | | | 人工合价 | 材料合价 | 机械合价 |
| | Z26000011@3 | 三联单控开关　三联 | 只 | 1.02 | 11.79 | 12.03 | | 12.03 | |
| 10 | 4-14-357 | 跷板暗开关（双控）单联 | 套 | 1 | 7.79 | 7.79 | 7 | 0.79 | |
| | Z26000011@4 | 单联双控开关　单联 | 只 | 1.02 | 7.52 | 7.67 | | 7.67 | |
| 11 | 4-14-382 | 暗插座≤15A 单相带接地 | 套 | 13 | 7.73 | 100.49 | 91 | 9.49 | |
| | Z26000029@1 | 五孔普通插座　单相带接地 15A | 套 | 13.26 | 6.24 | 82.74 | | 82.74 | |
| 12 | 4-14-385 | 暗插座 30A 单相带接地 | 套 | 4 | 8.71 | 34.84 | 30.48 | 4.36 | |
| | Z26000029@2 | 空调插座　单相带接地 30A | 套 | 4.08 | 8.29 | 33.82 | | 33.82 | |
| 13 | BM47 | 脚手架搭拆费（第四册电气设备安装工程）（单独承担的室外直埋敷设电缆工程除外） | 元 | 1 | 28.03 | 28.03 | 9.81 | 18.22 | |
| 合计 | | | | | | 3147.39 | 570.28 | 2577.11 | |

# 第六节　防雷与接地装置工程

## 一、防雷及接地装置工程定额简介

本节内容主要依据《山东省安装工程消耗量定额》（2016 年版）第四册电气设备安装工程中第 10 章"防雷与接地装置工程"编制。本章定额适用于建筑物、构筑物的各种类型的接地工程。

本章定额主要设置了避雷针制作、避雷针安装、独立避雷针塔安装、半导体少长针消雷装置安装、避雷针拉线安装、避雷引下线敷设、避雷网安装、均压环敷设、接地极（板）制作与安装、接地母线敷设、等电位装置及构架接地安装、电涌保护器安装共计 12 节 76 个定额子目。

1. 避雷针制作

钢管避雷针制作区分针长编制 6 个子目，圆钢避雷针制作编制 1 个子目。定额计量单位：根。工作内容：下料、针尖及针体加工、挂锡、校正、组焊、刷漆等。

2. 避雷针安装

装在烟囱上避雷针区分安装高度编制 6 个子目，装在平屋面上避雷针区分针长划分为 6 个子目，装在墙上避雷针区分针长编制 6 个子目，装在金属容器顶上避雷针区分针长划分为

2 个子目，装在金属容器壁上避雷针区分针长编制 2 个子目，装在构筑物上避雷针区分木杆、水泥杆、金属构架编制 3 个子目，定额的计量单位：根。工作内容：预埋铁件、螺栓或支架、安装固定、补漆等。

　　3. 独立避雷针塔安装

　　独立避雷针塔安装区分安装高度编制 4 个子目。定额的计量单位：基。工作内容：组装、焊接、吊装、找正、固定、补漆等。

　　4. 半导体少长针消雷装置安装

　　半导体少长针消雷装置是在避雷针的基础上发展起来的，是一种新型的防直击雷产品，它是利用金属针状电极的尖端放电原理，使雷云电荷被中和，从而不至于发生雷击现象。半导体少长针消雷装置（SLE）的特点在于将"引雷"变为"消雷"。定额按设计高度列项，共编制了 3 个子目。定额的计量单位"套"。工作内容：组装、吊装、找正、固定、补漆。

　　5. 避雷针拉线安装

　　避雷针拉线安装（3 根拉线）编制一个子目，定额的计量单位：组。工作内容：拉线安装固定、调整松紧。

　　6. 避雷引下线敷设

　　避雷引下线敷设定额根据引下线敷设方式不同（利用金属构件引下；沿建筑物、构筑物引下；利用建筑物主筋引下）编制了 3 个子目，定额的计量单位：10m。断接卡子制作安装和断接卡子箱安装编制 2 个子目，定额的计量单位分别为套、个。断接卡子便于测量引下线的接地电阻，供测量检查用。工作内容：平直、下料、测位、打眼、埋卡子、焊接、固定、补漆等。

　　7. 避雷网安装

　　避雷网安装定额区分安装位置（沿混凝土块敷设，沿折板支架敷设，沿着女儿墙支架敷设，沿屋面敷设，沿坡屋顶、屋脊敷设）编制了 5 个子目，定额的计量单位：10m。工作内容：平直、下料、测位、打眼、埋卡子、焊接、固定、补漆等。

　　8. 均压环敷设

　　均压环敷设是为了防止雷电波入侵防雷接地装置时，由于放电电压不平衡而设置的闭合导电环。

　　利用圈梁钢筋作均压环敷设编制了 1 个子目，定额的计量单位：10m。一般是利用建筑物圈梁主筋作为防雷均压环的，也可采用单独的扁钢或圆钢明敷。

　　柱子主筋与圈梁钢筋焊接定额编制了 1 个子目，定额的计量单位：处。工作内容：测位、焊接清理焊渣。

　　9. 接地极（板）制作与安装

　　钢管、角钢、圆钢接地极制作、安装区分普通土、坚土编制了 6 个子目，定额的计量单位"根"。接地板（块）制作安装区分不同材质（铜板、钢板），编制了 2 个子目，以"块"为计量单位，利用底板钢筋作接地极定额编制了 1 个子目，定额的计量单位：m²。

　　工作内容：尖端及加固帽加工、接地极打入地下及埋设、下料、加工、焊接。

　　10. 接地母线敷设

　　接地母线明敷设区分砖墙混凝土、沿电缆沟支架桥架编制了 6 个子目。接地母线砖、混凝土结构暗敷设区分截面规格编制了 2 个子目。接地母线埋地敷设区分截面规格划编制了 2

个子目。铜接地绞线敷设区分截面划分了 2 个子目。定额的计量单位：10m。工作内容：接地线平直、下料、测位、打眼、上涨塞、煨弯、上卡子、敷设、焊接、补漆等。

11. 等电位装置及构架接地安装

接地跨接及等电位导体连接区分焊接、压接螺栓连接、放热焊接编制了 3 个子目，定额的计量单位"处"。构架接地编制了 1 个子目，定额的计量单位"处"。等电位端子箱安装和塑料接地检测井分别编制了 1 个子目，定额的计量单位"套""个"。

工作内容：①焊接：除锈、下料、钻孔、跨接线连接、刷油、导通电阻测试。②压接、螺栓连接：刮拭接触面、固定连接卡子、连接跨接线、刷油、导通电阻测试。③放热焊接：模具清洁、模具及被焊体预热、被焊体对接、放置隔离片、加入焊粉、引火施焊、拆模及模具清洁、焊件检查。④等电位端子箱：测位、画线、箱体安装、连接箱外型钢或铜排、刷漆。⑤构架接地：下料、钻孔、煨弯、焊接、固定、补漆等。⑥塑料接地检测井：断接卡子制安、铺设水泥垫层、固定检测井、接地卡涂黄油、塑料薄膜包裹紧密。

12. 电涌保护器安装

电涌保护器安装编制了 1 个定额子目，定额的计量单位：套。工作内容：固定导轨、固定本体、焊压接线。

13. 接地装置调试

接地装置调试定额子目执行第四册第 14 章中相关子目。

避雷器调试、独立接地装置调试分别编制了 1 个定额子目；计量单位：组。接地网调试编制了 1 个定额子目。工作内容：接触电阻测量、避雷器绝缘监视装置测试、接地电阻测试。

**二、防雷与接地装置安装工程定额工作内容及施工工艺**

（1）避雷针安装。

1）装在木杆上是按木杆高 13m，针长 5m，引下线用 φ10 圆钢考虑的。

2）装在水泥杆上是按水泥杆高 15m，针长 5m，引下线用 φ10 圆钢考虑；杆顶铁件采用 6mm 厚钢板，四周加肋板（与钢板底座同）。下部四周用扁钢，分别焊接在包箍上，包箍用螺栓紧固。

3）避雷针装在构筑物上，装在金属设备或金属容器上定额均不包括构筑物等本身的安装。

（2）接地母线沿砖、混凝土明设，依据标准图集 03D501-4《接地装置安装》第 23 页 I型，修改增加固定卡子、塑料胀塞、木螺钉等材料，采用目前施工常用的固定方式，取代原埋设固定方式，主要工作内容包括：钻孔、上塑料胀塞、固定卡子、母线调直、敷设、焊接、油漆等工作内容，卡子的水平间距为 1m，垂直方向为 1.5m，穿墙时用 φ40×400 钢管保护，每 10m 综合入一个保护管。

（3）接地母线沿砖、混凝土暗设按固定卡子固定，固定卡子采用水泥钉固定。

（4）接地母线埋设，未包括接地沟的挖填，应按第九章相关定额计算接地沟挖填工程量。在计算接地沟挖填时注意：定额包括地沟的挖填土方和夯实工作，一般设计没明确要求时，挖沟的沟底宽按 0.4m、上宽为 0.5m、沟深为 0.75m、每 m 沟长的土方量为 0.34m³ 计算。如设计要求埋深不同时，应按实际土方量计算调整。

（5）接地极按在现场制作考虑，长度 2.5m，安装包括打入地下并与主接地网焊接。

（6）构架接地是按户外钢结构或混凝土杆构架接地考虑的，每处接地包括 4m 以内的水平接地线。

（7）接地装置调试。

1）接地网试验是指接地网电阻测定，定额所称的系统是按每一发电厂的厂区或每一变电所的所区为单位考虑的。即每一发电厂或变电所按母网为一个系统。如电厂的供水除灰等设施远离厂区，其接地网不与电厂厂区接地网相连时，此单独的接地网，应另作一个系统计算。

2）独立接地装置调试主要适用于建筑物、独立避雷针、烟囱避雷针、柱上变压器、设备接地等独立接地电阻测定。

**三、防雷与接地装置安装工程量计算说明**

（1）本章定额适用于建筑物、构筑物的各种类型的接地工程。

（2）本章定额不适用于爆破法施工敷设接地线、安装接地极，也不包括高电阻率土壤地区采用换土或化学处理的接地装置及接地电阻测试工作。

（3）本章定额中，避雷针的安装、半导体少长针消雷装置是按成品考虑计入的，均已考虑了高空作业的因素，装在木杆上、水泥杆上的避雷针还包括了避雷针引下线的安装。接地检查井是按塑料成品井考虑的。

（4）独立避雷针塔是按成品只考虑安装，其加工制作执行本册"一般铁构件"制作项目。

（5）平屋顶上烟囱及凸起的构筑物所作避雷针，执行"避雷网安装"项目。

（6）利用建筑物主筋做引下线的，定额综合考虑了各种不同的钢筋连接方式，执行定额不作调整。利用铜绞线作接地引下线时，配管、穿铜绞线执行本册第 12、13 章相应项目。

（7）防雷均压环安装定额是按利用建筑圈梁内主筋作为防雷接地连线考虑的，如果采用单独敷设的扁钢或圆钢做均压环时，执行本章接地母线砖、混凝土结构暗敷定额。

（8）柱子主筋与圈梁钢筋焊接，每处按两根钢筋考虑。设计利用基础梁内两根主筋焊接连通作为接地母线时，执行均压环敷设定额。

（9）接地母线敷设定额定额未包括接地沟挖填土，应执行第 9 章沟槽挖填定额。

（10）接地跨接及等电位导体连接定额适用于建筑物内、外的防雷接地、保护接地、工作接地及金属导体间（如：金属门窗、栏杆、金属管道等）的等电位连接。

（11）浪涌保护器，本册只包括电源保户级的保护器安装，其他如信号设备保户级的应执行其他册定额。

**四、防雷与接地装置安装工程工程量计算规则**

1. 避雷针制作、安装

（1）避雷针制作工程量。避雷针制作根据设计区分不同的型钢类型和针体长度，以"根"为单位计算工程量。

（2）避雷针安装工程量。避雷针安装根据设计图纸区分不同的安装场合和针体长度，以"根"为单位计算工程量。

（3）独立避雷针塔安装工程量。独立避雷针塔安装根据设计图纸区分不同的安装高度，以"基"为单位计算工程量；半导体少长针消雷装置由制造厂成套供货，根据设计图纸区分不同安装高度，以"套"为单位计算工程量。

（4）避雷针拉线安装工程量。避雷针拉线安装根据设计图纸以"组"为单位计算工程量。

2. 避雷引下线敷设工程量

（1）避雷引下线沿建筑物、构筑物引下。避雷引下线敷设按照设计图纸以"10m"为单位计算工程量。

> **注意**
>
> 　有女儿墙从墙上面算至断接卡子，无女儿墙从屋顶算至断接卡子。断接卡子安装高度一般距室外设计地坪 0.5m（暗）/1.8m（明）。

（2）避雷引下线利用金属构件引下，利用建筑物内主筋引下。避雷引下线敷设以"10m"为计量单位计算工程量。利用建筑物内主筋作接地引下线，每一根柱子内按焊接两根主筋考虑，如果焊接主筋数超过两根时，可按比例调整。

> **注意**
>
> 　利用结构主筋做引下线：若接地极为底板钢筋，引下线算至底板下皮。若为人工接地极则从室外设计地坪算至檐口（檐高）。

（3）断接卡子制作、安装；断接卡子箱安装。断接卡子制作、安装根据设计以"套"为单位计算工程量，每条引下线1个。

接地检查井内的断接卡子安装按每井一套计算。断接卡子箱安装按设计图纸要求，以"个"为单位计算工程量。

3. 避雷网安装工程量

避雷网安装根据设计图纸区分不同的安装部位（沿混凝土块敷设；沿折板支架敷设；沿着女儿墙支架敷设；沿屋面敷设；沿坡屋顶、屋脊敷设），以"10m"为计量单位计算工程量，并套用相应定额子目。

$$避雷网长度＝按施工图设计长度的尺寸×（1＋3.9\%）$$

式中：3.9%为附加长度（包括转弯、上下波动、避绕障碍物、搭接头所占长度）。

4. 均压环敷设工程量

根据设计图纸以作为均压环的圈梁中心线为准测量，以"10m"为单位计算工程量。注意，定额考虑焊接两根主筋，当超过两根时，可按比例调整。

5. 接地极（板）制作、安装

（1）接地极制作安装工程量。接地极制作安装接地极（板）制作、安装，按照设计图纸区分不同的型钢（钢管、角钢、圆钢）和土质（普通土、坚土），以"根"为单位计算工程量。接地极长度按照设计长度计算，设计没规定时，每根按照2.5m计算，若设计有管帽时，管帽另按加工件计算。

（2）接地板制作安装工程量。接地板制作按照设计图纸区分不同的材质（铜板、钢板），以"块"为单位计算工程量。利用底板钢筋作接地极的，根据设计图纸，计算底板钢筋连接成一个整体的面积，以"m²"为单位计算工程量。

> **注意**
>
> 　　钢管、角钢、圆钢、铜板、钢板均为未计价主材。接地极材料一般应按镀锌考虑。

（3）接地沟挖填土工程量。接地沟挖填土根据设计和现场实际区分不同的土质，以"m³"为单位计算工程量；沟槽尺寸应按设计图纸的要求，设计无要求时，沟底宽按0.4m、上宽为0.5m、沟深为0.75m、每m沟长土方量为0.34m³计算。

6. 接地母线敷设工程量

（1）接地母线明敷设，根据设计图纸区分不同的敷设部位，以"10m"为单位计算工程量。

（2）接地母线砖、混凝土暗敷设和埋地敷设，按照设计图纸区分不同截面，以"10m"为单位计算工程量。

（3）接地母线采用铜接地绞线敷设，根据设计区分不同的截面，以"10m"为单位计算工程量。

接地母线敷设长度＝（施工图设计水平长度＋垂直规定长度）×（1＋3.9%）

式中：3.9%为附加长度（包括转弯、上下波动、避绕障碍物、搭接头所占长度）。

> **注意**
>
> 　　（1）接地母线材料为未计价材料；
> 　　（2）接地母线敷设定额未包括接地沟挖填土，应执行第9章沟槽挖填定额。

7. 等电位装置及构架接地安装工程量

（1）接地跨接及等电位导体连接，不论是接地跨接或是导体间的等电位连接，区分不同的连接方式（焊接、压接、火泥熔接），以"处"为单位计算工程量，每一连接点为一处。

（2）等电位端子箱安装，按设计图纸数量，以"套"为单位计算工程量。

（3）构架接地，按设计图纸以"处"为单位计算工程量，户外配电装置构架均需接地，每副构架按一处计算。

（4）接地检测井。接地检查井，是一种用塑料制造，用来测试接地装置性能和观察的一种预制物件。接地检测井根据设计图纸数量，以"个"为单位计算工程量。

8. 电涌保护器安装工程量

电涌保护器保护设备及线路免受外界干扰。一般装设于设备箱中。箱中自带不另计。电涌保护器安装根据设计图纸数量,以"个"为单位计算工程量。

9. 接地装置调试

(1) 独立的接地装置调试。设计图纸区分不同的地极根数,以"组"为单位计算工程量;如一台柱上变压器有一个独立的接地装置,即按一组计算。避雷针接地调试。每一避雷针均有单独接地网(包括独立的避雷针、烟囱避雷针等)时,均按一组计算。对于利用建筑物基础做接地或沿建筑物外沿敷设的接地母线作接地的,均按一组计算接地装置调试。

(2) 接地网接调试。按设计图纸以"系统"为单位计算工程量;一般的发电厂或变电站连为一体的母网按一个系统计算;自成母网不与厂区母网相连的独立接地网,另按一个系统计算。大型建筑群各有自己的接地网(接地电阻值设计有要求),虽然在最后也将各接地网联在一起,但应按各自的接地网计算,不能作为一个网,具体应按接地网的试验情况而定。

**五、防雷与接地装置安装工程计价案例**

【例 6-9】某高层住宅建筑,框架为剪刀墙结构,地上 24 层(层高 2.8m),建筑长为 50m,宽为 18m。顶层女儿墙高 0.8m,采用 Φ10 镀锌圆钢做避雷网,并与 8 处引下线连接。突出屋面烟道 8 个,均装设长 1m、Φ10 镀锌圆钢避雷针 1 根,针下采用 Φ10 镀锌圆钢与避雷网连接,每处长 5m。

利用柱内 4 根主筋做引下线(共八处),上下均与板主筋(2 根)采用 Φ12 圆钢跨接焊,其中有 4 处距地 0.5m 处设接地测试点,接地测试点安装在 86 型接线盒内。本建筑有 7 层沿建筑物周长设置一40×4 镀锌扁钢,暗敷在钢筋混凝土内做均压环。另在 198 个卫生间内设置一台暗装 250×120×50 局部等电位箱,采用一25×3 镀锌扁钢沿墙(地)暗敷,每个卫生间按 15m 考虑。

根据以上设计说明,计算此防雷接地工程的工程量。

**解:**

1. 工程量计算

(1) 避雷网沿女儿墙敷设工程量(Φ10 镀锌圆钢):
$$L = [(50+18)\times2+8\times0.8+5\times8]\times(1+3.9\%) = 189.51(m)$$

(2) 避雷针(1m、Φ10 镀锌圆钢)制作安装工程量:
$$(1\times8)\times1.039 = 8.31(m)$$
主材:$(189.51+8.31)\times1.05 = 207.69(m)$

(3) 避雷引下线敷设,利用柱内主筋(4 根)做引下线工程量:
$$24\times2.8\times8\times2 = 1075.2 \ (m)$$

(4) 接地测试点(断接卡子制作、安装):4 套

(5) 接线盒:4 个
主材:$4\times1.02 = 4.08 \ (个)$

(6) 柱主筋与板主筋焊接工程量:
$$8\times2\times2 = 32 \ (处)$$

(7) 均压环(一40×4 镀锌扁钢)敷设工程量:
$$(50+18)\times7\times2\times(1+3.9\%) = 989.13(m)$$

$$989.13×1.05＝1038.59(m)$$

（8）等电位箱工程量：198 个

$$198×1＝198（个）$$

（9）接地母线敷设工程（－25×3）：

$$198×15×(1+3.9\%)＝3085.83(m)$$

$$3085.83×1.05＝3240.12(m)$$

（10）接地网测试系统：1 组。

【**例 6-10**】如图 6-20 所示，长为 53m，宽为 22 m，高 23 m 的宿舍楼在房顶上沿女儿墙敷设避雷带（沿支架），3 处沿建筑物外墙引下与一组接地极（5 根，材料为 SC50，每根长为 2.5m）连接。距地面 1.7m 处设断接卡子，距地面 1.7m 以上的引下线材料采用Φ 8 镀锌圆钢，1.7m 以下材料采用－40×4 的镀锌扁钢。

要求：（1）列出预算项目；（2）计算工程量；（3）套用定额并计算本工程安装费用。

**解：**

本题目采用《山东省安装工程消耗量定额》（2016 年版）和《山东省济南地区价目表》（2017 年版）

1. 预算项目

（1）避雷带或网敷设；

（2）沿建筑物引下线敷设；

（3）断接卡子制作安装；

（4）接地母线敷设；

（5）接地极制作安装；

（6）接地电阻测试。

2. 工程量计算

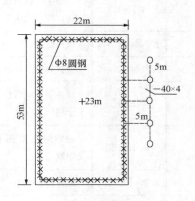

图 6-20　某宿舍楼屋顶防雷
接地平面图

（1）避雷带或网敷设工程量（Φ 8 镀锌圆钢）：

$$(53+22)×2×(1+3.9\%)＝155.75(m)$$

主材（Φ 8 镀锌圆钢）：155.75 ×1.05＝163.64(m)

（2）引下线敷设工程量：

距地 1.7m 以上（Φ 8 镀锌圆钢）：

$$(1+23-1.7)×3＝66.9(m)$$

距地 1.7m 以下（－40×4 的镀锌扁钢）：

$$1.7×3＝5.1（m）$$

合计：66.9m＋5.1m＝72（m）

主材（Φ 8 镀锌圆钢）：66.9×1.05＝70.25（m）

主材（－40×4 的镀锌扁钢）：5.1×1.05＝5.36（m）

（3）断接卡子制作安装工程量：3 套。

（4）接地母线敷设工程量（－40×4 的镀锌扁钢）：

$$(5×4+5×3+0.7×3)×(1+3.9\%)＝37.55(m)$$

主材（－40×4 的镀锌扁钢）：37.55×1.05＝40.47(m)

（5）接地沟挖填土方：

$$(5×4+5×3)×0.34＝11.9(m^3)$$

（6）接地极制作安装工程量（镀锌钢管 SC50，$L＝2.5m$）：5 根

主材（镀锌钢管 SC50）：$5×1.03×2.5＝12.77$（m）

（7）接地电阻测试：3 组。

3. 套用定额，并计算本工程防雷与接地工程的安装费用，见表 6-25。

表 6-25　　　　　　　　　　　　单位工程预算表（含主材设备）

| 序号 | 定额编码 | 子目名称 | 单位 | 工程量 | 单价 | 合价 | 其中 | | |
|---|---|---|---|---|---|---|---|---|---|
| | | | | | | | 人工合价 | 材料合价 | 机械合价 |
| 1 | 4-9-1 | 沟槽人工挖填　一般沟土 | m³ | 11.9 | 40.79 | 485.4 | 485.4 | | |
| 2 | 4-10-42 | 避雷引下线敷设　沿建筑物、构筑物引下 | 10m | 7.2 | 88.33 | 635.98 | 407.16 | 124.85 | 103.97 |
| | Z27000027@1 | 镀锌圆钢Φ8 | m | 70.25 | 1.67 | 117.32 | | 117.32 | |
| | Z27000027@2 | 镀锌扁钢—40×4 | m | 5.36 | 7.92 | 42.45 | | 42.45 | |
| 3 | 4-10-44 | 避雷引下线敷设　断接卡子制作、安装 | 套 | 3 | 24.36 | 73.08 | 66.12 | 6.93 | 0.03 |
| 4 | 4-10-48 | 避雷网安装 沿女儿墙支架敷设 | 10m | 15.58 | 137.51 | 2142.41 | 1484.46 | 420.19 | 237.75 |
| | Z27000017@1 | 镀锌圆钢Φ8 | m | 163.59 | 1.67 | 273.2 | | 273.2 | |
| 5 | 4-10-53 | 钢管接地极制作安装 普通土 | 根 | 5 | 46.96 | 234.8 | 141.1 | 14.6 | 79.1 |
| | Z17000073@1 | 镀锌钢管 SC50　$L＝2500mm$ | m | 12.77 | 23.42 | 299.07 | | 299.07 | |
| 6 | 4-10-66 | 接地母线敷设 埋地敷设截面≤200mm² | 10m | 3.76 | 48.76 | 183.34 | 147.17 | 7.86 | 28.31 |
| | Z27000025@1 | 镀锌扁钢—40×4　截面200mm² | m | 39.48 | 7.92 | 312.68 | | 312.68 | |
| 7 | 4-16-73 | 独立接地装置≤6根接地极 | 组 | 3 | 326.08 | 978.24 | 675.78 | 32.79 | 269.67 |
| 8 | BM47 | 脚手架搭拆费（第四册电气设备安装工程）（单独承担的室外直埋敷设电缆工程除外） | 元 | 1 | 136.57 | 136.57 | 47.8 | 88.77 | |
| | 合计 | | | | | 5914.59 | 3454.99 | 1740.76 | 718.83 |

# 第七章　工业管道安装工程施工图预算的编制

工业管道工程在工业建设中占有非常重要的地位，特别是在石油化工、冶金工业中尤为突出。在一个大中型综合性的安装工程中，除了成群高大的设备外，最多的就是密布成行的工业管道。它们从地下到高空，从厂内到厂外，到处纵横交错，把厂区各个生产装置，各个工段，各种大小不同的设备连接起来。可以这样说，在石油、化工生产过程中，从原料的投入到产品的产出，几乎每道生产工序都离不开工业管道。

工业管道安装工程所需的各种管材、阀门、法兰和管件等，绝大多数价格都比较高，它们都以主材费的形式（即定额中的未计价材料）进入安装工程直接费，在整个安装工程费用中占很大比重。工艺管道的种类很多，如石油化学工业用的大量管道统称化工管道，发电厂的热力管道、水力冲灰管道，氧气站的氧气管道，乙炔站用的乙炔管道，煤气站用的煤气输送管道，压缩空气站用的压缩空气管道，冷库站用的氨制冷管道，天然气和石油压气站用的管道等，均属工业管道。

现扼要介绍管道工程常用材料、施工工序和施工方法等基本知识，并对工业管道工程量计算规则和方法及定额应用做系统说明。

## 第一节　工业管道常用管材

管道安装所用的管材种类很多，按材质可分为铸铁管、碳素钢管、有色金属管和非金属管四种；按制造方法可分为无缝管和有缝管。

管道规格的表示方法：镀锌焊接钢管、不镀锌焊接钢管、铸铁管、硬聚氯乙烯管、聚丙烯管等，管径应以公称直径 DN 表示（如 DN15、DN50 等）；耐酸陶瓷管、混凝土管、钢筋混凝土管、陶土管（缸瓦管）等，管径应以内径 $d$ 表示（如 $d380$、$d230$ 等）；焊接直缝管（或螺旋缝电焊钢管）、无缝钢管等，管径应以外径×壁厚表示（如 $D108×4$、$D159×4.5$ 等）。

### 一、金属管材

金属管材一般分为两大类，一类是黑色金属管材，一类是有色金属管材。

（一）黑色金属管材

1. 铸铁管

铸铁管按使用范围划分大体上分为两种：

（1）一般用铸铁水管，使用灰口铁制造。铸铁水管中，按制造精度划分，可分为上水铸铁管和下水铸铁管；按连接方式划分，又可分为承插铸铁管和法兰铸铁管。

（2）工业用铸铁管，均为法兰连接。它的化学成分主要含 14.5%～16% 的 Si（硅），0.8% 的 Mn（锰）。由于表面与介质接触层有氧化硅保护膜制成，能抗腐蚀，因而它可以用以输送腐蚀性强的介质，如硫酸和碱类。

2. 焊接钢管

焊接钢管也称有缝钢管或水煤气输送钢管。焊接钢管是采用焊接加工制造的，焊接方式有高频焊和炉焊两种，每种又有镀锌（称白铁管）和不镀锌（称黑铁管）两种，镀锌钢管比不镀锌钢管重3％～6％。镀锌焊接钢管常用于输送介质要求比较洁净的管道，如给水、洁净空气等；不镀锌的焊接钢管用于输送蒸汽、煤气、压缩空气和冷凝水等。

焊接钢管又分管端带螺纹和不带螺纹两种，其长度为：无螺纹焊接钢管4～12m，带螺纹焊接钢管4～9m。

焊接钢管按管壁厚度不同，普通钢管和加厚钢管。工艺管道上用量最多的是普通钢管，其试验压力为2.0MPa。加厚焊接钢管的试验压力为3.0MPa。水、煤气输送钢管的规格见表8-1。

3. 无缝钢管

无缝钢管是工业生产中最常用的一种管材，品种繁多，使用数量大。无缝钢管以常用材质划分为碳素结构钢、低合金结构钢、不锈耐酸钢等。

（1）碳素结构钢无缝钢管，常用的制造材质为10、20号钢，使用于温度在475℃以下，输送各种对钢材无腐蚀的介质，如输送蒸汽、氧气、压缩空气和油品油气等。

（2）低合金无缝钢管，通常是指含一定比例铬钼金属的合金钢管，也称铬钼钢，常用钢号有12CrMo、15CrMo、Cr2Mo、Cr5Mo等，适用温度为－201～650℃，可输送各种温度较高的油品、油气和腐蚀性不强的介质，如盐水、低浓度有机酸等。

（3）不锈耐酸钢无缝钢管，根据铬、镍、钛各种金属的不同含量，品种很多，有1Cr13、Cr17Ti、Cr18Ni12Mo2Ti、1Cr18Ni9Ti等，而最常用的是1Cr18Ni9Ti。不锈耐酸钢无缝钢管适用温度800℃以下，可输送腐蚀性较强的介质，如硝酸、醋酸、尿素等。

（4）高压无缝钢管，制造材质同普通无缝钢管，只是管壁比中低压无缝钢管要厚，适用压力范围10～32MPa，工作温度－40～400℃。高压无缝钢管多用于化肥工业，输送合成氨的原料气、氮气、氨气、甲醇、尿素等。

4. 钢板卷管

钢板卷管是用钢板卷制焊接而成，故称钢板卷管，一般均由施工企业自制或委托加工厂造制，所用的材质有A3、10号、20号、16Mn、20g等，常用的规格范围为$D219～D1820$，操作压力为1.5MPa以下，适用于输送水、蒸汽、油及一般物料。

5. 螺旋电焊钢管

螺旋电焊钢管是用钢板螺旋卷制焊接而成，焊缝为螺旋缠绕，故称螺旋缝电焊钢管。其规格范围为$D219～D720$，壁厚7～10mm，单根管长度8～12m，所用材质常用A3、16Mn，适用于输送蒸汽、水、油及油气等管道。螺旋电焊钢管单根管较长，特别适用于长距离输送管道。这种管道是由专业工厂制造。

（二）有色金属管材

1. 铝管

铝管是化学工业常用管道，其制造材质有L2、L3、L4工业纯铝和防锈铝合金LF2、LF3、LF21。铝管的操作温度为200℃以下，当温度高于160℃时，不宜在压力下使用。铝管的规格用外径乘壁厚表示，常用规格范围为$D14×2～D120×5$，直径120mm的铝管，需用3～8mm厚的铝板卷制。

铝管的特点是重量轻，不生锈，但机械强度较差，不能承受较高压力，适用于输送脂肪酸、硫化氢、二氧化碳、硝酸和醋酸，但不适用于输送盐酸和碱液。

2. 铜管

铜管分紫铜管和黄铜管两种。紫铜管含铜量占 99.7％以上。常用材料牌号有 T2、T3、T4 和 TUP 等；黄铜管的制造材料牌号有 H62、H68 等，都是锌和铜的合金，如 H62 黄铜管。其材料成分铜为 60.5％～63.5％，锌为 39.6％，其他杂质小于 0.5％。

铜管的制造方法分为拉制和挤制两种。常用无缝铜管的规格范围为外径 12～250mm，壁厚 1.5～5mm；铜板卷焊铜管的规格范围为外径 155～505mm，供货方式单根的和成盘的两种。

铜管的适用工作温度在 250℃以下，多用于油管道、保温伴热管和空分氧气管道。

3. 钛管

钛管是近年来新出现的一种管材，由于它具有重量轻、强度高、耐腐蚀性强和耐低温等特点，常被用于其他管材无法胜任的工艺部位。钛管是用 Ti1、Ti2 工业纯钛制造，适用温度范围为－140～250℃，当温度超过 250℃时，其机械性能下降。钛管的常用规格范围为公称直径 20～400mm。按其公称压力分为低、中压管，低压管壁厚 2.8～12.7mm，中压管壁厚 3.7～21.4mm。钛管虽然具有很多优点，但因价格昂贵，焊接难度大，还没有被广泛采用。

**二、非金属管材**

1. 硬聚氯乙烯管

硬聚氯乙烯管具有良好的化学稳定性，除强氧化剂（如浓度大于 50％硝酸、发烟硫酸等）及芳香族碳氢化合物、氯代碳氢化合物（如苯、甲苯、氯苯、酮类等）外，几乎能耐任何浓度的各类酸、碱、盐类及有机溶剂的腐蚀。它还具有机械加工性能好、成型方便，以及可焊性和一定的机械强度、比重小（约为钢的 1/5）等优点。

硬聚氯乙烯管分轻型和重型两种，其规格范围为 DN6～DN400，使用温度 0～60℃，使用压力范围：轻型管在 0.6MPa 以下，重型管在 1.0MPa 以下。这种管材使用寿命比较短。

2. 玻璃管

玻璃管的耐腐蚀性能好，除氢氟酸、氟硅酸、热磷酸及强碱外，能输送多种无机酸、有机酸及有机溶剂等介质。其特点是化学稳定性高、透明、光滑和耐磨。

玻璃管使用温度为 120℃以下，使用压力为 0.3MPa 以下。直管的公称直径为 DN25～DN100，其连接形式有平口管法兰连接、扩口管法兰连接、平口管法兰套管连接、平口管橡胶套管连接等多种。

3. 玻璃钢管

玻璃钢管是以玻璃纤维及其制品（玻璃布、玻璃带、玻璃毡）为增强材料，以合成树脂为黏结剂，经过一定的成型工艺制作而成。它具有质轻、高强、耐温、耐腐蚀、绝缘等特点，规格范围为 d25～d300，使用温度为 150℃以下，使用压力为 3.0MPa，连接形式有法兰连接、活套法兰连接、承插固定连接等多种。

4. 橡胶管

橡胶管，有夹布输水胶管、夹布输油胶管、夹布空气胶管、夹布蒸汽胶管等。

夹布输水胶管，工作压力为 0.5～0.7MPa，规格范围为 d13～d76 的 20m 长，d80～d152 的 7m 长，输送常温水及一般中性液体。

夹布输油胶管输送常温汽油、煤油、润滑油以及其他矿物油类，适用于各种油压传递系统软性连接管，工作压力为 0.6、0.8、1.0MPa，常用规格为 $d13\sim d51$ 的 20m 长，$d64\sim d76$ 的 10m 长，$d89\sim d152$ 的 7m 长。

夹布空气胶管，又称气压管，供输送常温空气及其他惰性气体，适用各型压缩空气机及风动工具，工作压力和规格同夹布输油胶管。

夹布蒸汽胶管用于输送温度在 150℃ 以下的饱和蒸汽或热水，工作压力，饱和蒸汽为 0.35MPa，热水为 0.8MPa，规格为 $d10$ 的长 30m，$d13\sim d51$ 的长 20m，$d64\sim d76$ 的长 10m。

### 5. 混凝土管

混凝土管有预应力钢筋混凝土管和自应力钢筋混凝土管，主要用于输水管道。管口连接是承插接口，用圆形截面橡胶圈密封。预应力钢筋混凝土管规格范围为内径 $d400\sim d1400$，适用压力为 0.4～1.2MPa。自应力钢筋混凝土管规格范围为内径 $d100\sim d600$，适用压力范围为 0.4～1.0MPa。钢筋混凝土管可以代替铸铁管和钢管输送低压给水、气等。

另外，还有混凝土排水管，包括素混凝土管和轻、重型钢筋混凝土管。

### 6. 陶瓷管

陶瓷管，有普通陶瓷管和耐酸陶瓷管两种，一般都是承插口连接。普通陶瓷管的规格范围为内径 $d100\sim d300$，耐酸陶瓷管的规格范围为 $d25\sim d800$。

### 三、其他管材

#### 1. 衬里管道

衬里管道，一般是指在碳钢管的内壁，衬上耐腐蚀性强的材质，达到既有机械强度，有一定的受压能力，又有较好的防腐蚀性能。常用的衬里管有衬橡胶管、衬铅管、衬塑料管和衬搪瓷管等。衬里管一般是先将碳钢管预制安装好，拆下来以后再进行衬里，衬好里后再进行二次安装。为了衬里时操作方便，衬里的碳钢管多采用法兰连接，而且每根管不能很长，尤其是直径在 200mm 以下管，每根管过长时衬里就比较困难，不易保证质量。

#### 2. 加热套管

加热套管，分直管和管件。全封闭加热套管和半封闭加热套管，简称为全加热套管和半加热套管。加热套管是在输送生产介质的管道外面，再加一层直径较大的套管，一般把输送生产介质直径较小的管称为内套管，把外层直径较大的管称为外套管。加热套管是为了防止内管所输送的生产介质，因输送过程中温度下降而凝结，所以在内管与外管之间接通蒸汽，达到加热保温的目的。

所谓全加热套管，就是使内管（包括直管和管件）始终处于有外套管加热保温的工作状态；所谓半加热套管，就是内管不能完全用外套管保温，有些管件或法兰接头部分要裸露在外面，此时在相邻两侧的外套管之间用旁通管连接以通汽加热。

加热套管的制作安装都比较复杂，质量要求很高。

#### 3. 蒸汽伴热管

蒸汽伴热管，是伴随物料输送管一起敷设的蒸汽管。常用的伴热管直径都比较小，一般在 25mm 以下，常用的是单根和双根，特殊情况下也可以采用多根。蒸汽伴热管的作用与加热套管类似，都是起加热保温作用。为了防止蒸汽伴管的泄漏，一般设计要求采用无缝钢管或无缝铜管。伴热管所用的蒸汽压力，一般不超过 1.0MPa。

　　伴热管都设在主管的下半周，并在主管与伴管外皮之间加有隔热石棉板条垫层，以防止主管局部过热，达到加热温度均匀的效果。

# 第二节　工业管道常用管件

　　管件是工业管道工程的主要配件，无论是改变管道的走向，在主干管上接支管，还是改变管道的直径，都需要用管件来连接。常用的丝接管件见第八章。本章主要介绍中、低压无缝钢管管件。

　　**一、中、低压无缝钢管管件**

　　无缝钢管管件，大多是冲压或焊制，一般制作成弯头、异径管和三通等。

　　1. 弯头

　　无缝钢管管道使用的弯头，按制造方法分为冲压弯头、推制弯头、揻制弯头和焊接弯头。

　　冲压弯头有两种作法：一种是直径在 200mm 以下的，直接用无缝钢管压制，一次成形，不需要焊接，因此，又称无缝弯头；另一种是直径在 200mm 以上的，则采用 10 号、20 号或 16Mn 钢板冲压成两半，再组对焊接成形，也称冲压焊接弯头。

　　推制弯头是近几年采用的新工艺。它是用无缝钢管推制成形，成形钢管壁厚比冲压无缝弯头大，质量也较冲压弯头好。

　　煨制弯头是以管材直接揻制而成，一般用于小口径管道或弯半径没有要求的管道上。

　　焊接弯头是用钢板卷制或用钢管焊接（俗称虾体弯）制成，常用于低压管道上。

　　2. 异径管

　　异径管在管道上起变更管径的作用，有同心异径管和偏心异径管之分，一般多在施工现场焊接。在实际施工中，常将大口径管收口缩制成异径管，故称为摔制异径管。

　　3. 三通

　　无缝钢管和其他大口径的钢板卷管在安装中需从主管上接出支管时，多采用焊接三通，或直接在主管道上开孔焊接（挖眼三通）而成。

　　**二、其他管件**

　　1. 封头

　　封头是用于管端起封闭作用的堵头。常用的封头有椭圆形封头和平盖形两种。

　　封头也称为管帽，其规格范围为 DN25～DN500，多用于中低压管道上。

　　平盖封头，按其安装位置分为两种：一种是平盖封头略大于管外径，在管外焊接。另一种是平盖封头略小于管内径，把封头板放入管内焊接。平盖封头常用的规格范围为 DN15～DN200。这种封头多用于压力较低的管道上。

　　2. 凸台

　　凸台，也称管嘴，是自控仪表专业在工艺管道上的一次部件，是由工艺管道专业来安装，所以把凸台也列为管件。工艺管道用的单面管接头也属这一种，都是一端焊在主管上，另一端或者是安装其他部件，或者是另外再接管，其规格范围为 DN15～DN200，高、中、低压管道都使用。

3. 盲板

盲板的作用是把管道内介质切断。根据使用压力和法兰密封面的形式盲板分以下几种:

(1) 光滑面盲板,与光滑式密封面法兰配合使用,适用压力范围为 1.0~2.5MPa。

(2) 凸面盲板本身一面带凸面,另一面带凹面,与凸凹式密封面法兰配合使用,适用压力 4.0MPa,规格范围为 25~400mm。

(3) 梯形槽面盲板,与梯形槽式密封面法兰配合使用,适用压力范围为 6.4~16.0MPa,规格范围为 25~300mm。

(4) 8 字盲板,也分为光滑面、凸凹面和梯形槽面三种,适用压力与以上三种盲板相同。8 字盲板所不同的是,它把两种用途结合在一个部件上,即把盲板和垫圈相连接固定在一起。法兰内垫入盲板时,外面露出的垫圈作为管道是否切断的直观标志。

8 字盲板的制造材料有多种,根据输送的介质温度和压力来选择。一般低压管道,温度不超过 450℃时,所用的材质有 A3F、20 号钢和 25 号钢;温度在 450~550℃时,所用的材料有 15CrMo、Cr5Mo。当压力在 4.0~16.0MPa,温度大于 450℃时,要用 20 号或 25 号钢。

**三、管子的弯曲**

在管道安装中,除采用定型弯头改变管道的方向外,有时还要采用揻制弯管,这种弯管,一般都是在施工现场制作。

弯管的揻制分冷揻和热揻两种形式:

1. 冷揻弯管

冷揻弯管,弯曲半径不应小于管子直径的 4 倍,揻制时一般不用装砂子,通常使用手动弯管器或电动弯管机来揻制。冷揻弯管的直径一般在 150mm 以下。这种煨制方法除揻制碳钢管以外,还常用来揻制不锈钢管、铝管和铜管。

2. 热揻弯管

热揻弯管有人工揻制和机械揻制两种。热揻弯管的弯曲半径不应小于管子直径的 3.5 倍。

人工揻制大部分是在施工现场进行的,通常采用烘炉焦炭加热或氧乙炔加热方法来揻制。揻制前管子内要装干砂并打实,防止管子在弯曲时因受力使圆形截面变成椭圆形。管子装好砂子以后,按揻制弧长进行加热,加热到一定温度,将管子移至操作平台上进行揻制,达到所要求的弯曲度即可。

机械揻制,通常采用可控硅中频加热弯管机和氧乙炔加热的大功率火焰弯管机,可揻制直径 426mm 的管子。机械揻制弯管速度快,质量好,揻制时管内不需装砂子,但是,弯管机的造价较高。

除上述揻制方法以外,还有折皱揻弯和冷拉球芯揻弯等多种揻制方法。

# 第三节　工业管道常用法兰、垫片及螺栓

**一、法兰**

法兰是工业管道上起连接作用的一种部件,可连接两根直管,也可将设备、阀门(法兰阀门)与管路连接起来。法兰紧密性可靠,装卸方便。

工艺管道所输送的介质,种类繁多,温度和压力也不同,因此对法兰的强度和密封,提

出了不同的要求。

法兰的种类很多，按材质分有铸铁法兰、铸钢法兰、碳钢法兰、耐酸钢法兰，按连接形式分有平焊法兰、对焊法兰、螺纹法兰、活套法兰，按法兰接触面形式分有平面法兰、榫槽面法兰、凸凹面法兰及法兰盖，按压力分为低压、中压、高压法兰。

（一）平焊法兰

平焊法兰是中低压工艺管道最常用的一种。这种法兰与管子的固定形式，是将法兰套在管端，焊接法兰里口和外口，使法兰固定，适用公称压力不超过 2.5MPa。用于碳素钢管道连接的平焊法兰，一般用 A3 和 20 号钢板制造；用于不锈耐酸钢管道上的平焊法兰，应用与管子材质相同的不锈耐酸钢板制造。平焊钢法兰密封面一般都为光滑式，密封面上加工有浅沟槽（一般2～3 圈，深 2～3mm），通常称为水线，如图 7-1 所示。

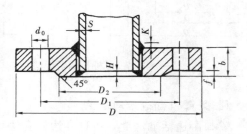

图 7-1　碳钢平焊法兰

（二）对焊法兰

1. 凸凹式密封面对焊法兰

这种法兰由于凸凹密封面严密性强，承受的压力大，每副法兰密封面，必须一个是凸面，另一个是凹面，不能搞错，常用公称压力范围为 4.0～16.0MPa，规格范围为 DN15～400mm，如图 7-2 所示。

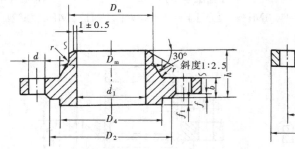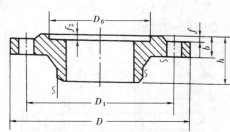

图 7-2　凹凸式密封面对焊法兰

2. 榫槽式密封面对焊法兰

这种法兰密封性能好，结构形式类似凸凹式密封面法兰，也是一副法兰必须两片配套使用，公称压力范围为 1.6～6.4MPa，常用规格范围为 DN15～DN400，如图 7-3 所示。

3. 梯形槽式密封面对焊法兰

这种法兰在石油工业管道比较常用，承受压力大，常用公称压力为 6.4、10.0、16.0MPa，规格范围为 DN15～DN250，如图 7-4 所示。

上述各种密封面对焊法兰，只是按其密封面的形式不同加以区别的。从安装的角度来看，不论是哪种形式的对焊法兰，其连接方法是相同的，因而所耗用的人工、材料和使用的机械台班，基本上也是一致的。但由于密封面形式不同，法兰的加工制造成本相差悬殊，因此，法兰本身的价格，在编制预算时要特别注意，分别选价。

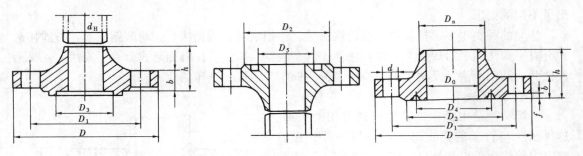

图 7-3　榫槽面对焊法兰　　　　　　　　　图 7-4　梯形槽面对焊钢法兰

**（三）管口翻边活动法兰**

管口翻边活动法兰，也称卷边松套法兰。这种法兰与管道不直接焊在一起，而是以管口翻边为密封接触面。松套法兰起紧固作用，多用于铜、铝和铅等有色金属及不锈耐酸钢管道上。其最大的优点是由于法兰可以自由活动，法兰穿螺栓时非常方便，缺点是不能承受较大的压力，适用于公称压力 0.6MPa 以下的管道连接，规格范围为 DN10～DN500，法兰材料为 A3 号钢，如图 7-5 所示。

**（四）焊环活动法兰**

焊环活动法兰，也称焊环松套法兰，是将与管子相同材质的焊环，直接焊在管端，利用焊环作密封面，其密封面有光滑式和榫槽式两种。

焊环活动法兰多用于管壁较厚的不锈钢管和铜管法兰的连接。其公称压力和规格范围为：PN0.25MPa、DN10 ～ DN450；PN1.0MPa、DN10 ～ DN300；PN1.6MPa、DN10 ～ DN200，如图 7-6 所示。

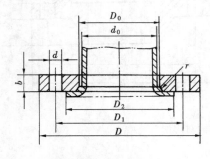　　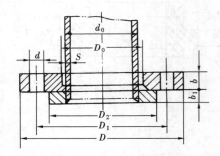

图 7-5　卷边松套钢法　　　　　　　　图 7-6　焊环活动法兰

**（五）螺纹法兰**

螺纹法兰是用螺纹与管端连接的法兰，有高压和低压两种。

低压螺纹法兰，包括钢制和铸铁制造两种。这种法兰，在新中国成立初期，焊接条件很差情况下，曾被广泛应用。随着工业的发展，低压螺纹法兰已被平焊法兰所代替，除特殊情况外，基本不采用。

高压螺纹法兰被广泛应用于现代工业管道的连接，密封面由管端与透镜垫圈形成，螺纹和管端垫圈接触面的加工要求精密度很高。这种法兰的特点是法兰与管内介质不接触，安装也比较方便，适用压力为 PN22.0、PN32.0MPa，其规格范围为DN6～DN150，如图 7-7 所示。

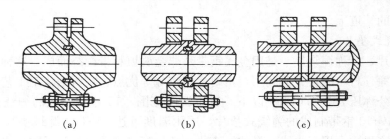

图 7-7　高压管线法兰连接结构型式

（a）带颈对焊法兰；（b）活套法兰；（c）螺纹连接法兰

（六）其他法兰

**1. 对焊翻边短管活动法兰**

其结构形式与翻边活动法兰基本相同，不同之处是它不在管端直接翻边，而是在管端焊一个成品翻边短管。其优点是翻边的质量较好，密封面平整，适用压力在 PN2.5MPa 以下的管道连接，规格范围为DN15～DN300。

**2. 插入焊法兰**

其结构形式与平焊法兰基本相同，不同之处在于法兰内口有一环行凸台，平焊法兰没有这个凸台。插入焊法兰适用压力在 PN1.6MPa 以下，其规格范围为 DN15～DN80。

**3. 铸铁两半式活法兰**

这种法兰可从灵活拆卸，随时更换。它是利用管端两个平面紧密结合以达到密封效果，适用于压力较低的管道如陶瓷管道的连接，规格范围为 DN25～DN300。

（七）法兰盖

法兰盖是与法兰配套使用的部件，它和封头一样在管端起封闭作用，密封面有光滑式、凸凹式及榫槽式。其规格和适用压力范围与配套法兰一致。

**二、法兰垫片**

法兰垫片是法兰连接起密封作用的材料，根据管道所输送介质的腐蚀性、温度、压力及法兰密封面的形式，法兰垫片有很多种类。

（一）橡胶石棉垫片

橡胶石棉垫是法兰连接中用量最多的垫片，适用于输送空气、蒸汽、煤气、酸和碱等的管道上。橡胶石棉垫的厚度，各专业不统一，通常都用 3mm 厚，公称直径小于 100mm 的法兰，其垫片厚度不超过 2.5mm。垫片的适用压力，用于光滑式密封面法兰连接时，不超过 2.5MPa，用于凸凹式密封面时，其压力可达 10.0MPa，但一般只用于 4.0MPa 以下。

炼油工业常用的橡胶石棉垫有两种：一种是耐油橡胶石棉垫，适用于温度在 200℃下，公称压力在 2.5MPa 以下，输送一般油品、液化气、丙烷和丙酮等介质；另一种是高温耐油橡胶石棉垫，使用温度可达 350～380℃。

（二）橡胶垫片

橡胶垫片是用橡胶板制作的垫片，具有一定的耐腐蚀性，适用于温度在 60℃以下，输送水、酸和碱等的低压管道上。橡胶垫片具有弹性，所以，密封性能较好。

（三）塑料垫片

塑料垫片，常用的有软聚氯乙烯垫片、聚四氟乙烯垫片和聚乙烯垫片等。塑料垫片多用于输送酸和碱的管道上。

（四）缠绕式垫片

缠绕式垫片，简称缠绕垫，是用金属钢带及非金属填料带缠绕而成。这种垫片具有制造简单、价格低廉、材料能被充分利用、密封性能较好等优点，在石油化工工艺管道上被广泛应用，适用的公称压力为 4.0MPa 以下，适用温度范围，15 号钢制成的缠绕式垫片，温度可达 450℃，1Cr13 钢带制成的缠绕式垫片，适用温度可达 550℃。缠绕垫片多用于光滑式法兰连接，其密封面不用车水线。有的缠绕垫，还带有定位环，是为了防止垫片偏离法兰中心。垫片厚度一般在 4.5mm，直径大于 1000mm 时，垫片厚度为 6.7mm。其定位环的厚度为 3mm 左右，制造材质分别有 15 号钢、1Cr13 号钢和 1Cr18Ni9Ti 钢等，如图 7-8 所示。

（五）齿形垫片

齿形垫片是用各种金属制造，材质有普通碳素钢、低合金钢和不锈耐酸钢等，厚度约为 3～5mm。它是利用同心圆的齿形密纹与法兰密封面相接触，构成多道密封，因此密封性能较好，常用于凸凹式密封面法兰的连接，最高公称压力可达 20.0MPa，适用于工作温度较高的部位，如 1Cr13 钢材质的齿形垫，适用温度可达 530℃，如图 7-9 所示。

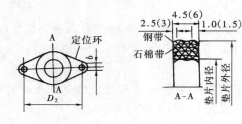

图 7-8　金属缠绕式垫片
（括号中的数字为厚度 6mm 垫片的尺寸）

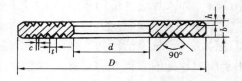

图 7-9　金属齿形垫片

（六）金属垫圈

金属垫圈的种类很多，按形状划分有金属平垫圈、截面为椭圆形及八角形金属垫圈和透镜式垫圈，按材质分有低碳钢、不锈耐酸钢、紫铜、铝垫圈和铅垫圈等。

（1）金属平垫圈，多用于光滑式平焊法兰，承受的温度和压力较低。

（2）椭圆形及八角形金属垫圈，多用于梯形槽对焊法兰，公称压力范围为 6.4～20.0MPa。这种垫圈虽然密封性能好，但制造复杂，精度高。

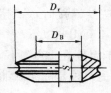

图 7-10　透镜式垫圈

（3）透镜式垫圈，因其形状似透镜而得名，密封性能好，在石油化工生产中的各种高温高压管道的法兰连接，广泛使用此种垫圈，常用公称压力范围为 16.0～32.0MPa，如图 7-10 所示。

金属垫圈的使用原则是，垫圈表面的硬度必须低于法兰密封面的硬度。

垫片的选用应根据管道所输送介质的温度、压力、腐蚀性和连接法兰的密封面形式来确定。专业性较强的垫片，如透镜垫，适用于高压法兰连接，所以现行《全国统一安装工程预算定额工业管道册》中，高压法兰安装所用的垫片均按透镜垫来考虑。其他各种中低压管道的法兰连接，采用什么垫片，不能一一确定，所以定额中法兰安装垫片，是按橡胶石棉垫片来考虑的，若实际的垫片与定额规定有出入时，垫片的价格可以换算。

### 三、法兰用螺栓

用于连接法兰的螺栓，有单头螺栓和双头螺栓两种。其螺纹一般都是三角形公制粗螺纹。

#### （一）单头螺栓

单头螺栓，也称六角头螺栓，分半精制和精制两种。在中低压工艺管道上使用最多的是半精制单头螺栓，如图 7-11 所示。

单头螺栓的名称、规格的表示方法，如直径为 16mm，长度为 75mm 的半精制单头螺栓，应写成：螺栓 M16×75。

单头螺栓常用的制造材质有 A3、25 号钢和 25Cr2MoVA 钢等，常用于公称压力 2.5MPa 以下的法兰连接。适用温度根据螺栓制造材质而定，如 35 号钢制造的螺栓适用温度可达 350℃；25Cr2MoVA 钢制造的螺栓，适用温度可达 570℃。

#### （二）双头螺栓

工艺管道上所用的双头螺栓，多数采用等长双头精制螺栓，适用于温度和压力较高的法兰连接，制造材质有 35、40 号钢和 37SiMn2MoVA 等，公称压力范围为 16.0～32.0MPa，适用温度可达 600℃，如图 7-12 所示。

  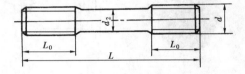

　　　　图 7-11　单头螺栓　　　　　　　　　图 7-12　等长双头螺栓

#### （三）螺母

螺母，统称为六角螺母，分半精制和精制两种，按螺母结构形式还可分为 a 型螺母和 b 型螺母两种，如图 7-13 所示。

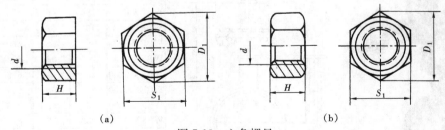

　　　　（a）　　　　　　　　　　　　　　　（b）

图 7-13　六角螺母

半精制单头螺栓多采用 a 型螺母，精制双头螺栓多采用 b 型螺母。螺母与螺栓要配套使用，但螺母制造材质的硬度不能超过螺栓材质的硬度。

## 第四节　工业管道常用阀门

### 一、阀门分类

阀门是用来控制调节管道或设备内介质流量，能够随时开启或关闭的活门。按公称压力，阀门分为三种：1.6MPa 以下（包括 1.6MPa）为低压阀门，2.5～10.0MPa 为中压阀门，10～32.0MPa 为高压阀门。

阀门的种类很多，按材质分有铸铁阀、碳钢阀、铜阀、铬钼合金阀、不锈钢阀以及各种非金属阀等，按阀门的连接形式分有法兰阀门、螺纹阀门、焊接阀门等多种方式，按阀门的驱动方式分手动、电动、液动阀和气动阀。关于常用阀门的结构形式和使用范围及图示见本书给排水部分内容，本节主要介绍几种阀门新产品的图示及型号的表示方法。

1. 电动控制蝶阀（见图 7-14、图 7-15）

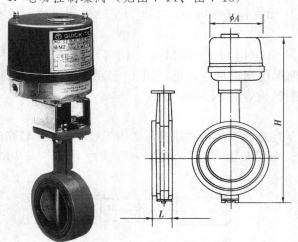

单位：mm

| 型号 | $\phi A$ | $L$ | $H$ | 备注 |
|------|------|------|------|------|
| WBEX-N050 | 160 | 43 | 395 | |
| WBEX-N065 | 160 | 46 | 415 | 无手轮操作 |
| WBEX-N080 | 160 | 46 | 440 | |
| WBEX-N100 | 160 | 52 | 490 | |

图 7-14　无手轮操作电动控制蝶阀

单位：mm

| 型号 | $\phi A$ | $L$ | $H$ | 备注 |
|------|------|------|------|------|
| WBEX-0050 | 190 | 43 | 430 | |
| WBEX-0065 | 190 | 46 | 450 | |
| WBEX-0080 | 190 | 46 | 475 | |
| WBEX-0100 | 190 | 52 | 525 | |
| WBEX-0125 | 190 | 56 | 560 | |
| WBEX-0150 | 230 | 56 | 614 | |
| WBEX-0200 | 230 | 60 | 673 | |
| WBEX-0250 | 230 | 68 | 741 | 附手轮操作 |
| WBEX-0300 | 230 | 83 | 808 | |
| WBEX-0350 | 230 | 92 | 877 | |
| WBEX-0400 | 300 | 102 | 1030 | |
| WBEX-0450 | 300 | 114 | 1180 | |
| WBEX-0500 | 300 | 127 | 1325 | |
| WBEX-0600 | 330 | 154 | 1480 | |

图 7-15　有手轮操作电动控制蝶阀

特点：
(1) 结构简单、启闭良好。
(2) 体积小、重量轻。

（3）偏心蝶板能防止底座积污。

（4）底座具有浮动性，能不依靠外力连到360°完全密封。

（5）开关定位明确，不易故障或移位。

2. 电动二通球阀（见图7-16～图7-18）

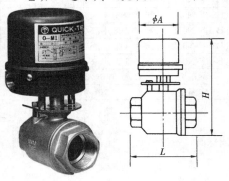

单位：mm

| 型号 | φA | L | H | 备注 |
|---|---|---|---|---|
| B2PE-N015 | 70 | 65 | 138 | 无手轮操作 |
| B2PE-N020 | 70 | 75 | 148 | |
| B2PE-N025 | 106 | 87 | 200 | |
| B2PE-N032 | 106 | 100 | 210 | |
| B2PE-N040 | 106 | 110 | 220 | |
| B2PE-N050 | 106 | 132 | 282 | |

图7-16　电动二通球阀（螺纹型）

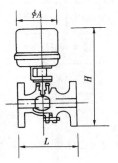

单位：mm

| 型号 | φA | L | H | 备注 |
|---|---|---|---|---|
| FB2E-N015 | 106 | 108 | 251 | 无手轮操作 |
| FB2E-N020 | 106 | 118 | 256 | |
| FB2E-N025 | 106 | 128 | 276 | |
| FB2E-N032 | 106 | 140 | 328 | |
| FB2E-N040 | 106 | 165 | 338 | |
| FB2E-N050 | 106 | 180 | 387 | |
| FB2E-N065 | 106 | 190 | 411 | |
| FB2E-N080 | 106 | 200 | 431 | |

图7-17　电动二通球阀（法兰型）（一）

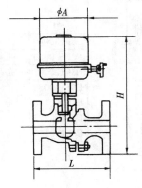

单位：mm

| 型号 | φA | L | H | 备注 |
|---|---|---|---|---|
| FB2E-0032 | 190 | 140 | 386 | 附手轮操作 |
| FB2E-0040 | 190 | 165 | 406 | |
| FB2E-0050 | 190 | 180 | 426 | |
| FB2E-0065 | 190 | 190 | 446 | |
| FB2E-0080 | 190 | 200 | 466 | |
| FB2E-0100 | 230 | 230 | 493 | |
| FB2E-0125 | 230 | 285 | 533 | |
| FB2E-0150 | 230 | 365 | 586 | |
| FB2E-0200 | 230 | 450 | 636 | |

图7-18　电动二通球阀（法兰型）（二）

特点：

（1）结构简单、体积小。

（2）流体阻力小，密封性能好。

（3）开关定位明确，不易故障或移位。

3. 电动三通球阀（见图 7-19～图 7-21）

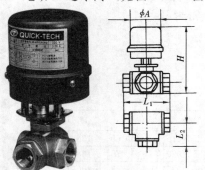

单位：mm

| 型号 | $\phi A$ | $L_1$ | $L_2$ | $H$ | 备注 |
|---|---|---|---|---|---|
| B3PE-N015 | 106 | 79 | 40 | 192 | 无手轮操作 |
| B3PE-N020 | 106 | 88 | 44 | 212 | |
| B3PE-N025 | 106 | 108 | 54 | 226 | |
| B3PE-N032 | 106 | 124 | 62 | 275 | |
| B3PE-N040 | 106 | 135 | 68 | 290 | |
| 公称压力 | 1.0、1.6、2.5、4.0MPa | | | | |
| 工作温度 | 10～150℃ | | | | |

图 7-19　无手轮操作电动三通球阀（螺纹型）

单位：mm

| 型号 | $\phi A$ | $L_1$ | $L_2$ | $H$ | 备注 |
|---|---|---|---|---|---|
| B3FE-N025 | 106 | 160 | 90 | 290 | 无手轮操作 |
| B3FE-N040 | 160 | 210 | 105 | 370 | |
| B3FE-N050 | 160 | 220 | 110 | 380 | |

图 7-20　无手轮操作电动三通球阀（法兰型）

单位：mm

| 型号 | $\phi A$ | $L_1$ | $L_2$ | $H$ | 备注 |
|---|---|---|---|---|---|
| B3FE-0040 | 190 | 210 | 105 | 416 | 附手轮操作 |
| B3FE-0050 | 190 | 220 | 110 | 436 | |
| B3FE-0065 | 190 | 250 | 125 | 466 | |
| B3FE-0080 | 230 | 260 | 130 | 495 | |
| B3FE-0100 | 230 | 330 | 165 | 535 | |
| B3FE-0125 | 230 | 360 | 180 | 580 | |
| B3FE-0150 | 230 | 430 | 215 | 660 | |

图 7-21　有手轮操作电动三通球阀（法兰型）

特点：

（1）结构简单、体积小。

（2）流体阻力小，密封性能好。

（3）开关定位明确，不易故障或移位。

4. 其他阀门（见图 7-22～图 7-28）

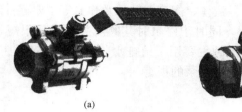
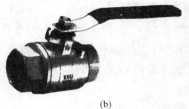

(a)　　　　　　　　　　　　　　　　(b)

图 7-22　不锈钢球阀
(a) Q71F-100P 型；(b) Q11F-100P 型

图 7-23　气动球阀（Q641F-25 型）　　　图 7-24　手柄对夹式蝶阀（D71X-10 型）

图 7-25　气动对夹式蝶阀（D671X-10 型）　　　图 7-26　全聚四氟对夹式蝶阀（D71F-10 型）

图 7-27　全金属对夹式蝶阀（D373H-16 型）　　　图 7-28　对夹式蝶型止回阀（DH77X-10 型）

5. 静音式止回阀（见图 7-29）

静音式止回阀主要由阀体、阀座、导流体、阀瓣、轴承及弹簧等主要零件组成，内部水流通路采用流线形设计，水头损失极小，同时于停泵时其阀瓣关闭行程很短，可达快速关闭，防止巨大水击声，形成静音效果。该阀主要用于给排水、消防、暖通、工业管路系统，可安装于水泵出水口处，以防止倒流及水锤封泵的损害。

主要规格：

压力等级：PN10，PN16，PN25。

最高工作压力：1，1.6，2.5MPa。

阀座试验压力：1.1，1.76，2.75MPa。

阀体试验压力：1.5，2.4，3.75MPa。

静音式止回阀结构、材质见图 7-30，外形尺寸见表 7-1。

图 7-29　静音式止回阀

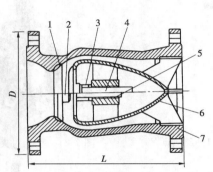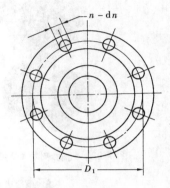

图 7-30　静音式止回阀结构

1—阀座（铝青铜）；2—阀瓣（铝青铜）；3—弹簧（不锈钢）；4—轴（铝青铜）；5—轴承（铝青铜）；6—导流体（灰铸铁）；7—阀体[灰铸铁（PN16），球墨铸铁（PN25）]

表 7-1　　　　　　　　　　　　　外　形　尺　寸　　　　　　　　　　　　单位：mm

| 公称直径 | 产品代号 | L | D | | | $D_1$ | | | dn | | | n 孔数 | | |
|---|---|---|---|---|---|---|---|---|---|---|---|---|---|---|
| | | | PN10 | PN16 | PN25 | PN10 | PN16 | PN25 | PN10 | PN16 | PN25 | PN10 | PN16 | PN2 |
| 50 | DRVZ-0050 | 120 | 165 | 165 | 165 | 125 | 125 | 125 | 17.5 | 17.5 | 17.5 | 4 | 4 | 4 |
| 65 | DRVZ-0065 | 150 | 185 | 185 | 185 | 145 | 145 | 145 | 17.5 | 17.5 | 17.5 | 4 | 4 | 8 |
| 80 | DRVZ-0080 | 180 | 200 | 200 | 200 | 160 | 160 | 160 | 17.5 | 17.5 | 17.5 | 8 | 8 | 8 |
| 100 | DRVZ-0100 | 240 | 220 | 220 | 235 | 180 | 180 | 190 | 17.5 | 17.5 | 22 | 8 | 8 | 8 |
| 125 | DRVZ-0125 | 300 | 250 | 250 | 270 | 210 | 210 | 220 | 17.5 | 17.5 | 26 | 8 | 8 | 8 |
| 150 | DRVZ-0150 | 350 | 285 | 285 | 300 | 240 | 240 | 250 | 22 | 22 | 26 | 8 | 8 | 8 |
| 200 | DRVZ-0200 | 450 | 340 | 340 | 360 | 295 | 295 | 310 | 22 | 22 | 26 | 8 | 12 | 12 |
| 250 | DRVZ-0250 | 500 | 395 | 405 | 425 | 350 | 355 | 370 | 22 | 26 | 30 | 12 | 12 | 12 |

## 二、阀门型号

阀门型号由七个单元组成，分别表示阀门类型、传动方式、连接形式、结构形式、密封面或衬里材料、公称压力及阀体材料。

阀门型号表示为：

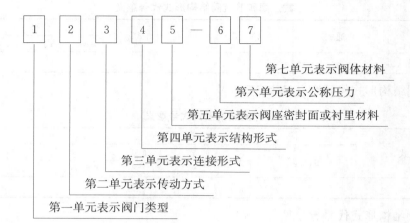

（一）型号各单元代号表示的意义

（1）第一单元——阀门类型代号意义见表 7-2。

表 7-2　　　　　　　　　　　　　阀门类型代号意义

| 类型 | 闸阀 | 截止阀 | 节流阀 | 球阀 | 蝶阀 | 隔膜阀 | 旋塞阀 | 止回阀和底阀 | 安全阀 | 减压阀 | 疏水阀 |
|------|------|--------|--------|------|------|--------|--------|---------------|--------|--------|--------|
| 代号 | Z | J | L | Q | D | G | X | H | A | Y | S |

注　用于低温（低于-40℃）、保温（带加热套）和带波纹管的阀门，应在类型代号前分别加注代号"D""B"和"W"。

（2）第二单元——传动方式代号意义见表 7-3。

表 7-3　　　　　　　　　　　　　传动方式代号意义

| 传动方式 | 电磁动 | 电磁—液 | 电—液 | 蜗轮 | 正齿轮 | 伞齿轮 | 气动 | 液动 | 气—液 | 电动 |
|----------|--------|----------|--------|------|--------|--------|------|------|--------|------|
| 代号 | 0 | 1 | 2 | 3 | 4 | 5 | 6 | 7 | 8 | 9 |

注　1. 用手轮、手柄或扳手传动的阀门以及安全阀、减压阀、疏水阀，省略本代号。

　　2. 对于气动或液动：常开式用 6K、7K 表示，常闭式用 6B、7B 表示，气动带手动用 6S 表示，防爆电动用 9B 表示。

（3）第三单元——连接形式代号意义见表 7-4。

表 7-4　　　　　　　　　　　　　连接方式代号意义

| 连接形式 | 内螺纹 | 外螺纹 | 法兰 | 焊接 | 对夹 | 卡箍 | 卡套 |
|----------|--------|--------|------|------|------|------|------|
| 代　号 | 1 | 2 | 4 | 6 | 7 | 8 | 9 |

（4）第四单元——结构形式代号意义：

1）闸阀结构形式代号意义见表 7-5。

表 7-5　　　　　　　　　　　　　闸阀结构形式代号意义

| 结构形式 | 明　杆 | | | | 暗　杆 | |
|----------|--------|--------|--------|--------|--------|--------|
| | 楔　式 | | 平行式 | | 楔　式 | |
| | 弹性闸板 | 刚　性 | 刚　性 | | 刚　性 | |
| | | 单闸板 | 双闸板 | 单闸板 | 双闸板 | 单闸板 | 双闸板 |
| 代号 | 0 | 1 | 2 | 3 | 4 | 5 | 6 |

2）截止阀和节流阀结构形式代号意义见表 7-6。

**表 7-6　　　　　　　　　　截止阀和节流阀结构形式代号意义**

| 结构形式 | 直通式 | 角　式 | 直流式 | 平　　衡 | |
|---|---|---|---|---|---|
| | | | | 直通式 | 角　式 |
| 代号 | 1 | 4 | 5 | 6 | 7 |

3）球阀结构形式代号意义见表 7-7。

**表 7-7　　　　　　　　　　球阀结构形式代号意义**

| 结构形式 | 浮动 | | | 固定 |
|---|---|---|---|---|
| | 直通式 | 三通式 | | 直通式 |
| | | L 形 | T 形 | |
| 代号 | 1 | 4 | 5 | 7 |

4）蝶阀结构形式代号意义见表 7-8。

**表 7-8　　　　　　　　　　蝶阀结构形式代号意义**

| 结构形式 | 杠杆式 | 垂直板式 | 斜板式 |
|---|---|---|---|
| 代号 | 0 | 1 | 3 |

5）隔膜阀结构形式代号意义见表 7-9。

**表 7-9　　　　　　　　　　隔膜阀结构形式代号意义**

| 结构形式 | 屋脊式 | 截止式 | 闸板式 |
|---|---|---|---|
| 代号 | 1 | 3 | 7 |

6）旋塞阀结构形式代号意义见表 7-10。

**表 7-10　　　　　　　　　　旋塞阀结构形式代号意义**

| 结构形式 | 填　料 | | | 油　封 | |
|---|---|---|---|---|---|
| | 直通式 | T 形三通式 | 四通式 | 直通式 | T 形三通式 |
| 代号 | 3 | 4 | 5 | 7 | 8 |

7）止回阀和底阀结构形式代号意义见表 7-11。

**表 7-11　　　　　　　　　　止回阀和底阀结构形式代号意义**

| 结构形式 | 升　降 | | 旋　启 | | |
|---|---|---|---|---|---|
| | 直通式 | 立式 | 单瓣式 | 多瓣式 | 双瓣式 |
| 代号 | 1 | 2 | 4 | 5 | 6 |

8）安全阀结构形式代号意义见表 7-12。

**表 7-12　　　　　　　　　　安全阀结构形式代号意义**

| 结构形式 | 弹　簧　式 | | | | | | | | | 脉冲式 |
|---|---|---|---|---|---|---|---|---|---|---|
| | 封　闭 | | | 不　封　闭 | | | | | | |
| | | | | | 带扳手 | | | | | |
| | 带散热片全启式 | 微启式 | 全启式 | 带扳手全启式 | 双弹簧微启式 | 微启式 | 全启式 | 微启式 | 机构全启式 | |
| 代号 | 0 | 1 | 2 | 4 | 3 | 7 | 8 | 5 | 6 | 9 |

**注**　杠杆式安全阀，在结构形式代号前加注代号"G"。

9）减压阀结构形式代号意义见表 7-13。

**表 7-13** 减压阀结构形式代号意义

| 结构形式 | 薄膜式 | 弹簧薄膜式 | 活塞式 | 波纹管式 | 杠杆式 |
|---|---|---|---|---|---|
| 代号 | 1 | 2 | 3 | 4 | 5 |

10）疏水阀结构形式代号意义见表 7-14。

**表 7-14** 疏水阀结构形式代号意义

| 结构形式 | 浮球式 | 钟型浮子式 | 脉冲式 | 热动力式 |
|---|---|---|---|---|
| 代号 | 1 | 5 | 8 | 9 |

（5）第五单元——阀座密封面或衬里材料代号意义见表 7-15。

**表 7-15** 阀座封面或衬里材料代号意义

| 阀座密封面或衬里材料 | 代号 | 阀座密封面或衬里材料 | 代号 | 阀座密封面或衬里材料 | 代号 |
|---|---|---|---|---|---|
| 铜合金 | T | 橡胶 | X | 硬橡胶* | J |
| 合金钢 | H | 尼龙塑料 | N | 聚四氟乙烯* | SA |
| 渗氮钢 | D | 氟塑料 | F | 聚三氟氯乙烯* | SB |
| 渗硼钢 | P | 衬胶 | J | 聚氯乙烯* | SC |
| 巴氏（轴承）合金 | B | 衬铅 | Q | 酚醛塑料* | SD |
| 硬质合金 | Y | 搪瓷 | C | 衬塑料* | CS |

**注** 1. 由阀体直接加工的阀座密封面材料代号用"W"表示。

2. 当阀座和阀瓣（闸板）密封面材料不同时，用低硬度材料代号表示（隔膜阀除外）。

\* 过去曾用过的材料代号。

（6）第六单元——公称压力直接用压力数值表示，并用短横线与前五个单元分开。

（7）第七单元——阀体材料代号意义见表 7-16。

**表 7-16** 阀体材料代号意义

| 阀体材料 | 代号 | 阀体材料 | 代号 | 阀体材料 | 代号 |
|---|---|---|---|---|---|
| 灰铸铁 | Z | 碳素钢 | C | 铬钼钒合金钢* | V |
| 可锻铸铁 | K | 铬钼耐热钢 | I | 高硅铸铁* | G |
| 球墨铸铁 | Q | 铬镍钛耐酸钢 | P | 铝合金* | L |
| 铜合金 | T | 铬镍钼钛耐酸钢 | R | 铅合金* | B |

**注** 对于 PN≤1.6MPa 的灰铸铁阀体和 PN≥2.5MPa 的碳素钢阀体，则省略本单元。

\* 过去曾用过的材料代号。

（二）阀门型号举例

阀门产品的名称统一按传动方式、连接形式和结构形式三项确定，现举例如下：

（1）Z944W-1.0型，表明电动机驱动，法兰连接，明杆平行式双闸板，密封面由阀体直接加工，公称压力为1.0MPa，阀体为灰铸铁的闸阀。

产品名称统一为电动平行式双闸板闸阀。

（2）J11T-1.6型，表明是手动，内螺纹连接，直通式，密封面材料为铜合金，公称压力为1.6MPa，阀体为灰铸铁的截止阀。

产品名称统一为内螺纹截止阀。

（3）G6K41J-0.6型，表明是气动常开式，法兰连接，屋脊式，密封面材料为衬胶，公称压力为0.6MPa，阀体材料为灰铸铁的隔膜阀。

产品名称统一为气动常开式衬胶隔膜阀。

（4）D741X-2.5型，表明是液动，法兰连接，垂直板式，密封面材料为橡胶，公称压力为2.5MPa，阀体材料为碳素钢的蝶阀。

产品名称统一为液动蝶阀。

### 三、阀门试压和研磨

阀门是工艺管道上非常重要的部件，对管内所输送的介质起开和关的作用。这就要求阀门，开能开得起，关能关得住，必须保证阀门的安装质量。阀门从出厂到现场安装，一般都是经过多次装卸运输和长时间的存放，因此，在安装以前必须对阀门进行检查清洗、试压、更换盘根，必要时还需要进行研磨。

（一）阀门的检查

阀门在安装前先要进行外观检查，检查阀体、密封面、阀杆等是否有制造缺陷或撞伤。根据阀门出厂合格证，如果出厂日期较短，外观检查也没有发现问题，对此类同厂同批生产的阀门可进行比例抽查；如果经抽样检验和水压试验以后，确认阀门质量比较可靠时，其余的同批产品，可不必逐个细致检查。但对出厂时间和存放时间都比较长的阀门以及密封度要求较严的阀门，一定要做解体检查。

（二）阀门水压试验

经内部解体检查的阀门，应进行强度试验和严密性试验，一般都是进行水压试验。强度试验压力一般为阀门公称压力的1.5倍。进行强度试验时，阀门应处于开启状态，等阀门内水灌满以后再封闭，缓慢升压到试验压力，停压5min以后，进行检查，如果表压不下降，阀体和填料无渗漏现象，强度试验即为合格。然后将阀门关闭，关闭时手轮上不许加任何器械，只靠人工手力把阀门关好，缓慢降压至工作压力，停压不少于5min，如果表压不降，密封圈和填料处无渗漏，则严密性试验即为合格。

（三）阀门研磨

阀门在严密性试验时，如发现密封圈渗漏，则应重新解体，详细检查密封接合面的缺陷。如有沟槽之处，其深度小于0.05mm时，可用研磨方法来消除；如果沟槽深度超过0.05mm时，应用车床车平；沟深很严重的要进行补焊，再度车平，然后再进行研磨。研磨时，研磨面要涂一层很细的研磨剂（也称为凡尔砂）。

对于截止阀、升降式止回阀和安全阀，可直接利用阀芯和阀座的密封接合面进行研磨，也可分开研磨。如果是闸阀，通常都是将闸板取出来，放在较大的平面上进行研磨，闸板上如有明显凸起处，可先用三角刮刀，刮平以后再研磨。

阀门经过研磨、清洗、组装以后，再进行水压严密性试验，合格后方可使用。这项工序有时要进行多次，才能合格。

# 第五节　工业管道附件和管架

## 一、管道附件

工业管道安装工程中，除了有大量的管件和阀门以外，还有管道附件。管道附件在管道上安装的数量虽不是很多，但所起的作用是别的任何阀件也代替不了的。管道附件包括过滤器、阻火器、视镜、阀门操纵装置、补偿器、钢漏斗、套管等。

### （一）过滤器

管道过滤器多用于泵、仪表（如流量计）、疏水阀前的液体管路上，要求安装在便于清理的地方，作用是防止管道所输送的介质中的杂质进入传动设备或精密部位，避免生产发生故障或影响产品的质量。管道过滤器按结构形式有 Y 型过滤器、锥型过滤器、直角式过滤器和高压过滤器四种，如图 7-31 所示。其主体的制造材质有碳钢、不锈耐酸钢、锰钒钢、铸钢和可锻铸铁等。管道过滤器内部装有过滤网，材质有铜网和不锈耐酸钢丝网。其公称压力范围中低压为 1.6、2.5、4.0MPa，高压的为 22.0、32.0MPa；其规格范围为 DN15～DN400，最高工作温度为 350℃。

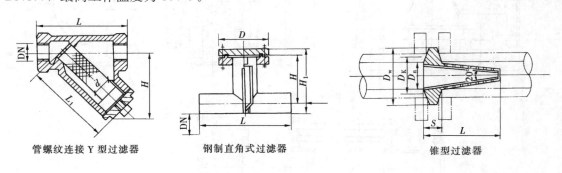

管螺纹连接 Y 型过滤器　　　钢制直角式过滤器　　　锥型过滤器

图 7-31　过滤器

### （二）阻火器

阻火器是一种防止火焰蔓延的安全装置，通常安装在易燃易爆气体管路上。常用的阻火器种类有钢制砾石阻火器、碳钢壳体钢丝网阻火器和波形散热片式阻火器三种，如图7-32所示。其适用于压力较低的管道上，材料有碳钢、不锈耐酸钢、灰铸铁、铸铝等，公称直径为15～500mm。

### （三）视镜

视镜，也称窥视镜，多用于排液或受潮前的回流、冷却水等液体管路上，以观察液体流动情况，常用的有直通玻璃板式视镜、三通玻璃板式视镜和直通玻璃管式视镜三种，如图7-33所示。视镜主体的材料有碳钢、不锈耐酸钢、铝、衬铅、衬胶、塑料等，公称压力范围有 PN0.25、0.6MPa 两种，金属的工作温度在 200℃ 以下，塑料的工作温度在 80℃ 以下，允许急变温度 80℃，公称直径范围为 15～150mm，个别规格到 200mm。

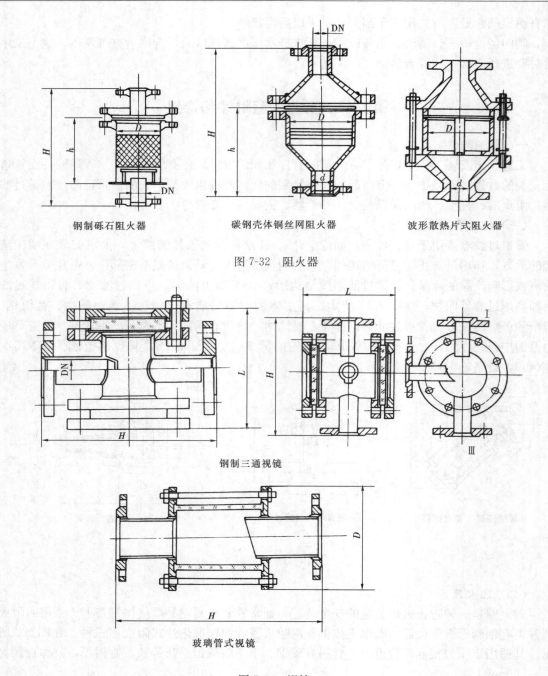

钢制砾石阻火器　　　碳钢壳体铜丝网阻火器　　　波形散热片式阻火器

图 7-32　阻火器

钢制三通视镜

玻璃管式视镜

图 7-33　视镜

（四）阀门操纵装置

　　阀门操纵装置，包括阀门伸长杆，都是为了在适当的位置能操纵比较远的阀门而设置的一种装置，如隔楼板、隔墙操纵管道上的阀门。阀门操纵装置有带支座和不带支座的两种。伸长杆与原阀杆的连接形式中闸阀一般为圆形带键槽，截止阀一般为四方头锥体连接。所操纵的阀门公称直径范围为 25～400mm。

（五）钢漏斗

钢漏斗是管道接受排放流体的部件，有直边型和内卷边形两种，直边型的可在现场加工制作，内卷边型的一般为成品件。钢漏斗通常用 A3 或 A3F 钢板制作，常用接管规格为 25～300mm。

（六）补偿器

工艺管道上所用的补偿器，也称膨胀节或"胀力"，作用是消除管道因温度变化而产生膨胀或收缩应力对管道的影响。常用的补偿器有方形的（Ⅱ形）和圆形的（Ω形）两种，用无缝钢管煨制而成的，现在有了成品管件，方形补偿器也可以用弯头焊接。这类补偿器一般都是在施工现场或加工厂制作。它的伸缩性能好，补偿能力大，但阻力也大，空间所占位置也比较大，多用于室外架空管道上。

波形补偿器，包括波形、盘形、鼓形、内凸形补偿器等，其中波形补偿器又分单波补偿器和多波补偿器两种。它是利用波形金属曲折面的变形起补偿作用的。其外形体积较小，适用于装置内设备之间管道的补偿，但因制作比较困难，补偿能力小，所以有时采用多波补偿器才能达到补偿能力。其适用于公称压力 0.6MPa 以下的低压管道上，公称直径要大于 150mm。

填料式补偿器，也称套管式补偿器，是利用外管套以内管，在两管空隙之间用填料密封，内管可以随着温度变化自由活动，从而起到补偿作用。它的结构紧凑，体积较小，补偿能力大，但填料容易损坏发生泄漏，多用于铸铁、陶瓷和塑料管道上，适用于公称压力 0.6MPa 以下，见图 7-34。

套管补偿器较常用在可通行地沟里，占地面积小，但须经常检修，在不可通行地沟内也可使用，但必须设检查井，以便定期检查。

若直线管路较长，须设置多个补偿器时，最好采用双向补偿器，如图 7-35 所示。

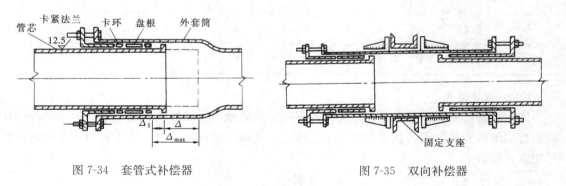

图 7-34　套管式补偿器　　　　　　　　图 7-35　双向补偿器

（七）套管

套管有柔性防水套管、刚性防水套管、一般钢套管和镀锌铁皮套管。刚性防水套管见图 7-36。柔性防水套管法兰盘与翼盘用双头螺栓连接，见图 7-37。

**二、管道支架**

管道支架起支承和固定管道的作用，常用的管道支架有滑动支架、固定支架、导向支架和吊架等，每种支架又有多种结构形式。在生产装置外部，有些管架属于大型管架，有的是钢筋混凝土结构，有的是大型钢结构。这些大型结构虽然也是管道的支承物，但通常都是按照独立的单项工程来设计和施工,属于建筑工程或金属结构安装工程范畴。下面介绍的是指属于工艺管道工程范围内的支架。

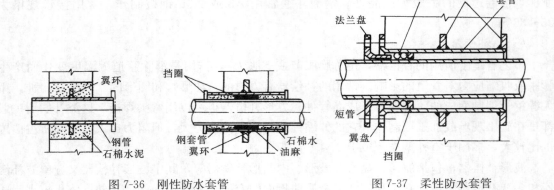

图 7-36  刚性防水套管          图 7-37  柔性防水套管

## (一) 滑动支架

滑动支架,也称为活动支架,一般都安装在水平敷设的管道上,一方面承受管道的重量,另一方面允许在管道受温度影响发生膨胀或收缩时,沿轴向前后滑动。此种管架一般安装在输送介质温度较高的管道上,且在两个固定管架之间。

管道承托于支架上,支架应稳固可靠。预埋支架时要考虑管道按设计要求的坡度敷设。为此可先确定干管两端的标高,中间支架的标高可由该两点拉直线的办法确定。支架的最大间距见表 7-17。间距过大会使管道产生过大的弯曲变形而使管内流体不能正常运转。

表 7-17                        钢管管道支架最大间距

| 管子公称直径 (mm) | | 15 | 20 | 25 | 32 | 40 | 50 | 70 | 80 | 100 | 125 | 150 | 200 | 250 | 300 |
|---|---|---|---|---|---|---|---|---|---|---|---|---|---|---|---|
| 支架最大间距 (m) | 保温管 | 1.5 | 2 | 2 | 2.5 | 3 | 3.5 | 4 | 4 | 4.5 | 5 | 6 | 7 | 8 | 8.5 |
| | 非保温管 | 2.5 | 3 | 3.5 | 4 | 4.5 | 5 | 6 | 6 | 6.5 | 7 | 8 | 9.5 | 11 | 12 |

## (二) 固定支架

固定支架,安装在要求管道不允许有任何位移的地方。如较长的管道上,为了使每个补偿器都起到应有的作用,就必须在一定长度范围内设一个固定支架,使支架两侧管道的伸缩作用在补偿器上。

## (三) 导向支架

导向支架是允许管道向一定方向活动的支架。在水平管道上安装的导向支架,既起导向作用也起支承作用;在垂直管道上安装的导向支架,只能起导向作用,见图 7-38。

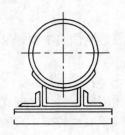

图 7-38  导向支座

以上三种支架,如安装在保温管道上,还必须安装管托。管托一般都是直接与管道固定在一起,管托下面接触管道支架。不保温的管道可直接安装在钢支架上。有些管道不能接触碳钢的,还要另加垫片。

（四）吊架

吊架是使管道悬垂于空间的管道支架，有普通吊架和弹簧吊架两种。弹簧吊架适用于有垂直位移的管道，管道受力以后，吊架本身可以起调节作用。

除此之外，还有大量的管托架和管卡子，管托架根据管径大小，有单支撑和双支撑等多种。管卡子是U形圆钢卡子，用量最多。

## 第六节　工业管道安装基本知识

工艺管道安装工程，在所有安装工程中，是一项比较复杂的专业工作。其特点是安装工程量大，质量要求高，施工周期长。随着国外先进技术的引进，我国的管道安装技术水平也在不断提高，旧的施工方法和验收规范，已不相适应。国家有关部门颁发了新的验收规范，对工艺管道施工工序的内容、加工方法、工程质量验收等都提出了新的标准。因管道的种类繁多，材质也各不相同，施工方法也有所不同，现按常用的金属管道安装的施工程序，作简要介绍。

### 一、施工前的准备

（一）工艺管道施工应具备的条件

（1）管道施工前，应提前向施工单位提供施工图纸和有关技术文件。大型工程项目或比较复杂的工艺管道，最少要提前1～2个月供齐图纸，以便施工单位编制施工方案和材料计划，统筹安排施工进度计划，做好施工前的一切准备工作。

（2）管道施工前，施工图纸必须经过会审，对会审中所发现的问题，有关部门应提出明确的解决办法。

（3）工程所需的管材、阀门和管件等，以及各种消耗材料的储备，应能满足连续施工的需要。

（4）现场的土建工程、金属结构和设备安装工程，已具备管道安装施工条件。

（5）现场施工所用的水、电、气源及运输道路，应能满足施工需要。

（6）对采用新技术、新材料的施工，应做好施工人员的培训工作，使其掌握技术操作要领，确保工程质量。

（二）施工班组的准备工作

（1）熟读施工图纸，搞好现场实测。目前我国设计的施工图，一般都不出工艺管道系统图（即轴测图，或称单线图），有些管道的安装尺寸，在平面图和剖面图上是无法标出的，即使标出，也与实际安装尺寸有较大误差。唯一的办法就是进行实测。实测是一项十分细致的工作，实测的尺寸是否准确，直接影响管道加工预制的质量。为了保证实测尺寸的准确性，最好是在设备安装和金属结构安装基本结束时进行。

（2）建立管道加工预制厂。一般比较大的工程，管道组装都采用工厂化施工，充分发挥机械作用。经验证明，采用工厂化施工，对于保证工程质量和进度，是行之有效的办法。

### 二、管道施工工序和方法

工艺管道安装工程，只要现场具备了安装条件，各项施工准备工作搞好以后，就可以进行施工。管道施工的工序很多，投入的人工、机械、材料也比较多，通常把施工中不可缺少且独立存在的操作过程，理解为施工工序。

（一）管材、管件和阀门的检查

管材、管件和阀门，在安装前应进行清理和检查，清除材料的污垢和杂质，并对材料的外观进行人工检查。主要检查以下几点：

（1）所有管材、成品管件和阀门，都应有制造厂的出厂合格证书，其标准应符合国家有关规定。

（2）认真核对材料的材质、规格和型号。

（3）所有安装材料是否有裂纹、砂眼、夹渣和重皮现象。

（4）法兰和阀门的密封面应保存完好。

如果是用于高温、高压和剧毒的材料，应严格执行施工及验收规范的有关规定。

（二）管材调直

管材出厂以后，一般都要经过多次运输，最后才到达施工现场安装地点。在运输装卸过程中，对管材的碰撞和摔压是很难避免的，容易造成管材弯曲变形。为了确保管道安装质量，使其达到验收标准，基本上做到横平竖直，就必须对管材进行调直。

调直的方法，常用的有人工调直和半机械化调直。一般直径较小的管材，用人工调直。直径大于 50mm 时，一般采用丝杠调直器冷调，特殊情况有时需加热后调直。当管材直径大于 200mm 时，一般不易弯曲变形，很少需要调直。定额中管材调直方法的选定，根据管径、材质及连接方法的不同，各有差异。如低压碳钢管丝接安装，公称直径小于等于 20mm 采用冷调，大于 20mm 时用气焊加热调直。低压碳钢管电弧焊安装，公称直径小于等于 100mm 用手动丝杠调直器调查，公称直径为 125～200mm 时用丝杠压力调直器调查，大于 200mm 时不调。

（三）管材切割

管材切割，也称管材切口。管材切割的目的，是在较长的管材上，切取一段有尺寸要求的管段，故又称管材下料。定额中选定的管材切割方法如下：

（1）中低压碳钢管的切割，公称直径小于等于 25mm 的管材，采用人工手锯切割；公称直径为 32～50mm 的管材，采用砂轮切管机切割；公称直径大于 50mm 的管材，采用氧乙炔气方法切割。

（2）中低压不锈耐酸钢管，采用砂轮切管机切割。

（3）中低压铬钼钢管，公称直径小于等于 150mm 的管材，采用弓型锯床切割；公称直径大于 150mm 的管材，采用 9A151 型切管机切割。

（4）有缝低温钢管和中低压钛管，均采用砂轮切管机切割。

（5）高压钢管，采用弓型锯床和 9A151 型切管机切割。

（6）铝、铜、铅等有色金属管和直径小于等于 51mm 的硬聚氯乙烯塑料管，均采用手工锯切割；直径大于 51mm 的塑料管，采用木圆锯机切割。

管材切割是比较重要的一个工序，管材切口的质量，对下一道工序（坡口加工和管口组对）都有直接影响。

（四）坡口加工

坡口加工是为了保证管口焊接质量而采取的有效措施。坡口的型式有多种，选择什么坡口型式，要考虑以下几个方面：

（1）能够保证焊接质量；

（2）焊接时操作方便；

（3）能够节省焊条；

（4）防止焊接后管口变形。

管道焊接常采用的坡口型式有以下几种：

（1）Ⅰ型坡口，适用于管壁厚度在 3.5mm 以下的管口焊接。根据壁厚情况，调整对口的间隙，以保证焊接穿透力。这种坡口管壁不需要倒角，实质上是不需要加工的坡口，只要管材切口的垂直度能够保证对口的间隙要求，就可以直接对口焊接。

（2）Ⅴ型坡口，适用于中低压钢管焊接，坡口的角度为 60°～70°，坡口根部有钝边，钝边厚度为 1～2mm。

（3）Ｕ型坡口，适用于高压钢管焊接，管壁厚度在 20～60mm 之间，坡口根部有钝边，厚度为 2mm 左右。

坡口的加工，不同的材质应采取不同的方法，对于有严格要求的管道，坡口应采用机械方法加工。低压碳钢管坡口，一般可以用氧乙炔气切割，但必须除净坡口表面的氧化层，并打磨平整。

定额中管道坡口的加工方法如下：

低压碳钢管的坡口，管道公称直径小于等于 50mm 时，采用手提砂轮机磨坡口；直径大于 50mm 的用氧乙炔气切割坡口，然后用手提砂轮机打掉氧化层并打磨平整。

中压碳钢管、中低压不锈钢管和低合金钢管以及各种高压钢管，用车床加工坡口。

不锈钢板卷管的坡口，用手提砂轮机磨坡口；有色金属管，用手工锉坡口。

（五）焊接

焊接是管道连接的主要形式。管道在焊接以前，要检查管材切口和坡口是否符合质量要求，然后进行管口组对。两个管子对口时要同轴，不许错口。规范规定：Ⅰ、Ⅱ级焊缝内错边不能超过壁厚的 10%，并且不大于 1mm；Ⅲ、Ⅳ级焊缝不能超过壁厚的 20%，并且不能大于 2mm。对口时还要按设计有关规定，管口中间要留有一定的间隙。组对好的管口，先要进行点焊固定，根据管径大小，点焊 3～4 处，点焊固定后的管口才能进行焊接。

焊接的方法有很多种，常用的有气焊、电弧焊、氩弧焊和氩电联焊。

1. 气焊

气焊是利用氧气和乙炔气混合燃烧所产生的高温火焰来熔接管口的。所以，气焊也称为氧气乙炔焊或火焊。

气焊所用的氧气，在正常状态下是一种无色无味的气体，氧气本身不能燃烧，但它是一种很好的助燃气体。施工常用的氧气，一般分为两个级别，一级氧气的纯度不低于 99.2%，二级氧气的纯度不低于 98.5%。氧气的纯度对焊接效率和质量有一定影响。一般情况下，氧气厂和氧气站所供应的氧气都可以满足焊接需要。对于焊接质量有特殊要求时，应尽量采用一级纯度的氧气。

气焊所用的乙炔气，在正常状态下，是一种无色无味的气体，是碳氢化合物。乙炔气本身具有爆炸性，当压力在 0.15MPa（1.5 个大气压）时，如果温度达到 580～600℃时，就可能发生爆炸。常用的乙炔气，是用水分解工业电石取得的，这个分解过程，是放热反应过程。为了避免乙炔发生器温度过高发生爆炸，要求乙炔发生器应有较好的散热性能。常用的电石，是由生石灰和焦炭在电炉中熔炼而成，一级电石能发生乙炔气 300L/kg。定额中切口、坡口用氧气比电石为 1∶1.7；焊口用氧气比电石为 1∶3.4。

气焊所用焊条也称焊丝，管道焊接常用的焊丝规格，直径为 2.5、3、3.5mm，使用时根据管材壁厚选择。

气焊适用于管壁厚 3.5mm 以下的碳素钢管、合金钢管和各种壁厚的有色金属管的焊接。公称直径在 50mm 以下的焊接钢管，用气焊焊接的较多。

2. 电弧焊

电弧焊是利用电弧把电能转变成热能，使焊条金属和母材熔化形成焊缝的一种焊接方法。

电弧焊所用的电焊机，分交流电焊机和直流电焊机两种。交流电焊机多用于碳素钢管的焊接；直流电焊机多用于不锈耐酸钢和低合金钢管的焊接。电弧焊所用的电焊条种类很多，应按不同材质分别选用。电焊条的规格也有多种，管道安装常用的直径有 2.5、3、2.4mm。电焊条在使用前要进行检查，看药皮是否有脱落和裂纹现象，并按照出厂说明书的要求进行烘干，并在使用过程中保持干燥。

管道电弧焊接，应有良好的焊接环境，要避免在大风、雨、雪中进行焊接，无法避免时要采取有效地防护措施，以保证焊接质量。管道焊口，在施工中分为活动焊口和固定焊口两种。活动焊口是管口组对好经点固焊以后，仍能自由转动焊接，使熔接点始终处于最佳位置。管道在加工预制过程中，多数是活动焊口。固定焊口是管口组对完以后，不能转动的焊口，是靠电焊工人移动焊接位置来完成焊接的。这种焊口多发生在安装现场。

3. 氩弧焊

氩弧焊是用氩气作保护气体的一种焊接方法。在焊接过程中，氩气在电弧周围形成气体保护层，使焊接部位、钨极端头和焊丝不与空气接触。由于氩气是惰性气体，不与金属发生化学反应，因此，在焊接过程中焊件和焊丝中的合金元素不易损坏；另外，氩气不溶于金属，因此不产生气孔。由于上述这些特点，采用氩弧焊可提高焊接质量。有些管材的管口焊接难度较大，质量要求很高，为了防止焊缝背面产生氧化、穿瘤、气孔等缺陷，在氩弧焊打底焊接的同时，要求在管内充氩保护。氩弧焊和充氩保护所用的氩气纯度，不能低于99.9%，杂质过多会影响焊缝质量。

氩弧焊多用于焊接易氧化的有色金属管（如钛管、铝管等）、不锈耐酸钢管和各种材质的高压、高温管道的焊接。

4. 氩电联焊

氩电联焊是把一个焊缝的底部和上部分别采用两种不同的焊接方法的焊接，即在焊缝的底部采用氩弧焊打底，焊缝的上部采用电弧焊盖面。这种焊接方法，越来越被广泛应用，既能保证焊缝质量，又能节省很多费用，适用于各种钢管的Ⅰ、Ⅱ级焊缝和管内要求洁净的管道。

（六）焊口的检验

管道每个焊口焊完以后，都应对焊口进行外观检查，打掉焊缝上的药皮和两边的飞溅物。首先查看焊缝是否有裂纹、气孔、夹渣等缺陷；焊缝的宽度以每边超过坡口边缘 2mm 为宜；咬肉的深度不得大于 0.5mm。

按规定管道必须进行无损探伤检验的焊口，要对参加焊接的每个焊工所焊的焊缝，按规定比例抽查检验，在每条管线上，抽查探伤的焊缝长度，不得少于一个焊口。如发现某焊工所焊的焊口不合格时，应对其所焊的焊缝按规定比例加倍抽查探伤；如果仍不合格时，应对其在该管线所焊的焊缝全部进行无损探伤。所有经过无损探伤检验不合格的焊缝，必须进行返修，返修的焊缝仍按原规定进行检验。

（七）管道其他连接方法

焊接是管道连接最常用的方法，但除此之外还有很多其他连接方法。

（1）螺纹连接，也称丝扣连接，主要用于焊接钢管、铜管和高压管道的连接。焊接钢管的螺纹大部分可用人工套丝，目前多种型号的套丝机不断涌现，并且被广泛应用，已基本上代替了过去的人工操作。对于螺纹加工精度和粗糙度要求很高的高压管道，都必须用车床加工。

（2）承插口连接，适用于承插铸铁管、水泥管和陶瓷管。承插铸铁管所用的接口材料有石棉水泥、水泥、膨胀水泥和青铅等，使用最多的是石棉水泥。此种接口操作简便，质量可靠。青铅接口，操作比较复杂，费用较高，且铅对人体有害，因此，除用于抢修等重要部位或有特殊要求时，其他工程一般不采用。

（3）法兰连接，主要用于法兰铸铁管、衬胶管、有色金属管和法兰阀门等连接，工艺设备与管道的连接也都采用法兰连接。

法兰连接的主要特点是拆卸方便。安装法兰时要求两个法兰保持平行，法兰的密封面不能碰伤，并且要清理干净。法兰所用的垫片，要根据设计规定选用。

**三、管道压力试验及吹扫清洗**

在一个工程项目中，某个系统的工艺管道安装完毕以后，就要按设计规定对管道进行系统强度试验和气密性试验，其目的是为了检查管道承受压力情况和各个连接部位的严密性。一般输送液体介质的管道都采用水压试验，输送气体介质的管道多采用气体进行试验。

管道系统试验以前应具备以下条件：

（1）管道系统安装完以后，经检查符合设计要求和施工验收规范规定的有关规定；

（2）管道的支、托、吊架全部安装完；

（3）管道的所有连接口焊接和热处理完毕，并经有关部门检查合格，应接受检查的管口焊缝尚未涂漆和保温；

（4）埋地管道的坐标、标高、坡度及基础垫层等经复查合格；

（5）试验用的压力表最少要准备2块，并要经过校验，其压力范围应为最大试验压力的1.5~2倍；

（6）较大的工程应编制压力试验方案，并经有关部门批准后方可实施。

（一）液压试验

液压试验，在一般情况下都是用清洁的水做试验，如果设计有特殊要求时，按设计规定进行。水压试验的程序：

（1）首先做好试验前的准备工作：安装好试验用临时注水和排水管线；在试验管道系统的最高点和管道末端，安装排气阀；在管道的最低处安装排水阀；压力表应安装在最高点，试验压力以此表为准。

管道上已安装完的阀门及仪表，如不允许与管道同时进行水压试验时，应先将阀门和仪表拆下来，阀门所占的长度用临时短管连接起来串通；管道与设备相连接的法兰中间要加上盲板，使整个试验的管道系统成封闭状态。

（2）准备工作完成以后，就可开始向管道内注水，注水时要打开排气阀，当发现管道末端的排气阀流水时，立即把排气阀关闭，等全系统管道最高点的排气阀也见到流水时，说明全系统管道已经全部注满水，把最高点的排气阀也关好。这时对全系统管道进行检查，如没有明显的漏水现象，就可升压。升压时应缓慢进行，达到规定的试验压力以后，停压应不少于 10min，经检查无泄漏，目测管道无变形为合格。

各种管道试验时的压力标准，一般设计都有明确规定，如果没有明确规定可按管道施工及验收规范的规定执行。

（3）管道试验经检查合格以后，要把管内的水放掉，排放水以前应先打开管道最高点处的排气阀，再打开排水阀，把水放入排水管道；最后拆除试压用临时管道和连通管及盲板，拆下的阀门和仪表复位，把好所有法兰，填写好管道系统试验记录。

管道系统水压试验，如环境气温在 0℃以下时，放水以后管道要即时用压缩空气吹除，避免管内积水冻坏管道。

（二）气压试验

气压试验，大体上分为两种情况：一种是用于输送气体介质管道的强度试验；另一种是用于输送液体介质管道的严密性试验。气压试验所用的气体，大多数为压缩空气或惰性气体。

使用气压作管道强度试验时，其压力应逐级缓升，当压力升到规定试验压力一半的时候，应暂停升压，对管道进行一次全面检查，如无泄漏或其他异常现象，可继续按规定试验压力的 10%逐级升压，每升一级要稳压 3min，一直到规定的试验压力，再稳压 5min，经检查无泄漏无变形为合格。

使用气压作管道的严密性试验时，应在液压强度试验以后进行，试验的压力要按规定进行。若是气压强度试验和气压严密性试验结合进行时，可以节省很多时间。其具体做法是，当气压强度试验检查合格后，将管道系统内的气压降至设计压力，然后用肥皂水涂刷管道所有焊缝和接口，如果没有发现气泡现象，说明无泄漏，再稳压 0.5h，如压力不下降，则气压严密性试验合格。

工业管道，除强度试验和严密性试验以外，有些管道还要作特殊试验，如真空管道要作真空度试验；输送剧毒及有火灾危险的介质，要进行泄漏量试验。这些试验都要按设计规定进行，如设计无明确规定，可按管道施工及验收规范的规定进行。

（三）管道的吹扫和清洗

工业管道的安装，每个管段在安装前，都必须清除管道内的杂物，但也难免有些锈蚀物、泥土等遗留在管内，这些遗留物必须清除。清除的方法一般是用压缩空气吹除或水冲洗，所以统称为吹洗。

1. 水冲洗

管道吹洗的方法很多，根据管道输送介质使用时的要求及管道内脏污程度来确定。

工业管道中，凡是输送液体介质的管道，一般设计要求都要进行水冲洗。冲洗所用的水，常选用饮用水、工业用水或蒸汽冷凝水。冲洗水在管内的流速，不应小于 1.5m/s，排放管的截面积不应小于被冲洗管截面积的 60%，并要保证排放管道的畅通和安全。水冲洗要连续进行，冲洗到什么程度为合格，按设计规定，如设计无明确规定时，则以出口的水色和透明度与入口的水目测一致为合格。定额中是按冲洗 3 次，每次 20min 考虑计算水的消耗量。

2. 空气吹扫

工业管道中，凡是输送气体介质的管道，一般都采用空气吹扫，忌油管道吹扫时要用不含油的气体。

空气吹扫的检查方法，是在吹扫管道的排气口，用白布或涂有白漆的靶板来检查，如果 5min 内靶板上无铁锈、泥土或其他脏物即为合格。

3. 蒸汽吹扫

蒸汽吹扫适用于输送动力蒸汽的管道。因为蒸汽吹扫温度较高，管道受热后要膨胀和位移，故在设计时就考虑这些因素，在管道上装了补偿器，管道支架、吊架也都考虑到受热后位移的需要。输送其他介质的管道，设计时一般不考虑这些因素，所以不适用蒸汽吹扫，如果必须使用蒸汽吹扫时，一定要采取必要的补偿措施。

蒸汽吹扫时，开始先输入管内少量蒸汽，缓慢升温暖管，经恒温 1h 以后再进行吹扫，然后停汽使管道降温至环境温度；再暖管升温、恒温，进行第二次吹扫，如此反复一般不少于 3 次。如果是在室内吹扫，蒸汽的排气管一定要引到室外，并且要架设牢固。排气管的直径应不小于被吹扫管的管径。

蒸汽吹扫的检查方法，中、高压蒸汽管道和蒸汽透平入口的管道要用平面光洁的铝板靶，低压蒸汽用刨平的木板靶来检查，靶板放置在排汽管出口，按规定检查靶板，无脏物为合格。

4. 油清洗

油清洗适用于大型机械的润滑油、密封油等油管道系统的清洗。这类油管道管内的清洁程度要求较高，往往都要花费很长时间来清洗。油清洗一般在设备及管道吹洗和酸洗合格以后，系统试运转之前进行。

油清洗是采用管道系统内油循环的方法，用过滤网来检查，过滤网上的污物不超过规定的标准为合格。常用的过滤网规格有 100 目/cm² 和 200 目/cm² 两种。

5. 管道脱脂

管道在预制安装过程中，有时要接触到油脂，有些管道因输送介质的需要，要求管内不允许有任何油迹，这样就要进行脱脂处理，除掉管内的油迹。管道在脱脂前应根据油迹脏污情况制订脱脂施工方案，如果有明显的油污或锈蚀严重的管材，应先用蒸汽吹扫或喷砂等方法除掉一些油污，然后进行脱脂。脱脂的方法有多种，可采用有机溶剂、浓硝酸和碱液进行脱脂，有机溶剂包括二氯乙烷、三氯乙烯、四氯化碳、丙酮和工业酒精等。

脱脂后应将管内的溶剂排放干净，经验收合格以后，将管口封闭，避免以后施工中再被污染；要填写好管道脱脂记录，经检验部门签字盖章后，作为交工资料的一部分。

管道的清洗，除上面介绍的方法以外，还有酸洗、碱洗和化学清洗钝化。管道的清洗吹扫，是施工中很重要的项目，编制施工图预算时容易漏掉。

## 第七节　工业管道工程定额的应用

### 一、工业管道定额的主要内容

定额分 7 章，共 293 项（节）3699 个子目：

（1）管道安装；

（2）管件连接；

（3）阀门安装；

（4）法兰安装；

（5）管道压力试验、吹扫与清洗；

（6）无损探伤与焊口热处理；

（7）其他。

**二、定额的适用范围及与其他专业的界定**

（一）适用范围

本册定额包括工业生产厂区范围内生产车间内管道、生产车间外管道，工艺装置内管道、工艺装置外管道，罐区管道，井场及各类站区（如冷冻站、空压站、制氧站、水压机蓄势站、煤气站和加压站、加温站、阀站等）范围以内的输送各种压力的生产用介质的管道。

本册定额适用于上述管道的新建、扩建工程。具体适用范围是：

（1）厂区范围内的车间、装置、站、罐区及其相互之间各种生产用介质输送管道；

（2）厂区第一个连接点以内的生产用（包括生产与生活共用）的给水、排水、蒸汽、燃气输送管道。

本册定额管道压力等级的划分：

低压：$0 < p \leqslant 1.6\text{MPa}$；

中压：$1.6\text{MPa} < p \leqslant 10\text{MPa}$；

高压：$10\text{MPa} < p \leqslant 42\text{MPa}$。

蒸汽管道 $p \geqslant 9\text{MPa}$、工作温度$\geqslant 500℃$时为高压。

（二）工业管道与其他管道界限划分

（1）与油（气）田管道应以施工图标明的站、库分界划分。如果施工图没有明确界线，应以站、库围墙（或以站址边界线）为界，以内为工业管道，以外为油（气）田管道。

（2）与长输管道应以进站第一个阀池为界，阀池以内为工业管道，阀池以外为长输管道。

（3）与给水管道以入口水表井或阀池为界，水表以内为工业管道，水表以外为供水管道。

（4）与排水管道以出厂围墙第一个排水检查井为界，第一个检查井以内为工业管道，以外为污水管道。

（5）蒸汽和燃气以进厂第一个计量表（或阀门）为界，第一个计量表（或阀门）以内为工业管道，以外为供汽（气）管道。

（三）本定额不适用的范围

本册定额不适用除上述说明界线以外的管道，不适用核能装置专用管道，矿井专用管道，设备本体管道，民用给排水、卫生、采暖、燃气管道，长距离输送管道以及设计压力大于42MPa的超高压管道。

**三、与其他有关册定额的关系**

（1）随设备供应预制成型的设备本体管道，其安装费包括在设备安装定额内；按材料或半成品供应的执行本册定额。

（2）生产、生活共用的给水、排水、蒸汽、燃气等输送管道，执行本册定额；生活用的各种管道执行第十册《给排水、采暖、燃气工程》相应项目。

（3）管道预制钢平台的搭拆执行第三册《静置设备与工艺金属结构制作安装工程》中相应项目。

（4）预应力混凝土管道、管件安装执行市政定额相应项目。

（5）地下管道的管沟、土石方及砌筑工程执行相关定额。

（6）刷油、绝热、防腐蚀、衬里，执行第十二册《刷油、防腐蚀、绝热工程》相应项目。

### 四、定额中主要因素的确定

**（一）定额编制所依据的现行技术标准规范**

（1）GB 50235—2010《工业金属管道工程施工规范》；

（2）GB 50184—2011《工业金属管道工程施工质量验收规范》；

（3）GB 50236—2011《现场设备、工业管道焊接工程施工规范》；

（4）GB 50683—2011《现场设备、工业管道焊接工程施工质量验收规范》；

（5）GB/T 3323—2005《金属熔化焊焊接接头射线照相》；

（6）JB/T 4730《承压设备无损检测》；

（7）GB/T 985.1—2008《气焊、焊条电弧焊、气体保护焊和高能束焊的推荐坡口》；

（8）GB/T 985.2—2008《埋弧焊的推荐坡口》；

（9）相关标准图集和技术手册。

**（二）材料消耗量**

本册定额材料消耗量的计算包括直接消耗在实体工程中的使用量、摊销量和规定的损耗量。

（1）定额中管道主材消耗量是已扣除了管件、阀门所占长度后的净用量加损耗量。主材损耗率见表7-18。

表 7-18　　　　　　　　　　　　管道安装主要材料损耗率表

| 序号 | 材料名称 | 损耗率（%） | 序号 | 材料名称 | 损耗率（%） |
|---|---|---|---|---|---|
| 1 | 中、低压碳钢管 | 4.00 | 13 | 无缝铜管 | 4.00 |
| 2 | 高压碳钢管 | 3.60 | 14 | 铜板卷管 | 4.00 |
| 3 | 低中高压合金钢管 | 3.60 | 15 | 塑料管 | 3.00 |
| 4 | 低中高压不锈钢管 | 3.60 | 16 | 玻璃钢管 | 2.00 |
| 5 | 低中压双向不锈钢管 | 3.60 | 17 | 承插铸铁管 | 2.00 |
| 6 | 低中压钛管 | 3.60 | 18 | 法兰铸铁管 | 1.00 |
| 7 | 低中压哈氏合金钢管 | 3.60 | 19 | 钢套钢预制直埋保温管 | 4.00 |
| 8 | 不锈钢板卷管 | 4.00 | 20 | 冷冻排管 | 2.00 |
| 9 | 碳钢板卷管 | 4.00 | 21 | 螺纹管件 | 1.00 |
| 10 | 衬里钢管 | 4.00 | 22 | 螺纹阀门 DN20 以下 | 2.00 |
| 11 | 无缝铝管 | 4.00 | 23 | 螺纹阀门 DN20 以上 | 1.00 |
| 12 | 铝板卷管 | 4.00 | 24 | 带帽螺栓 | 3.00 |

（2）管材的取定长度见表7-19。

表 7-19                                  管材取定长度

| 序号 | 项目名称 | 取定长度（m） | 序号 | 项目名称 | 取定长度（m） |
|---|---|---|---|---|---|
| 1 | 碳钢、合金钢管 | 8 | 8 | 螺旋卷管 | 12 |
| 2 | 不锈钢管 | 8 | 9 | 铝管、铝板卷管 | 6 |
| 3 | 双相不锈钢管 | 8 | 10 | 铜管、铜板卷管 | 6 |
| 4 | 钛管 | 8 | 11 | 塑料管 | 4 |
| 5 | 哈氏合金钢管 | 8 | 12 | 玻璃钢管 | 3 |
| 6 | 不锈钢板卷管 | 5 | 13 | 承插铸铁管 DN≤250 | 4 |
| 7 | 碳钢板卷管（按规格） | 3.6～6.4 | | DN≤300 | 5 |

（3）本册管道安装所需辅助材料的损耗量是按表 7-20 给出的损耗率计算的。

表 7-20                                  管道安装辅助材料损耗表

| 序号 | 材料名称 | 损耗率（%） | 序号 | 材料名称 | 损耗率（%） |
|---|---|---|---|---|---|
| 1 | 型钢 | 5.00 | 11 | 油纸 | 1.00 |
| 2 | 氧气 | 10.00 | 12 | 焦炭 | 5.00 |
| 3 | 乙炔气 | 10.00 | 13 | 木柴 | 5.00 |
| 4 | 螺栓 | 3.00 | 14 | 油麻 | 5.00 |
| 5 | 铁丝 | 1.00 | 15 | 线麻 | 5.00 |
| 6 | 橡胶石棉板 | 15.00 | 16 | 青铅 | 8.00 |
| 6 | 石棉板 | 15.00 | 17 | 砂子 | 10.00 |
| 8 | 石棉绳 | 4.00 | 18 | 铅油 | 2.50 |
| 9 | 石棉水泥 | 10.00 | 19 | 机油 | 3.00 |
| 10 | 石油沥青 | 2.00 | 20 | 煤油 | 3.00 |

（三）主要机械台班与人工比例的确定

本册定额机械的选型是根据全省大多数施工企业机械装备水平综合确定，安装各工序使用机械台班量取定如下：

（1）水平运输：载货汽车：汽车式起重机＝1∶1

（2）手工焊接：焊接机械：人工＝1∶1

（3）自动埋弧焊：焊接机械：人工＝1∶2

（4）焊条烘干、恒温：焊条烘干箱：焊条恒温箱：焊接人工＝0.1∶0.1∶1

（5）切口、坡口：砂轮机：人工＝1∶2

（6）半自动切割机：半自动切割机：人工＝1∶1

（7）等离子切割机：等离子切割机：压缩机：人工＝1∶1∶1

（8）车床：车床：人工＝1∶2

**五、定额应用注意事项**

（1）与本定额有关的下列内容，发生时应按有关规定或施工方案另行计算：

1）单体试运转所需的水、电、蒸汽、气体、油（油脂）、燃气等。

2）配合联动试车费。

3）管道安装完后的充气保护和防冻保护。

4）设备、材料、成品、半成品、构件等在施工现场范围以外的运输。

（2）厂区外 1～10km 以内的管道安装项目，其人工和机械乘以系数 1.1。

（3）整体封闭式地沟的管道施工，其人工和机械消耗量乘以系数 1.2。

（4）超低碳不锈钢管道、管件、法兰安装执行不锈钢管道、管件、法兰安装项目，其人工和机械乘以系数 1.15，焊材可以替换，消耗量不变。超低碳不锈钢是指碳含量小于 0.03% 的奥氏体不锈钢或者碳含量小于 0.01% 的铁素体不锈钢，具有很低的晶间腐蚀敏感性，如 00Cr19Ni10（304L）、00Cr17Ni14Mo2（316L）。

（5）高合金钢管道、管件、法兰道执行合金钢管道、管件、法兰安装项目，其人工和机械乘以系数 1.15，焊材可以替换，消耗量不变。高合金钢：在钢铁中含有合金元素 10% 以上时，称为高合金钢。

（6）本定额各种材质管道施工使用特殊焊材时，焊材可以替换，消耗量不变。

（7）管道安装按设计压力执行相应定额；管件、阀门、法兰按公称压力执行相应定额。

（8）方形补偿器安装，直管执行本册定额第一章相应项目，弯头执行第二章相应项目。方形补偿器的预拉或预压未包括。

**六、下列费用可按系数分别计取**

（1）整体封闭式地沟的管道施工，其人工和机械消耗量乘以系数 1.2。

（2）脚手架搭拆费按定额人工费的 10% 计算，其费用中人工费 35%；单独承担的埋地管道工程不计脚手架搭拆费。

（3）操作高度增加费：以设计标高正负零平面为基准，安装高度超过 20m 时，超过部分工程量按定额人工、机械乘以表 7-21 中系数。

表 7-21　　　　　　　　　　　操作高度增加费系数表

| 操作物高度（m） | ≤30 | ≤50 | >50 |
|---|---|---|---|
| 系　数 | 1.2 | 1.5 | 按施工方案确定 |

## 第八节　工业管道安装工程量计算

**一、管道安装**

**（一）本定额项目设置及适用范围**

管道安装包括碳钢管、不锈钢管、合金钢管及有色金属管、非金属管、生产用铸铁管安装。本册中各类管道适用材质范围：

（1）碳钢管适用于焊接钢管、无缝钢管、16Mn 钢管。

（2）不锈钢管除超低碳不锈钢管按定额册说明调整外，双相不锈钢管单独列项。双相不锈钢指铁素体与奥氏体各约占 50%，一般较少相的含量最少也需要达到 30% 的不锈钢。

(3) 碳钢板卷管安装适用于普通碳钢板卷管和 16Mn 钢板卷管。

(4) 铜管适用于紫铜、黄铜、青铜管。

(5) 合金钢管除高合金钢管按定额册说明调整外,哈氏合金管单独列项。哈氏合金指镍基耐腐蚀合金;主要分成镍-铬合金与镍铬钼合金两大类。

(二) 各管道安装项目包括的工作内容

(1) 管道安装包括直管安装过程的全部工序内容:现场准备、测量放线、场内运搬、切口坡口、组对连接(焊接、丝接、法兰及承插连接等方式)就位、固定等。铜(氧乙炔焊)管道安装还包括焊前预热,不锈钢管包括了焊后焊缝钝化。

(2) 衬里钢管预制安装,管件按成品,管件两端按接短管焊法兰考虑,定额中包括了直管、管件、法兰全部安装工作内容(二次安装、一次拆除),但不包括衬里及场外运输。成品衬里钢管安装包括直管、管件、法兰全部安装工作内容,但不包括衬里。

(3) 伴热管项目已包括煨弯工作内容。

(4) 管道安装定额中除另有说明外不包括以下工作内容,应执行本册有关章节相应项目。① 管件连接;② 阀门安装;③ 法兰安装;④ 管道压力试验、吹扫与清洗;⑤ 焊口无损检测、预热及后热、热处理、硬度测定、光谱分析;⑥ 管道支吊架制作与安装。

(三) 工程量的计算

(1) 管道安装按不同压力、材质、规格、连接形式,以 "10m" 为计量单位。

(2) 各种管道安装工程量,按设计管道中心线以 "延长米" 长度计算,不扣除阀门及各种管件所占长度。

**注意**

(1) 定额的管道壁厚是考虑了压力等级所涉及的壁厚范围综合取定的。执行定额时,不区分管道壁厚,均按工作介质的设计压力及材质、规格执行定额。

(2) 管廊、厂区架空管道及地下管网(管沟内管道、埋地管道)主材用量,按施工图净用量加规定的损耗量计算。其他管道主材用量按定额用量计算,定额用量已含损耗量。

(3) 方形补偿器安装,直管部分可按延长米计算,套用第一章 "管道安装" 定额相应项目;弯头可套用第二章 "管件连接" 定额相应项目。

(3) 加热套管安装按内、外管分别计算工程量,执行相应定额。例如内管直径为 76mm,外套管直径为 108mm,两种规格的管道应分别计算。

**注意**

加热套管的内外套管的旁通管、弯头组成的方形补偿器,其管道和管件应分别计算工程量。

（4）金属软管安装按不同连接形式，以"根"为计量单位。

> **注意**
>
> 法兰连接金属软管安装，包括一副法兰用螺栓的安装，螺栓材料量按施工图设计用量加规定的损耗量计算。

（5）钢套钢预制直埋保温管管径以介质管道（内管）管径为准。其管道主材耗用量以管道安装工程量扣除管件、附件、阀门实际所占长度后，另加4%损耗计算。

**二、管件连接**

**（一）定额项目设置及其工作内容**

（1）管件安装定额与定额第一章管道安装配套使用，适用范围与管道安装相对应。

（2）管件安装包括弯头（含冲压、撅制、焊接弯头）、三通（四通）、异径管、管接头、管帽、仪表凸台、焊接盲板等。

（3）管件安装的工作内容包括管子切口、套丝、坡口、管口组对、连接或焊接，不锈钢管件焊缝钝化，铝管件焊缝酸洗，铜管件（氧乙炔焊）的焊前预热。

**（二）工程量的计算**

（1）各种管件连接均按压力等级、材质、规格、连接形式，不分种类，以"10个"为计量单位。

（2）管件连接中已综合考虑了弯头、三通、异径管、管帽、管接头等管口含量的差异，使用定额时按设计用量，不分种类，执行同一定额。成品四通的安装，可按相应管件连接定额乘以1.40的系数计算。

> **注意**
>
> （1）在管道上安装的仪表一次部件，执行本章管件连接相应项目定额乘以系数0.7。
>
> （2）仪表的温度计扩大管制作与安装，执行本章管件连接相应项目定额乘以系数1.5。
>
> （3）焊接盲板执行本章管件连接相应项目定额乘以系数0.6。
>
> （4）焊接管帽（椭圆形管封头）直接套用管件连接定额项目，不需调整。
>
> （5）管件采用法兰连接时，除另有说明外，执行第四章法兰安装相应项目，管件本身安装不再计算。

（3）各种管道在主管上挖眼接管三通、撅制异径管，应按不同压力、材质、规格执行管件连接相应项目，不另计制作费和主材费。

（4）挖眼接管三通支线管径≤主管径1/2时，按支线管径计算管件工程量，支线管径＞主管径1/2时，按主管径计算管件工程量；在主管上挖眼焊接管接头、凸台等配件，按配件管径计算管件工程量；撅制异径管按大口径计算管件工程量。此处规定和全国通用安装工程消耗量定额不一致。

**注意**

2015 全国通用安装工程消耗量定额第八册规定：挖眼接管三通支线管径小于主管径 1/2 时，不计算管件工程量。

（5）全加热套管的外套管件安装，定额按两半管件考虑的，包括两道纵缝和两个环缝。全加热套管的外套两半封闭短管执行加热外套碳钢管件（两半）（电弧焊）、加热外套不锈钢管件（两半）（电弧焊）项目。

（6）半加热外套管捧口后焊在内套管上，每个焊口按一个管件计算。外套碳钢管如焊在不锈钢管内套管上时，焊口间需加不锈钢短管衬垫，每处焊口按两个管件计算，衬垫短管按设计长度计算。如设计无规定时，按 50mm 长度计算其价值。

（7）钢套钢预制直埋保温管附件系指固定支架、滑动支架以及补偿器，所有管件、附件等均按成品件考虑。套用定额时，管件、附件均以介质管道（内管）管径为准，以"10 个"为计量单位。

（8）管道外套管接口制作安装以"10 个"为计量单位，外套管接口以外管管径为准。接头处的除锈、刷油（防腐）、绝热补口工作，按发生数量套用第十二册《刷油、防腐蚀、绝热工程》相应定额项目，其中：刷油（防腐）、绝热定额人工、机械乘以系数 2.0，材料乘以系数 1.20。

**三、阀门安装**

**（一）定额项目划分及其工作内容**

（1）本章内容包括低压阀门、中压阀门、高压阀门等安装及安全阀调试。也适用于螺纹连接、焊接（对焊、承插焊）或法兰连接形式的减压阀、疏水阀、除污器、阻火器、窥视镜、水表等阀件、配件的安装。

（2）阀门安装工作内容均包括：阀门壳体压力试验和密封试验（调节阀除外），管口切坡口组对，连接或焊接安装等。阀门安装综合考虑了壳体压力试验（包括强度试验和严密性试验），执行本章项目时不因现场情况不同而调整。调节阀的水压试验在第六册《自动化控制仪表安装工程》中考虑。

（3）本章各种阀门安装不包括阀体磁粉检测和阀杆密封填料更换工作内容。

**（二）工程量的计算**

（1）各种阀门按不同压力、规格、连接形式，分型号、类型以"个"为计量单位，执行相应定额项目。压力等级以设计图纸规定的公称压力为准。

（2）各种法兰阀门安装与配套法兰的安装，应分别计算工程量，但塑料阀门安装定额中已包括配套的法兰安装，不要另计。

（3）阀门安装中螺栓材料量按施工图设计用量加规定的损耗量计算，另行计入。阀门安装定额内所含数量较少的螺栓为阀门水压试验所需要的螺栓。

（4）减压阀直径按高压侧计算。

> **注意**
>
> （1）法兰阀门安装包括一个垫片和一副法兰用螺栓的安装。法兰阀门安装使用垫片是按石棉橡胶板考虑的，实际施工与定额不同时，可替换。
>
> （2）仪表流量计安装，执行阀门安装相应项目定额乘以系数 0.6。
>
> （3）限流孔板、八字盲板执行阀门安装相应项目定额乘以系数 0.4。
>
> （4）焊接阀门是按碳钢焊接编制的，设计为其他材质，焊材可替换，消耗量不变。
>
> （5）阀门壳体压力试验和密封试验是按水考虑的，如设计要求其他介质，可按实计算。
>
> （6）齿轮、液压传动、电动阀门安装已包括齿轮、液压传动、电动机安装，检查接线执行其他册相应定额。
>
> （7）阀门安装定额不包括阀门延长杆的制作安装费用，如设计要求安装延长杆时，应另行计算。

### 四、法兰安装

（一）定额项目设置及工作内容

（1）本定额法兰安装包括低、中、高压管道、管件、法兰阀门上使用的各种材质的法兰安装。法兰种类有螺纹法兰、平焊法兰、对焊法兰、翻边活动法兰等。

（2）法兰安装工作内容包括切管套丝、坡口、焊接、制垫、加垫、组对、紧螺栓；另外，还包括不锈钢法兰焊接后的焊缝钝化，铝管的焊前预热、焊后酸洗，高压法兰螺栓涂二硫化钼等工作内容。

（二）工程量的计算

（1）低、中、高压管道、管件、阀门上的各种法兰安装，应按不同压力、材质、规格和种类，分别以"副"为计量单位，执行相应定额项目。压力等级以设计图纸规定的公称压力为准。

（2）法兰安装包括一个垫片和一副法兰用的螺栓；法兰安装使用垫片是按石棉橡胶板考虑的，实际施工与定额不同时，可替换。螺栓用量按施工图设计用量加损耗量计算。

> **注意**
>
> （1）全加热套管法兰安装，按内套管法兰直径执行相应项目，定额乘以系数 2.0。
>
> （2）单片法兰（与设备相连接的法兰或管路末端盲板封闭的法兰）安装执行法兰安装相应项目，定额乘以系数 0.61。配法兰的盲板只计算主材，安装已包括在单片法兰安装工作内容中。
>
> （3）中压螺纹法兰、平焊法兰安装，执行低压相应项目，定额乘以系数 1.2。

（4）节流装置，执行法兰安装相应项目，定额乘以系数0.7。

（5）焊环活动法兰安装，执行翻边活动法兰安装相应项目，翻边短管更换为焊环。

（6）塑料法兰安装子目是指塑料阀门配套法兰以外的法兰安装，塑料阀门配套的塑料法兰包含在塑料阀门安装中。

（7）法兰安装不包括安装后试运转中的冷、热态紧固内容，发生时可另行计算。

### 五、管道压力试验、吹扫与清洗

（一）定额项目划分及工作内容

（1）本定额适用于高中低压管道压力试验，管道系统吹扫、清洗、脱脂等项目。不适用于设备的清洗脱脂。

（2）泄漏性试验适用于剧毒、易燃易爆介质的管道。

（3）管道压力试验工作内容包括临时试压泵或压缩机临时管线安装拆除、制堵盲板、灌水或充气加压、强度试验、严密性试验、检查处理，现场清理。

（4）管道系统吹扫工作内容包括临时管线安装拆除、通水冲洗或充气（汽）吹洗、检查、管线复位及场地清理。

（5）管道清洗脱脂工作内容包括临时管线设施的安装拆除、配制清洗剂、清洗、中和处理、检查、料剂回收及场地清理等。

（二）工程量计算规则

本章管道压力试验、泄漏性试验、吹扫与清洗按不同压力、规格，以"100m"为计量单位。

**注意**

（1）本章包括临时用空压机和泵作动力进行试压、吹扫及清洗，管道连接的管线、盲板、阀门、螺栓等所用的材料摊销量，不包括管道之间的临时串通管和临时排放管线。水源地至试压泵前水箱及管道排放口至排放点的临时管线安装与拆除，按施工方案另行计算。

（2）管道油清洗项目按系统循环清洗考虑，包括油冲洗、系统连接和滤油机用橡胶管的摊销。但不包括管道除内锈，发生时另行计算。

（3）管道液压试验是按普通水编制的，如设计要求其他介质，可按实

### 六、无损检测与焊口热处理

（一）项目设置及适用范围

本章定额包括管材表面无损检测、焊缝无损检测、焊口预热及后热、焊口热处理、硬度测定、光谱分析。

（1）无损检测定额适用于金属管材表面及管道焊缝的无损检测。它包括磁粉、超声波、X射线、γ射线及渗透检测。

（2）预热与热处理适用于碳钢、低合金钢和中高合金钢各种施工方法的焊前预热或焊后热处理。

（3）硬度测定适用于金属管材测定硬度值，它包括硬度测定和技术报告等内容。

（4）光谱分析适用于合金材料的定性、半定量、全组分光谱分析。

（二）定额工作内容及施工工艺

（1）无损检测的工作内容，包括：

1）焊口及检验部位的清理。

2）材料的配制、涂抹、片子固定、拆装。

3）检测设备仪器等搬运、固定、拆除、开机检查。

4）无损检验、技术分析、鉴定报告。

无损检测定额已综合考虑了高空作业降效因素。不论现场操作高度多高，均不再计超高费。

（2）无损检测不包括以下工作内容：发生时另行计算。

1）固定射线检测仪器使用的各种支架制作。

2）超声波检测对比试块的制作。

3）γ源的全程往返运输、监护、监管、回收等措施费用。

（3）预热与热处理工作内容：包括现场工机具材料准备，热电偶、电加热片或感应加热线的装拆、包扎、连线、通电升温或恒温，降温，拆除，材料回收、清理现场等。

（4）硬度测定工作内容：准备工作，测定硬度值，技术报告。

（5）光谱分析的工作内容：准备工作，调试机器，工件检测表面清理，测试分析，对比标准，数据记录。

（三）工程量计算规则

（1）管材表面无损检测按规格，以"10m"为计量单位。

（2）焊缝超声波、磁粉和渗透检测按规格，以"10口"为计量单位。

（3）焊缝射线检测区别管道不同壁厚、胶片规格，以"10张"为计量单位。

注意

（1）X射线、γ射线无损检测，按管材的双壁厚执行定额相应项目。例如：无缝钢管 $\phi630\times10$，需进行X射线无损检验。采用胶片规格为80mm×300mm。选用定额时应按厚度 $2\times10=20$（mm）厚，选定额子目，切记不可按壁厚10mm，选定额子目。应选定的子目为管壁厚30mm以内。

（2）管道焊缝应按照设计要求的检验方法和数量进行无损检测。当设计无规定时，管道焊缝的射线探伤检验比例应符合规范规定。管口射线检测胶片的数量按现场实际拍片张数计算。计算拍片数量应考虑胶片的搭接长度，设计没有明确规定时，一般按每边预留25mm计。

例如：按前一例子计算拍片工程量，应为：$(630\times3.14)\div(300-2\times25)=7.91$（张），应采取收尾法，取8张。注意：一定要以每个焊口计算，不要以全部焊缝的总长度计。

（4）焊口预热及后热和焊口热处理按不同材质、规格，以"10口"为计量单位。

**注意**

（1）电加热片、电阻丝、电感应预热及后热项目，如设计要求焊后立即进行热处理，预热及后热项目定额乘以系数0.87。

（2）电加热片是按履带式考虑的，实际与定额不同时可替换。

（3）预热及热处理项目中不包括硬度测定。

（5）硬度测定是以测定点的多少，以"10个点"为计量单位。

（6）光谱分析是以测定点的多少，以"点"为计量单位

**七、其他**

本章定额适用于管道系统中有关附件及部件的安装，包括管道支架制作安装，管口焊接充氩保护及冷排管、蒸汽分汽缸、集气罐、空气分气筒、排水漏斗、套管制作安装、水位计、手摇泵、阀门操纵装置、钢板卷管、管件制作、场外运输等项目。

（一）管道支架制作、安装

（1）管架制作与安装以"100kg"为计量单位。管道支架制作和管道支架安装分别列项，100kg以内和100kg到500kg分别列项。

（2）一般管架、木垫式管架、弹簧式管架的制作均执行管架制作定额。已包括所需螺栓、螺母耗用量。增加不锈钢管架制作、安装项目。

（3）木垫式管架制作与安装不包括木垫重量，但包括木垫的安装，木垫主材费另计。

（4）弹簧式管架的制作不包括弹簧重量，安装重量包括弹簧重量。

（5）不锈钢管、有色金属管、非金属管的管架制作与安装，按一般管架定额乘以系数1.1。此处的不锈钢管、有色金属管、非金属管指的是管道的材质，而不是管架的材质。

（6）采用成型钢管焊接的异形管架制作与安装，按一般管架定额乘以系数1.3，如材质不同时，电焊条可以替换，消耗量不变。

（7）管道支架制作安装未包括除锈刷漆，应按设计要求套用第十二册《刷油、防腐蚀、绝热工程》。

（二）管口焊接充氩保护

（1）焊口充氩保护按管道不同规格，以"10口"为计量单位。

（2）管口焊接充氩保护项目包括管内局部充氩保护和管外充氩保护两部分。适用于各种材质管道氩弧焊接或氩电联焊的项目。在执行定额时，应根据设计及规范要求，按不同的规格分管内、管外选用不同项目。

（三）冷排管制作安装

（1）冷排管制作与安装以"100m"为计量单位。

（2）冷排管制作安装项目包括翅片墙排管、顶排管、光滑顶排管、蛇形墙排管、立式墙排管、搁架式排管等项目。定额内包括准备、切管、挖眼、煨弯、组对、焊接、钢带的轧绞、绕片固定、试压等工作内容。定额内不包括钢带退火和冲套翅片，应另行计算。

（3）冷排管的制作安装未包括除锈刷漆，应按设计要求套用第十二册《刷油、防腐蚀、绝热工程》。

（四）蒸气分汽缸制作安装

（1）蒸汽分汽缸制作根据选用的材料及重量，以"100kg"为计量单位，安装按重量以"个"为计量单位。

（2）本定额项目适用于随工艺管道进行现场制作安装、试压、检查、验收的小型分汽缸（通常情况下缸体直径不超过 DN400，容积不超过 $0.2m^3$）。它包括采用钢管制作及采用钢板制作两种情况，不同于压力容器设备制安钢。

（3）钢管制作是缸体采用无缝钢管，钢板制作是缸体采用钢板进行卷制，封头均采用钢板制作。定额不包括其附件制作安装，可按相应定额另行计算。

（4）分汽缸及其附件的除锈刷漆，应按设计要求套用第十二册《刷油、防腐蚀、绝热工程》。

（五）集气罐制作安装

（1）集气罐按公称直径以"个"为计量单位。

（2）集气罐制作与安装分别列项，其工作内容包括下料、切割、坡口、组对、焊接、安装、试压等，但不包括附件制作安装及除锈刷漆，可按相应定额另行计算。

（3）集气罐的支架制安，应按有关定额另行计算。

（六）空气分气筒制作安装

（1）空气分气筒均按采用无缝钢管制作考虑的，其长度为 400mm，直径分 $\Phi100$、$\Phi150$、$\Phi200$ 三种规格，以"个"为计量单位。

（2）空气分气筒除筒体制安以外的内容如支架、附件、除锈刷漆等应另行计算。

（七）空气调节器喷雾管安装

空气调节器喷雾管安装，按《全国通用采暖通风标准图集》以六种形式分列，按不同形式以"组"为计量单位。

（八）钢制排水漏斗制作安装

钢制排水漏斗按公称直径以"个"为计量单位。钢制排水漏斗成品安装时，可按其公称直径套用第二章管件连接相应定额子目并乘以系数 0.60。

（九）套管制作安装

（1）套管制作与安装分别列项，分一般穿墙套管和柔性、刚性防水套管。根据介质管径的规格以"个"为计量单位，应按设计及规范要求选用相应项目。套管的除锈和刷防锈漆已包括在定额内。

（2）套管的规格是以套管内穿过的介质管道直径确定的，而不是指现场制作的套管实际直径。

（3）一般穿墙套管适用于各种管道穿墙或穿楼板需用的碳钢保护管。

（十）水位计安装

水位计安装以"组"计量单位，包括全套组件的安装；水位计安装仅适用管式和板式两种型式的水位计。

（十一）手摇泵安装，按出入口直径以"个"为计量单位

（十二）调节阀临时短管装拆

（1）调节阀临时短管装拆工程量的计算是按调节阀公称直径，以"个"为计量单位。

（2）调节阀临时短管制作装拆项目，适用于管道系统试压、吹扫时需要拆除阀件而以临时短管代替连通管道，其工作内容包括完工后短管拆除和原阀件复位等。

（3）调节阀临时短管制作装拆项目也适用于同类情况的其他阀件临时短管的装拆。

（十三）钢板卷管制作

（1）钢板卷管制作按不同材质、规格以"t"为计量单位，主材用量包括规定的损耗量。钢板卷管的制作长度取定为：$\Phi \leqslant 1000$mm 时长度为 3.6m；$\Phi \leqslant 1800$mm 时长度为 4.8m；$\Phi \leqslant 4000$mm时长度为 6.4m。

（2）板卷管制作适用于碳钢板、不锈钢板、铝板直管制作，不适用螺旋卷管的制作。

（3）卷板管及管件制作工作内容包括：画线、切割、坡口、卷制、组对、焊口处理、焊接、检验等。另外，不锈钢板卷管与管件制作还包括焊后焊缝钝化，铝板管与管件制作包括焊缝酸洗。

（4）各种板卷管制作，是按在结构（加工）厂制作考虑的，不包括原材料（板材）及成品的水平运输、卷筒钢板展开平直工作内容，发生时应按相应项目另行计算。

（十四）虾体弯制作及管子煨弯

（1）虾体弯制作及管子煨弯，按不同材质、规格、种类以"10 个"为计量单位，主材用量包括规定的损耗量。

（2）虾体弯制作及煨弯适用于各种材质成品管制作的弯头以及管子煨弯等。成品管材加工的管件，接标准管件考虑，符合现行规范质量标准。管子煨弯按 90°考虑，煨 180°时，定额乘以系数 1.5。

（3）煨制弯头（管）包括更换胎具，加热、煨弯成型。中频煨弯不包括煨制时胎具更换内容。

（4）各种板卷管与管件制作，其焊缝均按透油试漏考虑，不包括单件压力试验和无损探伤，发生时按本册相关项目计算。

（十五）三通补强圈制作安装

（1）三通补强圈制作安装按三通的规格以"10 个"为计量单位。

（2）三通补强圈制作安装工作内容包括：画线、切割、坡口、板弧滚压，钻孔、锥丝、组对、安装。

（十六）管道槽钢加固圈

（1）管道槽钢加固圈按管道规格以"个"为计量单位。

（2）管道槽钢加固圈适用于大直径管道的槽钢加固圈制安，也适用于其他型钢加固圈的制安。

（十七）场外运输

（1）场外运输按距离以"10t"为计量单位。

（2）定额中场外运输子目是指材料及半成品在施工现场范围以外的水平运输，包括发包方供应仓库到场外防腐厂、场外预制厂、场外防腐厂到场外预制厂、场外预制厂到安装现场等。

# 第九节 工 程 预 算 实 例

**【例 7-1】** ×油泵车间工业管道施工图预算

（一）工程概况

（1）本例题为山东省济南市市区某工厂油泵车间工业管道安装工程，油泵车间设备及管道平面图见图 7-39 和图 7-40。

（2）本工程采用热轧无缝钢管，手工电弧焊连接，焊缝不进行无损探伤，公称压力为 1.6MPa，要求压缩空气吹扫和液压试验。

（3）管道中的阀门为法兰截止阀（J41T—16）、法兰止回阀（H44T—16），采用碳钢平焊法兰连接。

（4）三通为主管现场挖制，大小头为成品大小头，弯头为成品冲压弯头。

（二）采用定额

采用《山东省安装工程价目表》和《山东省安装工程消耗量定额 第八册 工业管道工程》（2016 年出版）中的有关内容。

（三）编制方法

（1）本例题暂不计主材费、管道除锈、刷油，保温等内容。

（2）管道支架综合计算为 86kg（支架计算方法：根据型钢规格、长度查材料设备手册或五金手册，换算成重量）。

（3）未尽事宜均参照有关标准或规范执行。

（4）工程量计算结果见表 7-22，安装工程施工图预算结果见表 7-23。

表 7-22 工 程 量 计 算 书

工程名称：某油泵车间工业管道例题　　　　年　月　日　　　　　　共　页　第　页

| 序号 | 分部分项工程名称 | 单位 | 工程量 | 计 算 公 式 |
|---|---|---|---|---|
| 1 | 热轧无缝钢管（焊接）D89×4 | m | 12.84 | 4.90＋0.69＋(3.40－2.50)＋0.35＋0.50＋(2.90－1.70)＋2.30＋0.20＋(2.90－1.10) |
| 2 | 热轧无缝钢管（焊接）D76×4 | m | 8.45 | 6.40＋0.52＋(0.60－0.40)＋0.65－0.20＋0.28＋0.20＋0.20＋0.20 |
| 3 | 热轧无缝钢管（焊接）D57×3.5 | m | 12.33 | 0.68＋1.13＋(2.50－1.10)×3＋0.28×3＋0.20×3＋1.25×3＋0.65－0.2＋0.28＋0.20＋0.20 |
| 4 | 法兰挠性短管 DN50 | 个 | 6 | |
| 5 | 冲压弯头 D57 | 个 | 9 | |
| 6 | 冲压弯头 D76 | 个 | 3 | |
| 7 | 成品大小头 D76×57 | 个 | 1 | |
| 8 | 挖眼三通 D76×57 | 个 | 1 | |
| 9 | 冲压弯头 D89 | 个 | 5 | |

续表

| 序号 | 分部分项工程名称 | 单位 | 工程量 | 计　算　公　式 |
|---|---|---|---|---|
| 10 | 成品大小头 D89×57 | 个 | 2 | |
| 11 | 成品大小头 D89×76 | 个 | 1 | |
| 12 | 挖眼三通 D89×57 | 个 | 2 | 可以合并为一项:挖眼三通 DN80,3个 |
| 13 | 挖眼三通 D89×89 | 个 | 1 | |
| 14 | 法兰截止阀 DN50 | 个 | 6 | |
| 15 | 法兰止回阀 DN50 | 个 | 3 | |
| 16 | 法兰截止阀 DN65 | 个 | 1 | |
| 17 | 法兰过滤器 DN65 | 个 | 1 | |
| 18 | 法兰截止阀 DN80 | 个 | 1 | |
| 19 | 碳钢平焊法兰 DN50 | 副 | 3 | |
| 20 | 碳钢平焊法兰 DN50 | 片 | 6 | |
| 21 | 碳钢平焊法兰 DN65 | 副 | 4 | |
| 22 | 碳钢平焊法兰 DN65 | 片 | 1 | |
| 23 | 碳钢平焊法兰 DN80 | 副 | 1 | |
| 24 | 碳钢平焊法兰 DN80 | 片 | 1 | |
| 25 | 管道液压试验 DN50 以内 | m | 12.33 | |
| 26 | 管道液压试验 DN100 以内 | m | 21.29 | 12.8+8.45 |
| 27 | 管道空气吹扫 DN50 以内 | m | 12.33 | |
| 28 | 管道空气吹扫 DN100 以内 | m | 21.29 | 12.84+8.45 |
| 29 | 一般管架制作安装 | kg | 86 | |
| 30 | 刚性防水套管制安 DN65 以内 | 个 | 1 | 可以合并为一项:刚性防水套管制作、安装 DN80 以 |
| 31 | 刚性防水套管制安 DN80 以内 | 个 | 1 | 内,2个 |

表 7-23　　　　　　　　　安装工程预算表

项目名称:油泵车间管线预算

共　页　第　页

| 序号 | 定额编码 | 子目名称 | 单位 | 工程量 | 单价 | 合价 | 其中 | |
|---|---|---|---|---|---|---|---|---|
| | | | | | | | 省人工单价 | 省人工合价 |
| 1 | 8-1-21 | 低压碳钢管(电弧焊)≤DN50 | 10m | 1.233 | 81.56 | 100.56 | 72.2 | 89.02 |
| | Z17000119@1 | 碳钢管　DN50 | m | 11.092 | | | | |
| 2 | 8-1-22 | 低压碳钢管(电弧焊)≤DN65 | 10m | 0.845 | 107.66 | 90.97 | 92.49 | 78.15 |
| | Z17000119@2 | 碳钢管　DN65 | m | 7.602 | | | | |
| 3 | 8-1-23 | 低压碳钢管(电弧焊)≤DN80 | 10m | 1.284 | 127.5 | 163.71 | 109.28 | 140.32 |
| | Z17000119@3 | 碳钢管　DN80 | m | 11.551 | | | | |

| 序号 | 定额编码 | 子目名称 | 单位 | 工程量 | 单价 | 合价 | 其中 | |
|---|---|---|---|---|---|---|---|---|
| | | | | | | | 省人工单价 | 省人工合价 |
| 4 | 8-1-417 | 低压金属软管安（法兰连接）≤DN50 | 根 | 6 | 50.31 | 301.86 | 46.04 | 276.24 |
| | Z17000229@1 | 金属软管　DN50 | 根 | 6 | | | | |
| | Z03000001@1 | 螺栓　M16×（65～80） | 套 | 24.72 | | | | |
| 5 | 8-2-21 | 低压碳钢管件（电弧焊）≤DN50 弯头 | 10个 | 0.9 | 392.67 | 353.4 | 294.17 | 264.75 |
| | Z18000115@4 | 碳钢对焊管件　弯头 DN50 | 个 | 9 | | | | |
| 6 | 8-2-22 | 低压碳钢管件（电弧焊）≤DN65 弯头 | 10个 | 0.3 | 540.11 | 162.03 | 371.83 | 111.55 |
| | Z18000115@2 | 碳钢对焊管件弯头　DN65 | 个 | 3 | | | | |
| 7 | 8-2-22 | 低压碳钢管件（电弧焊）≤DN65 大小头 | 10个 | 0.1 | 540.11 | 54.01 | 371.83 | 37.18 |
| | Z18000115@5 | 碳钢对焊管件　大小头 DN65 | 个 | 1 | | | | |
| 8 | 8-2-22 | 低压碳钢管件（电弧焊）≤DN65 挖眼三通 | 10个 | 0.1 | 540.11 | 54.01 | 371.83 | 37.18 |
| | Z18000115@6 | 碳钢对焊管件挖眼三通DN65 | 个 | | | | | |
| 9 | 8-2-23 | 低压碳钢管件（电弧焊）≤DN80 弯头 | 10个 | 0.5 | 629.8 | 314.9 | 423.23 | 211.62 |
| | Z18000115@3 | 碳钢对焊管件弯头 DN80 | 个 | 5 | | | | |
| 10 | 8-2-23 | 低压碳钢管件（电弧焊）≤DN80 大小头 | 10个 | 0.2 | 629.8 | 125.96 | 423.23 | 84.65 |
| | Z18000115@7 | 碳钢对焊管件大小头 D89×57 | 个 | 2 | | | | |
| 11 | 8-2-23 | 低压碳钢管件（电弧焊）≤DN80 大小头 | 10个 | 0.1 | 629.8 | 62.98 | 423.23 | 42.32 |
| | Z18000115@8 | 碳钢对焊管件大小头 D89×76 | 个 | 1 | | | | |
| 12 | 8-2-23 | 低压碳钢管件（电弧焊）≤DN80 挖眼三通 | 10个 | 0.3 | 629.8 | 188.94 | 423.23 | 126.97 |
| | Z18000115@10 | 碳钢对焊管件挖眼三通DN80 | 个 | | | | | |
| 13 | 8-3-21 换 | 低压法兰阀门≤DN50 截止阀 | 个 | 6 | 32.02 | 192.12 | 24.21 | 145.26 |
| | Z19000121@4 | 法兰阀门截止阀　DN50 | 个 | 6 | | | | |
| | Z03000001@2 | 螺栓　M16×（65～80） | 套 | 24.72 | | | | |

续表

| 序号 | 定额编码 | 子目名称 | 单位 | 工程量 | 单价 | 合价 | 其中 | |
|---|---|---|---|---|---|---|---|---|
| | | | | | | | 省人工单价 | 省人工合价 |
| 14 | 8-3-21 换 | 低压法兰阀门≤DN50 止回阀 | 个 | 3 | 32.02 | 96.06 | 24.21 | 72.63 |
| | Z19000121@1 | 法兰止回阀 DN50 | 个 | 3 | | | | |
| | Z03000001@2 | 螺栓 M16×(65~80) | 套 | 12.36 | | | | |
| 15 | 8-3-22 | 低压法兰阀门≤DN65 截止阀 | 个 | 1 | 43.47 | 43.47 | 35.33 | 35.33 |
| | Z19000121@2 | 法兰截止阀 DN65 | 个 | 1 | | | | |
| | Z03000001@2 | 螺栓 M16×(65~80) | 套 | 4.12 | | | | |
| 16 | 8-3-22 | 低压法兰阀门≤DN65 过滤器 | 个 | 1 | 43.47 | 43.47 | 35.33 | 35.33 |
| | Z19000121@5 | 法兰过滤器 DN65 | 个 | 1 | | | | |
| | Z03000001@2 | 螺栓 M16×(65~80) | 套 | 4.12 | | | | |
| 17 | 8-3-23 | 低压法兰阀门≤DN80 截止阀 | 个 | 1 | 47.6 | 47.6 | 38.42 | 38.42 |
| | Z19000121@3 | 法兰截止阀 DN80 | 个 | 1 | | | | |
| | Z03000001@2 | 螺栓 M16×(65~80) | 套 | 8.24 | | | | |
| 18 | 8-4-15 | 低压碳钢平焊法兰（电弧焊）≤DN50 | 副 | 3 | 47.22 | 141.66 | 36.87 | 110.61 |
| | Z20000033@1 | 碳钢平焊法兰 DN50 | 片 | 6 | | | | |
| | Z03000001@2 | 螺栓 M16×(65~80) | 套 | 12.36 | | | | |
| 19 | 8-4-15×0.61 | 低压碳钢平焊法兰（电弧焊）≤DN50单片法兰单价×0.61 | 副 | 6 | 28.8 | 172.8 | 22.49 | 134.94 |
| | Z20000033@1 | 碳钢平焊法兰 DN50 | 片 | 6 | | | | |
| | Z03000001@2 | 螺栓 M16×(65~80) | 套 | 24.72 | | | | |
| 20 | 8-4-16 | 低压碳钢平焊法兰（电弧焊）≤DN65 | 副 | 4 | 56.22 | 224.88 | 42.75 | 171 |
| | Z20000033@2 | 碳钢平焊法兰 DN65 | 片 | 8 | | | | |
| | Z03000001@2 | 螺栓 M16×(65~80) | 套 | 16.48 | | | | |
| 21 | 8-4-16×0.61 | 低压碳钢平焊法兰（电弧焊）≤DN65单片法兰 单价×0.61 | 副 | 1 | 34.29 | 34.29 | 26.08 | 26.08 |
| | Z20000033@2 | 碳钢平焊法兰 DN65 | 片 | 1 | | | | |
| | Z03000001@2 | 螺栓 M16×(65~80) | 套 | 4.12 | | | | |
| 22 | 8-4-17 | 低压碳钢平焊法兰（电弧焊）≤DN80 | 副 | 1 | 63.79 | 63.79 | 47.48 | 47.48 |
| | Z20000033@3 | 碳钢平焊法兰 DN80 | 片 | 2 | | | | |
| | Z03000001@2 | 螺栓 M16×(65~80) | 套 | 8.24 | | | | |
| 23 | 8-4-17×0.61 | 低压碳钢平焊法兰（电弧焊）≤DN80 单片法兰 单价×0.61 | 副 | 1 | 38.91 | 38.91 | 28.96 | 28.96 |
| | Z20000033@3 | 碳钢平焊法兰 DN80 | 片 | 1 | | | | |

续表

| 序号 | 定额编码 | 子目名称 | 单位 | 工程量 | 单价 | 合价 | 其中 | |
| --- | --- | --- | --- | --- | --- | --- | --- | --- |
| | | | | | | | 省人工单价 | 省人工合价 |
| | Z03000001@2 | 螺栓　M16×(65～80) | 套 | 8.24 | | | | |
| 24 | 8-5-1 | 低中压管道液压试验≤DN50 | 100m | 0.123 | 439.04 | 54 | 395.83 | 48.69 |
| 25 | 8-5-2 | 低中压管道液压试验≤DN100 | 100m | 0.213 | 537.59 | 114.51 | 476.89 | 101.58 |
| 26 | 8-5-72 | 管道系统空气吹扫≤DN50 | 100m | 0.123 | 197.91 | 24.34 | 149.35 | 18.37 |
| 27 | 8-5-73 | 管道系统空气吹扫≤DN100 | 100m | 0.213 | 238.71 | 50.85 | 177.16 | 37.74 |
| 28 | 8-7-1 | 管道支吊架制作(单件重≤100kg)碳钢管架 | 100kg | 0.86 | 573.63 | 493.32 | 401.6 | 345.38 |
| | Z01000009 | 型钢(综合) | kg | 91.16 | | | | |
| 29 | 8-7-3 | 管道支吊架安装(单件重≤100kg)一般管架 | 100kg | 0.86 | 279.91 | 240.72 | 216.2 | 185.93 |
| | Z29000035 | 一般管架 | kg | | | | | |
| 30 | 8-7-115 | 刚性防水套管制作≤DN80 | 个 | 2 | 104.22 | 208.44 | 69.63 | 139.26 |
| | Z17000021 | 焊接钢管(综合) | kg | 8.04 | | | | |
| | Z01000121 | 热轧厚钢板　φ10～φ15 | kg | 9.9 | | | | |
| | Z01000003 | 扁钢　≤59 | kg | 2.1 | | | | |
| 31 | 8-7-134 | 刚性防水套管安装≤DN100 | 个 | 2 | 75.87 | 151.74 | 63.14 | 126.28 |
| | | 分部分项工程费 | | | | 4410.3 | | 3349.22 |
| 32 | BM88 | 脚手架搭拆费(第八册　工业管道工程)(单独承担的埋地管道工程除外) | 元 | 1 | 334.92 | 334.92 | 117.22 | 117.22 |
| | | 合计 | | | | 4745.22 | 5851.74 | 3466.44 |

注　1. 表中主材单位实际消耗量见定额表，如：定额 8-1-21 (DN50 钢管) 每 10m 碳钢管 (电弧焊)，实际消耗主材为 8.996m，《通用安装工程消耗量定额》和《山东省安装工程消耗量定额》定额编号所表示的内容不完全一样，如：山东省定额 8-1-21 为 DN50 钢管，而全国定额 8-1-21 为 DN100 钢管。

　　2. 表中主材栏中的定额编号为该主材的软件系统编号，手写时可不填此编号。

表 7-24　　　　　　　　　　　　　　　**工业安装工程费用表**

项目名称：×油泵车间工业管道工程

| 行号 | 序号 | 费用名称 | 费率 | 计　算　方　法 | 费用金额 |
| --- | --- | --- | --- | --- | --- |
| 1 | 一 | 分部分项工程费 | | Σ{[定额Σ(工日消耗量×人工单价)+Σ(材料消耗量×材料单价)+Σ(机械台班消耗量×台班单价)]×分部分项工程量} | 4410.3 |
| 2 | (一) | 计费基础 JD1 | | Σ(工程量×省人工费) | 3349.22 |
| 3 | 二 | 措施项目费 | | 2.1+2.2 | 716.74 |

| 行号 | 序号 | 费用名称 | 费率 | 计 算 方 法 | 费用金额 |
|---|---|---|---|---|---|
| 4 | 2.1 | 单价措施费 | | $\Sigma\{[$定额$\Sigma($工日消耗量×人工单价$)+\Sigma($材料消耗量×材料单价$)+\Sigma($机械台班消耗量×台班单价$)]$×单价措施项目工程量$\}$ | 334.92 |
| 5 | 2.2 | 总价措施费 | | (1)+(2)+(3)+(4) | 381.82 |
| 6 | (1) | 夜间施工费 | 3.1 | 计费基础 JD1×费率 | 103.83 |
| 7 | (2) | 二次搬运费 | 2.7 | 计费基础 JD1×费率 | 90.43 |
| 8 | (3) | 冬雨季施工增加费 | 3.9 | 计费基础 JD1×费率 | 130.62 |
| 9 | (4) | 已完工程及设备保护费 | 1.7 | 计费基础 JD1×费率 | 56.94 |
| 10 | (二) | 计费基础 JD2 | | $\Sigma$措施费中 2.1、2.2 中省价人工费 | 271.79 |
| 11 | 三 | 其他项目费 | | 3.1+3.3+3.4+3.5+3.6+3.7+3.8 | |
| 12 | 3.1 | 暂列金额 | | | |
| 13 | 3.2 | 专业工程暂估价 | | | |
| 14 | 3.3 | 特殊项目暂估价 | | | |
| 15 | 3.4 | 计日工 | | | |
| 16 | 3.5 | 采购保管费 | | | |
| 17 | 3.6 | 其他检验试验费 | | | |
| 18 | 3.7 | 总承包服务费 | | | |
| 19 | 3.8 | 其他 | | | |
| 20 | 四 | 企业管理费 | 51 | (JD1+JD2)×管理费费率 | 1846.72 |
| 21 | 五 | 利润 | 32 | (JD1+JD2)×利润率 | 1158.72 |
| 22 | 六 | 规费 | | 4.1+4.2+4.3+4.4+4.5 | 533.49 |
| 23 | 4.1 | 安全文明施工费 | | (1)+(2)+(3)+(4) | 356.2 |
| 24 | (1) | 安全施工费 | 1.74 | (一+二+三+四+五)×费率 | 141.51 |
| 25 | (2) | 环境保护费 | 0.29 | (一+二+三+四+五)×费率 | 23.58 |
| 26 | (3) | 文明施工费 | 0.59 | (一+二+三+四+五)×费率 | 47.98 |
| 27 | (4) | 临时设施费 | 1.76 | (一+二+三+四+五)×费率 | 143.13 |
| 28 | 4.2 | 社会保险费 | 1.52 | (一+二+三+四+五)×费率 | 123.61 |
| 29 | 4.3 | 住房公积金 | 0.21 | (一+二+三+四+五)×费率 | 17.08 |
| 30 | 4.4 | 工程排污费 | 0.27 | (一+二+三+四+五)×费率 | 21.96 |
| 31 | 4.5 | 建设项目工伤保险 | 0.18 | (一+二+三+四+五)×费率 | 14.64 |
| 32 | 七 | 设备费 | | $\Sigma($设备单价×设备工程量$)$ | |
| 33 | 八 | 税金 | 10 | (一+二+三+四+五+六+七一甲供材料、设备款)×税率 | 866.6 |
| 34 | 九 | 不取费项目合计 | | | |
| 35 | 十 | 工程费用合计 | | 一+二+三+四+五+六+七+八+九 | 9532.57 |

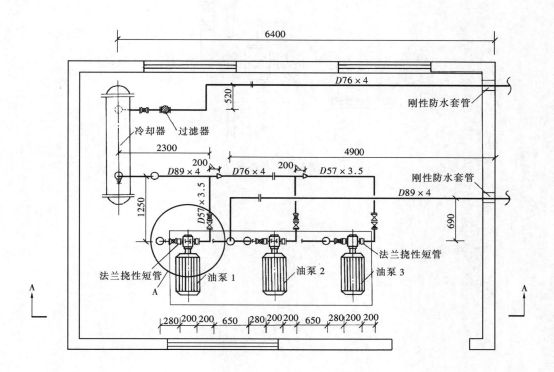

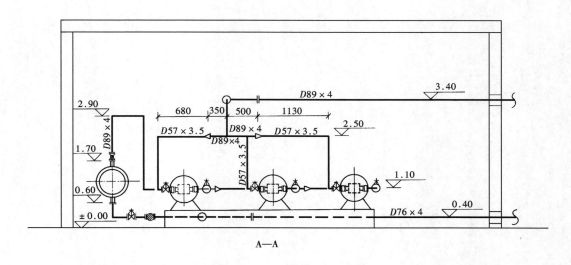

A—A

图 7-39　油泵车间设备及管道平面图
（标高单位:m;尺寸单位:mm）

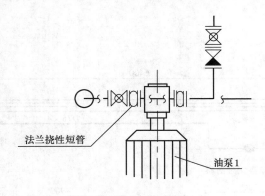

法兰挠性短管

油泵1

图 7-40　　A 视图

# 第八章 给排水安装工程施工图预算的编制

## 第一节 给排水工程基本知识

给水排水工程由给水工程和排水工程两大部分组成。给水工程分为建筑内部给水和室外给水两部分。它的任务是从水源取水，按照用户对水质的要求进行处理，以符合要求的水质和水压，将水输送到用户区，并向用户供水，满足人们生活和生产的需要。排水工程也分为建筑内部排水和室外排水两部分。它的任务是将污、废水等收集起来并及时输送至适当地点，妥善处理后排放或再利用。

**一、室外给水工程**

室外给水工程是指向民用和工业生产部门提供用水而建造的构筑物和输配水管网等工程设施，一般包括取水构筑物、水处理构筑物、泵站、输水管渠和管网及调节构筑物。

（1）取水构筑物，从选定的水源（包括地表水和地下水）取水。

（2）水处理构筑物，将取水构筑物的来水进行处理，符合用户对水质的要求。

（3）泵站，抽取原水的一级泵站、输送清水的二级泵站和设于管网中的增压泵站等，用以将所需水量提升到要求的高度。

（4）输水管渠和管网，输水管渠指将原水送到水厂的管渠，管网则指将处理后的水送到各个给水区的全部管道。

（5）调节构筑物，指各种类型的储水构筑物，用以储存和调节水量。

**二、室外排水工程**

室外排水工程是指把室内排出的生活污水、生产废水及雨水和冰雪融化水等，按一定系统组织起来，经过处理，达到排放标准后再排入天然水体。室外排水系统包括排水设备、检查井、管渠、水泵站、污水处理构筑物及除害设施等。

**三、建筑内部给水工程**

建筑内部的给水系统的任务是在满足各用水点对水量、水压和水质的要求下，将城镇给水管网或自备水源给水管网的水引入室内，经配水管送至生活、生产和消防用水设备。按不同的用途可分为：

（1）生活给水系统，供生活、洗涤用水。

（2）生产给水系统，供生产设备所需用水。

（3）消防给水系统，供消防设备用水。

建筑内部给水系统如图 8-1 所示，其组成可分为：

（1）引入管，也称进户管，自室外给水管将水引入室内的管段。

（2）水表节点指安装在引入管上的水表及其前后设置的阀门和泄水装置的总称。

（3）给水管道，包括干管、立管和支管。

（4）配水装置和用水设备指各类卫生器具和用水设备的配水龙头和生产、消防等用水设备。

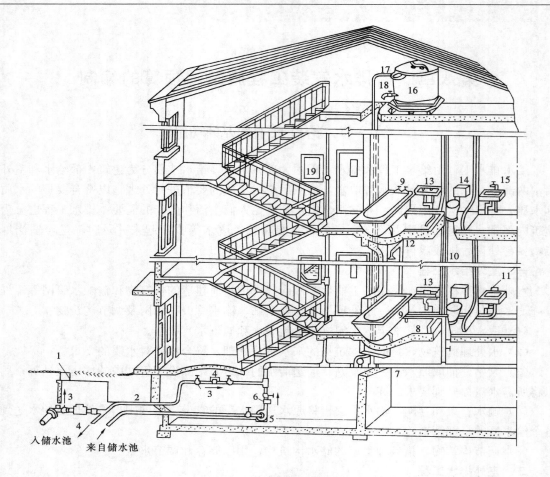

图 8-1　建筑内部给水系统

1—阀门井；2—引入管；3—闸阀；4—水表；5—水泵；6—逆止阀；7—干管；
8—支管；9—浴盆；10—立管；11—水龙头；12—淋浴器；13—洗脸盆；
14—大便器；15—洗涤盆；16—水箱；17—进水管；18—出水管；19—消火栓

（5）给水附件指管道系统中调节水量、水压，控制水流方向，以及关断水流，便于管道、仪表和设备检修的各类阀门。

（6）增压和储水设备指设置的水泵、气压给水设备和水池、水箱等。

**四、建筑内部排水工程**

建筑内部排水系统是将建筑内部人们在日常生活和工业生产中使用过的水以及屋面上的雨、雪水加以收集，及时排到室外。按系统接纳的污、废水类型不同，建筑内部排水系统可分为：

生活排水系统，排除居住建筑、公共建筑及工厂生活间的污废水。

工业废水排水系统，排除工艺生产过程中产生的污废水。

屋面雨水排水系统，收集排除降落到多跨工业厂房、大屋面建筑和高层建筑屋面上的雨雪水。

建筑内部排水最终要排入室外排水系统。室内排水体制是指污水与废水的分流与合流；

室外排水体制是指污水和雨水的分流与合流。当室外只有雨水管道时，室内宜分流；当室外有污水管网和污水厂时，室内宜合流。

建筑内部排水系统如图 8-2 所示。其组成可分为：

（1）卫生设备和生产设备受水器是满足日常生活和生产过程中各种卫生要求，收集和排除污废水的设备。

（2）排水管道，包括器具排水管、排水横支管、立管、埋地干管和排出管。

（3）清通设备，疏通建筑内部排水管道，保障排水通畅。

（4）提升设备，某些工业或民用建筑的地下建筑物内的污废水不能自流排至室外检查井，必须设置污废水提升设备。

（5）污水局部处理构筑物，当建筑内部污水未经处理，不允许直接排入市政排水管网或水体时，必须设置污水局部处理构筑物。

（6）通气管道系统，防止因气压波动造成的水封破坏，防止有毒有害气体进入室内。

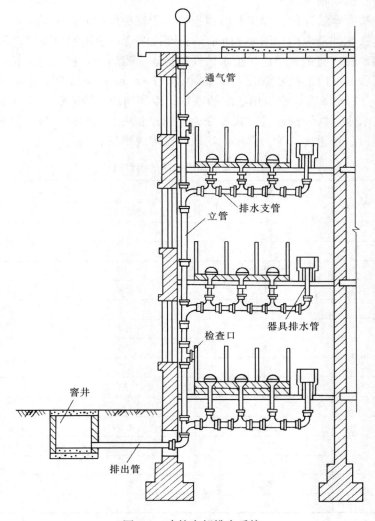

图 8-2　建筑内部排水系统

## 第二节　给排水工程常用管材、管件及附件

### 一、室内给水工程常用管材、管件及附件

给水管道常用的管材按制造材质分，可分为钢管、铸铁管和塑料管；按制造方法分，可分为有缝钢管和无缝钢管。

（1）无缝钢管。无缝钢管分为分冷拔和热轧两种，通常使用在需要承受较大压力的管道上，一般生产、工艺用水管道常用无缝钢管，或者使用在自动喷水灭火系统的给水管上。

（2）有缝钢管。有缝钢管又称为焊接钢管，分为镀锌钢管（白铁管）和非镀锌钢管（黑铁管）两种。镀锌钢管和非镀锌钢管相比，具有耐腐蚀、不易生锈、使用寿命长等特点。生活给水管管径≥150mm时，应采用热浸锌工艺生产的镀锌钢管；生活、消防公用给水系统应采用镀锌钢管。

常用焊接钢管的规格见表8-1。

钢管连接方法有螺纹连接、焊接和法兰连接。为避免焊接时锌层破坏，镀锌钢管必须用螺纹连接，其连接配件及应用如图8-3所示。非镀锌钢管一般用螺纹连接，也可以焊接。

（3）给水铸铁管。与钢管相比，给水铸铁管优点是耐腐蚀，使用寿命长，价格较低，多用于室外给水工程和室内的给水管道。例如管径>150mm的生活给水管，可采用给水铸铁管；埋地管管径≥75mm时，宜采用给水铸铁管；生产和消火栓给水系统可采用非镀锌钢管和给水铸铁管。给水铸铁管按连接方式可分为承插式和法兰式两种，接口材料有石棉水泥接口、膨胀水泥接口、青铅接口等。常用的给水铸铁管规格见表8-2。

表 8-1　　　　　　　　　　　管端用螺纹和沟槽连接的钢管尺寸　　　　　　　　　　　mm

| 公称口径<br>（DN） | 外径<br>（D） | 壁厚（$t$） | |
|---|---|---|---|
| | | 普通钢管 | 加厚钢管 |
| 6 | 10.2 | 2.0 | 2.5 |
| 8 | 13.5 | 2.5 | 2.8 |
| 10 | 17.2 | 2.5 | 2.8 |
| 15 | 21.3 | 2.8 | 3.5 |
| 20 | 26.9 | 2.8 | 3.5 |
| 25 | 33.7 | 3.2 | 4.0 |
| 32 | 42.4 | 3.2 | 4.0 |
| 40 | 48.3 | 3.5 | 4.5 |
| 50 | 50.3 | 3.8 | 4.5 |
| 65 | 76.1 | 4.0 | 4.5 |
| 80 | 88.9 | 4.0 | 5.0 |
| 100 | 114.3 | 4.0 | 5.0 |
| 125 | 139.7 | 4.0 | 5.5 |
| 150 | 165.1 | 4.5 | 6.0 |
| 200 | 219.1 | 6.9 | 7.0 |

注　表中的公称口径系近似内径的名义尺寸，不表示外径减去两倍壁厚所得的内径。

**表 8-2**　　　　　　　　　　　　　　　给水铸铁管规格

| 内径<br>(mm) | 壁厚<br>(mm) | 有效长度<br>(m) | 重量（kg/m） | | | 备　注 |
|---|---|---|---|---|---|---|
| | | | 承插 | 双盘 | 单盘 | |
| 75 | 9.0 | 3 | 19.50 | 19.83 | 20.57 | |
| 100 | 9.0 | 3 | 25.17 | 25.47 | 36.67 | |
| 150 | 9.0 | 3 | 38.40 | 38.67 | 49.75 | 每米重量中已包括<br>承口部位（法兰盘部<br>位）的重量 |
| 200 | 10.0 | 4 | 51.75 | 51.75 | 67.00 | |
| 250 | 10.8 | 4 | 69.25 | 70.00 | | |
| 300 | 11.4 | 5 | 87.00 | 88.25 | | |
| 350 | 12.0 | 5 | 106.50 | 108.50 | | |

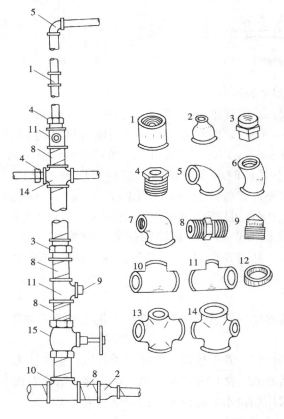

图 8-3　钢管螺纹连接配件及连接方法
1—管箍；2—异直径箍；3—活接头；4—补心；
5—90°弯头；6—45°弯头；7—异径弯头；
8—内管箍；9—管塞；10—等径三通；
11—异径三通；12—根母；13—等径四通；
14—异径四通；15—阀门

给水铸铁管的配件有承插渐缩管、三承三通、三承四通、双盘三通、双盘四通、90°承插弯头、45°承插弯头等，如图 8-4 所示。

（4）给水塑料管。给水塑料管有硬聚氯乙烯管、聚乙烯管、聚丙烯管和聚丁烯管等。塑料管具有耐化学腐蚀性强，水流阻力小，重量轻，运输安装方便等优点。

（5）管道附件。管道附件可分为配水附件和控制附件。

1）配水附件，指装在给水支管末端，供给各类卫生器具和用水设备的配水龙头和生产、消防等用水设备。常用的配水龙头如图 8-5 所示。

球形阀式配水龙头［见图 8-5（a）］，一般装在洗涤盆、污水盆、盥洗槽等卫生器具上；旋塞式配水龙头［见图 8-5（b）］，适用于洗衣房、开水间等用水设备；普通洗脸盆水龙头［见图 8-5（c）］，为单放水型，单供冷水或热水；单手柄浴盆水龙头［见图 8-5（d）］，喷头处有转向接头，可转动一定角度。近年来各种节水、节能和低噪声的龙头在工程中得到较广泛的应用。如单手柄洗脸盆水龙头［见图 8-5（e）］，在它的出水口端部装有节水消声装置，可减小出水压力和噪声，使水流柔和而不四溅；自动水龙头［见图 8-5（f）］，利用光电元件控制启闭，不但节水节能，而且实现了无接触操作，清洁卫生可防止疾病的传染。

2）控制阀门，指控制水流方向，调节水量、水压以及关断水流，便于管道、仪表和设备检修的各类阀门，如图 8-6 所示。

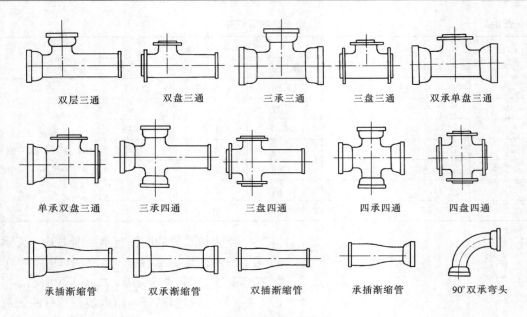

双层三通　　双盘三通　　三承三通　　三盘三通　　双承单盘三通

单承双盘三通　　三承四通　　三盘四通　　四承四通　　四盘四通

承插渐缩管　　双承渐缩管　　双插渐缩管　　承插渐缩管　　90°双承弯头

图 8-4　给水铸铁管件

截止阀〔见图 8-6（a）〕，适用于管径≤50mm 的管道上；闸阀〔见图 8-6（b）〕，宜在管径＞50mm 的管道上采用；蝶阀〔见图 8-6（c）〕，阀板在 90°翻转范围内可起调节、节流和关闭水流的作用；旋启式止回阀〔见图 8-6（d）〕，不宜在压力大的管道系统中采用；升降式止回阀〔见图 8-6（e）〕，适用于小管径的水平管道上；消声止回阀〔见图 8-6（f）〕，可消除阀门关闭时产生的水锤冲击和噪声；梭式止回阀〔见图 8-6（g）〕，是利用压差梭动原理制造的新型止回阀，水流阻力小，且密闭性能好；浮球阀〔见图 8-6（h）〕，控制水位的高低；液压水位控制阀〔见图 8-6（i）〕，是浮球阀的升级换代产品；弹簧式安全阀〔见图 8-6（j）〕、杠杆式安全阀〔见图 8-6（k）〕，避免管网、用具或密闭水箱超压破坏。

**二、室内排水工程常用管材、管件及附件**

排水管道常用的管材主要有排水铸铁管、排水塑料管、带釉陶土管，工业废水还可用陶瓷管、玻璃钢管、玻璃管等。

（1）排水铸铁管。排水铸铁管不同于给水铸铁管，管壁较薄，不能承受高压，主要作为生活污水、雨水以及一般工业废水管用。排水铸铁管，接口方式为承插式，连接方法有石棉水泥接口、膨胀水泥接口、水泥砂浆接口等。常用的排水承插铸铁管的规格见表 8-3。

表 8-3　　　　　　　　　　　　　　**排水承插铸铁管规格**

| 公称口径 | 壁厚 | 有效长度 | 理论重量（kg/根） | |
|---|---|---|---|---|
| （mm） | （mm） | （mm） | 承插直管 | 双承直管 |
| 50 | 5 | 1500 | 10.3 | 11.2 |
| 75 | 5 | 1500 | 14.9 | 16.5 |
| 100 | 5 | 1500 | 19.6 | 21.2 |
| 125 | 6 | 1500 | 29.6 | 31.7 |
| 150 | 6 | 1500 | 34.9 | 37.6 |
| 200 | 7 | 1500 | 53.7 | 57.9 |

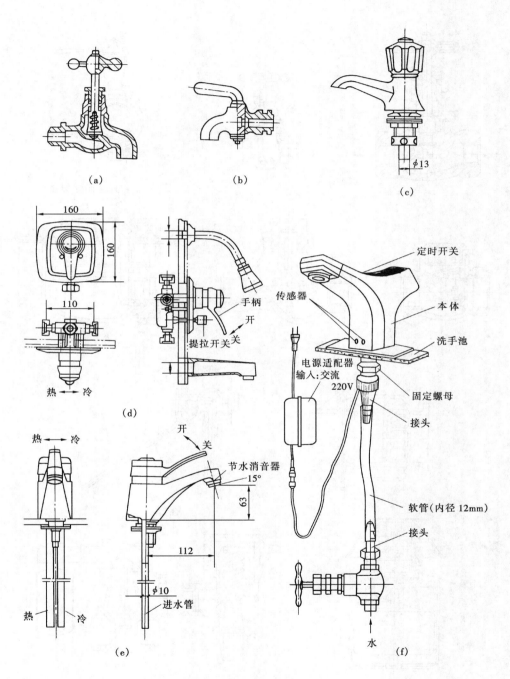

图 8-5　各类配水龙头

（a）球形阀式配水龙头；（b）旋塞式配水龙头；（c）普通洗脸盆配水龙头；
（d）单手柄浴盆水龙头；（e）单手柄洗脸盆水龙头；（f）自动水龙头

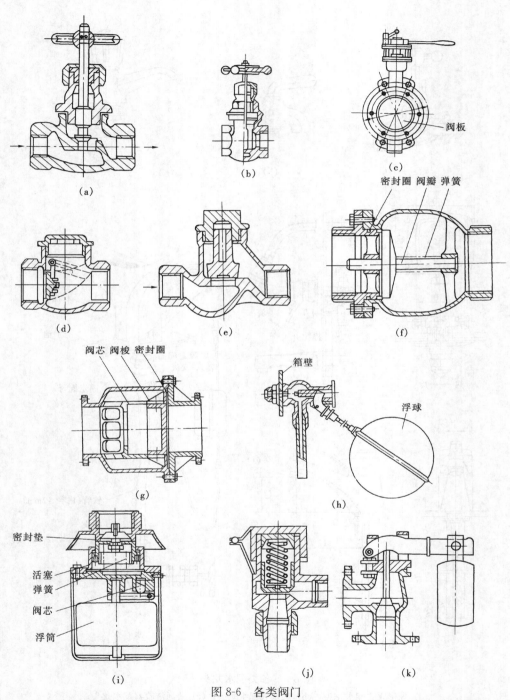

图 8-6　各类阀门

(a) 截止阀；(b) 闸阀；(c) 蝶阀；(d) 旋启式止回阀；(e) 升降式止回阀；(f) 消声止回阀；

(g) 梭式止回阀；(h) 浮球阀；(i) 液压水位控制阀；(j) 弹簧式安全阀；(k) 杠杆式安全阀

常用铸铁排水管件见图 8-7。

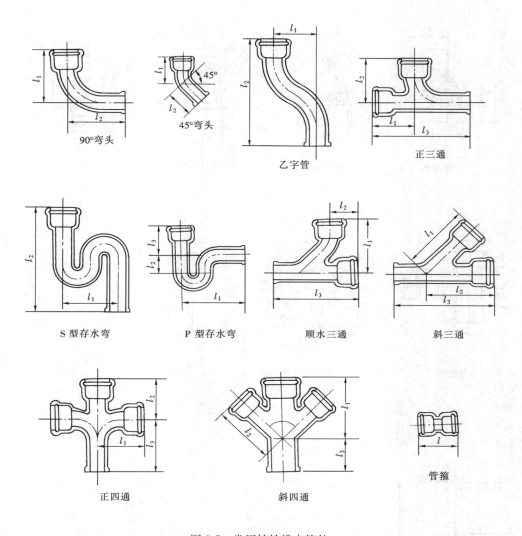

图 8-7　常用铸铁排水管件

　　(2) 排水塑料管。目前建筑内使用的排水塑料管是硬聚氯乙烯塑料管（简称 UPVC 管），具有光滑、重量轻、耐腐蚀、加工方便、便于安装等特点，连接多以粘接为主，配以适当橡胶柔性接口的连接方式。常用塑料排水管件见图 8-8。

　　(3) 带釉陶土管。带釉陶土管耐酸碱腐蚀，主要用于排放腐蚀性工业废水，室内生活污水埋地管也可以用陶土管。

　　(4) 清通设备。为使排水管道排水畅通，需在横支管上设清扫口或带清扫门的 90°弯头和三通，在立管上设检查口，在室内埋地横干管上设检查口井，如图 8-9 所示。

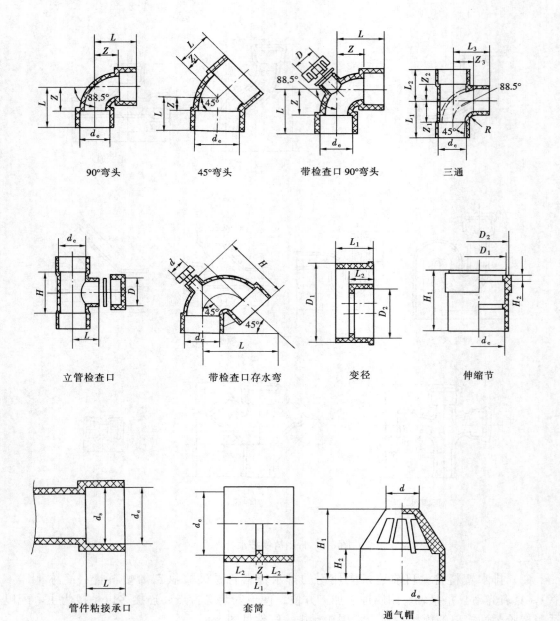

90°弯头　　　　45°弯头　　　带检查口90°弯头　　　三通

立管检查口　　　带检查口存水弯　　　变径　　　伸缩节

管件粘接承口　　　套筒　　　通气帽

图 8-8　常用塑料排水管件

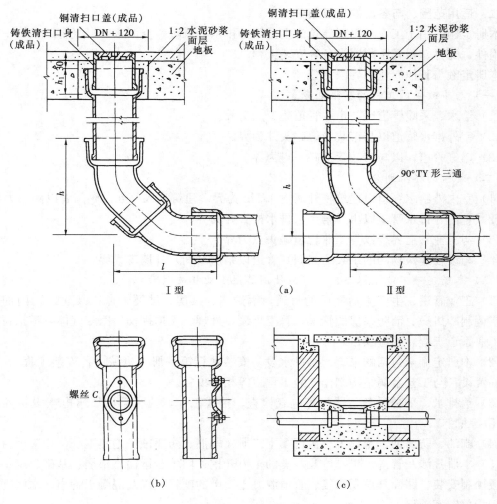

图 8-9　清通设备

（a）清扫口；（b）检查口；（c）检查口井

# 第三节　给排水、采暖、燃气工程定额编制

**一、定额编制概况**

《山东省安装工程消耗量定额》（2016 年版）第十册《给排水、采暖、燃气工程》（以下简称本册定额）共设 11 章 2063 个子目，主要内容包括：

第一章　给排水管道；　　　　　　　　第七章　供暖器具；

第二章　采暖管道；　　　　　　　　　第八章　燃气器具及其他；

第三章　空调水管道；　　　　　　　　第九章　采暖、给排水设备；

第四章　燃气管道；　　　　　　　　　第十章　医疗气体设备及附件；

第五章　管道附件；　　　　　　　　　第十一章　支架及其他。

第六章　卫生器具；

二、适用范围、与各册的界限划分

本册定额适用于工业与民用建筑的生活用给排水、采暖、空调水、燃气管道系统中的管道、附件、配件、器具及附属设备等安装工程。

本册定额与其他专业的界限划分。

（一）与市政管网工程的界限划分

（1）给水、采暖管道以与市政管道碰头点为界。

（2）室外排水管道以与市政管道碰头井为界。

（3）燃气管道，以与市政管道碰头点为界。

（二）管道的界限划分

（1）室内外给水管道以建筑物外墙皮 1.5m 为界，建筑物入口处设阀门者以阀门为界。

（2）室内外排水管道以出户第一个排水检查井为界。

（3）与工业管道界线以与工业管道碰头点为界。

（4）与设在建筑物内的水泵房（间）管道以泵房（间）外墙皮为界。

（三）本册定额不包括以下内容（应使用其他专业相关定额）

（1）工业管道、生产生活共用的管道，锅炉房、泵房、站类管道以及建筑物内加压泵房、空调制冷机房、消防泵房的管道，管道焊缝热处理、无损探伤，医疗气体管道执行第八册《工业管道工程》相应项目。

（2）本册定额未包括的采暖、给排水设备安装执行第一册《机械设备安装工程》、第三册《静置设备与工艺金属结构制作安装工程》等相应项目。

（3）给排水、采暖设备、器具等电气检查、接线工作，执行第四册《电气设备安装工程》相应项目。

（4）刷油、防腐蚀、绝热工程执行第十二册《刷油、防腐蚀、绝热工程》相应项目。

（5）本册凡涉及管沟、工作坑及井类的土方开挖、回填、运输、垫层、基础、砌筑、地沟盖板预制安装、路面开挖及修复、管道混凝土支墩的项目，以及混凝土管道、水泥管道安装执行相关定额项目。

三、与清单的衔接情况

（一）项目设置（见表8-4）

表8-4

| 序　号 | 2013 清单 | 2016 定额 |
|---|---|---|
| 1 | 给排水、采暖、燃气管道（031001） | 第一章　给排水管道<br>第二章　采暖管道<br>第三章　空调水管道<br>第四章　燃气管道 |
| 2 | 支架及其他（031002） | 第十一章　支架及其他 |
| 3 | 管道附件（031003） | 第五章　管道附件 |
| 4 | 卫生器具（031004） | 第六章　卫生器具 |
| 5 | 供暖器具（031005） | 第七章　供暖器具 |
| 6 | 采暖、给排水设备（031006） | 第九章　采暖、给排水设备 |
| 7 | 燃气器具及其他（031007） | 第八章　燃气器具及其他 |
| 8 | 医疗气体设备及附件（031008） | 第十章　医疗气体设备及附件 |
| 9 | 采暖、空调水系统调试（031009） | 册说明中规定 |

本册定额与 2013 清单项目设置基本对应，即本册定额的节与清单的 9 位项目编码基本相对应。个别项目未对应情况说明如下：

2013 清单采暖、空调水系统调试（031009），本册定额在册说明中规定。

（二）工程量计算规则

（1）本册定额第十一章中的阻火圈、管道水压试验、管道消毒冲洗、剔堵槽沟、机械钻孔、预留孔洞、堵洞等，在 2013 清单中没单独设项，可根据实际发生情况计算。

（2）2013 清单法兰阀门安装包括法兰安装，本册定额法兰阀门安装不包括法兰安装。

（3）2013 清单地板辐射采暖以 $m^2$ 计量，或按设计图示管道长度计算。本册定额地板辐射采暖管道区分管道外径，按设计图示中心线长度计算，以"10m"为计量单位。保护层（铝箔）、隔热板、钢丝网按设计图示尺寸计算实际铺设面积，以"10m"为计量单位。边界保温带按设计图示长度以"10m"为计量单位。

**四、费用系数的说明**

（1）脚手架搭拆费：按定额人工费的 5％计算，其费用中人工费占 35％。单独承担的室外埋地管道工程，不计取该费用。

（2）建筑物超高增加费：在建筑物层数大于 6 层或建筑物高度大于 20m 以上的工业与民用建筑上进行安装时，按表 8-5 计算建筑物超高增加的费用，其费用中人工费占 65％建筑物高度（m）。

**表 8-5**

| 建筑物高度（m） | ≤40 | ≤60 | ≤80 | ≤100 | ≤120 | ≤140 | ≤160 | ≤180 | ≤200 |
|---|---|---|---|---|---|---|---|---|---|
| 建筑层数（层） | ≤12 | ≤18 | ≤24 | ≤30 | ≤36 | ≤42 | ≤48 | ≤54 | ≤60 |
| 按人工费的百分比（％） | 6 | 10 | 14 | 21 | 31 | 40 | 49 | 58 | 68 |

（3）操作高度增加费：本册定额操作物高度是按距楼面或地面 5m 考虑的，当操作物高度超过 5m 时，超过部分工程量其定额人工、机械乘以表 8-6 系数。

**表 8-6**

| 操作物高度（m） | ≤10 | ≤30 | ≤50 |
|---|---|---|---|
| 系数 | 1.1 | 1.2 | 1.5 |

（4）在已封闭的管道间（井）、地沟、吊顶内安装的项目，人工、机械乘以系数 1.20。

（5）采暖工程系统调整费：按采暖系统工程人工费的 10％计算，其费用中人工费占 35％。

（6）空调水工程系统调整费：按空调水系统工程（含冷凝水管）人工费的 10％计算，其费用中人工费占 35％。

# 第四节　给排水管道工程量计算

**一、项目设置及适用范围**

（一）项目设置

本章适用于室内外生活用给排水管道的安装，包括镀锌钢管、钢管、不锈钢管、铜管、铸铁管、塑料管、复合管等不同材质的管道安装及室外管道碰头等项目,共8节486个定额子目。

（二）适用范围

本章适用于室内外生活用给排水管道的安装。

（1）给水管道适用于生活饮用水、热水、中水及压力排水等管道的安装。

（2）塑料管安装适用于 UPVC、PVC、PP-C、PP-R、PE、PB 管等塑料管安装。

（3）镀锌钢管（螺纹连接）项目也适用于焊接钢管的螺纹连接。

（4）钢塑复合管安装适用于内涂塑、内外涂塑、内衬塑、外覆塑内衬塑复合管道安装。

（5）钢管沟槽连接适用于镀锌钢管、焊接钢管及无缝钢管等沟槽连接的管道安装。不锈钢管、铜管、复合管的沟槽连接,可参照执行。

（6）雨水管道安装适用于室内雨水系统;外墙雨水管执行建筑工程定额。

（7）室外管道安装不分地上与地下,均执行同一子目。

**二、定额工作内容及施工工艺**

（1）管道安装项目中,均包括相应管件安装、水压试验及水冲洗工作内容。各种管件数量系综合取定,执行定额时,成品管件数量可依据设计文件及施工方案或参照本册附录"管道管件数量取定表"计算,定额中其他消耗量均不做调整。

钢管（焊接）管径≤DN100安装项目中均综合考虑了成品管件和现场煨制弯管、摔制大小头、挖眼三通,不论工程实际是否采用成品管件,其安装消耗量均不做调整。DN≥125全部为成品管件,管件数量均可按实际发生计算。

本册定额管件含量中不含与螺纹阀门配套的活接、对丝,其用量含在螺纹阀门安装项目中。

所有管道中与其他材质管道连接的转换管件、与卫生器具附件等连接的管件、排水中H形Y形异型管件、立管检查口、排水管道止水环、透气帽等均包含在管道安装中。

（2）管道安装项目中,除室内直埋塑料给水管项目中已包括管卡安装外,均不包括管道支架、管卡、托钩等制作安装以及管道穿墙、楼板套管制作安装、预留孔洞、堵洞、打洞、凿槽等工作内容,发生时,应按本册第十一章相应项目另行计算。

管道分材质、安装位置选用不同支架、管卡可依据设计文件及施工方案或参照本册附录"支架用量参考表、成品管卡用量参考表"计算。

管道安装定额中,包括水压试验及水冲洗内容,管道的消毒冲洗应按本册第十一章相应项目另行计算。排（雨）水管道包括灌水（闭水）及通球试验工作内容;排水管道不包括止水环、透气帽本体材料,发生时按实际数量另计材料费。

**三、工程量计算规则**

（1）各类管道安装按室内外、材质、连接形式、规格分别列项,以"10m"为计量单位。定额中铜管、塑料管、复合管（除钢塑复合管外）按公称外径表示,其他管道均按公称直径表示。

（2）各类管道安装工程量,均按设计管道中心线长度,以"10m"为计量单位,不扣除阀门、管件、附件（包括器具组成）及井类所占长度。

（3）室内给排水管道与卫生器具连接的分界线（见图8-10）：

1）给水管道工程量计算至卫生器具（含附件）前与管道系统连接的第一个连接件（角阀、三通、弯头、管箍等）止;连接件中的管件计入管道安装工程量。

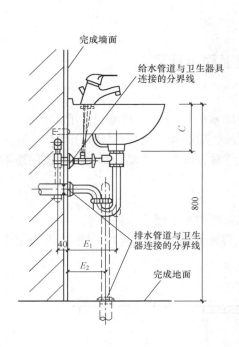
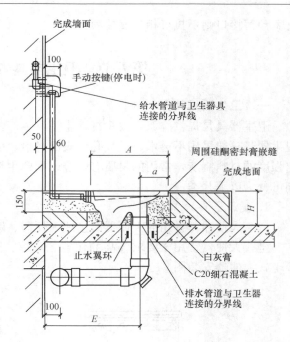

图 8-10

2）排水管道工程量自卫生器具出口处的地面或墙面的设计尺寸算起；与地漏连接的排水管道自地面设计尺寸算起，不扣除地漏所占长度。

**四、定额说明相关解释**

（1）室内柔性铸铁排水管（机械接口）按带法兰承口的承插式管材考虑。如采用直管可参照执行，调整管件（增加接轮）、橡胶密封圈、法兰压盖含量。

（2）雨水管道系统中的雨水斗安装执行第六章相应项目。

（3）塑料管热熔连接公称外径 DN125 及以上管径按热熔对接连接考虑。

（4）室内直埋塑料管道是指敷设于室内地坪下或墙内的塑料给水管段，包括了充压隐蔽、水压试验、水冲洗以及地面划线标示等工作内容。

（5）室内 AGR 给水管道粘接可套用给水塑料管粘接项目，因所用粘接剂价格较一般给水管道所用粘接剂价格高，粘接剂价格可按选用类型确定，消耗量不变。

（6）室内塑料排水管沟槽连接适用于高密度聚乙烯（HDPE）排水管道。按《沟槽式建筑排水用高密度聚乙烯（HDPE）管道工程技术规程》中 3.1.8 条：沟槽机由管材、管件供应商配套供应。定额中只计电费，未计沟槽机台班。

（7）室内塑料排水管法兰式连接适用于增强聚丙烯（FRPP）静音排水管道系统，法兰式连接管件。

（8）AD 型特殊单立管排水系统套室内塑料排水管粘接项目，管件据实调整。

（9）安装带保温层的管道时，可执行相应材质及连接形式的管道安装项目，其人工乘以系数 1.10；管道接头保温执行第十二册《刷油、防腐蚀、绝热工程》，其人工、机械乘以系数 2.0，材料消耗量乘以系数 1.2。

（10）室外管道碰头项目适用于新建管道与已有水源管道的碰头连接，如已有水源管道已做预留接口则不执行相应安装项目。

# 第五节　卫生器具安装工程量计算

## 一、卫生器具简介

卫生器具是提供洗涤，收集排除生活、生产的污废水的设备。为满足卫生清洁的要求，卫生器具一般采用不透水、无气孔、表面光滑、耐腐蚀、耐磨损、耐冷热、便于清扫、有一定强度的材料制造，常用的材质有陶瓷、搪瓷生铁、塑料、水磨石、复合材料等。按用途不同可分为以下几类：

1. 便溺器具

（1）大便器。常用的大便器有坐式大便器、蹲式大便器和大便槽三种。

坐式大便器常用于要求较高的住宅、宾馆、医院等建筑物的卫生间内。图 8-11 为低水箱坐式大便器安装图。

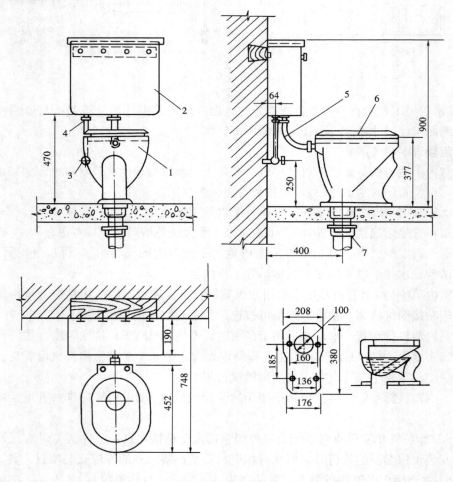

图 8-11　低水箱坐式大便器安装图

1—坐式大便器；2—低水箱；3—DN15 角阀；4—DN15 给水管；5—DN50 冲水管；6—木盖；7—DN100 排水管

　　蹲式大便器一般用于集体宿舍和公共建筑物的公共厕所及防止接触传染的医院内厕所，采用高位水箱或延时自闭式冲洗阀冲洗。图 8-12 为高水箱蹲式大便器安装图。

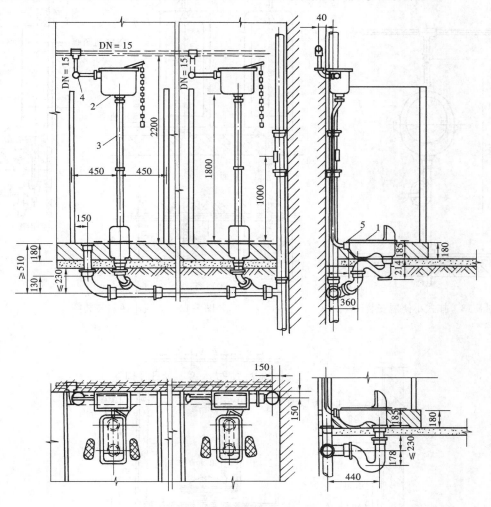

图 8-12　高水箱蹲式大便器安装图

1—蹲式大便器；2—高水箱；3—DN32 冲水管；4—DN15 角阀；5—橡胶碗

　　大便槽用于学校、火车站、汽车站、游乐场等人员较多的场所，用砖或混凝土制成，表面用瓷砖或水磨石等材料建造，采用集中自动冲洗水箱和红外线数控冲洗装置。

　　（2）小便器。小便器设于公共建筑男厕所内，有挂式、立式和小便槽三类。挂式小便器用于一般公共建筑；立式小便器用于卫生标准要求较高的公共建筑；小便槽用于工业企业、公共建筑和集体宿舍等建筑。图 8-13 为挂式小便器安装图。图 8-14 为立式小便器安装图。

　　（3）冲洗设备。冲洗设备是便溺器具的配套设备，其作用是以足够的水压和水量冲走便溺器具中的污物，保持器具的洁净，常用冲洗设备有冲洗水箱和冲洗阀两种。

　　冲洗水箱分为自动、手动两种，有高位水箱和低位水箱之分，多采用虹吸式。高位水箱用于蹲式大便器和大小便槽。公共厕所宜采用自动式冲洗水箱，见图 8-15；住宅和宾馆多用手动式，见图 8-16。低位水箱用于坐式大便器，一般为手动式。

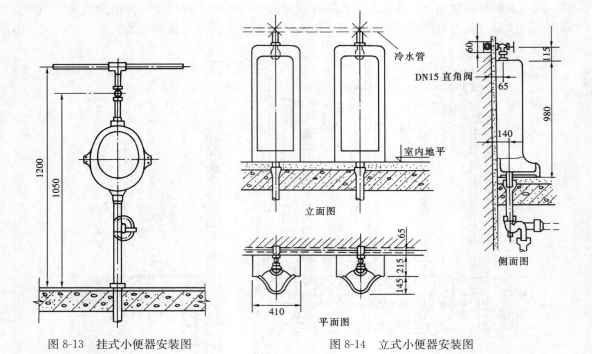

图 8-13　挂式小便器安装图

图 8-14　立式小便器安装图

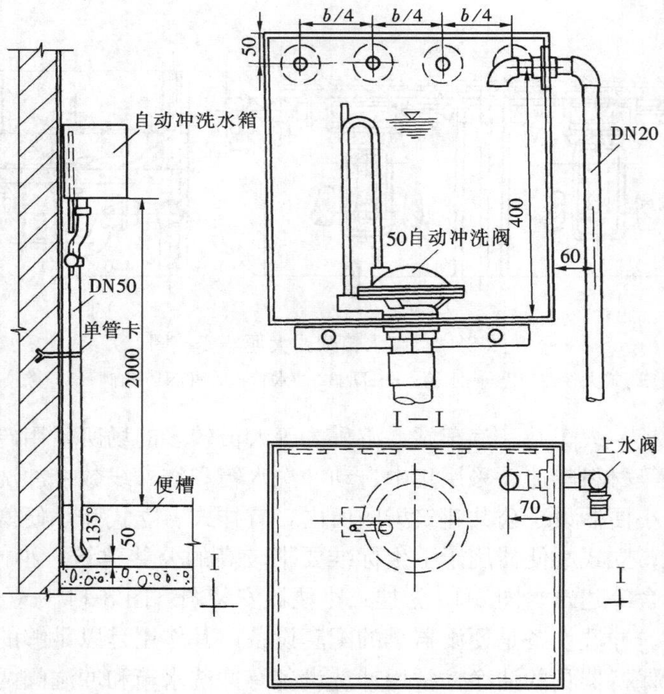

图 8-15　自动式冲洗水箱安装图

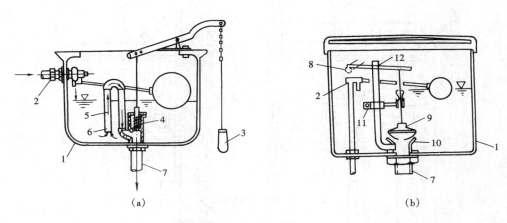

图 8-16　手动式冲洗水箱安装图

(a) 虹吸冲洗水箱；(b) 水力冲洗水箱

1—水箱；2—浮球阀；3—拉链；4—弹簧阀；5—虹吸管；6—小孔；7—冲洗管；

8—扳手；9—橡胶球阀；10—阀座；11—导向装置；12—溢流管

冲洗阀直接安装在大小便器冲洗管上，多用于公共建筑、工厂及火车厕所内，如图 8-17 所示。

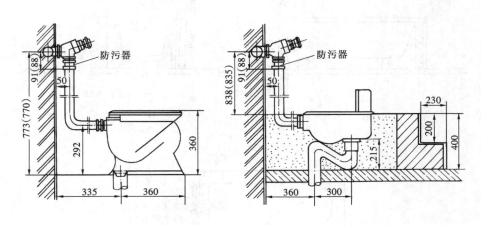

图 8-17　延时自闭式大便冲洗阀安装图

2. 盥洗、沐浴器具

(1) 洗脸盆。洗脸盆设置在盥洗室、浴室、卫生间及理发室内供洗漱用，外形有长方形、椭圆形和三角形，安装方式有墙架式、柱脚式和台式。图 8-18 为墙架式洗脸盆安装图。

(2) 盥洗槽。盥洗槽多设置在集体宿舍、车站、工厂生活间等同时有多人使用的地方，用瓷砖、水磨石等材料现场建造。

(3) 浴盆。浴盆常设置在住宅、宾馆、医院等卫生间或公共浴室内，多为长方形，配有冷热水管或混合龙头，有的还配有淋浴设备。图 8-19 为浴盆安装图。

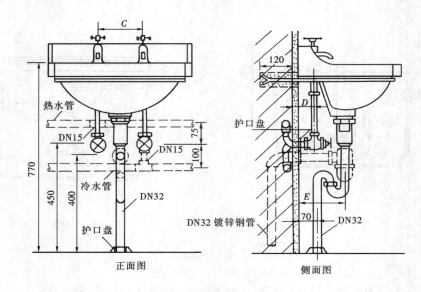

图 8-18　墙架式洗脸盆安装图

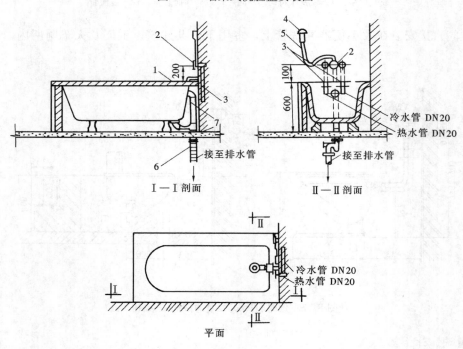

图 8-19　浴盆安装

1—浴盆；2—混合阀门；3—给水管；4—莲蓬头；5—蛇皮管；6—存水弯；7—排水管

　　(4)淋浴器。淋浴器在工厂、学校、机关、部队公共浴室和集体宿舍、体育馆内被广泛使用，淋浴器有成品，也有现场安装的。图 8-20 为现场安装的淋浴器。

　　(5)净身盆。净身盆与大便器配套安装，供便溺后洗下身用，一般用于宾馆高级客房的卫生间内，也用于医院、工厂的妇女卫生室内。图 8-21 为净身盆安装图。

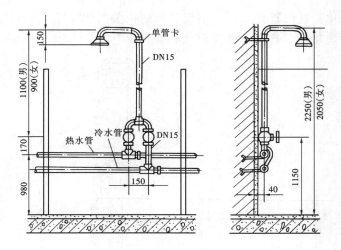

图 8-20 淋浴器安装图

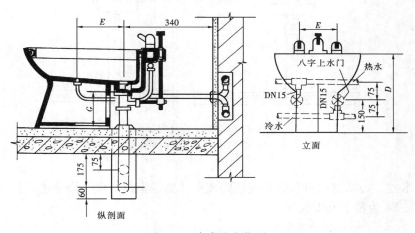

图 8-21 净身盆安装图

3. 洗涤器具

（1）洗涤盆。装设在厨房或公共食堂内，用来洗涤碗碟、蔬菜等。洗涤盆有单格和双格之分。图 8-22 为双格洗涤盆安装图。

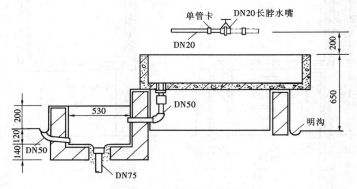

图 8-22 双格洗涤池安装图

（2）化验盆。化验盆设置在工厂、学校和科研机关的化验室或实验室内，按需要有单联、双联、三联鹅颈龙头。图 8-23 为单联化验盆安装图。

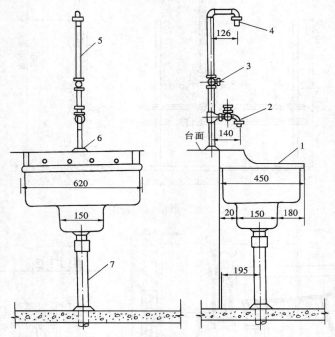

图 8-23　单联化验盆安装图
1—化验盆；2—DN15 化验龙头；3—DN15 截止阀；4—螺纹接口；
5—DN15 出水管；6—压盖；7—DN50 排水管

（3）污水盆。污水盆设置在公共建筑的厕所、盥洗室内，供洗涤拖把、打扫厕所或倾倒污水用。图 8-24 为污水盆安装图。

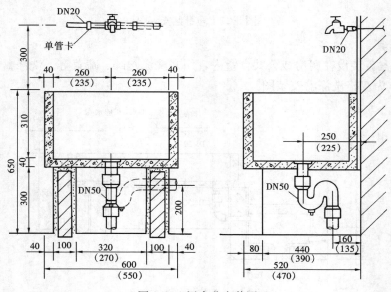

图 8-24　污水盆安装图

（4）地漏。地漏装在食堂、餐厅等地面须经常清洗处，或淋浴间、水泵房、厕所、盥洗室、卫生间等地面有水需排泄处，有扣碗式、多通道式、双算杯式、防回流式、密闭式、无水式、防冻式、侧墙式等多种类型。图 8-25 为地漏安装图。

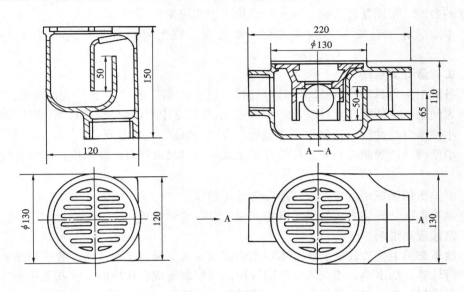

图 8-25　地漏安装图

### 二、项目设置及适用范围

卫生器具安装是参照国家建筑标准设计图集《排水设备及卫生器具安装》（2010 年合订本）中有关标准图编制的，包括浴缸（盆）、净身盆、洗脸盆、洗涤盆、化验盆、大便器、小便器、烘手器、淋浴器、淋浴间、桑拿浴房、大小便器自动冲洗水箱、给排水附件、小便槽冲洗管制作安装、蒸汽-水加热器、冷热水混合器、饮水器和隔油器等器具安装项目，共 19 节 122 个定额子目。各类卫生器具安装项目除另有标注外，均适用于各种材质。

### 三、定额工作内容及施工工艺

（1）各类卫生器具安装项目包括卫生器具本体、配套附件、成品支托架安装。各类卫生器具配套附件是指给水附件（水嘴、金属软管、阀门、冲洗管、喷头等）和排水附件（下水口、排水栓、存水弯、与地面或墙面排水口间的排水连接管等）。

（2）各类卫生器具所用附件已列出消耗量，如随设备或器具配套供应时，其消耗量不得重复计算。各类卫生器具支托架如现场制作时，执行第十一章相应项目。

（3）浴盆冷热水带喷头若采用埋入式安装时，混合水管及管件消耗量应另行计算。按摩浴盆包括配套小型循环设备（过滤罐、水泵、按摩泵、气泵等）安装，其循环管路材料、配件等均按成套供货考虑。浴盆底部所需要填充的干砂材料消耗量另行计算。

（4）大、小便器冲洗（弯）管均按成品考虑。大便器安装已包括了柔性连接头或胶皮碗。

（5）大、小便槽自动冲洗水箱安装中，已包括水箱和冲洗管的成品支托架、管卡安装，水箱支托架及管卡的制作及刷漆，应按相应定额项目另行计算。

（6）与卫生器具配套的电气安装，应执行第四册《电气设备安装工程》相应项目。

（7）各类卫生器具的混凝土或砖基础、周边砌砖、瓷砖粘贴，蹲式大便器蹲台砌筑、台式洗脸盆的台面，浴厕配件安装，应执行建筑工程相应定额项目。

（8）本章所有项目安装不包括预留、堵孔洞，发生时执行本册定额第十一章相应项目。

**四、工程量计算规则**

（1）各种卫生器具均按设计图示数量计算，以"10组"或"10套"为计量单位。

（2）大便槽、小便槽自动冲洗水箱安装分容积按设计图示数量，以"10套"为计量单位。大、小便槽自动冲洗水箱创作不分规格，以"100kg"为计量单位。

（3）小便槽冲洗管制作与安装按设计图示长度以"10m"为计量单位，不扣除管件所占的长度。

（4）湿蒸房依据使用人数，以"座"为计量单位。

（5）隔油器区分安装方式和进水管径，以"套"为计量单位。

**五、定额应用说明**

（1）液压脚踏卫生器具安装执行本章相应定额，人工乘以系数1.3，液压脚踏装置材料消耗量另行计算。如水嘴、喷头等配件随液压阀及控制器成套供应时，应扣除定额中的相应材料，不得重复计取。卫生器具所用液压脚踏装置包括配套的控制器、液压脚踏开关及其液压连接软管等配套附件。

（2）蹲便器安装中大便器存水弯按与卫生器具连接考虑，如存水弯安装在管道中可调整材料价格，如蹲便器自带存水弯应扣除材料费。

（3）铸铁地漏按法兰压盖承插连接、塑料地漏按粘接考虑，如图8-26和图8-27所示。同材质不同连接方式的可参照执行。

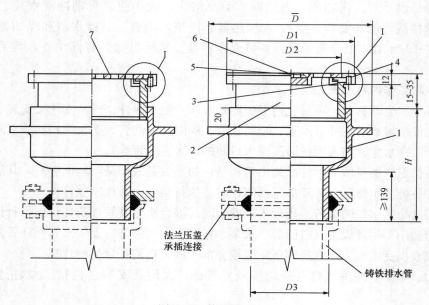

图8-26 构造图（一）

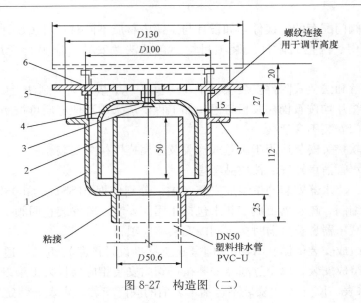

图 8-27　构造图（二）

# 第六节　管道附件工程量计算

## 一、项目设置及适用范围

本章包括螺纹阀门、法兰阀门、塑料阀门、沟槽阀门、法兰、减压器、疏水器、除污器、水表、热量表、倒流防止器、水锤消除器、补偿器、软接头（软管）、塑料排水管消声器、浮标液面计、浮漂水位标尺等安装项目，共 17 节 469 个定额子目。

## 二、定额工作内容及施工工艺

（1）阀门安装均综合考虑了标准规范要求的强度及严密性试验工作内容。若采用气压试验时，除定额人工外，其他相关消耗量可进行调整。

（2）电动（磁）阀、温控阀安装项目均包括了配合调试工作内容，不得再重复计算；电动（磁）阀检查接线、调试执行第五册《建筑智能化工程》。

（3）对夹式蝶阀安装已含双头螺栓用量，在套用与其连接的法兰安装项目时，应将法兰安装项目中的螺栓用量扣除。浮球阀安装已包括了联杆及浮球的安装。

## 三、工程量计算规则

（1）各种阀门、补偿器、软接头、普通水表、IC 卡水表、水锤消除器、塑料排水管消声器安装，均按照不同连接方式、公称直径，以"个"为计量单位。

（2）减压器、疏水器、水表、倒流防止器、热量表组成安装，按照不同组成结构、连接方式、公称直径，以"组"为计量单位。减压器安装按高压侧的直径计算。

（3）卡紧式软管按照不同管径，以"根"为计量单位。

（4）法兰均区分不同公称直径，以"副"为计量单位。

（5）承插盘法兰短管按照不同连接方式、公称直径，以"副"为计量单位。

（6）浮标液面计、浮漂水位标尺区分不同的型号，以"组"为计量单位。

## 四、定额应用说明

（1）安全阀安装后进行压力调整的，其人工乘以系数 2.0。螺纹三通阀安装按螺纹阀门安装项目乘以系数 1.3。

（2）与螺纹阀门配套的连接件，如设计与定额中材质不同时，可按设计进行调整。

（3）法兰阀门、法兰式附件安装项目均不包括法兰安装，应另行套用相应法兰安装项目。

（4）每副法兰和法兰式附件安装项目中，均包括一个垫片和一副法兰螺栓的材料用量。各种法兰连接用垫片均按石棉橡胶板考虑，如工程要求采用其他材质可按实调整。

（5）塑料阀门安装不含活接。

（6）法兰式软接头安装适用于法兰式橡胶及金属挠性接头安装。

（7）塑料排水管消声器安装按成品考虑。

（8）减压器、疏水器安装均按组成安装考虑，分别依据 01SS105 和 05R407《国家建筑标准设计图集》编制。疏水器组成安装未包括止回阀安装，若安装止回阀执行阀门安装相应项目。单独安装减压器、疏水器时执行阀门安装相应项目。

（9）除污器组成安装依据 03R402《国家建筑标准设计图集》编制，适用于立式、卧式和旋流式除污器组成安装。单个过滤器安装执行阀门安装相应项目人工乘以系数 1.2。

（10）普通水表、IC 卡水表安装不包括水表前的阀门安装。水表安装定额是按与钢管连接编制的，若与塑料管连接时其人工乘以系数 0.6，材料、机械消耗量可按实调整。

（11）水表组成安装是依据 05S502《国家建筑标准设计图集》编制的。法兰水表（带旁通管）组成安装中三通、弯头均按成品管件考虑。

（12）热量表组成安装是依据 10K509、10R504《国家建筑标准设计图集》编制的。如实际组成与此不同时，可按法兰、阀门等附件安装相应项目计算或调整。

（13）倒流防止器组成安装是根据 12S108-1《国家建筑标准设计图集》编制的，按连接方式不同分为带水表与不带水表安装。

（14）器具组成安装项目已包括标准设计图集中的旁通管安装，旁通连接管所占长度不再另计管道工程量。

（15）器具组成安装均分别依据现行相关标准图集编制的，其中连接管、管件均按钢制管道、管件及附件考虑。如实际采用其他材质组成安装，则按相应项目分别计算。器具附件组成如实际与定额不同时，可按法兰、阀门等附件安装相应项目分别计算或调整。

（16）补偿器项目包括方形补偿器制作安装和焊接式、法兰式成品补偿器安装，成品补偿器包括球形、填料式、波纹式补偿器。补偿器安装项目中包括就位前进行预拉（压）工作。

（17）浮标液面计、水位标尺分别依据 N102-3《采暖通风国家标准图集》和 S318《全国通用给排水标准图集》编制的，如设计与标准图集不符时，主要材料可作调整，其他不变。

（18）本章所有安装项目均不包括固定支架的制作安装，发生时执行第十一章相应项目。

## 第七节　采暖及给水设备工程量计算

### 一、项目设置及适用范围

本章适用于采暖、生活给排水系统中的变频给水设备、稳压给水设备、无负压给水设备、气压罐、太阳能集热装置、地源（水源、气源）热泵机组、除砂器、水处理器、水箱自洁器、水质净化器、紫外线杀菌设备、热水器、开水炉、消毒器、消毒锅、直饮水设备、水箱制作安装等，共 15 节 129 个定额子目。

## 二、定额工作内容及施工工艺

（1）本章设备安装定额中均包括设备本体以及与其配套的管道、附件、部件的安装和单机试运转或水压试验、通水调试等内容，均不包括与设备外接的第一片法兰或第一个连接口以外的安装工程量，发生时应另行计算。设备安装项目中包括与本体配套的压力表、温度计等附件的安装，如实际未随设备供应附件时，其材料另行计算。

（2）本章设备安装定额中均未包括减震装置、机械设备的拆装检查、基础灌浆、地脚螺栓的埋设，若发生时执行第一册《机械设备安装工程》相应项目。

（3）本章设备安装定额中均未包括设备支架或底座制作安装，如采用型钢支架执行第十一章　设备支架相应子目，混凝土及砖底座执行《房屋建筑与装饰工程消耗量定额》相应项目。

## 三、工程量计算规则

（1）各种设备安装项目除另有说明外，按设计图示规格、型号、重量，均以"台"为计量单位。

（2）给水设备按同一底座设备重量列项，以"套"为计量单位。

（3）太阳能集热装置区分平板、玻璃真空管型式，以"m²"为计量单位。

（4）地源热泵机组按设备重量列项，以"组"为计量单位。

（5）水箱自洁器分外置式、内置式，电热水器分挂式、立式安装，以"台"为计量单位。

（6）水箱安装项目按水箱设计容量，以"台"为计量单位；钢板水箱制作分圆形、矩形，按水箱设计容量，以箱体金属重量"100kg"为计量单位。

## 四、定额应用说明

（1）本章动力机械设备单机试运转所用的水、电耗用量应另行计算；静置设备水压试验、通水调试所用消耗量已列入相应项目中。

（2）给水设备、地源热泵机组均按整体组成安装编制。

（3）水箱安装适用于玻璃钢、不锈钢、钢板等各种材质，不分圆形、方形，均按箱体容积执行相应项目。水箱安装按成品水箱编制，如现场制作、安装水箱，水箱主材不得重复计算。水箱消毒冲洗及注水试验用水按设计图示容积或施工方案计入。组装水箱的连接材料是按随水箱配套供应考虑的。

（4）随设备配备的各种控制箱（柜）、电气接线及电气调试等，执行第四册《电气设备安装工程》相应项目。

（5）太阳能集热器是按集中成批安装编制的，如发生 4m² 以下工程量时，人工、机械乘以系数 1.1。

# 第八节　支架及其他工程量计算

## 一、项目设置及适用范围

本章内容包括管道支架、设备支架和各种套管制作安装，管道水压试验，管道消毒、冲洗，成品表箱安装，剔堵槽、沟，机械钻孔，预留孔洞，堵洞等安装项目，共 6 节 209 个定额子目。

## 二、定额工作内容及施工工艺

（1）管道、设备支架的除锈、刷油，执行第十二册《刷油、防腐蚀、绝热工程》相应项目。

(2) 刚性防水套管和柔性防水套管安装项目中,均包括了配合预留孔洞及浇筑混凝土工作内容。一般套管制作安装项目,未包括预留孔洞工作,发生时按本章所列预留孔洞项目另行计算。

(3) 套管制作安装项目已包含堵洞工作内容。本章所列堵洞项目,适用于管道在穿墙、楼板不安装套管时的洞口封堵。堵洞材料设计有特殊要求时,可调整堵洞用材料含量和价格。

(4) 套管内填料按油麻编制,如与设计不符时,可按工程要求调整换算填料。

**三、工程量计算规则**

(1) 管道、设备支架制作安装按设计图示单件重量,以"100kg"为计量单位。

(2) 成品管卡、阻火圈安装、成品防火套管安装,按工作介质管道直径,区分不同规格以"个"为计量单位。

(3) 管道保护管制作与安装,分为钢制和塑料两种材质,区分不同规格,按设计图示管道中心线长度以"10m"为计量单位。

(4) 预留孔洞、堵洞项目,按工作介质管道直径,分规格以"10个"为计量单位。

(5) 管道水压试验、消毒冲洗按设计图示管道长度,分规格以"100m"为计量单位。

(6) 一般穿墙套管、柔性、刚性套管,按工作介质管道的公称直径,分规格以"个"为计量单位。

(7) 成品表箱安装按箱体半周长以"个"为计量单位。

(8) 机械钻孔项目,区分混凝土楼板钻孔及混凝土墙体钻孔,按钻孔直径以"10个"为计量单位。

(9) 剔堵槽沟项目,区分砖结构及混凝土结构,按截面尺寸以"10m"为计量单位。

**四、定额应用说明**

(1) 管道支架制作安装项目,适用于室内外管道的管架制作与安装。如单件质量大于100kg时,应执行本章设备支架制作安装相应项目。

(2) 管道支架采用木垫式、弹簧式管架时,均执行本章管道支架安装项目,支架中的弹簧减震器、滚珠、木垫等成品件重量不计入支架制作工程量,但应计入安装工程量,其材料数量按实计入。

(3) 成品管卡安装项目,适用于与各类管道配套的立、支管成品管卡的安装。

(4) 保温管道穿墙、板采用套管时,按保温层外径规格执行套管相应项目。

(5) 管道保护管是指在管道系统中,为避免外力(荷载)直接作用在介质管道外壁上,造成介质管道受损而影响正常使用,在介质管道外部设置的保护性管段。

(6) 水压试验项目仅适用于因工程需要而发生且非正常情况的管道水压试验。管道安装定额中已经包括了规范要求的水压试验,不得重复计算。

(7) 管道安装定额中已经包括了规范要求的水冲洗,因工程需要再次发生管道冲洗时,执行本章消毒冲洗定额项目,同时扣减定额中漂白粉消耗量,其他消耗量乘以系数0.6。

(8) 成品表箱安装适用于水表、热量表、燃气表箱的安装。

(9) 机械钻孔项目是按混凝土墙体及混凝土楼板考虑的,厚度系综合取定。如实际墙体厚度超过300mm,楼板厚度超过220mm时,按相应项目乘以系数1.2。砖墙及砌体墙钻孔按机械钻孔项目乘以系数0.4。

（10）剔堵槽沟项目，如宽度超过设项，深度达不到设项，套用低阶深度定额乘以宽度换算系数，如剔堵槽150×140时，可套用100×140项目乘以系数1.5（宽度150÷100）。

# 第九节　给水排水工程施工图预算实例

**【例 8-1】** 山东省某市区×住宅楼一个单元的室内给排水工程预算

（一）工程概况

（1）山东省某市市区××住宅楼一个单元的室内给排水工程给排水平面图见图8-28、图8-29，给水系统见图8-30，排水系统见图8-31。图中标高均以 m 计，其他尺寸标注均以mm 计。

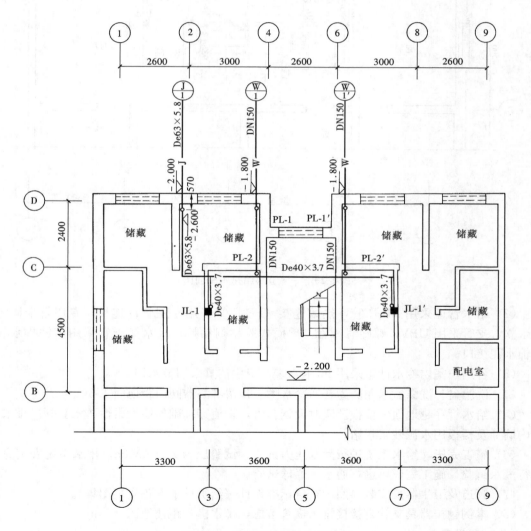

图 8-28　半地下室给排水平面图

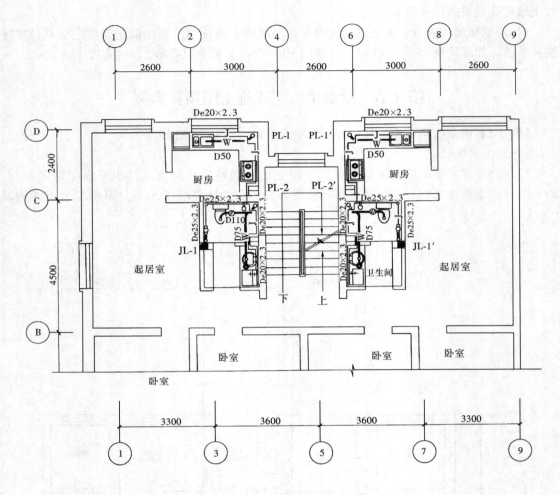

图 8-29 一～五层给排水平面图

（2）给水管道采用 PP-R 管，热熔连接，PP-R 管采用专用管件连接，专用管卡固定。排水立、支管采用 UPVC 螺旋消音管，承插式胶粘剂粘接；排水横干管采用铸铁排水管，石棉水泥接口。

（3）各用户室内冷水计量采用 IC 卡水表，卫生洁具采用节水型。

（4）洗脸盆、洗涤盆水龙头为普通冷水嘴。预留淋浴器阀门距地面 1.5m。

（5）给水管穿越地面、楼板及墙时设钢套管，管道穿基础外墙设柔性防水套管。排水管穿内墙穿及楼板用水泥砂浆封堵。

（6）施工完毕，给水系统进行静水压力试验，试验压力为 0.6MPa；排水系统安装完毕进行灌水试验，施工完毕再进行通水、通球试验。

（7）管道及卫生器具安装参照山东省标准设计《给水排水设备安装图集》。

（8）本例题按器具支管直接接排水横管考虑，排水横管距楼地面 0.5m。

（二）采用定额

本例题采用《山东省安装工程价目表》《山东省安装工程消耗量定额》（第十册给排水、

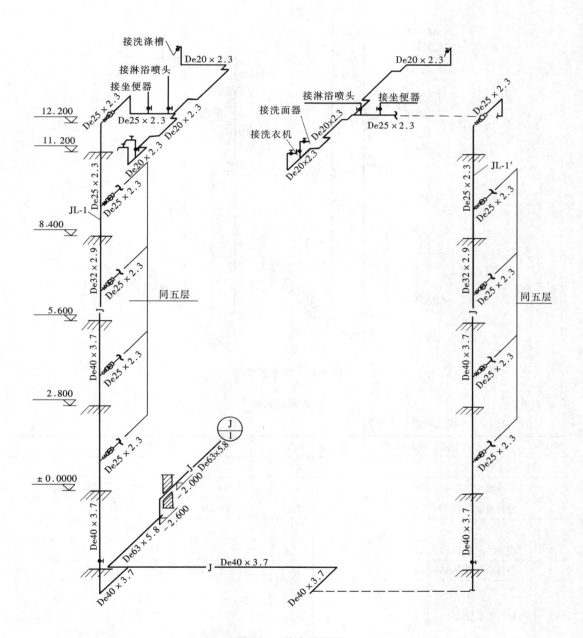

图 8-30　给水系统图

采暖、燃气工程）中的有关内容为计算依据（2016 年版）。

（三）编制方法

（1）本例题暂不计留洞、支架、刷油、保温等工作内容。

（2）未尽事宜执行现行施工及验收规范的有关规定。

（3）工程量计算结果见表 8-7，安装工程施工图预算结果见表 8-9 和表 8-10。

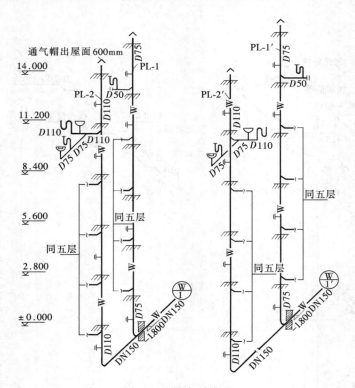

图 8-31 排水系统图

**表 8-7** **工程量计算书**

工程名称：××住宅给水排水工程

| 序号 | 分部分项工程名称 | 单位 | 工程量 | 计 算 公 式 |
|---|---|---|---|---|
| | 给水管道 | | | |
| 1 | 塑料给水管 De63×5.8 | m | 5.97 | $1.5+0.57+[-2.0-(-2.6)]+2.3+1=5.97$ |
| 2 | 塑料给水管 De40×3.7 | m | 27.3 | ①$1.3+2.6+2.8×2+1=10.5$ |
| | | | | ②$6.3+1.3+2.6+2.8×2+1=16.8$ |
| 3 | 塑料给水管 De32×2.9 | m | 5.6 | $2.8+2.8=5.6$ |
| 4 | 塑料给水管 De25×2.3 | m | 38.1 | $2.8×2+(1.3+0.75+1.2)×2×5=38.1$ |
| 5 | 塑料给水管 De20×2.3 | m | 108.5 | $(2.3+0.3×2+1.5+2.4+0.3×3)×5×2+(0.75×6×5)+0.9×2×5$(注：$0.75×6×5+0.9×2×5$ 为每层接卫生器具水龙头、阀门支管增加长度) |
| | 排水管道 | | | |
| 6 | 铸铁排水管 DN150 | m | 8.8 | $(1.5+2.9)×2=8.8$ |
| 7 | 塑料排水管 D110 | m | 54.8 | ①$(1.8+14+0.6)×2=32.8$ |
| | | | | ②$1.2×5×2+0.5×4×5=22$ |
| 8 | 塑料排水管 D75 | m | 57.8 | ①$(1.8+14+0.6)×2=32.8$ |
| | | | | ②$2×5×2+0.5×2×5=25$ |

续表

| 序号 | 分部分项工程名称 | 单位 | 工程量 | 计 算 公 式 |
|---|---|---|---|---|
| 9 | 塑料排水管 D50 | m | 25 | 1.5×5×2+0.5×4×5＝25 |
| 10 | 坐式大便器 | 套 | 10 | 10 |
| 11 | 洗脸盆 | 组 | 10 | 10 |
| 12 | 洗涤池 | 组 | 10 | 10 |
| 13 | 地漏 DN100 | 个 | 10 | 10 |
| 14 | 地漏 DN65 | 个 | 10 | 10 |
| 15 | 水表 DN20 | 组 | 10 | 10 |
| 16 | 水龙头 DN15 | 个 | 10 | 10 |
| 17 | 塑料阀门 DN32 热熔连接 | 个 | 2 | 2 |
| 18 | 塑料阀门 DN20 热熔连接 | 个 | 10 | 10 |
| 19 | 塑料阀门 DN15 热熔连接 | 个 | 20 | 20 |
| 20 | 柔性防水套管制作安装 DN150 | 个 | 2 | 2 |
| 21 | 柔性防水套管制作安装 De63 | 个 | 1 | 1 |
| 22 | 一般钢套管制作安装 DN50 | 个 | 2 | 2 |
| 23 | 一般钢套管制作安装 DN32 | 个 | 8 | 8 |
| 24 | 一般钢套管制作安装 DN25 | 个 | 2 | 2 |
| 25 | 一般钢套管制作安装 DN20 | 个 | 2 | 2 |
| 26 | 一般钢套管制作安装 DN15 | 个 | 10 | 10 |
| 27 | 给水管消毒冲洗 | | | 同给水管道安装工程量 |
| 28 | 堵洞 DN50 | 个 | 20 | 20 |
| 29 | 堵洞 DN65 | 个 | 22 | 10+12 |
| 30 | 堵洞 DN100 | 个 | 32 | 20+12 |
| 31 | 堵洞 DN150 | 个 | 2 | 2 |

**表 8-8**　　　　　　　　　　　**安装工程预算表**

项目名称：××住宅楼给排水工程　　　　　　　　　　　　　　　　共　页　第　页

| 序号 | 定额编码 | 子目名称 | 单位 | 工程量 | 单价（元） | 合价（元） | 其中 | |
|---|---|---|---|---|---|---|---|---|
| | | | | | | | 省人工单价 | 省人工合价 |
| 1 | 10-1-218 | 室内铸铁排水管（石棉水泥接口）≤DN150 | 10m | 0.88 | 432.66 | 380.74 | 359.16 | 316.06 |
| | Z17000171@1 | 承插铸铁排水管 DN150 | m | 8.316 | | | | |
| | Z18000045@1 | 室内承插铸铁排水管件 DN150 | 个 | 3.925 | | | | |
| 2 | 10-1-323 | 室内塑料给水管（热熔连接）≤DN20 | 10m | 10.85 | 106.08 | 1150.97 | 104.55 | 1134.37 |

续表

| 序号 | 定额编码 | 子目名称 | 单位 | 工程量 | 单价(元) | 合价(元) | 其中 | |
|------|----------|----------|------|--------|----------|----------|------|------|
| | | | | | | | 省人工单价 | 省人工合价 |
| | Z17000265@1 | 塑料给水管 DN20 | m | 110.236 | | | | |
| | Z18000183@1 | 室内塑料给水管热熔管件 DN20 | 个 | 164.92 | | | | |
| 3 | 10-1-324 | 室内塑料给水管(热熔连接)≤DN25 | 10m | 3.81 | 117.78 | 448.74 | 116.08 | 442.26 |
| | Z17000265@2 | 塑料给水管 DN25 | m | 38.71 | | | | |
| | Z18000183@2 | 室内塑料给水管热熔管件 DN25 | 个 | 46.673 | | | | |
| 4 | 10-1-325 | 室内塑料给水管(热熔连接)≤DN32 | 10m | 0.56 | 127.33 | 71.3 | 125.35 | 70.2 |
| | Z17000265@3 | 塑料给水管 DN32 | m | 5.69 | | | | |
| | Z18000183@3 | 室内塑料给水管热熔管件 DN32 | 个 | 6.054 | | | | |
| 5 | 10-1-326 | 室内塑料给水管(热熔连接)≤DN40 | 10m | 2.73 | 143.26 | 391.1 | 140.9 | 384.66 |
| | Z17000265@4 | 塑料给水管 DN40 | m | 27.737 | | | | |
| | Z18000183@4 | 室内塑料给水管热熔管件 DN40 | 个 | 24.215 | | | | |
| 6 | 10-1-328 | 室内塑料给水管(热熔连接)≤DN63 | 10m | 0.597 | 182.22 | 108.79 | 179.22 | 106.99 |
| | Z17000265@6 | 塑料给水管 DN63 | m | 6.066 | | | | |
| | Z18000183@6 | 室内塑料给水管热熔管件 DN63 | 个 | 3.934 | | | | |
| 7 | 10-1-365 | 室内塑料排水管(粘接)≤DN50 | 10m | 2.5 | 131.39 | 328.48 | 129.06 | 322.65 |
| | Z17000295@1 | 塑料排水管 DN50 | m | 25.3 | | | | |
| | Z18000191@1 | 室内塑料排水管粘接管件 DN50 | 个 | 17.25 | | | | |
| 8 | 10-1-366 | 室内塑料排水管(粘接)≤DN75 | 10m | 5.78 | 177.01 | 1023.12 | 172.83 | 998.96 |
| | Z17000295@2 | 塑料排水管 DN75 | m | 56.644 | | | | |
| | Z18000191@2 | 室内塑料排水管粘接管件 DN75 | 个 | 51.153 | | | | |
| 9 | 10-1-367 | 室内塑料排水管(粘接)≤DN110 | 10m | 5.48 | 199.02 | 1090.63 | 192.61 | 1055.5 |
| | Z17000295@3 | 塑料排水管 DN110 | m | 52.06 | | | | |
| | Z18000191@3 | 室内塑料排水管粘接管件 DN110 | 个 | 63.349 | | | | |
| 10 | 10-5-92 | 塑料阀门安装(熔接)≤DN15 | 个 | 20 | 4.21 | 84.2 | 4.12 | 82.4 |
| | Z19000087@2 | 塑料阀门 DN15 | 个 | 20.2 | | | | |
| 11 | 10-5-93 | 塑料阀门安装(熔接)≤DN20 | 个 | 10 | 5.27 | 52.7 | 5.15 | 51.5 |
| | Z19000087@1 | 塑料阀门 DN20 | 个 | 10.1 | | | | |
| 12 | 10-5-95 | 塑料阀门安装(熔接)≤DN32 | 个 | 2 | 8.43 | 16.86 | 8.24 | 16.48 |
| | Z19000087@3 | 塑料阀门 DN32 | 个 | 2.02 | | | | |

续表

| 序号 | 定额编码 | 子目名称 | 单位 | 工程量 | 单价（元） | 合价（元） | 其中 | |
|---|---|---|---|---|---|---|---|---|
| | | | | | | | 省人工单价 | 省人工合价 |
| 13 | 10-5-294R×0.6 | IC卡水表安装（螺纹连接）≤DN20 人工×0.6 | 个 | 10 | 13.68 | 136.8 | 11.74 | 117.4 |
| | Z24000005 | 螺纹IC卡水表 | 个 | 10 | | | | |
| 14 | 10-6-12 | 洗脸盆 挂墙式 组成安装 单嘴 | 10组 | 1 | 478.13 | 478.13 | 399.64 | 399.64 |
| | Z21000021 | 洗脸盆 | 个 | 10.1 | | | | |
| | Z03000107 | 长颈水嘴 DN15 | 个 | 10.1 | | | | |
| | Z21000023 | 洗脸盆排水附件 | 套 | 10.1 | | | | |
| | Z21000025 | 洗脸盆托架 | 副 | 10.1 | | | | |
| 15 | 10-6-23 | 洗涤盆 单嘴 | 10组 | 1 | 385.1 | 385.1 | 329.6 | 329.6 |
| | Z03000107 | 长颈水嘴 DN15 | 个 | 10.1 | | | | |
| | Z21000039 | 洗涤盆 | 个 | 10.1 | | | | |
| | Z21000041 | 洗涤盆排水附件 | 套 | 10.1 | | | | |
| | Z21000019 | 洗涤盆托架-40×5 | 副 | 10.1 | | | | |
| 16 | 10-6-40 | 坐式大便器安装 连体水箱 | 10套 | 1 | 858.21 | 858.21 | 588.13 | 588.13 |
| | Z17000233 | 金属软管 D15 | 根 | 10.1 | | | | |
| | Z03000145 | 角型阀（带铜活）DN15 | 个 | 10.1 | | | | |
| | Z21000061 | 连体坐便器 | 个 | 10.1 | | | | |
| | Z21000063 | 连体坐便器进水阀配件 | 套 | 10.1 | | | | |
| | Z03000163 | 坐便器桶盖 | 套 | 10.1 | | | | |
| 17 | 10-6-91 | 地漏安装≤DN80 塑料地漏 | 10个 | 1 | 181.85 | 181.85 | 179.22 | 179.22 |
| | Z03000125@2 | 地漏 DN80 塑料 | 个 | 10.1 | | | | |
| 18 | 10-6-92 | 地漏安装≤DN100 塑料地漏 | 10个 | 1 | 231.95 | 231.95 | 229.18 | 229.18 |
| | Z03000125@1 | 地漏 DN100 塑料 | 个 | 10.1 | | | | |
| 19 | 10-11-25 | 一般钢套管制作安装 介质管道 ≤DN20 | 个 | 12 | 11.3 | 135.6 | 8.76 | 105.12 |
| | Z17000025 | 焊接钢管 DN32 | m | 3.816 | | | | |
| 20 | 10-11-26 | 一般钢套管制作安装 介质管道 ≤DN32 | 个 | 10 | 13.35 | 133.5 | 9.99 | 99.9 |
| | Z17000029 | 焊接钢管 DN50 | m | 3.18 | | | | |
| 21 | 10-11-27 | 一般钢套管制作安装 介质管道 ≤DN50 | 个 | 2 | 21.07 | 42.14 | 14.21 | 28.42 |
| | Z17000031 | 焊接钢管 DN80 | m | 0.636 | | | | |
| 22 | 10-11-45 | 柔性防水套管制作 介质管道 ≤DN50 | 个 | 1 | 235.17 | 235.17 | 129.68 | 129.68 |

续表

| 序号 | 定额编码 | 子目名称 | 单位 | 工程量 | 单价(元) | 合价(元) | 其中 省人工单价 | 省人工合价 |
|------|----------|----------|------|--------|----------|----------|----------------|------------|
| | Z17000131 | 无缝钢管 D89×4 | m | 0.424 | | | | |
| 23 | 10-11-49 | 柔性防水套管制作 介质管道≤DN150 | 个 | 2 | 484.24 | 968.48 | 256.26 | 512.52 |
| | Z17000141 | 无缝钢管 D219×6 | m | 0.848 | | | | |
| 24 | 10-11-57 | 柔性防水套管安装 介质管道≤DN50 | 个 | 1 | 46.32 | 46.32 | 29.05 | 29.05 |
| | Z18000409@2 | 柔性防水套管 DN50 | 个 | | | | | |
| 25 | 10-11-61 | 柔性防水套管安装 介质管道≤DN150 | 个 | 2 | 84.99 | 169.98 | 40.27 | 80.54 |
| | Z18000409@1 | 柔性防水套管 DN150 | 个 | | | | | |
| 26 | 10-11-136 | 管道消毒、冲洗≤DN15 | 100m | 1.085 | 38.4 | 41.66 | 37.9 | 41.12 |
| 27 | 10-11-137 | 管道消毒、冲洗≤DN20 | 100m | 0.381 | 41.79 | 15.92 | 40.89 | 15.58 |
| 28 | 10-11-138 | 管道消毒、冲洗≤DN25 | 100m | 0.056 | 45.52 | 2.55 | 44.08 | 2.47 |
| 29 | 10-11-139 | 管道消毒、冲洗≤DN32 | 100m | 0.273 | 49.89 | 13.62 | 47.38 | 12.93 |
| 30 | 10-11-141 | 管道消毒、冲洗≤DN50 | 100m | 0.06 | 58.85 | 3.51 | 53.56 | 3.2 |
| 31 | 10-11-199 | 堵洞≤DN50 | 10个 | 2 | 89.71 | 179.42 | 25.75 | 51.5 |
| 32 | 10-11-200 | 堵洞≤DN65 | 10个 | 2.2 | 114.17 | 251.17 | 27.91 | 61.4 |
| 33 | 10-11-202 | 堵洞≤DN100 | 10个 | 3.2 | 151.98 | 486.34 | 36.87 | 117.98 |
| 34 | 10-11-204 | 堵洞≤DN150 | 10个 | 0.2 | 255.86 | 51.17 | 46.45 | 9.29 |
| | | | | | | 10196.22 | | 8125.90 |
| 35 | BM106 | 脚手架搭拆费(第十册给排水、采暖、燃气工程)(单独承担的室外埋地管道工程除外) | 元 | 1 | 406.29 | 406.29 | 142.2 | 142.2 |
| 合计 | | | | | | 10602.51 | 4266 | 8268.1 |

**表 8-9**                **安装工程费用表**

项目名称：××住宅楼给排水工程

| 行号 | 序号 | 费用名称 | 费率 | 计算方法 | 费用金额 |
|------|------|----------|------|----------|----------|
| 1 | 一 | 分部分项工程费 | | Σ{[定额Σ(工日消耗量×人工单价)+Σ(材料消耗量×材料单价)+Σ(机械台班消耗量×台班单价)]×分部分项工程量} | 10196.22 |
| 2 | (一) | 计费基础 JD1 | | Σ(工程量×省人工费) | 8125.9 |
| 3 | 二 | 措施项目费 | | 2.1+2.2 | 1105.12 |
| 4 | 2.1 | 单价措施费 | | Σ{[定额Σ(工日消耗量×人工单价)+Σ(材料消耗量×材料单价)+Σ(机械台班消耗量×台班单价)]×单价措施项目工程量} | 406.29 |

续表

| 行号 | 序号 | 费用名称 | 费率 | 计算方法 | 费用金额 |
|---|---|---|---|---|---|
| 5 | 2.2 | 总价措施费 | | (1)+(2)+(3)+(4) | 698.83 |
| 6 | (1) | 夜间施工费 | 2.5 | 计费基础 JD1×费率 | 203.15 |
| 7 | (2) | 二次搬运费 | 2.1 | 计费基础 JD1×费率 | 170.64 |
| 8 | (3) | 冬雨季施工增加费 | 2.8 | 计费基础 JD1×费率 | 227.53 |
| 9 | (4) | 已完工程及设备保护费 | 1.2 | 计费基础 JD1×费率 | 97.51 |
| 10 | (二) | 计费基础 JD2 | | Σ措施费中 2.1、2.2 中省价人工费 | 427.42 |
| 11 | 三 | 其他项目费 | | 3.1+3.3+3.4+3.5+3.6+3.7+3.8 | |
| 12 | 3.1 | 暂列金额 | | | |
| 13 | 3.2 | 专业工程暂估价 | | | |
| 14 | 3.3 | 特殊项目暂估价 | | | |
| 15 | 3.4 | 计日工 | | | |
| 16 | 3.5 | 采购保管费 | | | |
| 17 | 3.6 | 其他检验试验费 | | | |
| 18 | 3.7 | 总承包服务费 | | | |
| 19 | 3.8 | 其他 | | | |
| 20 | 四 | 企业管理费 | 55 | (JD1+JD2)×管理费费率 | 4704.33 |
| 21 | 五 | 利润 | 32 | (JD1+JD2)×利润率 | 2737.06 |
| 22 | 六 | 规费 | | 4.1+4.2+4.3+4.4+4.5 | 1341.98 |
| 23 | 4.1 | 安全文明施工费 | | (1)+(2)+(3)+(4) | 933.38 |
| 24 | (1) | 安全施工费 | 2.34 | (一+二+三+四+五)×费率 | 438.58 |
| 25 | (2) | 环境保护费 | 0.29 | (一+二+三+四+五)×费率 | 54.35 |
| 26 | (3) | 文明施工费 | 0.59 | (一+二+三+四+五)×费率 | 110.58 |
| 27 | (4) | 临时设施费 | 1.76 | (一+二+三+四+五)×费率 | 329.87 |
| 28 | 4.2 | 社会保险费 | 1.52 | (一+二+三+四+五)×费率 | 284.89 |
| 29 | 4.3 | 住房公积金 | 0.21 | (一+二+三+四+五)×费率 | 39.36 |
| 30 | 4.4 | 工程排污费 | 0.27 | (一+二+三+四+五)×费率 | 50.61 |
| 31 | 4.5 | 建设项目工伤保险 | 0.18 | (一+二+三+四+五)×费率 | 33.74 |
| 32 | 七 | 设备费 | | Σ(设备单价×设备工程量) | |
| 33 | 八 | 税金 | 10 | (一+二+三+四+五+六+七-甲供材料、设备款)×税率 | 2008.47 |
| 34 | 九 | 不取费项目合计 | | | |
| 35 | 十 | 工程费用合计 | | 一+二+三+四+五+六+七+八+九 | 22093.18 |

# 第九章　消防工程施工图预算的编制

## 第一节　消防工程定额编制

### 一、定额编制概况

山东省安装工程消耗量定额第九册《消防工程》(以下简称本册定额)是以中华人民共和国住房和城乡建设部《通用安装工程消耗量定额》TY02-31-2015(以下简称15定额)第九册为基础进行修编的。同时结合2003年《山东省安装工程消耗量定额》DXD37-207-2002第七册《消防及安全防范设备安装工程》(以下简称2003定额)有关定额项目,并根据规范标准的变化、施工技术的创新提高以及新型材料的应用等实际情况,对15定额的项目进行了增补与删减,根据调研资料对15定额消耗量进行了合理调整,使该册定额从项目设置、基础数据的取定等方面基本能满足目前我省消防工程计价的需要。

### 二、定额编制主要内容

本册定额内容包括水灭火系统、气体灭火系统、泡沫灭火系统、火灾自动报警系统及消防系统调试,共设5章46节308个定额子目。具体设置见表9-1。

表 9-1

| 章号 | 章名称 | 章　内　容 | 节数量 | 子目数量 |
|---|---|---|---|---|
| 第一章 | 水灭火系统 | 水喷淋管道、消火栓管道、水喷淋喷(雾)头、报警装置、水流指示器、温感式水幕装置、减压孔板、末端试水装置、集热罩、室内外消火栓、消防水泵接合器、灭火器、消防水炮安装 | 13 | 108 |
| 第二章 | 气体灭火系统 | 无缝钢管、气体驱动装置管道、选择阀、气体喷头、贮存装置、称重检测装置、无管网气体灭火装置、管网系统试验 | 8 | 39 |
| 第三章 | 泡沫灭火系统 | 泡沫发生器、泡沫比例混合器 | 2 | 16 |
| 第四章 | 火灾自动报警系统 | 点型探测器、线型探测器、按钮、消防警铃、声光报警器、放气指示灯、空气采样型探测器、消防报警电话插孔(电话)、消防广播(扬声器)、消防专用模块(模块箱)、区域报警控制箱、联动控制箱(柜)、远程控制箱(柜)、多线制手动控制箱(柜)、家庭火灾报警控制箱(器)、区域显示器、火灾报警系统控制主机、联动控制主机、消防广播及电话主机(柜)、火灾报警控制微机、备用电源及电池主机柜、报警联动控制一体机、智能消防灯具安装、应急照明分配电装置、消防应急灯具专用应急电源、应急照明控制主机 | 18 | 111 |
| 第五章 | 消防系统调试 | 自动报警系统调试、水灭火控制装置调试、防火控制装置联动调试、气体灭火系统装置调试、消防应急疏散指示系统调试 | 5 | 34 |
| 合计 | | | 46 | 308 |

### 三、本册定额与各册的界限划分

(一)界线划分

(1)消防系统室内外管道以建筑物外墙皮1.5m为界,入口处设阀门者以阀门为界;室外给水消防管道执行第十册《给排水、采暖、燃气工程》中室外给水管道安装相应项目;

（2）稳压装置安装，消防水箱、套管、支架制作安装（注明者除外）、消防管道的剔槽打洞及恢复，执行第十册《给排水、采暖、燃气工程》相应项目；

（3）各种消防泵安装，执行第一册《机械设备安装工程》相应项目；

（4）不锈钢管、铜管管道安装，执行第八册《工业管道工程》相应项目；

（5）刷油、防腐蚀、绝热工程，执行第十二册《刷油、防腐蚀、绝热工程》相应项目；

（6）电缆敷设、桥架安装、配管配线、接线盒、电动机检查接线、防雷接地装置、液位显示装置、应急照明集中电源柜等安装、消防电气配管的剔槽打洞及恢复，执行第四册《电气设备安装工程》相应项目；

（7）各种仪表的安装及带电讯号的阀门、报警终端电阻、压力开关、驱动装置及泄漏报警开关的接线、校线等执行第五册《建筑智能化工程》相应项目；

（8）凡涉及管沟、基坑及井类的土方开挖、回填、运输、垫层、基础、砌筑、地沟盖板预制安装、路面开挖及修复、管道混凝土支墩的项目，执行相关定额项目。

### 四、本册定额与清单的衔接情况

（一）项目设置与清单的衔接情况（见表9-2）

**表9-2**

| 序号 | 章设置 | 2013清单项目设置项目编码 | 《消防工程》消耗量定额编号 |
|---|---|---|---|
| 1 | 水灭火系统 | 030901 | 9-1-1~108 |
| 2 | 气体灭火系统 | 030902 | 9-2-1~39 |
| 3 | 泡沫灭火系统 | 030903 | 9-3-1~16 |
| 4 | 火灾自动报警系统 | 030904 | 9-4-1~111 |
| 5 | 消防系统调试 | 030905 | 9-5-1~34 |

本定额与2013清单项目设置基本对应，即本定额的节与清单的9位项目编码基本相对应。个别项目未对应情况说明如下：

（1）清单项目"集热板制作安装"，本定额按成品编制，为"集热板安装"未考虑现场制作情况。

（2）清单列项，气体灭火系统中的"不锈钢管、不锈钢管管件"项目与泡沫灭火系统中的"碳钢管、不锈钢管、铜管、不锈钢管管件、铜管管件"项目，本册定额中未编制对应子目，执行第八册《工业管道工程》相应子目。

（二）工程量计算规则与清单的衔接情况

本册定额与2013清单项目的工程量计算规则基本一致。

水灭火系统中的水喷淋钢管、消火栓钢管和气体灭火系统中的无缝钢管和气体驱动装置管道项目，工程量计算规则"按设计图示管道中心线以长度计算"，清单以"m"为单位计量，本定额以"10m"为计量单位。

### 五、定额的应用说明

（一）定额说明相关解释

（1）阀门安装执行第十册《给排水、采暖、燃气工程》相应项目。

（2）报警装置安装项目，定额中已包括装配管、泄放试验管及水力警铃出水管安装，水力警铃进水管按图示尺寸执行管道安装相应项目，参见图9-1；其他报警装置适用于雨淋、

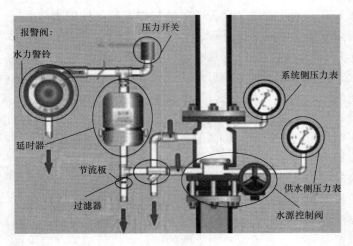

图 9-1

干湿两用及预作用报警装置。

（3）喷头、报警装置及水流指示器安装定额均按管网系统试压、冲洗合格后安装考虑的，定额中已包括丝堵、临时短管的安装、拆除及摊销。

（4）温感式水幕装置安装定额中已包括给水三通至喷头、阀门间的管道、管件、阀门、喷头等全部安装内容，但管道的主材数量按设计管道中心长度另加损耗计算；喷头数量按设计数量另加损耗计算，参见图 9-2。

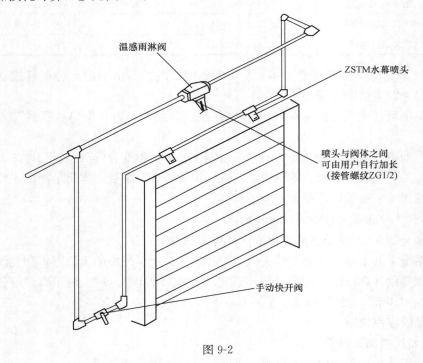

图 9-2

（5）集热罩安装项目，主材中应包括所配备的成品支架。安装位置：当高架仓库分层板上方有孔洞、缝隙时，应在喷头上方设置集热罩。

图 9-3

（6）落地组合式消防柜安装，执行室内消火栓（明装）定额项目。

（7）室外消火栓、消防水泵接合器安装，定额中包括法兰接管及弯管底座（消火栓三通）的安装，其本身价值另行计算，参见图 9-3。

（8）消防水炮及模拟末端装置项目，定额中仅包括本体安装，不包括型钢底座制作安装和混凝土砌筑；型钢底座制作安装执行第十册《给排水、采暖及燃气工程》设备支架制作安装相应项目，混凝土基础、消防箱洞孔封堵等执行建筑工程定额相应项目。

**六、定额各种系数的变化**

（1）脚手架搭拆费：按定额人工费的 5％ 计算，其费用中人工费占 35％。

（2）建筑物超高增加费：在建筑物层数大于 6 层或建筑物高度大于 20m 以上的工业与民用建筑上进行安装时，按表 9-3 计算建筑物超高增加的费用，其费用中人工费占 65％。

表 9-3　　　　　　　　　　　建筑物超高增加费系数表

| 建筑物高度（m） | ≤40 | ≤60 | ≤80 | ≤100 | ≤120 | ≤140 | ≤160 | ≤180 | ≤200 |
|---|---|---|---|---|---|---|---|---|---|
| 建筑层数（层） | ≤12 | ≤18 | ≤24 | ≤30 | ≤36 | ≤42 | ≤48 | ≤54 | ≤60 |
| 按人工费的百分比（％） | 6 | 10 | 14 | 21 | 31 | 40 | 49 | 58 | 68 |

（3）操作高度增加费：本册定额操作物高度是按距楼面或地面 5m 考虑的，当操作物高度超过 5m 时，超过部分工程量其定额人工、机械乘以表 9-4 系数。

表 9-4

| 操作物高度（m） | ≤10 | ≤30 | ≤50 |
|---|---|---|---|
| 系数 | 1.1 | 1.2 | 1.5 |

（4）在已封闭的管道间（井）、地沟、吊顶内安装的项目，人工、机械乘以系数 1.20。

（5）本册定额不另计取联动试车费，其费用包含在相应调试的定额子目中。

## 第二节　工程量计算规则

**一、水灭火系统**

本定额适用于工业和民用建（构）筑物设置的水灭火系统的管道、各种组件、消火栓、消防水炮等安装。项目包括水喷淋钢管、消火栓钢管、水喷淋（雾）喷头、报警装置、水流指示器、温感式水幕装置、减压孔板、末端试水装置、集热罩、消火栓、消防水泵结合器、灭火器、消防水炮等安装，共 13 节 108 个定额子目。

（一）定额工作内容和施工工艺

（1）管道安装项目中，均包括相应管件安装、水压试验及水冲洗工作内容。各种管件数量系综合取定，执行定额时，成品管件数量可依据设计文件及施工方案或参照本册附录"管道管件数量取定表"计算，定额中其他消耗量均不做调整。

（2）若设计或规范要求钢管需要镀锌，其镀锌及场外运输另行计算。

（3）消火栓管道（沟槽连接）大于公称直径 DN200 时，执行水喷淋钢管（沟槽连接）相关项目。

（4）管道为适应建筑物结构造型而需加工成大弧度弯管，相关管道安装定额工作内容中，均未包括此项加工工序。工程发、承包双方可根据工程实际情况（管材规格、煨制半径、加工方法等）协商解决处理。

（二）工程量计算规则

（1）管道安装按设计图示管道中心线长度以"10m"为计量单位。不扣除阀门、管件及各种组件所占长度。

（2）喷头、水流指示器、减压孔板、集热罩按设计图示数量计算。按安装部位、方式、分规格以"个"为计量单位。

（3）报警装置、室内消火栓、室外消火栓、消防水泵接合器均按设计图示数量计算。报警装置、室内外消火栓、消防水泵接合器分形式，按成套装置及附件以"组""套"为计量单位；成套装置及附件包括的内容详见表9-5。

表9-5　　　　　　　　　　　　　　　成套装置及附件包括内容

| 序号 | 项目名称 | 包括内容 |
|---|---|---|
| 1 | 湿式报警装置 | 湿式阀、供求压力表、装置压力表、试验阀、泄放试验阀、试验管流量计、过滤器、延时器、水力警铃、报警截止阀、漏斗、压力开关 |
| 2 | 干湿两用报警装置 | 两用阀、装置截止阀、加速器、加速器压力表、供水压力表、试验阀、泄放阀、泄放试验阀（湿式）、泄放试验阀（干式）、挠性接头、试验管流量计、排气阀、截止阀、漏斗、压力开关延时器、水力警铃、压力开关 |
| 3 | 电动雨淋报警装置 | 雨淋阀、压力表、泄放试验阀、流量表、截止阀、注水阀、止回阀、电磁阀、排水阀、应急手动球阀、报警试验阀、漏斗、压力开关、过滤器、水力警铃 |
| 4 | 预作用报警装置 | 干式报警阀、压力表（2块）、流量表、截止阀、排放阀、注水阀、止回阀、泄放阀、报警试验阀、液压切断阀、气压开关（两个）、试压电磁阀、应急手动试压阀、漏斗、过滤器、水力警铃 |
| 5 | 室内消火栓 | 消火栓箱、消火栓、水枪、水龙带、水龙带接扣、挂架 |
| 6 | 室外消火栓 | 地下式消火栓、法兰接管、弯管底座或消火栓三通 |
| 7 | 室内消火栓（带自动卷盘） | 消火栓箱、消火栓、水枪、水龙带、水龙带接扣、挂架、消防软管卷盘 |
| 8 | 消防水泵接合器 | 消防接口本体、止回阀、安全阀、闸（蝶）阀、弯管底座、标牌 |
| 9 | 水炮及模拟末端装置 | 水炮和模拟末端装置的本体 |

（4）末端试水装置按设计图示数量计算，分规格以"组"为计量单位。

（5）温感式水幕装置安装以"组"为计量单位。

（6）灭火器按设计图示数量计算，分形式以"具、组、套"为计量单位。

（7）消防水炮按设计图示数量计算，分规格以"台"为计量单位。

## 二、气体灭火系统

本定额包括无缝钢管、气体驱动装置管道、选择阀、气体喷头、储存装置、称重检漏装置、无管网气体灭火装置、管网系统试验等安装工程，共8节39个定额子目，适用于工业和民用建筑中设置的七氟丙烷、IG541、二氧化碳灭火系统中的管道、系统装置及组件等的安装。

（一）工程量计算规则

（1）管道安装按设计图示管道中心线长度，以"10m"为计量单位。不扣除阀门、管件及各种组件所占长度。

（2）气体驱动装置管道按设计图示管道中心线长度计算，以"10m"为计量单位。

（3）选择阀、喷头安装按设计图示数量计算，分规格、连接方式以"个"为计量单位。

（4）储存装置、称重检漏装置、无管网气体灭火装置按设计图示数量计算，以"套"为计量单位。

（5）管网系统试验按储存装置数量，以"套"为计量单位。

（二）定额应用说明

（1）无缝钢管、选择阀安装及系统组件试验等适用于七氟丙烷、IG541灭火系统；高压二氧化碳灭火系统执行本定额，人工、机械乘以系数1.20。

（2）气体灭火系统管道若采用不锈钢管、铜管时，管道及管件安装执行第八册《工业管道工程》相应项目。

（3）储存装置安装定额，包括灭火剂储存容器和驱动瓶的安装固定支框架、系统组件（集流管，容器阀，气、液单向阀，高压软管）、安全阀等储存装置和驱动装置的安装及氮气增压，见图9-4。二氧化碳储存装置安装不需增压，执行定额时应扣除高纯氮气，其余不变。称重装置价值含在储存装置设备价中。

（4）二氧化碳称重检漏装置包括泄漏报警开关、配重及支架安装。

（5）管网系统包括管道、选择阀、气液单向阀、高压软管等组件。管网系统试验工作内容包括充氮气，但氮气消耗量另行计算。

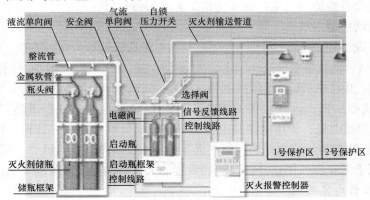

图 9-4

（6）干粉灭火系统（见图 9-5）执行气体灭火系统相应子目，干粉罐执行第三册《静置设备与工艺金属结构制作安装工程》相应项目。

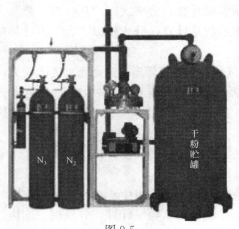

图 9-5

（7）气体灭火系统装置调试费执行第五章相应子目。

（8）阀门安装分压力执行第八册《工业管道工程》相应项目。

**三、泡沫灭火系统**

本册定额适用于高、中、低倍数固定式或半固定式泡沫灭火系统的发生器及泡沫比例混合器安装。本册定额内容包括泡沫发生器、泡沫比例混合器等安装工程，共 2 节 16 个定额子目。

（一）工程量计算规则：泡沫发生器、泡沫比例混合器安装按设计图示数量计算，均按不同型号以"台"为计量单位。

（二）定额应用说明：

（1）本定额设备安装工作内容不包括支架的制作、安装和二次灌浆，上述工作另行计算。

（2）泡沫灭火的管道、管件、法兰、阀门、管道支架等的安装及管道系统试压与冲（吹）洗，执行第八册《工业管道工程》相应子目。

（3）泡沫发生器、泡沫比例混合器安装定额中不包括泡沫液充装，泡沫液充装另行计算。

（4）泡沫灭火系统的调试应按批准的施工方案另行计算。

**四、火灾自动报警系统**

本章内容包括点型探测器、线型探测器、按钮、消防警铃、声光报警器、放气指示灯、空气采样型探测器、消防报警电话插孔（电话）、消防广播（扬声器）、消防专用模块（模块箱）、区域报警控制箱、联动控制箱、远程控制箱（柜）、多线制手动控制盘（柜）、家庭火灾报警控制箱（器）、区域显示器、火灾报警系统控制主机、联动控制主机、消防广播及电话主机（柜）、火灾报警控制微机、备用电源及电池主机柜、报警联动控制一体机、智能消防灯具安装、应急照明分配电装置、应急照明控制主机等安装工程，共 18 节 111 个定额子目。

本定额适用于工业和民用建（构）筑物设置的火灾自动报警系统的安装。

（一）定额工作内容及施工工艺

本定额中均包括以下工作内容：

（1）施工技术准备、施工机械准备、标准仪器准备、施工安全防护措施、安装位置的清理。

（2）设备和箱、机及元件的搬运，开箱检查，清点，杂物回收，安装就位，接地，密封，箱、机内的校线、接线、压接端头（挂锡）、编码，测试、清洗，记录整理等。

（3）本体调试。

本定额不包括以下工作内容：

（1）设备支架、底座、基础的制作安装。

（2）构件加工、制作。

（3）火灾报警控制微机安装中不包括消防系统应用软件开发内容。

（4）火警119直播外线电话。

（二）工程量计算规则

（1）点型探测器按设计图示数量计算，不分规格、型号、安装方式与位置，以"个"为计量单位。探测器安装包括了探头及底座的安装和本体调试。光束探测器以"对"为计量单位（光束探测器是成对使用的，在计算时一对为两只）。定额中包括了探头支架安装和探测器的调试以及对中的安装。

（2）线型探测器的安装方式按环绕、正弦、直线综合考虑，不分线制及保护形式，以"10m"为计量单位。

（3）线性探测器信号转换装置，以"台"为计量单位。

（4）光纤感温火灾探测信号处理器，以"台"为计量单位。

（5）线型探测器终端（中间）盒，以"个"为计量单位。

（6）按钮包括火灾报警按钮、带电话插孔报警按钮、消火栓报警按钮、紧急启停按钮，以"个"为计量单位。定额按照在轻质墙体和硬质墙体上安装方式综合考虑。

（7）报警器包括消防警铃、声光报警器、放气指示灯，以"个"为计量单位。定额已包括其底座的安装，并按照在轻质墙体和硬质墙体上安装方式综合考虑。

（8）空气采样型探测器包括空气采样管、极早期空气采样报警器，空气采样管依据图示设计长度，以"m"为计量单位，极早期空气采样报警器依据探测回路数按设计图示计算，以"台"为计量单位。

（9）消防报警电话包括电话分机、无线电话分机、电话插孔，不分安装方式，以"个"为计量单位。

（10）消防广播(扬声器)区分吸顶式、壁挂式及嵌入式三种安装方式，以"个"为计量单位。

（11）消防模块包括单输入（输出）、多输入（输出）、单输入单输出及多输入多输出，不分安装方式，以"个"为计量单位。

（12）模块箱、端子箱的安装，以"台"为计量单位，并按照在轻质墙体和硬质墙体上安装方式综合考虑。

（13）区域报警控制箱不分线制，按其安装方式不同分为壁挂式和落地式，按照"点"数的不同划分子目，以"台"为计量单位，"点"是指区域报警控制箱内报警控制器所带的有地址编码的报警器件（火灾探测器、各种报警按钮、模块等）的数量，如果一个模块带数个探测器，则只能计为一点。

（14）联动控制箱不分线制，按其安装方式不同分为壁挂式和落地式，按照"点"数的不同划分子目，以"台"为计量单位，"点"是指联动控制箱设备型号的点数。

（15）远程控制箱按其控制回路数以"台"为计量单位。

（16）家庭火灾报警控制箱（器）不分线制，不分规格、型号、安装方式，以"台"为计量单位。

（17）重复显示器（楼层显示器）不分线制，不分规格、型号、安装方式，以"台"为计量单位。

（18）多线制手动控制盘（柜）按照回路数的不同划分子目，以"台"为计量单位。

（19）火灾报警系统控制主机不分线制，按其安装方式不同分为壁挂式和落地式。按照"点数"的不同划分子目，以"台"为计量单位，"点"是指设备主机型号的点数。

（20）联动控制主机安装不分线制，按照"点"数的不同划分子目，以"台"为计量单位。"点"是指设备型号的点数。

（21）消防广播控制柜是指安装成套广播设备的成品机柜，不分规格、型号以"台"为计量单位。

（22）广播功率放大器、广播录放盘、矩阵及广播分配器的安装，不分规格、型号以"台"为计量单位。

（23）消防电话主机按其控制回路数以"台"为计量单位。

（24）火灾报警控制微机、图形显示及打印终端的安装，以"套"为计量单位。

（25）备用电源及电池主机柜综合考虑了规格、型号，以"台"为计量单位。

（26）报警联动一体机不分线制，按其安装方式不同分为壁挂式和落地式。按照"点"数的不同划分子目，以"台"为计量单位，"点"是指设备型号的点数。

（27）智能消防灯具是指带有地址编码的具有巡检、常亮、灭灯、改变方向等功能的灯具，按照其安装方式分为吊挂式、壁挂式、嵌墙式及地面式。依据设计图示数量计算，以"套"为计量单位。

（28）应急照明分配电装置控制箱综合考虑了安装方式，按照"点"数的不同划分子目，以"台"为计量单位。"点"是指设备型号的点数。

（29）应急照明控制主机安装，按其安装方式不同分为壁挂式和落地式，按照"点"数的不同划分子目，以"台"为计量单位。"点"是指主机设备型号的点数。

（三）定额应用说明

（1）点型防爆探测器安装，执行点型探测器安装，定额人工乘以系数1.2。

（2）光束探测器包括红外光探测器和紫外光探测器。

（3）安装定额中箱、机是以成套装置编制的；柜式及琴台式均执行落地式安装相应项目。

（4）闪灯执行声光报警器。

（5）消防广播模块执行输出模块安装子目；双切换模块执行输入输出模块。

（6）电气火灾监控系统。

1）报警控制器按点数执行火灾自动报警控制器安装。

2）探测器模块按输入回路数量执行多输入模块安装。

3）剩余电流互感器执行相关电气安装定额。

（7）消防智能应急照明系统。

应急照明集中电源柜执行第四册相关定额子目。

**五、消防系统调试**

（一）项目设置及适用范围

本章内容包括自动报警系统调试、水灭火控制装置调试、防火控制装置联动调试、气体灭火系统装置调试、消防应急疏散指示系统调试等工程，共五节34个定额子目。

本定额适用于工业与民用建筑项目中的消防工程系统调试。

（二）定额工作内容及施工工艺

消防工程系统调试主要内容是：检查系统的各线路设备安装是否符合要求，对系统各单元的设备进行单独通电检验。进行线路接口试验，并对设备进行功能确认。断开消防系统，进行加烟、加温、加光及标准校验气体进行模拟试验。按照设计要求进行报警与联动试验，整体试验及自动灭火试验。做好调试记录。

（三）定额应用说明

（1）系统调试是指消防报警、灭火系统、防火控制装置及智能消防应急疏散指示系统安装完毕且联通，并达到国家有关消防施工验收规范、标准，进行的全系统检测、调整和试验。

（2）定额中不包括气体灭火系统调试试验时采取的安全措施，应另行计算。

（3）自动报警系统装置包括各种探测器、手动报警按钮和报警控制器；灭火系统控制装置包括消火栓、自动喷水、七氟丙烷、二氧化碳等固定灭火系统的控制装置；智能消防应急疏散指示系统装置包括智能疏散应急灯具、应急照明分配电装置、专用应急电源及应急照明控制器。

（4）切断非消防电源的点数以执行切除非消防电源的模块数量确定点数。

（5）消防系统调试的有关说明：

消防系统调试是在消防系统安装完成后，对安装完毕的各类系统，按照国家消防规范要求调整相关组件及设施的参数，使其性能达到国家消防规范要求，保证在火灾发生时发挥灭火的作用与功能。

根据消防设施系统的组成，消防设施系统调试分为火灾自动报警系统调试与联动系统调试两个阶段。第一阶段是各系统单独调试，第二阶段是以自动报警联动系统为主按照规范要求进行消防系统联动功能整体调试。

消防系统调试定额是按国家有关消防施工验收规范、标准验收合格为标准编制的。

1）自动报警系统调试。自动报警系统调试是火灾自动报警系统调试，其内容包括对各种探测器、报警按钮、模块、火灾警报装置（声光报警器、警铃类）、报警控制器等的调试。

调试前应先分别对探测器、区域报警控制器、集中报警控制器、火灾报警装置及消防控制设备等逐一进行单机通电检查，正常后方可进行系统调试。

自动报警系统调试工作内容包括：技术和器具准备、检查接线、绝缘检查、程序装载（图形显示程序编制）或校对检查、功能测试、系统实验、记录整理等。

2）灭火系统控制装置调试。灭火控制装置调试是以自动报警联动系统为主按照规范要求进行消防系统联动功能的调试。包括消火栓、自动喷水、二氧化碳等固定灭火系统的控制装置。

灭火控制装置调试工作内容包括：技术和器具准备、检查接线、绝缘检查、程序装载或校对检查、功能测试、系统实验、记录整理等。

3）防火控制装置调试。防火控制装置调试也是以自动报警联动系统为主按照规范要求进行消防系统联动功能的调试。包括火灾事故广播、消防通讯、消防电梯系统装置调试、电动防火门、防火卷帘门、正压送风阀、排烟阀、防火阀控制系统装置调试等。

防火控制装置调试工作内容包括：技术和器具准备、检查接线、绝缘检查、程序装载或校对检查、功能测试、系统实验、记录整理等。

4) 气体灭火系统装置调试。气体灭火系统装置调试包含在本节灭火系统控制装置调试中。气体灭火控制系统装置调试由驱动瓶起始至气体喷头终止。调试时应对每个防护区进行模拟喷气试验和各用灭火剂储存容器切换操作试验，且应采取可靠的安全措施，确保人员安全和避免灭火剂误喷射。

气体灭火系统装置调试工作内容包括：工具准备、模拟喷气试验、储存容器切换操作实验、气体试喷等。

5) 设在消防控制中心内的消防控制主机，应为联动型控制主机，本身应具备：①拥有对与消防相关全部系统的显示和操作功能。②独立编写程序。③独立显示、打印。④独立控制联动设备（如水泵、风机等，应与联动设备在现场安装时做直拉线控制连接）。消防控制中心内的消防控制主机除具备以上四点外，还应对楼层显示报警控制器、区域报警控制器、集中报警控制器、火灾报警装置及消防联动控制设备等都能实施操作控制。

案例分析：如一个建筑群有 5 个独立建筑，分别为 1、2、3、4、5 号楼，消防控制主机设在 1 号楼的消防控制中心，而 2、3、4、5 号楼也设有"消防控制主机"，并与 1 号楼的消防控制主机联网，即使这四台"消防控制主机"与 1 号楼消防控制中心的控制主机显示功能、操作功能、单体外部尺寸完全相同，若不能独立控制联动设备（如水泵、风机等，应与联动设备在现场安装时做直拉线控制连接），只是靠 1 号楼的消防控制中心消防控制主机信号传递对联动设备实施控制，也不能算作为消防控制主机，只能按区域报警控制器计算工程量和本体调试。因为关闭了 1 号楼消防控制中心的消防控制 1 主机后，就切断了对联动设备的操作功能，所以设在 2、3、4、5 号楼的"消防控制主机"，只能按区域报警控制器计算工程量（定额子目内已含本体调试），不应重复计算，更不可套用消防控制主机的系统调试，而区域报警控制器只能算做系统调试其中的一台设备。

(四) 工程量计算规则

(1) 自动报警系统调试区别不同点数根据集中报警器台数按系统计算，以"系统"为计量单位。自动报警系统包括各种探测器、报警器、报警按钮、报警控制器组成的报警系统，其点数按具有地址编码的器件数量计算。如果一个模块带数个无址探测器，则只能计为一点。火灾事故广播、消防通信系统调试按消防广播喇叭、音箱、电话插孔数量分别以计算。消防通信的电话分机以"部"计算。

(2) 自动喷水灭火系统调试按水流指示器数量以"点"为计量单位；消火栓灭火系统按消火栓启泵按钮数量以"点"计量单位；消防水炮控制装置系统调试按水炮数量以"点"计量单位。

(3) 防火控制装置调试按设计图示数量计算。

(4) 气体灭火系统装置调试按调试、检验和验收所消耗的试验容器总数计算，以"点"为计量单位，试验介质不同时可以换算。

(5) 电气火灾监控系统调试按模块点数执行自动报警系统调试相应子目。

(6) 门禁与消防联动调试执行"电动防火门调试"定额子目。

（7）消防应急疏散指示系统由应急照明控制器（监管主机）、消防应急灯具专用应急电源、应急照明分配电装置、各类型智能消防灯具等组成。其调试区别不同点数根据应急照明控制器台数按系统计算，以"系统"为计量单位。其点数按各类型带有地址编码的智能消防灯具数量计算。

# 第三节　消防灭火工程预算实例

**【例 9-1】** 消火栓及自动喷淋工程预算

（一）工程概况

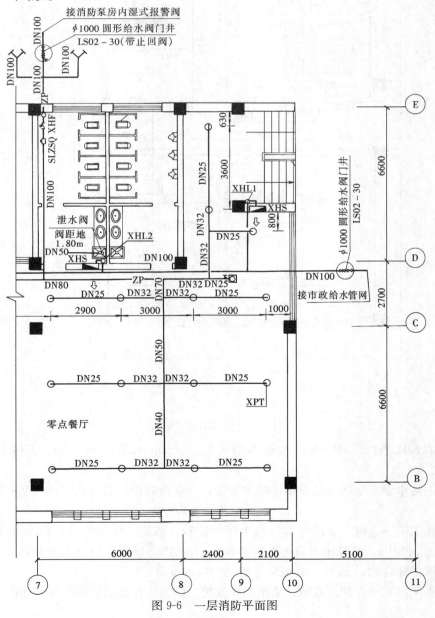

图 9-6　一层消防平面图

（1）本例题为某市区某娱乐中心消火栓和自动喷水系统的一部分，消防平面图见图9-6、图9-7，自动喷水系统见图 9-8，消火栓系统见图 9-9。消火栓和喷淋系统均采用热镀锌钢管，螺纹连接。

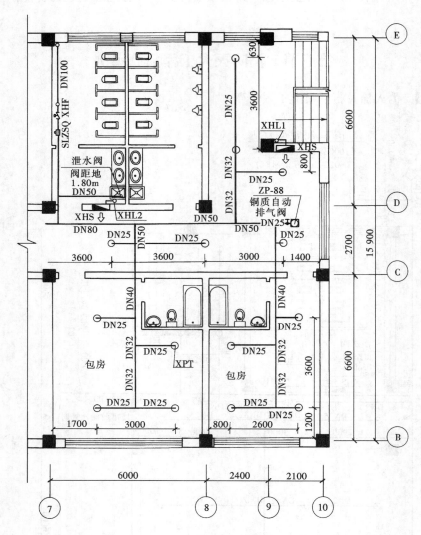

图 9-7　二层消防平面图

（2）消火栓系统采用 SN65 普通型消火栓，19mm 水枪一支，25m 长衬里麻织水带一条。

（3）消防水管穿基础侧墙设柔性防水套管，穿楼板时设一般钢套管；水平干管在吊顶内敷设。

（4）施工完毕，整个系统应进行静水压力试验，系统工作压力消火栓为 0.40MPa，喷淋系统为 0.55MPa，试验压力消火栓系统为 0.675MPa，喷淋系统为 1.40MPa。

（5）图中标高均以 m 计，其他尺寸标注均以 mm 计。

（6）本例题暂不计预留孔洞、支架制作安装、刷油、保温消防调试等工作内容，阀门井

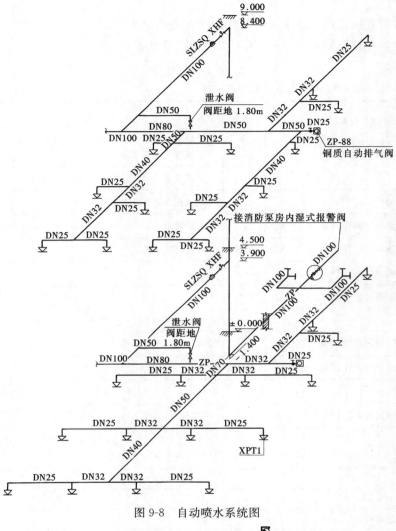

图 9-8　自动喷水系统图

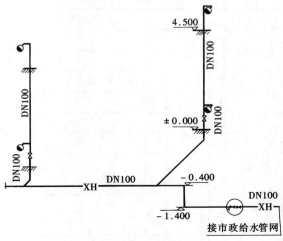

图 9-9　消火栓系统图

内阀件暂不计。

（7）未尽事宜执行现行施工及验收规范的有关规定。

（8）工程量计算结果见表 9-6，施工图预算结果见表 9-7。

**表 9-6　　　　　　　　　　　工 程 量 计 算 书**

工程名称：××娱乐中心消火栓、自动喷淋工程

| 序号 | 分部分项工程名称 | 单位 | 工程量<br>（m） | 计算公式 |
|---|---|---|---|---|
| 1 | 消火栓镀锌钢管 DN100 | m | 26.5 | 消火栓水平管 2＋8＋（1.4－0.4）＋0.5＋3＝14.5 |
| | | | | 消火栓立管（0.4＋4.5＋1.1）×2＝12 |
| 2 | 消火栓镀锌钢管 DN65 | m | 2.4 | 消火栓支管 0.6×4＝2.4 |
| 3 | 自动喷淋镀锌钢管 DN100 | m | 26.5 | 自动喷淋 2.2＋0.37＋0.13＋1.4＋8.4＋7＋7＝26.5 |
| 4 | 自动喷淋镀锌钢管 DN80 | m | 7.8 | 4.9＋2.9＝7.8 |
| 5 | 自动喷淋镀锌钢管 DN70 | m | 0.8 | 0.8 |
| 6 | 自动喷淋镀锌钢管 DN50 | m | 17.3 | ①3.6＋2.4＋（3.9－1.8）＝8.1 |
| | | | | ②3.9＋0.8＋2.4＋（3.9－1.8）＝9.2 |
| 7 | 自动喷淋镀锌钢管 DN40 | m | 10.2 | 3.6＋2.9＋3.7＝10.2 |
| 8 | 自动喷淋镀锌钢管 DN32 | m | 23.9 | ①1.9＋2.9＋3×3＝13.8 |
| | | | | ②2.9＋3.6＋3.6＝10.1 |
| 9 | 自动喷淋镀锌钢管 DN25 | m | 54.10 | ①（3.6＋1.8＋1）＋（2.9×3＋3×3）＝24.1 |
| | | | | ②（3.6＋1.8＋0.8）＋（3.6＋1.5＋1.5＋3）＋（0.3＋<br>0.9＋1.7＋2.6）＝21.3 |
| | | | | ③29×0.30＝8.70 |
| 10 | 消火栓 DN65mm | 套 | 4 | 4 |
| 11 | 快速反应喷头 | 个 | 29 | 29 |
| 12 | 自动排气阀 DN25 | 个 | 2 | 2 |
| 13 | 丝扣泄水阀 DN25 | 个 | 2 | 2 |
| 14 | 丝扣泄水阀 DN50 | 个 | 2 | 2 |
| 15 | 信号蝶阀 DN100 | 个 | 4 | 消火栓 2，自动喷淋 2 |
| 16 | 螺纹法兰 | 副 | 4 | 4 |
| 17 | 水流指示器 DN100 | 个 | 2 | 2 |
| 18 | 消防水泵接合器 DN100 | 套 | 2 | 2 |
| 19 | 柔性防水套管制作安装 DN100 | 个 | 2 | 2 |
| 20 | 一般钢套管制作安装 DN100 | 个 | 10 | 6＋4 |
| 21 | 一般钢套管制作安装 DN40 | 个 | 2 | 2 |

表 9-7 安装工程预算表

| 序号 | 定额编码 | 子目名称 | 单位 | 工程量 | 单价 | 合价 | 省人工单价 | 省人工合价 |
|---|---|---|---|---|---|---|---|---|
| 1 | 9-1-1 | 水喷淋镀锌钢管（螺纹连接）≤DN25 | 10m | 5.41 | 196.66 | 1063.93 | 187.87 | 1016.38 |
| | Z17000053@1 | 镀锌钢管 DN25 | m | 54.749 | | | | |
| | Z18000103@1 | 水喷淋镀锌钢管（螺纹连接）管件 DN25 | 个 | 31.378 | | | | |
| 2 | 9-1-2 | 水喷淋镀锌钢管（螺纹连接）≤DN32 | 10m | 2.39 | 256.21 | 612.34 | 244.52 | 584.4 |
| | Z17000053@2 | 镀锌钢管 DN32 | m | 24.187 | | | | |
| | Z18000103@2 | 水喷淋镀锌钢管（螺纹连接）管件 DN32 | 个 | 21.582 | | | | |
| 3 | 9-1-3 | 水喷淋镀锌钢管（螺纹连接）≤DN40 | 10m | 1.02 | 306.15 | 312.27 | 291.08 | 296.9 |
| | Z17000053@3 | 镀锌钢管 DN40 | m | 10.322 | | | | |
| | Z18000103@3 | 水喷淋镀锌钢管（螺纹连接）管件 DN40 | 个 | 9.7 | | | | |
| 4 | 9-1-4 | 水喷淋镀锌钢管（螺纹连接）≤DN50 | 10m | 1.73 | 325.25 | 562.68 | 306.22 | 529.76 |
| | Z17000053@4 | 镀锌钢管 DN50 | m | 17.508 | | | | |
| | Z18000103@4 | 水喷淋镀锌钢管（螺纹连接）管件 DN50 | 个 | 14.065 | | | | |
| 5 | 9-1-5 | 水喷淋镀锌钢管（螺纹连接）≤DN65 | 10m | 0.08 | 351.5 | 28.12 | 331.04 | 26.48 |
| | Z17000053@5 | 镀锌钢管 DN65 | m | 0.816 | | | | |
| | Z18000103@5 | 水喷淋镀锌钢管（螺纹连接）管件 DN65 | 个 | 0.551 | | | | |
| 6 | 9-1-6 | 水喷淋镀锌钢管（螺纹连接）≤DN80 | 10m | 0.78 | 371.48 | 289.75 | 347.63 | 271.15 |
| | Z17000053@6 | 镀锌钢管 DN80 | m | 7.956 | | | | |
| | Z18000103@6 | 水喷淋镀锌钢管（螺纹连接）管件 DN80 | 个 | 4.688 | | | | |
| 7 | 9-1-7 | 水喷淋镀锌钢管（螺纹连接）≤DN100 | 10m | 2.65 | 402.96 | 1067.84 | 370.18 | 980.98 |
| | Z17000053@7 | 镀锌钢管 DN100 | m | 27.03 | | | | |
| | Z18000103@7 | 水喷淋镀锌钢管（螺纹连接）管件 DN100 | 个 | 14.231 | | | | |

续表

| 序号 | 定额编码 | 子目名称 | 单位 | 工程量 | 单价 | 合价 | 其中 | |
|---|---|---|---|---|---|---|---|---|
| | | | | | | | 省人工单价 | 省人工合价 |
| 8 | 9-1-25 | 消火栓镀锌钢管（螺纹连接）≤DN65 | 10m | 0.24 | 316.27 | 75.9 | 296.54 | 71.17 |
| | Z17000053@5 | 镀锌钢管 DN65 | m | 2.405 | | | | |
| | Z18000105@1 | 消火栓镀锌钢管（螺纹连接）管件 DN65 | 个 | 1.553 | | | | |
| 9 | 9-1-27 | 消火栓镀锌钢管（螺纹连接）≤DN100 | 10m | 2.65 | 362.91 | 961.71 | 330.94 | 876.99 |
| | Z17000053@7 | 镀锌钢管 DN100 | m | 26.553 | | | | |
| | Z18000105@2 | 消火栓镀锌钢管（螺纹连接）管件 DN100 | 个 | 11.766 | | | | |
| 10 | 9-1-43 | 水喷淋（雾）喷头 有吊顶 ≤DN15 | 个 | 29 | 14.84 | 430.36 | 11.95 | 346.55 |
| | Z23000029 | 喷头装饰盘 | 个 | 29.29 | | | | |
| | Z23000027@1 | 喷头 DN15 | 个 | 29.29 | | | | |
| 11 | 9-1-65 | 水流指示器（螺纹连接）≤DN100 | 个 | 2 | 249.08 | 498.16 | 117.73 | 235.46 |
| | Z23000017@1 | 水流指示器 DN100 | 个 | 2 | | | | |
| 12 | 9-1-83 | 室内消火栓（暗装）普通≤DN65 单栓 | 套 | 4 | 100.77 | 403.08 | 98.67 | 394.68 |
| | Z23000009@1 | 室内消火栓 DN65mm 单栓 | 套 | 4 | | | | |
| 13 | 9-1-99 | 消防水泵接合器 地上式 DN100 | 套 | 2 | 290.89 | 581.78 | 215.27 | 430.54 |
| | Z23000011@1 | 消防水泵接合器 DN100 | 套 | 2 | | | | |
| | | 9 册子项小计 | | | | 6887.92 | | 6061.44 |
| 14 | 10-5-3 | 螺纹阀门安装≤DN25 | 个 | 2 | 20.15 | 40.3 | 11.33 | 22.66 |
| | Z19000129@2 | 螺纹阀门 DN25 | 个 | 2.02 | | | | |
| 15 | 10-5-6 | 螺纹阀门安装≤DN50 | 个 | 2 | 53.69 | 107.38 | 27.81 | 55.62 |
| | Z19000129@3 | 螺纹阀门 DN50 | 个 | 2.02 | | | | |
| 16 | 10-5-30 | 自动排气阀安装≤DN25 | 个 | 2 | 22.62 | 45.24 | 15.45 | 30.9 |
| | Z22000077@1 | 自动排气阀 DN25 | 个 | 2 | | | | |
| 17 | 10-5-70 | 对夹式蝶阀安装≤DN100 | 个 | 4 | 83.72 | 334.88 | 56.65 | 226.6 |
| | Z19000103@1 | 对夹式蝶阀 DN100 | 个 | 4 | | | | |
| 18 | 10-5-132 | 螺纹法兰安装≤DN100 | 副 | 4 | 65.15 | 260.6 | 43.26 | 173.04 |
| | Z20000093@1 | 螺纹法兰 DN100 | 片 | 8 | | | | |

| 序号 | 定额编码 | 子目名称 | 单位 | 工程量 | 单价 | 合价 | 其中 | |
|---|---|---|---|---|---|---|---|---|
| | | | | | | | 省人工单价 | 省人工合价 |
| 19 | 10-11-27 | 一般钢套管制作安装　介质管道 ≤DN50 | 个 | 2 | 21.07 | 42.14 | 14.21 | 28.42 |
| | Z17000031 | 焊接钢管　DN80 | m | 0.636 | | | | |
| 20 | 10-11-30 | 一般钢套管制作安装　介质管道 ≤DN100 | 个 | 10 | 54.25 | 542.5 | 34.51 | 345.1 |
| | Z17000037 | 焊接钢管　DN150 | m | 3.18 | | | | |
| 21 | 10-11-47 | 柔性防水套管制作 介质管道 ≤DN100 | 个 | 2 | 382.28 | 764.56 | 202.29 | 404.58 |
| | Z17000139 | 无缝钢管　D159×4.5 | m | 0.848 | | | | |
| 22 | 10-11-59 | 柔性防水套管安装 介质管道 ≤DN100 | 个 | 2 | 71.25 | 142.5 | 35.95 | 71.9 |
| | Z18000409@1 | 柔性防水套管　DN100 | 个 | | | | | |
| | | 10 册子项小计 | | | | 2280.1 | | 1358.82 |
| | | 分部分项工程费 | | | | 9168.02 | | 7420.26 |
| 23 | BM92 | 脚手架搭拆费（第九册消防工程） | 元 | 1 | 303.08 | 303.08 | 106.08 | 106.08 |
| 24 | BM106 | 脚手架搭拆费（第十册给排水、采暖、燃气工程）（单独承担的室外埋地管道工程除外） | 元 | 1 | 67.94 | 67.94 | 23.78 | 23.78 |
| | | 脚手架搭拆费 | | | | 371.02 | | 129.86 |

（二）采用定额

本例题采用《山东省安装工程价目表》、《山东省安装工程消耗量定额》（2016 年出版）中的有关内容为计算依据。

【例 9-2】　气体灭火工程预算

（一）工程概况

某车间作为一个防护区，净面积为 436.7m²，吊顶高 3.4m。灭火平面图、系统图分别见图 9-10、图 9-11。灭火系统采用高压 $CO_2$ 全淹没灭火系统，$CO_2$ 设计浓度为 62%，物质系数采用 2.25，$CO_2$ 设计用量为 3196kg，剩余量按设计用量的 8% 计算。设置 74 个高压 $CO_2$ 储蓄钢瓶，单瓶容量 70L，一个启东钢瓶 40L，充装系数为 0.67kg/L。$CO_2$ 喷射时间为 1min。

（1）控制方式：

1）设自动控制、手动控制和机械应急操作三种启动方式。

2）当采用火灾探测器时，灭火系统的自动控制应在接收到两个独立的火灾信号后才能启动。根据人员疏散要求，系统延迟启动，延迟时间不大于 30s。

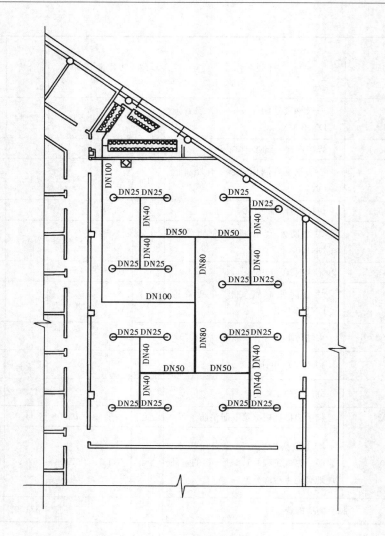

图 9-10　气体灭火平面图

（2）管材及其连接方式：

1）管材采用内外镀锌防腐处理的无缝钢管，并应符合并应符合 GB 8163《输送流体用无缝钢管》的规定（本题未计钢管及管件内外镀锌及场外运输费）。

2）DN≤80mm 的管道采用螺纹连接；DN>80mm 的管道采用法兰连接。

3）挠性连接的软管必须能承受系统的工作压力和温度，采用不锈钢软管。

（3）二氧化碳储存钢瓶的工作压力为 15MPa，容器阀上应设置泄压装置，其泄压动作压力为 19MPa±0.95MPa，集流管上设置泄压安全阀，泄压动作压力为 15MPa±0.75MPa。

（二）采用定额

本工程坐落在×市市区，采用《山东省安装工程价目表》和《山东省安装工程消耗量定额》第九册　消防工程（2016 年版）中的有关内容。

（三）编制结果

工程量计算结果见表 9-8，施工图预算结果见表 9-9。

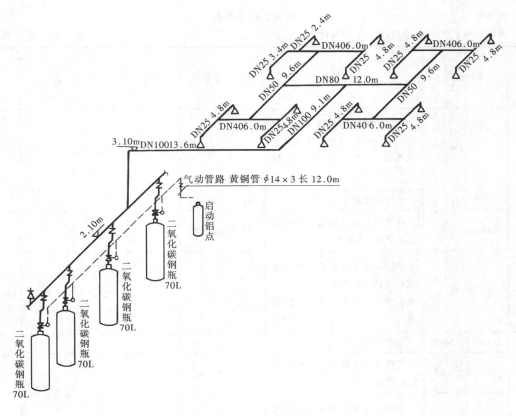

图 9-11 气体灭火系统图

**表 9-8** **工 程 量 计 算 书**

工程名称：××办公楼制证车间气体灭火 共 页 第 页

| 序号 | 分部分项工程名称 | 单位 | 工程量（m） | 计算公式 |
|---|---|---|---|---|
| 1 | 无缝钢管（法兰连接）DN100 | m | 23.70 | 1.0＋13.6＋9.1 |
| 2 | 无缝钢管（螺纹连接）DN80 | m | 12 | 12.0 |
| 3 | 无缝钢管（螺纹连接）DN50 | m | 19.2 | 9.6×2 |
| 4 | 无缝钢管（螺纹连接）DN40 | m | 24 | 6×4 |
| 5 | 无缝钢管（螺纹连接）DN25 | m | 47.4 | 4.8×7＋3.4＋2.4＋＋16×0.5 |
| 6 | 气动管道 $\phi14×3.5$ | m | 12 | |
| 7 | 喷头安装 DN20 | 个 | 16 | |
| 8 | 贮存装置安装 70L | 套 | 74 | |
| 9 | 贮存装置安装 4L | 套 | 1 | |
| 10 | $CO_2$称重捡漏装置安装 | 套 | 74 | |
| 11 | 管网系统试验气压试验 | 个 | 1 | |
| 12 | 气体灭火系统装置调试 | 点 | 1 | |

**表 9-9**　　　　　　　　　　　　安装工程预算表

项目名称：××办公楼制证车间气体灭火预算

共　页　第　页

| 序号 | 定额编码 | 子目名称 | 单位 | 工程量 | 单价 | 合价 | 省人工单价 | 省人工合价 |
|---|---|---|---|---|---|---|---|---|
| | | | | | | | 其中 | |
| 1 | 9-2-3 换 | 中压加厚无缝钢管（螺纹连接）≤DN25 高压二氧化碳灭火系统　人工×1.2，机械×1.2 | 10m | 4.74 | 370.45 | 1755.93 | 315.18 | 1493.95 |
| | Z17000115@1 | 加厚无缝钢管　DN25 | m | 48.443 | | | | |
| | Z18000251@1 | 气体灭火无缝钢管（螺纹连接）管件 DN25 | 个 | 37.825 | | | | |
| 2 | 9-2-5 换 | 中压加厚无缝钢管（螺纹连接）≤DN40 高压二氧化碳灭火系统　人工×1.2，机械×1.2 | 10m | 2.4 | 509.06 | 1221.74 | 439.27 | 1054.25 |
| | Z17000115@2 | 加厚无缝钢管　DN40 | m | 24.48 | | | | |
| | Z18000251@2 | 气体灭火无缝钢管（螺纹连接）管件 DN40 | 个 | 19.368 | | | | |
| 3 | 9-2-6 换 | 中压加厚无缝钢管（螺纹连接）≤DN50 高压二氧化碳灭火系统　人工×1.2，机械×1.2 | 10m | 1.92 | 562.36 | 1079.73 | 485.26 | 931.7 |
| | Z17000115@3 | 加厚无缝钢管　DN50 | m | 19.584 | | | | |
| | Z18000251@3 | 气体灭火无缝钢管（螺纹连接）管件 DN50 | 个 | 15.014 | | | | |
| 4 | 9-2-8 换 | 中压加厚无缝钢管（螺纹连接）≤DN80 高压二氧化碳灭火系统　人工×1.2，机械×1.2 | 10m | 1.2 | 531.33 | 637.6 | 446.57 | 535.88 |
| | Z17000115@4 | 加厚无缝钢管　DN80 | m | 12.3 | | | | |
| | Z18000251@4 | 气体灭火无缝钢管（螺纹连接）管件　DN80 | 个 | 4.848 | | | | |
| 5 | 9-2-9 换 | 中压加厚无缝钢管（法兰连接）≤DN100 高压二氧化碳灭火系统　人工×1.2，机械×1.2 | 10m | 2.37 | 1462.63 | 3466.43 | 1037 | 2457.69 |
| | Z03000017 | 六角螺栓带螺母、垫圈 M16×85～140 | 套 | 162.871 | | | | |

| 序号 | 定额编码 | 子目名称 | 单位 | 工程量 | 单价 | 合价 | 其中 | |
|---|---|---|---|---|---|---|---|---|
| | | | | | | | 省人工单价 | 省人工合价 |
| | Z17000115@5 | 加厚无缝钢管　DN100 | m | 22.871 | | | | |
| | Z18000249@1 | 气体灭火无缝钢管（法兰连接）管件　DN100 | 个 | 8.153 | | | | |
| | Z20000025@1 | 碳钢法兰　DN100 | 片 | 39.532 | | | | |
| 6 | 9-2-13 | 气体驱动装置管道　管外径≤14mm | 10m | 1.2 | 163.09 | 195.71 | 135.96 | 163.15 |
| | Z17000223@1 | 紫铜管　管外径14mm | m | 12.36 | | | | |
| 7 | 9-2-22 | 气体喷头≤DN20 | 个 | 16 | 35.72 | 571.52 | 22.66 | 362.56 |
| | Z12000023 | 装饰盘 | 个 | 16.16 | | | | |
| | Z23000031@1 | 气体喷头 DN20 | 个 | 16.16 | | | | |
| | Z18000025@1 | 钢制管件　DN20 | 个 | 32.32 | | | | |
| 8 | 9-2-28 | 贮存容器　容积≤70L | 套 | 74 | 1689.61 | 125031.14 | 744.69 | 55107.06 |
| 9 | 9-2-32 | 阀驱动装置　容积≤4L | 套 | 1 | 713.82 | 713.82 | 255.44 | 255.44 |
| 10 | 9-2-33 | 二氧化碳称重检漏装置 | 套 | 74 | 194.48 | 14391.52 | 190.55 | 14100.7 |
| 11 | 9-2-39 | 管网系统试验　气压试验 | 套 | 74 | 59.64 | 4413.36 | 22.66 | 1676.84 |
| 12 | 9-5-24 | 气体灭火系统装置调试　试验容器规格70L | 点 | 1 | 685.75 | 685.75 | 525.3 | 525.3 |
| 13 | BM92 | 脚手架搭拆费（第九册消防工程） | 元 | 1 | 3933.23 | 3933.23 | 1376.63 | 1376.63 |
| 合计 | | | | | | 158097.48 | 5997.17 | 80041.15 |

# 第十章  供暖及空调水系统安装工程施工图预算的编制

## 第一节  供暖工程基本知识

### 一、供暖系统组成

**（一）热水及蒸汽供暖系统组成**

（1）热源：锅炉（热水、蒸汽）；

（2）管道系统：供热及回水、冷凝水管道；

（3）散热设备：散热片（器），暖风机；

（4）辅助设备：膨胀水箱，集水（气）罐，集分水器、除污器，冷凝水收集器，减压器，疏水器、过滤器等；

（5）循环水泵。

热水供暖系统如图 10-1 所示。

**（二）地板辐射供暖系统**

地板辐射供暖又称低温热水地板辐射供暖，是以不高于 60℃ 的热水作热媒，将加热管埋设在地板中的低温辐射供暖方式，见图 10-2。

地板辐射供暖更接近于自然状态，室内地表温度均匀，空间温度自下而上逐渐递减，给人以脚暖头凉的感觉（见图 10-3），符合人体

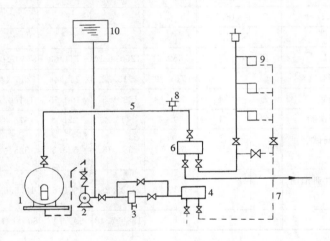

图 10-1  热水供暖系统

1—热水锅炉；2—循环水泵；3—除污器；4—集水器；
5—供热水管；6—分水器；7—回水管；8—排气阀；
9—散热片；10—膨胀水箱

生理要求，因无对流空气，不易使尘埃散扬，室内空气十分洁净，是一种舒适的采暖方式。

由于所需温度为 60℃，较传统对流供暖方式低 20℃ 以上，所以节能 20%～30%。可充分利用地下热水、太阳能热水、工业余热水等热媒，既保护环境，有降低供暖成本，是经济实惠供暖方式。热量自下而上辐射，使热量有效地集中在人体活动区域，损失少。在辐射供暖环境中，人体实感温度比实际温度约高 2～3℃，节省了能源，降低了供暖系统的运行费用。

地板辐射供暖在住宅中的优势：

图 10-2  地板辐射供暖图

（1）由于室内取消了暖气片及其管道，相当于增加了 2%～3% 的使用面积，又可以设置落地窗，使室内宽敞明亮，提高空间利用率，更便于装修和室内布置；安全可靠，使用寿命长，而且各房间温度可按住户所需独立调节，提高了居住档次。

（2）地板供暖为供回水双管系统，在每户的分水器前安装热量表，可实现按户单独计量和取费；管理简便，只需定期更换过滤器，运行维护费用低。

（3）造价合理，按单位建筑面积核算，工程造价等同于中高档散热器片，但采暖效果截然不同。供暖期内，运行费用低于传统的暖气片供暖方式，而且室内温度基本恒温，无忽冷忽热现象。几种常用采暖方式的经济比较见表 10-1。

地板辐射供暖系统见图 10-4。

## 二、采暖管道常用材料及安装要求

### （一）采暖管道常用材料

（1）热水及蒸汽采暖工程一般常用焊接钢管，包括镀锌钢管（白铁管）、非镀锌钢管（黑铁管）、无缝钢管等，一般不特别指明，焊接钢管均指黑铁管。

表 10-1　　　　　　　　　　几种常用采暖方式的经济比较

| 供暖设备类型 | 采暖舒适度 | 能耗 | 占用使用面积（%） | 热量计算 | 一个采暖季的运行费用 | 造价（元/m²） | 备　注 |
|---|---|---|---|---|---|---|---|
| 中央空调 | 差 | 高 | 0 | 不便 | 高 | 200～300 | 冷暖两用不适合值班采暖 |
| 散热器 | 一般 | 中 | 约 2 | 不便 | 中 | 40～150 | 一般场地需加罩子 |
| 地板采暖 | 舒适 | 低 | 0 | 不便 | 低 | 50～100 | 特别使用于大开间，高层，高矮窗式结构 |

1）镀锌钢管又分为热镀管和冷镀管两种，热镀管镀锌质量优于冷镀管。

镀锌钢管和非镀锌钢管用公称直径 DN 表示，采暖工程常用规格有 DN15、DN20、DN32、DN40、DN50、DN65（70）、DN80、DN100、DN125、DN150 等。公称直径不等于管子内径也不等于管子外径，但和内径比较接近，见表 8-1。

焊接钢管分为普通钢管和加厚钢管两种，普通钢管的公称压力为 1.0MPa，加厚钢管的公称压力为 1.6MPa；按管端形式分为带螺纹焊接钢管和不带螺纹焊接钢管两种。焊接钢管适用于冷水、热水、煤气和油品的输送。焊接钢管的规格、外径及壁厚尺寸及其允许偏差应符合表 8-1 的规定。

一般在实际工程中，管道计量单位为 m，实际采购时按 t，可用表 8-1 换算重量。

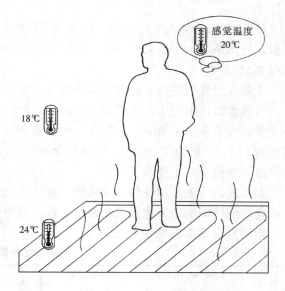

图 10-3　房间内温度分布

镀锌钢管比不镀锌钢管重 3%～6%，选择时，可按每批管材壁厚的正负差来考虑，即管材壁厚正差时选大一点的百分数，负差时选小一点的百分数。

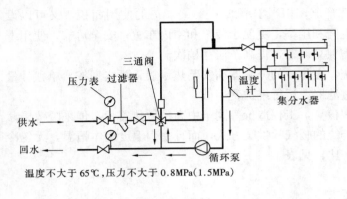

温度不大于 65℃,压力不大于 0.8MPa(1.5MPa)

图 10-4　地板辐射供暖系统图

2) 无缝钢管。钢坯经轧制或拉制的管子是无缝钢管。无缝钢管按制造方法分为冷拔(冷轧)管和热轧管,按用途分为普通无缝钢管和专用无缝钢管。

普通无缝钢管。普通无缝钢管简称无缝钢管,是用普通碳素钢、优质碳素钢、普通低合金结构钢制成的。管道工程中选用无缝钢管时,当公称直径DN≤50mm时,一般采用冷拔管;当公称直径 DN>50mm时,一般选用热轧管。无缝钢管规格多、品种全、强度高、应用多,可应用于热力、制冷、压缩空气、氧气、乙炔、乳碱、石油、化工管道等。

无缝钢管的规格是用外径乘壁厚来表示的,如 $D108 \times 4$ 表示无缝钢管外径为 108mm,壁厚为 4mm。

专用无缝钢管。专用无缝钢管是指用于某一特定场所和用途的钢管,种类较多,有低中压锅炉用无缝钢管、锅炉用高压无缝钢管、化肥用高压无缝钢管、石油裂化用无缝钢管、不锈钢无缝钢管等。

无缝钢管的重量换算可参考《材料设备手册》或《五金手册》。

(2) 地板辐射采暖管道常用铝塑复合管、交联聚乙烯(PE-X)管、聚丙烯(PP-R)管等。

1) 铝塑复合管为五层结构,内外为 PE 塑料层及粘合层,分别由四台挤出机共挤一次成型,导热系数 $0.4W/(m \cdot K)$,约为钢管的 1/100,热膨胀系数 $2.5 \times 10^{-5} m/(m \cdot K)$,与铝材相似。

铝塑复合管的特点是任意弯曲不反弹,可以减少大量管接头,节省工时,工程综合造价低;内壁光滑,阻力小,介质流动性能好,可减小管道直径,降低成本。普通饮水铝塑复合管耐受温度为 60℃,耐压 1.0MPa,耐高温铝塑复合管长期耐受温度小于 95℃,瞬间耐受温度为 110℃,耐压 1.0MPa。铝塑复合管完全隔断氧气,避免氧气通过管壁进入管路对热力管道其他设备产生侵蚀作用。

铝塑复合管主要用在热水的输送,液体食品的输送(纯净水、自来水、饮料),气体输送,化学液体的输送,地板采暖系统,医药卫生领域。

铝塑复合管规格见表 10-2。

表 10-2　　　　　　　　　　　铝塑复合管规格

| 公称外径 (mm) | 普通饮水铝塑复合管壁厚 (mm) | 耐高温铝塑复合管壁厚 (mm) | 公称外径 (mm) | 普通饮水铝塑复合管壁厚 (mm) | 耐高温铝塑复合管壁厚 (mm) |
|---|---|---|---|---|---|
| 16 | 1.8 | 1.8 | 25 | 2.3 | 2.3 |
| 18 | 1.8 | 1.8 | 32 | 2.9 | 2.9 |
| 20 | 2.0 | 2.0 | | | |

2）交联聚乙烯（PE-X）管是以高密度聚乙烯作为基本原料，通过高能射线或化学引发剂的作用，将线形大分子结构转变为空间网状结构，形成三维交联网络的交联聚乙烯。其耐热、耐压性大大提高，使用寿命可达 50 年以上。

交联聚乙烯（PE-X）管的特点是抗腐蚀性强、重量轻、不积水垢、柔性好、难燃性好、无毒不滋生细菌，在低温热水地板辐射采暖中广泛应用。

在地板采暖中，PE-X 由于可以任意弯曲不变形，所以，从分水器到用水终端，一根管相连，无任何连接管件，杜绝漏水隐患；各用水终端，水压稳定；每条管道，单独阀门控制；由于无需管件，使工程费用大幅降低；管道采用暗敷设方式，埋于地面下或墙壁内，美观大方，是目前最流行的管道安装方式。

3）聚丙烯（PP-R）管。聚丙烯是采用聚丙烯原材料制成的管材，具有无毒、无害、防霉、防腐、防锈、耐热、保温好［导热系数 0.23～0.24W/(m·K)］，使用寿命长及废料可以回收等特点。聚丙烯管主要用于自来水、纯净水、液体食品、酒类、生活冷热水及供暖系统热水输送，是取代传统镀锌钢管的升级换代产品。

PE-X 管（盘管）

卡钉、铝箔、苯板

伸缩器套管

图 10-5　常用材料

安装施工简便，具有独特的热熔式连接，数秒钟可完成一个接点，施工费用比金属管节省 60%，而且，永无泄漏之忧；长期使用温度为 70℃，瞬间温度达 95℃，管道系统在正常使用下寿命达 50 年以上。建设部于 2001 发文推广此种管材，目前在工程上已得到广泛应用。

（3）地板辐射供暖常用材料见图 10-5。

（二）管道、散热设备安装要求及连接方式

1. 管道敷设

室内一般用明敷，室外管道可架空和管沟内敷设。

焊接钢管连接当 DN≤32 时，一般丝接，DN≥32 时可用焊接或法兰连接等几种连接形式。钢管弯曲，可用压制弯头焊成，或现场煨弯。也可用挖眼、焊接、摔制等方法做钢管分支、弯曲或变径。

镀锌钢管只能丝接或法兰连接，不能采用焊接方式，否则，高温会破坏管道内外的镀锌层。

无缝钢管的连接方式一般是焊接和法兰连接。当用在气体灭火管路时，可采用丝接，但必须做管壁内外镀锌防腐处理。

2. 采暖管穿墙、过楼板

采暖管穿墙、过楼板时应安装套管，穿内墙、过楼板套管可用镀锌铁皮或钢管制作，要求套管比被套管道直径大 1～2 号，套管端伸出楼板面 20mm。底部与楼板底齐平。在套管与管道之间塞上密封填料（一般采用油麻），并在管道周遍做防水处理。套管穿墙时，套管两端要与装饰面平。

采暖管道穿外墙时，要加防水套管，一般加刚性防水套管，要求高时加柔性防水套管。

3. 管道系统试压与检查

管道系统用水试压或清水冲洗。

4. 管道支架、吊架制作与安装

管道支架有单管托架、单管吊架、滑动支架（弧板式、曲槽式等）、固定支架等，根据设计图纸要求制作与安装。

管道支架安装程序：下料—焊接—刷底漆—安装—刷面漆。

焊接钢管及无缝钢管安装的具体要求请参考有关书籍，本书重点介绍 PE-X 管、PP-R 管的安装知识。

5. 分水器与 PE-X 管的连接

铜质分水器系列见图 10-6。分水器与 PE-X 管连接采用两种铜管件组装方式。

图 10-6　分水器

（1）K 系列（卡环式）常用铜配件及组装见图 10-7。

铜管件，无密封橡胶圈，专用钳一次性夹紧，永久使用，无需维修，适用于多种方式管道系统。

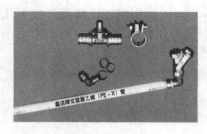

PE-X 管配 K 系列铜管件　　　　　　　　　　组装

图 10-7　卡环式常用铜配件及组装

（2）J 系列（夹紧式）常用铜配件及组装见图 10-8。

铜管件，有长寿命密封橡胶圈和金属收紧圈，安装简单，维修方便，适用于明装管道系统。

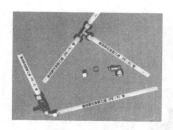
鑫洁管配 J 系列铜管件

组装

组装

图 10-8　夹紧式常用铜配件及组装

常用安装器具及 PE-X 系列管材见图 10-9。

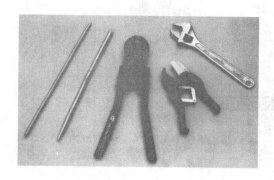
安装器具

PE-X 管系列

图 10-9　常用安装器具及 PE-X 管系列

6. PP-R 管的连接

（1）PP-R 管采用热熔连接，与钢管连接时，可用管件丝接。常用管件见图 10-10。

（2）PP-R 管常用管材规格、壁厚及适用压力范围见表 10-3。

表 10-3　　　　　　　　　　　　　　　PP-R 管常用管材规格

| 公称外径 (mm) | 1.25MPa 壁厚（mm） | 1.6MPa 壁厚（mm） | 2.0MPa 壁厚（mm） | 公称外径 (mm) | 1.25MPa 壁厚（mm） | 1.6MPa 壁厚（mm） | 2.0MPa 壁厚（mm） |
|---|---|---|---|---|---|---|---|
| 16 | 1.8 | 2.0 | 2.2 | 50 | 4.6 | 5.6 | 6.9 |
| 20 | 1.9 | 2.3 | 2.8 | 63 | 5.8 | 7.1 | 8.6 |
| 25 | 2.3 | 2.8 | 3.5 | 75 | 6.8 | 8.4 | 10.1 |
| 32 | 2.9 | 3.6 | 4.4 | 90 | 8.2 | 10.0 | 12.3 |
| 40 | 3.7 | 4.5 | 5.5 | 110 | 10.0 | 12.3 | 15.1 |

（3）常用 PP-R 管材系列图示见图 10-11。

（4）PP-R 管组装示意图方式见图 10-12。

**90°弯头**

规格

16 20 25
32 40 50
63 75 90
110

**45°弯头**

规格

20 25 32 40
50 63 75 90
110

**挂墙弯头**

规格

16-1/2 20-1/2

**正三通**

规格

20 25 32 40
50 63 75 90
110

**外螺纹弯头**

规格

16 20
25 25

**内螺纹弯头**

规格

16-1/2 20-1/2
25-1/2 25-3/4

**外螺纹三通**

规格

20-20
25-25

**内螺纹三通**

规格

20-20
25-25

**外螺纹接头**

规格

16 20 20
25 25 32
40 50 63

**异径三通**

规格

20-16-16 20-16-20 20-25-20 25-20-20 25-20-25 32-20-20
32-20-25 32-25-20 40-20-40 40-25-40 40-32-40 50-20-50
50-25-50 50-32-50 50-40-50 63-25-63 63-32-63 63-40-63
63-50-63 75-32-75 75-40-75 75-50-75 75-63-75 90-50-90
90-63-90 90-75-90
110-63-110 110-75-110 110-90-110

**异径管套**

规格

20-16 25-16 25-20 32-20

32-25 40-25 40-32 50-25

50-32 50-40 63-32 63-40

63-50 75-50 75-63 90-63

90-75 110-90

**活接头**

规格

20 25
32 40
50 63

**管帽**

规格

20 25 32 40
50 63 75 90
110

图 10-10　PP-R 管常用管件（管件规格单位：mm）（一）

图 10-10  PP-R 管常用管件（管件规格单位：mm）（二）

图 10-11  PP-R 管系列图示

使用管剪将管材按需要长度剪开，剪口与
轴线成直角

在管材的端头，作焊接深度标记

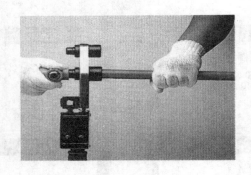

将管材管件同时插到焊接机上加热，时间依据
管材直径而定

达到规定的加热时间后，将管材，管件从焊
接机上取下，立即插接，在插接过程中避免
扭动歪斜

图 10-12    PP-R 管的组装示意图

（5）PP-R 管热熔焊接操作技术主要参数见表 10-4。

表 10-4                   **PP-R 管热熔焊接操作技术主要参数**

| 管材外径<br>（mm） | 焊接深度<br>（mm） | 热熔时间<br>（s） | 接插时间<br>（s） | 冷却时间<br>（s） |
|---|---|---|---|---|
| 20 | 14 | 5 | 4 | 2 |
| 25 | 15 | 7 | 4 | 2 |
| 32 | 16.5 | 8 | 6 | 4 |
| 40 | 18 | 12 | 6 | 4 |
| 50 | 20 | 18 | 6 | 4 |
| 63 | 24 | 24 | 8 | 6 |
| 75 | 30 | 30 | 10 | 8 |

（6）铝塑管、PE-X 管、PP-R 管常用阀件见图 10-13。

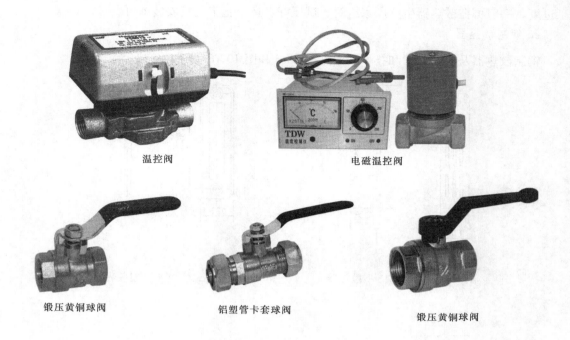

温控阀　　　　　　　　　　　　　　电磁温控阀

锻压黄铜球阀　　　　　　铝塑管卡套球阀　　　　　　锻压黄铜球阀

图 10-13　铝塑管、PE-X 管、PP-R 管常用阀件

## 三、供暖器具和附件

散热器主要分为铸铁散热器、钢制散热器和铝制散热器三大类。

1. 铸铁散热器

（1）铸铁散热器见图 10-14～图 10-18。

铸铁翼型散热器分为圆翼型和长翼型两种。

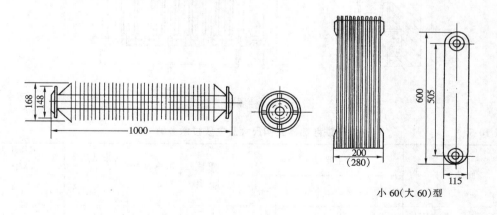

小 60(大 60)型

图 10-14　圆翼型散热器　　　　　图 10-15　长翼式散热器

（2）常用铸铁散热器结构尺寸及主要技术参数见表 10-5。

（3）铸铁散热片（器）在施工现场的安装程序：组对—试压—就位—配管。为了加快施工进度，一般可在散热器生产厂家组对、试压好，运至施工现场安装即可。

2. 钢制散热器

钢制散热器及主要尺寸和技术参数见表 10-5 和图 10-16～图 10-23 所示。

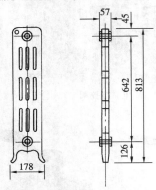

图 10-16　四柱 813 型散热器

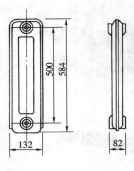

图 10-17　二柱 M-132 型散热器

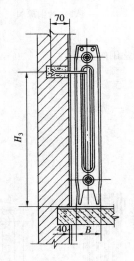

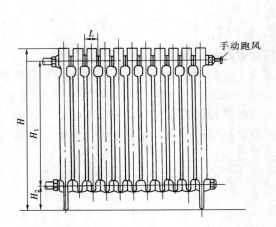

图 10-18　柱翼型散热器

**表 10-5**　　　　　　　　　铸铁散热器结构尺寸及主要技术参数

| 序号 | 型　　号 | | 单片主要尺寸（mm） | | | | 重量（kg/片） | 散热面积（m²/片） | 标准散热量（W）ΔT=64.5℃ | 工作压力（MPa） | |
|---|---|---|---|---|---|---|---|---|---|---|---|
| | | | 高度 H | 宽度 B | 长度 L | 中心距 H₁ | | | | 普通 | 稀土高压 |
| 1 | TZY2-6-5（8）（柱翼 700） | 中片 | 700 | 100 | 60 | 600 | 6.7 | 0.412 | 155 | 0.6 | 0.8 |
| | | 足片 | 780 | 100 | 60 | 600 | 7.2 | 0.412 | 155 | 0.6 | 0.8 |
| 2 | TZY2-5-5（8）（柱翼 600） | 中片 | 600 | 100 | 60 | 500 | 5.5 | 0.377 | 134 | 0.6 | 0.8 |
| | | 足片 | 680 | 100 | 60 | 500 | 6 | 0.377 | 134 | 0.6 | 0.8 |
| 3 | TZY2-3-5（8）（柱翼 400） | 中片 | 400 | 90 | 60 | 300 | 3.6 | 0.18 | 134 | 0.6 | 0.8 |
| | | 足片 | 480 | 90 | 60 | 300 | 4.2 | 0.18 | 134 | 0.6 | 0.8 |

续表

| 序号 | 型 号 | | 单片主要尺寸（mm） | | | | 重量（kg/片） | 散热面积（m²/片） | 标准散热量（W）ΔT=64.5℃ | 工作压力（MPa） | |
|---|---|---|---|---|---|---|---|---|---|---|---|
| | | | 高度 H | 宽度 B | 长度 L | 中心距 H₁ | | | | 普通 | 稀土高压 |
| 4 | 四柱 813 型 | 中片 | 724 | 159 | 57 | 642 | 6.5 | 0.28 | 153 | 0.6 | 0.8 |
| | | 足片 | 813 | 159 | 57 | 642 | 7 | 0.28 | 153 | 0.6 | 0.8 |
| 5 | TZ4-6-5（8）（四柱 760） | 中片 | 682 | 143 | 60 | 600 | 5.8 | 0.235 | 128 | 0.6 | 0.8 |
| | | 足片 | 760 | 143 | 60 | 600 | 6.2 | 0.235 | 128 | 0.6 | 0.8 |
| 6 | TZ4-5-5（8）（四柱 660） | 中片 | 582 | 143 | 60 | 500 | 5.4 | 0.2 | 112 | 0.6 | 0.8 |
| | | 足片 | 660 | 143 | 60 | 500 | 5.9 | 0.2 | 112 | 0.6 | 0.8 |
| 7 | TZ4-3-5（8）（四柱 460） | 中片 | 382 | 143 | 60 | 300 | 5 | 0.13 | 92 | 0.6 | 0.8 |
| | | 足片 | 460 | 143 | 60 | 300 | 5.5 | 0.13 | 92 | 0.6 | 0.8 |
| 8 | TZ2-5-5（8）M132 型 | 中片 | 582 | 132 | 80 | 500 | 6.5 | 0.24 | 130 | 0.5 | 0.8 |
| | | 足片 | 660 | 132 | 80 | 500 | 7 | 0.24 | 130 | 0.5 | 0.8 |
| 9 | TC0.28/5-4（6）长翼型（大 60 型） | | 600 | 115 | 280 | 500 | 26 | 1.17 | 444 | 0.4 | 0.6 |
| 10 | 长翼型（小 60 型） | | 600 | 115 | 200 | 500 | 18 | 0.8 | 336 | 0.4 | 0.6 |

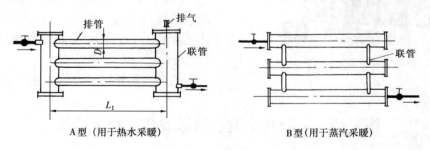

A 型（用于热水采暖）　　　　B 型（用于蒸汽采暖）

图 10-19　光排管散热器

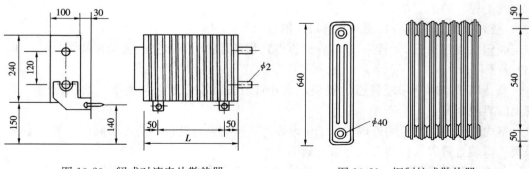

图 10-20　闭式对流串片散热器　　　　图 10-21　钢制柱式散热器

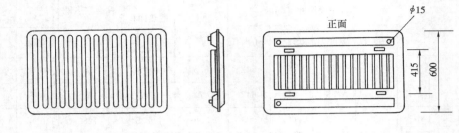

图 10-22　板式散热器

图 10-23　铝合金翼管柱型散热器

钢制散热器有光管散热器、闭式对流串片散热器、板式散热器和钢制柱式散热器。几种常用钢制散热器见图 10-19 ～图10-22。

3. 铝制散热器

最近几年，铝制散热器在我国迅速发展，品种繁多，样式美观，安装方便灵活，特别适用于民用建筑，增强了房间的装饰效果和艺术品位。由于铝制散热器金属热强度是铸铁散热器的 6 倍，所以重量仅为同等散热量铸铁片的 1/10，体积为同等散热量铸铁片的 1/3。

铝合金翼管柱型散热器见图 10-23。

## 第二节　采暖及空调水管道安装工程量计算

**一、采暖管道安装工程量计算**

采暖管道安装工程属于《山东省安装工程消耗量定额》（2016 年版）第十册《给排水、采暖、燃气工程》的第二章。

（一）项目设置本定额项目设置及适用范围

本定额包括镀锌钢管、钢管、塑料管、直埋式预制保温管以及室外管道碰头等项目，共 5 节 135 个子目。

本定额适用于室内外采暖管道的安装，室外管道安装不分地上与地下，均执行同一子目。管道的界限划分：

（1）室内外管道以建筑物外墙皮 1.5m 为界；建筑物入口处设阀门者以阀门为界，室外设有采暖入口装置者以入口装置循环管三通为界。

（2）与工业管道界限以锅炉房或热力站外墙皮 1.5m 为界。

（3）与设在建筑物内的换热站管道以站房外墙皮为界。

（二）定额工作内容及施工工艺

（1）管道安装项目中，均包括相应管件安装、水压试验及水冲洗工作内容。各种管件数量系综合取定，执行定额时，成品管件数量可依据设计文件及施工方案或参照本册附录"管道管件数量取定表"计算，定额中其他消耗量均不做调整。本册定额管件含量中不含与螺纹阀门配套的活接、对丝，其用量含在螺纹阀门安装项目中。

（2）钢管（焊接）管径≤DN100 安装项目中均综合考虑了成品管件和现场煨制弯管、摔制大小头、挖眼三通，不论工程实际是否采用成品管件，其安装消耗量均不做调整。DN≥125 全部为成品管件，管件数量均可按实际发生计算。

（3）管道安装项目中，除室内直埋塑料管道中已包括管卡安装外，其他管道项目均不包括管道支架、管卡、托钩等制作安装以及管道穿墙、楼板套管制作安装、预留孔洞、堵洞、打洞、凿槽等工作内容，发生时，应按本册第十一章相应项目另行计算。

（4）室内直埋塑料管包括了充压隐蔽、水压试验、水冲洗以及地面划线标示工作内容。

（5）塑套钢预制直埋保温管安装项目是按照行业标准《高密度聚乙烯外护管聚氨酯预制直埋保温管》CJ 114—2000 要求供应的成品保温管道、管件编制的。塑套钢预制直埋保温管安装项目中已包括管件安装，但不包括接口保温，发生时应另行套用接口保温安装项目。

（三）工程量计算规则

（1）各类管道安装按室内外、材质、连接形式、规格分别列项，以"10m"为计量单位。定额中铜管、塑料管、复合管（除钢塑复合管外）按公称外径表示，其他管道均按公称直径表示。

（2）各类管道安装工程量，均按设计管道中心线长度，以"10m"为计量单位，不扣除阀门、管件、附件（包括器具组成）及井类所占长度。

（3）方形补偿器所占长度计入管道安装工程量。方形补偿器制作安装应执行第五章相应项目。

（4）与分集水器进出口连接的管道工程量，应计算至分集水器中心线位置。

（5）直埋保温管保温层补口分管径，以"个"为计量单位。

（6）与原有采暖热源钢管碰头，区分带介质、不带介质两种情况，按新接支管公称管径列项，以"处"为计量单位。每处含有供、回水两条管道碰头连接。

（四）定额应用说明

（1）镀锌钢管（螺纹连接）项目适用于室内外焊接钢管的螺纹连接。

（2）采暖室内直埋塑料管道是指敷设于室内地坪下或墙内的由采暖分集水器连接散热器及管井内立管的塑料采暖管段。直埋塑料管分别设置了热熔管件连接和无接口敷设两项定额项目，不适用于地板辐射采暖系统管道安装。地板辐射采暖系统管道安装执行第七章相应项目。直埋塑料管道穿伸缩缝、出地面等处如安装柔性塑料套管，仅计材料费。

（3）室内外采暖管道在过路口或跨绕梁、柱等障碍时，如发生类似于方形补偿器的管道安装形式，执行方形补偿器制作安装项目。

（4）采暖塑铝稳态复合管道安装按相应塑料管道安装项目人工乘以系数 1.1，其他不变。

（5）安装带保温层的管道时，可执行相应材质及连接形式的管道安装项目，其人工乘以系数 1.1；管道接头保温执行第十二册《刷油、防腐蚀、绝热工程》，其人工、机械乘以系数 2.0，材料消耗量乘以系数 1.2。

（6）建筑物入口处如采用塑套钢预制直埋保温管埋地敷设可套用室外管道相应定额。

（7）安装钢套钢预制直埋保温管时，执行第八册《工业管道工程》相应项目。

（8）室外管道碰头项目适用于新建管道与已有热源管道的碰头连接，如已有热源管道已做预留接口则不执行相应安装项目。

（9）与原有管道碰头安装项目不包括与供热部门的配合协调工作以及通水试验的用水量，发生时应另行计算。

**二、空调水管道安装工程量计算**

空调管道安装工程属于山东省安装工程消耗量定额（2016 年版）第十册《给排水、采暖、燃气工程》的第三章。

（一）定额项目设置及适用范围

本定额包括镀锌钢管、钢管、塑料管等项目，共 3 节 73 个子目。

本定额适用适用于室内空调水管道安装。室外管道执行第二章采暖室外管道安装相应项目。

管道的界限划分：

（1）室内外管道以建筑物外墙皮 1.5m 为界：建筑物入口处设阀门者以阀门为界。

（2）与设在建筑物内的空调机房管道以机房外墙皮为界。

（二）定额工作内容及施工工艺

（1）管道安装项目中，均包括相应管件安装、水压试验及水冲洗工作内容。各种管件数量系综合取定，执行定额时，成品管件数量可依据设计文件及施工方案或参照本册附录"管道管件数量取定表"计算，定额中其他消耗 量均不做调整。本册定额管件含量中不含与螺纹阀门配套的活接、对丝，其用量含在螺纹阀门安装项目中。

（2）钢管（焊接）管径≤DN100 安装项目中均综合考虑了成品管件和现场煨制弯管、摔制大小头、挖眼三通，不论工程实际是否采用成品管件，其安装消耗量均不做调整。DN≥125 全部为成品管件，管件数量均可按实际发生计算。

（3）管道安装项目中，除室内直埋塑料管道中已包括管卡安装外，其他管道项目均不包括管道支架、管卡、托钩等制作安装以及管道穿墙、楼板套管制作安装、预留孔洞、堵洞、打洞、凿槽等工作内容，发生时，应按本册第十一章相应项目另行计算。

（三）工程量计算规则

（1）各类管道安装按室内外、材质、连接形式、规格分别列项，以"10m"为计量单位。定额中除塑料管按公称外径表示，其他管道均按公称直径表示。

（2）各类管道安装工程量，均按设计管道中心线长度，以"10m"为计量单位，不扣除阀门、管件、附件所占长度。

（3）方形补偿器所占长度计入管道安装工程量。方形补偿器制作安装应执行第五章相应项目。

（四）定额应用说明

（1）镀锌钢管（螺纹连接）安装项目也适用于空调水系统中采用螺纹连接的焊接钢管、钢塑复合管的安装项目。

（2）空调冷热水镀锌钢管（沟槽连接）安装项目也适用于空调冷热水系统中采用沟槽连接的 DN150 以下焊接钢管的安装。

（3）室内空调机房与空调冷却塔之间的冷却水管道执行空调冷热水管道。

（4）空调凝结水管道安装项目是按集中空调系统编制的，并适用于户用单体空调设备的凝结水管道系统安装。外墙空调凝结水管道安装执行本章相关定额，并根据实际情况选择计取建筑物超高增加费或操作高度增加费（50m 以上按 50m 系数执行）；如利用土建已搭设好的外墙脚手架或采用自行搭设脚手架，还是选择租用吊篮在措施费中考虑。

（5）室内空调水管道在过路口或跨绕梁、柱等障碍时，如发生类似于方形补偿器的管道安装形式，执行方形补偿器制作安装项目。

（6）安装带保温层的管道时，可执行相应材质及连接形式的管道安装项目，其人工乘以系数 1.1；管道接头保温执行第十二册《刷油、防腐蚀、绝热工程》，其人工、机械乘以系数 2.0，材料消耗量乘以系数 1.2。

# 第三节　供暖器具工程量计算

供暖器具属于山东省安装工程消耗量定额（2016 年版）第十册《给排水、采暖、燃气工程》的第七章。

（一）定额项目设置

本定额包括铸铁散热器安装，钢制散热器及其他成品散热器安装，光排管散热器制作安装，暖风机安装，地板辐射采暖，热媒集配装置等安装，共 7 节 142 个子目。

（二）定额工作内容及施工工艺

（1）散热器安装项目系参考《国家建筑标准设计图集》10K509、10R504 编制。除另有说明外，各型散热器均包括散热器成品支托架（钩、卡）安装和安装前的水压试验以及系统水压试验。

（2）各型散热器的成品支托架（钩、卡）安装，是按采用膨胀螺栓固定编制的，如工程要求与定额不同时，可按照第十一章有关项目进行调整。

（3）铸铁散热器按柱型（柱翼型）编制，区分带足、不带足两种安装方式。成组铸铁散热器、光排管散热器如发生现场进行除锈刷漆时，执行第十二册《刷油、防腐蚀、绝热工程》相应项目。

（4）钢制翅片管散热器安装项目包括安装随散热器供应的成品对流罩，如工程不要求安装随散热器供应的成品对流罩时，每组扣减 0.03 工日。

（5）钢制板式散热器、金属复合散热器、艺术造型散热器的固定组件，按随散热器配套供应编制，如散热器未配套供应，应增加相应材料的消耗量。

（6）光排管散热器安装不分 A 型、B 型执行同一定额子目。光排管散热器制作项目已包括联管、支撑管所用人工与材料。

（7）手动放气阀的安装执行本册第五章相应项目。如随散热器已配套安装就位时，不得重复计算。

(8) 暖风机安装项目不包括支架制作安装,其制作安装按照本册第十一章相应项目另行计算。

(三) 工程量计算规则

(1) 铸铁散热器安装分落地安装、挂式安装。铸铁散热器组对安装以"10片"为计量单位;成组铸铁散热器安装按每组片数以"组"为计量单位。

(2) 钢制柱式散热器安装按每组片数,以"组"为计量单位;闭式散热器安装以"片"为计量单位;其他成品散热器安装以"组"为计量单位。

(3) 艺术造型散热器按与墙面的正投影(高×长)计算面积,以"组"为计量单位。不规则形状以正投影轮廓的最大高度乘以最大长度计算面积。

(4) 光排管散热器制作分A型、B型,区分排管公称直径,按图示散热器长度计算排管长度以"10m"为计量单位,其中联管、支撑管不计入排管工程量;光排管散热器安装不分A型、B型,区分排管公称直径,按光排管散热器长度以"组"为计量单位。

(5) 暖风机安装按设备重量,以"台"为计量单位。

(6) 地板辐射采暖管道区分管道外径,按设计图示中心线长度计算,以"10m"为计量单位。保护层(铝箔)、隔热板、钢丝网按设计图示尺寸计算实际铺设面积,以"10m²"为计量单位。边界保温带按设计图示长度以"10m"为计量单位。

(7) 热媒集配装置安装区分带箱、不带箱,按分支管环路数以"组"为计量单位。每组含分水器和集水器。

(四) 定额应用说明

(1) 各型散热器不分明装、暗装,均按材质、类型执行同一定额子目。

(2) 钢制板式散热器安装不论是否带对流片,均按安装形式和规格执行同一项目。钢制卫浴散热器执行钢制单板板式散热器安装项目。钢制扁管散热器分别执行单板、双板钢制板式散热器安装定额项目,其人工乘以系数1.2。

(3) 地板辐射采暖塑料管道敷设项目包括了固定管道的塑料卡钉(管卡)安装、局部套管敷设及地面浇筑的配合用工。如工程要求固定管道的方式与定额不同时,固定管道的材料可按设计要求进行调整,其他不变。

(4) 地板辐射采暖的隔热板项目中的塑料薄膜,是指在接触土壤或室外空气的楼板与绝热层之间所铺设的塑料薄膜防潮层;塑料薄膜未铺设时,应扣除塑料薄膜材料消耗量。如隔热板自带保护层(铝箔),不得再套用10-7-116。

地板辐射采暖塑料管道在跨越建筑物的伸缩缝、沉降缝时所铺设的塑料板条,应按照边界保温带安装项目计算,塑料板条材料消耗量可按设计要求的厚度、宽度进行调整。

(5) 成组热媒集配装置包括成品分集水器和配套供应的固定支架及与分支管连接的部件。固定支架如不随分集水器配套供应,需现场制作时,按照本册第十一章相应项目另行计算。

(6) 与采暖供回水主管连接的转换件包含在管道安装中。

# 第四节　工程预算实例

**【例 10-1】**　×住宅楼采暖工程预算

（一）工程概况

（1）采暖平面图见图 10-24、图 10-25，前半部分系统图见图 10-26，后半部分系统图见图 10-27。标高以 m 计，其余尺寸以 mm 计。

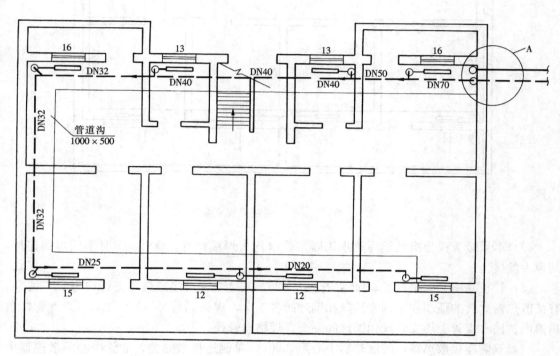

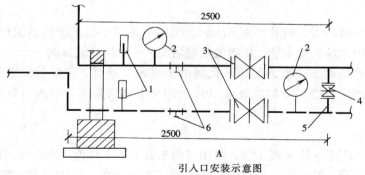

引入口安装示意图

图 10-24　一层采暖平面图

1—温度计；2—压力表；3—法兰闸阀 DN70；4—法兰闸阀 DN40；

5—旁通管 DN40 长 0.5m；6—泄水丝堵

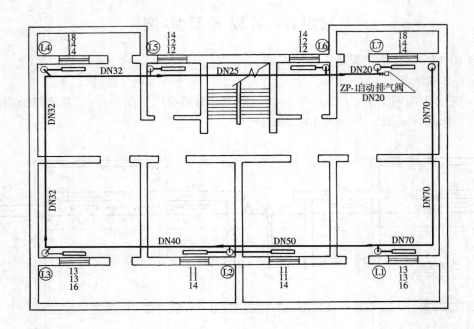

图 10-25　二、三、四层采暖平面图

（2）本采暖工程为机械循环热水采暖，管材均为焊接钢管，DN≥32 时采用焊接连接，其余为丝接。

（3）管径除图上注明者外，L2 立管为 DN25，其余立管及接散热器支管均为 DN20。所有接散热器立管的顶端和末端安装丝扣铜球阀各一个，规格同管径。L2、L5、L6 立管接散热器供、回水支管上均安装丝扣铜球阀一个，规格同管径。

（4）双侧连接散热器，两散热器中心距 3.3m。单侧连接散热器，立管中心距散热器中心 1.6m。

（5）散热器为四柱 813 散热器，每片厚度 57mm。采用带足与不带足散热器组成一组，安装在楼板上。散热器采用现场组成安装。每组散热器均安装 φ10 手动放风阀一个。

（6）管道穿墙、楼板及地面加一般钢套管，孔洞由土建施工预留。支立管采用管卡固定，其余管道用型钢支架固定，型钢支架总重量 40kg，按标准做法施工。引入口处按标准图（见图 10-27）施工。

（二）采用定额

本例题为×市市区×住宅楼室内采暖工程，采用《山东省安装工程价目表》和《山东省安装工程消耗量定额》第十册　给排水、采暖、燃气工程（2016 年版）中的有关内容。

（三）编制方法

（1）管道沟内管道均需保温，工程量单计，刷油、保温等预算内容见本书刷油、保温章节例题。室内管沟由土建队伍施工。

（2）暂不计主材费，只计主材消耗量。

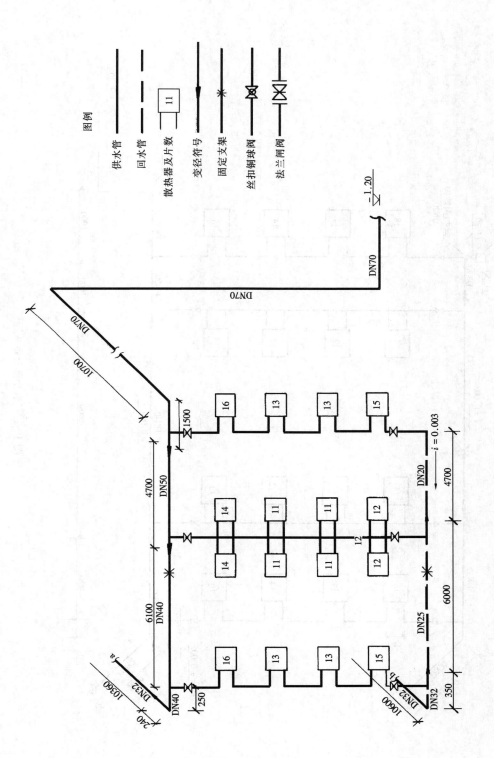

图 10-26　前半部分系统图

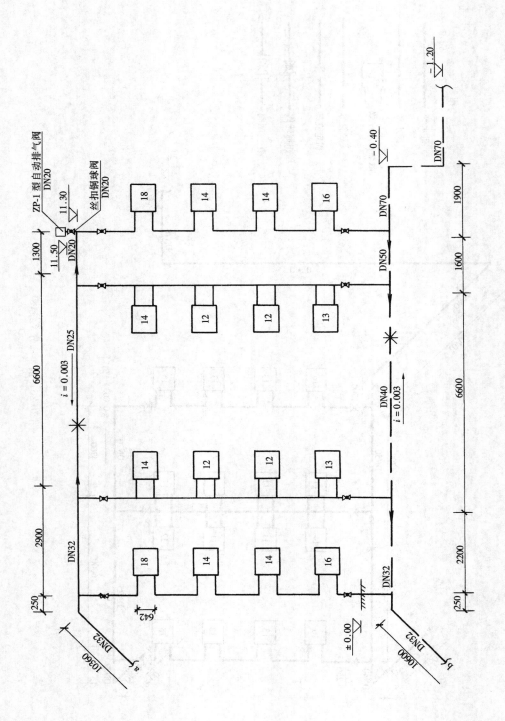

图 10-27　后半部分系统图

（3）未尽事宜均参照有关标准或规范执行。

（4）工程量计算结果见表 10-6，安装工程施工图预算结果见表 10-7，工程取费结果见表 10-8。

**表 10-6** **工程量计算书**

工程名称：××住宅楼采暖工程预算　　　　　　　　年　月　日　共　　第　　页

| 序号 | 分部分项工程名称 | 单位 | 工程量 | 计 算 公 式 |
|---|---|---|---|---|
| 1 | 焊接钢管（焊接）DN70 | m | 32.40 | 供保温 2.50＋1.20 |
| | | | | 回保温 2.50＋[−0.40−(−1.20)]＋1.90 |
| | | | | 供 11.30＋10.70＋1.50 |
| 2 | 焊接钢管（焊接）DN50 | m | 6.30 | 供 4.70 |
| | | | | 回保温 1.60 |
| 3 | 焊接钢管（焊接）DN40 | m | 13.69 | 供 6.10＋0.25＋0.24 |
| | | | | 回保温 6.60＋0.50（旁通管） |
| 4 | 焊接钢管（焊接）DN32 | m | 26.91 | 供 10.36＋0.25＋2.90 |
| | | | | 回保温 2.20＋0.25＋10.60＋0.35 |
| 5 | 焊接钢管（丝接）DN25 | m | 24.30 | 供 6.60 |
| | | | | 回保温 6.00 |
| | | | | 立 211.30 |
| | | | | 立 L2 保温 0.40 |
| 6 | 焊接钢管（丝接）DN20 | m | 144.48 | 供 1.30＋(11.50−11.30)＝1.50 |
| | | | | 回保温 4.70 |
| | | | | L1、L3、L4、L7 立管[11.30−(0.642×4)]×4＝34.93 |
| | | | | L5、L6 立管 11.30×2＝22.60 |
| | | | | 立 L1、L3、L4、L5、L6、L7 保温 0.40×6＝2.4 |
| | | | | 支管 3.3×8＋1.6×48−0.057×436＝78.35 |
| 7 | 丝扣铜球阀 DN20 | 个 | 45 | 13＋32 |
| 8 | 丝扣铜球阀 DN25 | 个 | 2 | |
| 9 | 自动排气阀 DN20 | 个 | 1 | |
| 10 | 手动放风阀 DN10 | 个 | 32 | |
| 11 | 法兰闸阀 DN40 | 个 | 1 | |
| 12 | 法兰闸阀 DN65 | 个 | 2 | |
| 13 | 碳钢平焊法兰 DN40 | 个 | 1 | |
| 14 | 碳钢平焊法兰 DN65 | 个 | 2 | |
| 15 | 四柱 813 型散热器组安 | 片 | 436 | 18×2＋16×4＋15×2＋14×8＋13×6＋12×6＋11×4 |
| 16 | 型钢支架制作、安装 | kg | 40 | |
| 17 | 管卡 DN20 | 个 | 24 | |
| 18 | 管卡 DN25 | 个 | 4 | |
| 19 | 一般钢套管（穿墙、穿楼板）DN20 | 个 | 32 | 立 24　支管 8 |
| 20 | 一般钢套管（穿墙、穿楼板）DN25 | 个 | 7 | 供 3　立 4 |
| 21 | 一般钢套管（穿墙）DN32 | 个 | 2 | 供 2 |

| 序号 | 分部分项工程名称 | 单位 | 工程量 | 计 算 公 式 |
|---|---|---|---|---|
| 22 | 一般钢套管(穿墙)DN40 | 个 | 1 | 供 1 |
| 23 | 一般钢套管(穿墙)DN50 | 个 | 2 | 供 2 |
| 24 | 一般钢套管(穿地面、穿楼板、穿墙)DN65 | 个 | 5 | 供 5 |
| 25 | 温度计 | 支 | 2 | |
| 26 | 压力表 | 块 | 2 | |

表 10-7　　　　　　　　　安装工程预算表

项目名称：××住宅楼采暖工程预算

| 序号 | 定额编码 | 子目名称 | 单位 | 工程量 | 单价 | 合价 | 省人工单价 | 省人工合价 |
|---|---|---|---|---|---|---|---|---|
| 1 | 10-2-13 | 室内采暖镀锌钢管(螺纹连接)DN20 | 10m | 14.448 | 183.93 | 2657.42 | 178.09 | 2573.04 |
| | Z17000053@1 | 镀锌钢管　DN20 | m | 140.146 | | | | |
| | Z18000061@1 | 采暖室内镀锌钢管螺纹管件　DN20 | 个 | 181.178 | | | | |
| 2 | 10-2-14 | 室内采暖镀锌钢管(螺纹连接)DN25 | 10m | 2.43 | 223.63 | 543.42 | 213.31 | 518.34 |
| | Z17000053@2 | 镀锌钢管　DN25 | m | 23.571 | | | | |
| | Z18000061@2 | 采暖室内镀锌钢管螺纹管件　DN25 | 个 | 29.913 | | | | |
| 3 | 10-2-36 | 室内采暖钢管(电弧焊)≤DN32 | 10m | 2.691 | 178.13 | 479.35 | 157.59 | 424.07 |
| | Z17000015@1 | 钢管　DN32 | m | 27.314 | | | | |
| | Z18000063@1 | 采暖室内钢管焊接管件　DN32 | 个 | 2.26 | | | | |
| 4 | 10-2-37 | 室内采暖钢管(电弧焊)≤DN40 | 10m | 1.369 | 210.76 | 288.53 | 184.06 | 251.98 |
| | Z17000015@2 | 钢管　DN40 | m | 13.895 | | | | |
| | Z18000063@2 | 采暖室内钢管焊接管件　DN40 | 个 | 1.164 | | | | |
| 5 | 10-2-38 | 室内采暖钢管(电弧焊)≤DN50 | 10m | 0.63 | 259.12 | 163.25 | 215.37 | 135.68 |
| | Z17000015@3 | 钢管　DN50 | m | 6.395 | | | | |
| | Z18000063@3 | 采暖室内钢管焊接管件　DN50 | 个 | 0.819 | | | | |
| 6 | 10-2-39 | 室内采暖钢管(电弧焊)≤DN65 | 10m | 3.24 | 297.64 | 964.35 | 242.67 | 786.25 |
| | Z17000015@4 | 钢管　DN65 | m | 32.594 | | | | |
| | Z18000063@4 | 采暖室内钢管焊接管件　DN65 | 个 | 3.596 | | | | |
| 7 | 10-5-2 | 螺纹阀门安装≤DN20 | 个 | 45 | 17.61 | 792.45 | 10.3 | 463.5 |
| | Z19000129@2 | 螺纹阀门　DN20 | 个 | 45.45 | | | | |
| 8 | 10-5-3 | 螺纹阀门安装≤DN25 | 个 | 2 | 20.15 | 40.3 | 11.33 | 22.66 |
| | Z19000129@3 | 螺纹阀门　DN25 | 个 | 2.02 | | | | |
| 9 | 10-5-29 | 自动排气阀安装≤DN20 | 个 | 1 | 18.08 | 18.08 | 13.39 | 13.39 |
| | Z22000077@1 | 自动排气阀　DN20 | 个 | 1 | | | | |
| 10 | 10-5-31 | 手动放风阀安装φ10 | 个 | 32 | 3.11 | 99.52 | 3.09 | 98.88 |

| 序号 | 定额编码 | 子目名称 | 单位 | 工程量 | 单价 | 合价 | 省人工单价 | 省人工合价 |
|---|---|---|---|---|---|---|---|---|
|  | Z22000075 | 手动放风阀　φ10 | 个 | 32.32 |  |  |  |  |
| 11 | 10-5-38 | 法兰阀门安装≤DN40 | 个 | 1 | 34.35 | 34.35 | 23.69 | 23.69 |
|  | Z19000121@1 | 法兰阀门　DN40 | 个 | 1 |  |  |  |  |
| 12 | 10-5-40 | 法兰阀门安装≤DN65 | 个 | 2 | 47.19 | 94.38 | 32.96 | 65.92 |
|  | Z19000121@2 | 法兰阀门　DN65 | 个 | 2 |  |  |  |  |
| 13 | 10-5-138 | 碳钢平焊法兰安装≤DN40 | 副 | 1 | 36.02 | 36.02 | 22.66 | 22.66 |
|  | Z20000033@1 | 碳钢平焊法兰　DN40 | 片 | 2 |  |  |  |  |
| 14 | 10-5-140 | 碳钢平焊法兰安装≤DN65 | 副 | 2 | 56.45 | 112.9 | 39.14 | 78.28 |
|  | Z20000033@2 | 碳钢平焊法兰　DN65 | 片 | 4 |  |  |  |  |
| 15 | 10-7-11 | 铸铁散热器组对柱型（柱翼型）落地安装 | 10 片 | 43.6 | 101.88 | 4441.97 | 38.83 | 1692.99 |
|  | Z22000007 | 铸铁散热器片 | 片 | 440.36 |  |  |  |  |
| 16 | 10-11-1 | 管道支架制作　单件重量≤5kg | 100kg | 0.4 | 827.18 | 330.87 | 578.76 | 231.5 |
|  | Z01000009 | 型钢　（综合） | kg | 42 |  |  |  |  |
| 17 | 10-11-6 | 管道支架安装单件重量≤5kg | 100kg | 0.4 | 567.33 | 226.93 | 311.68 | 124.67 |
| 18 | 10-11-11 | 成品管卡安装≤DN20 | 个 | 24 | 1.51 | 36.24 | 1.13 | 27.12 |
|  | Z18000371@1 | 成品管卡　DN20 | 套 | 25.2 |  |  |  |  |
| 19 | 10-11-12 | 成品管卡安装≤DN32 | 个 | 4 | 1.62 | 6.48 | 1.24 | 4.96 |
|  | Z18000371@2 | 成品管卡　DN25 | 套 | 4.2 |  |  |  |  |
| 20 | 10-11-25 | 一般钢套管制作安装介质管道≤DN20 | 个 | 32 | 11.3 | 361.6 | 8.76 | 280.32 |
|  | Z17000025 | 焊接钢管　DN32 | m | 10.176 |  |  |  |  |
| 21 | 10-11-26 | 一般钢套管制作安装 介质管道≤DN32 | 个 | 9 | 13.35 | 120.15 | 9.99 | 89.91 |
|  | Z17000029 | 焊接钢管　DN50 | m | 2.862 |  |  |  |  |
| 22 | 10-11-27 | 一般钢套管制作安装 介质管道≤DN50 | 个 | 3 | 21.07 | 63.21 | 14.21 | 42.63 |
|  | Z17000031 | 焊接钢管　DN80 | m | 0.954 |  |  |  |  |
| 23 | 10-11-28 | 一般钢套管制作安装 介质管道≤DN65 | 个 | 5 | 28.85 | 144.25 | 19.16 | 95.8 |
|  | Z17000033 | 焊接钢管　DN100 | m | 1.59 |  |  |  |  |
|  |  | 10 册定额子项　小计 |  |  |  | 12056.02 |  | 8068.24 |
| 24 | 6-1-1 | 膨胀式温度计 工业液体温度计 | 支 | 2 | 14.8 | 29.6 | 12.15 | 24.3 |
|  | Z22000027 | 插座带丝堵 | 套 | 2 |  |  |  |  |

续表

| 序号 | 定额编码 | 子目名称 | 单位 | 工程量 | 单价 | 合价 | 省人工单价 | 省人工合价 |
|---|---|---|---|---|---|---|---|---|
| | | | | | | | 其中 | |
| 25 | 6-1-46 | 压力表　就地 | 块 | 2 | 32.43 | 64.86 | 26.99 | 53.98 |
| | Z24000045 | 取源部件 | 套 | 2 | | | | |
| | Z24000035 | 仪表接头 | 套 | 2 | | | | |
| | | 6 册定额子项　小计 | | | | 94.46 | | 78.28 |
| | | 定额子项　合计 | | | | 12150.48 | | 8146.52 |
| 26 | BM120 | 系统调试费(第十册给排水、采暖、燃气工程) | 元 | 1 | 814.65 | 814.65 | 285.13 | 285.13 |
| | | 分部分项工程费 | | | | 12965.13 | | 8431.65 |
| 27 | BM106 | 脚手架搭拆费(第十册给排水、采暖、燃气工程)(单独承担的室外埋地管道工程除外) | 元 | 1 | 403.41 | 403.41 | 141.19 | 141.19 |
| 28 | BM73 | 脚手架搭拆费(第六册自动化控制仪表安装工程) | 元 | 1 | 3.91 | 3.91 | 1.37 | 1.37 |
| | | 脚手架搭拆费 | | | | 407.32 | | 142.56 |

表 10-8　　　　　　　　　　安装工程费用表

| 行号 | 序号 | 费用名称 | 费率(%) | 计算方法 | 费用金额 |
|---|---|---|---|---|---|
| 1 | 一 | 分部分项工程费 | | ∑{[定额∑(工日消耗量×人工单价)+∑(材料消耗量×材料单价)+∑(机械台班消耗量×台班单价)]×分部分项工程量} | 12965.13 |
| 2 | (一) | 计费基础 JD1 | | ∑(工程量×省人工费) | 8431.65 |
| 3 | 二 | 措施项目费 | | 2.1+2.2 | 1132.44 |
| 4 | 2.1 | 单价措施费 | | ∑{[定额∑(工日消耗量×人工单价)+∑(材料消耗量×材料单价)+∑(机械台班消耗量×台班单价)]×单价措施项目工程量} | 407.32 |
| 5 | 2.2 | 总价措施费 | | (1)+(2)+(3)+(4) | 725.12 |
| 6 | (1) | 夜间施工费 | 2.5 | 计费基础 JD1×费率 | 210.79 |
| 7 | (2) | 二次搬运费 | 2.1 | 计费基础 JD1×费率 | 177.06 |
| 8 | (3) | 冬雨季施工增加费 | 2.8 | 计费基础 JD1×费率 | 236.09 |
| 9 | (4) | 已完工程及设备保护费 | 1.2 | 计费基础 JD1×费率 | 101.18 |
| 10 | (二) | 计费基础 JD2 | | ∑措施费中 2.1、2.2 中省价人工费 | 438.51 |
| 11 | 三 | 其他项目费 | | 3.1+3.3+3.4+3.5+3.6+3.7+3.8 | |
| 12 | 3.1 | 暂列金额 | | | |
| 13 | 3.2 | 专业工程暂估价 | | | |
| 14 | 3.3 | 特殊项目暂估价 | | | |
| 15 | 3.4 | 计日工 | | | |
| 16 | 3.5 | 采购保管费 | | | |
| 17 | 3.6 | 其他检验试验费 | | | |

续表

| 行号 | 序号 | 费用名称 | 费率% | 计算方法 | 费用金额 |
|---|---|---|---|---|---|
| 18 | 3.7 | 总承包服务费 | | | |
| 19 | 3.8 | 其他 | | | |
| 20 | 四 | 企业管理费 | 55 | （JD1+JD2）×管理费费率 | 4878.59 |
| 21 | 五 | 利润 | 32 | （JD1+JD2）×利润率 | 2838.45 |
| 22 | 六 | 规费 | | 4.1+4.2+4.3+4.4+4.5 | 1561.93 |
| 23 | 4.1 | 安全文明施工费 | | （1）+（2）+（3）+（4） | 1086.37 |
| 24 | （1） | 安全施工费 | 2.34 | （一+二+三+四+五）×费率 | 510.46 |
| 25 | （2） | 环境保护费 | 0.29 | （一+二+三+四+五）×费率 | 63.26 |
| 26 | （3） | 文明施工费 | 0.59 | （一+二+三+四+五）×费率 | 128.71 |
| 27 | （4） | 临时设施费 | 1.76 | （一+二+三+四+五）×费率 | 383.94 |
| 28 | 4.2 | 社会保险费 | 1.52 | （一+二+三+四+五）×费率 | 331.58 |
| 29 | 4.3 | 住房公积金 | 0.21 | （一+二+三+四+五）×费率 | 45.81 |
| 30 | 4.4 | 工程排污费 | 0.27 | （一+二+三+四+五）×费率 | 58.9 |
| 31 | 4.5 | 建设项目工伤保险 | 0.18 | （一+二+三+四+五）×费率 | 39.27 |
| 32 | 七 | 设备费 | | ∑（设备单价×设备工程量） | |
| 33 | 八 | 税金 | 10 | （一+二+三+四+五+六+七-甲供材料、设备款）×税率 | 2337.65 |
| 34 | 九 | 不取费项目合计 | | | |
| 35 | 十 | 工程费用合计 | | 一+二+三+四+五+六+七+八+九 | 25714.19 |

【例 10-2】　××办公楼空调水管路施工图预算

（一）工程概况

（1）本工程空调水管路平面图和大样图分别见图 10-28、图 10-29，空调水管路系统图见图 10-30，风机盘管水管路安装图可见图 10-31。图中标高以 m 计，其余以 mm 计。空调供水、回水及凝结水管均采用镀锌钢管，丝扣连接。

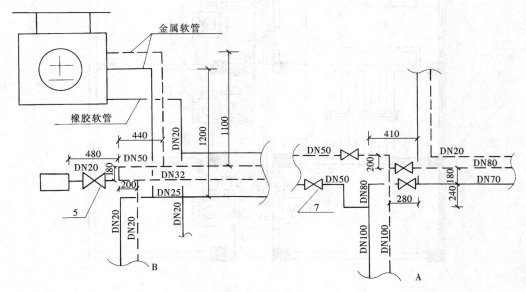

图 10-28　空调水管路 A、B 节点大样图

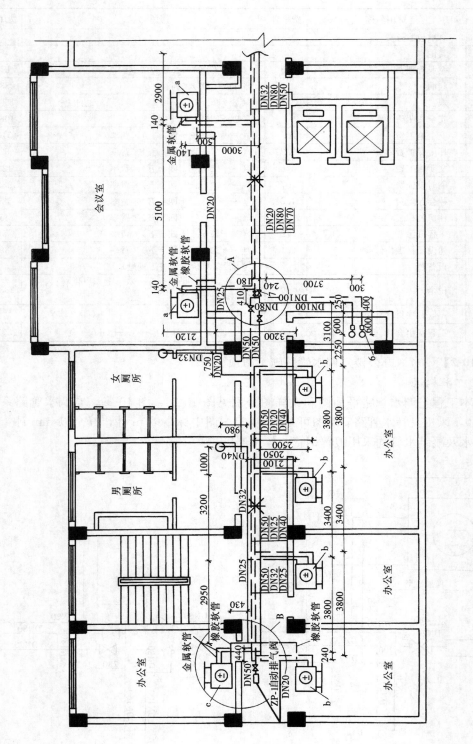

图 10-29　××办公楼部分房间空调水管路平面图

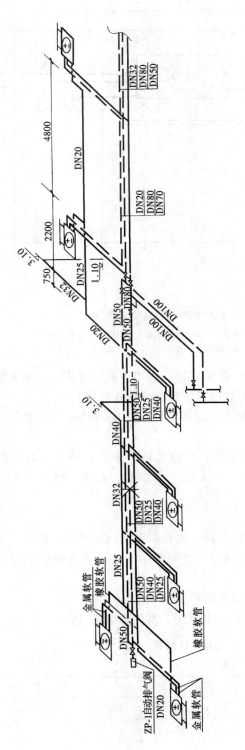

图 10-30　××办公楼部分房间空调水管路系统图

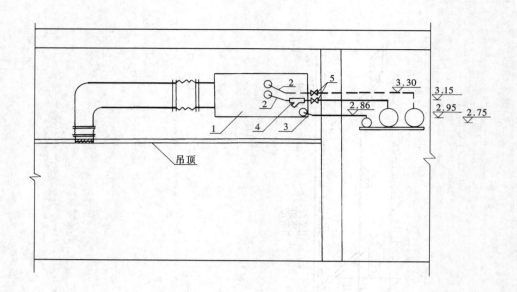

图 10-31　风机盘管水管路安装图示

1—风机盘管；2—金属软管；3—橡胶软管；4—过滤器；5—丝扣

铜球阀；6—铸钢法兰蝶阀；7—法兰闸阀

（2）阀门采用铜球阀。穿墙均加一般钢套管。进出风机盘管供、回水支管均装金属软管（丝接）各一个，凝结水管与风机盘管连接需装橡胶软管（丝接）一个。

（3）管道安装完毕后要求试压，空调系统试验压力为 1.3MPa，凝结水管做灌水试验。

（二）采用定额

本例题为×市区×办公楼（部分房间）空调水管路预算，采用《山东省安装工程价目表》和《山东省安装工程消耗量定额》第十册　给排水、采暖、燃气工程（2016 年出版）中的有关内容。

（三）编制方法

（1）风机盘管在本工程风系统中已计算，水管路系统例题不再计算。

（2）暂不计主材费（只计主材消耗量）、支架制作安装、管道刷油、保温、高层建筑增加费等内容。

（3）未尽事宜均参照有关标准或规范执行。

（4）工程量计算结果见表 10-9，安装工程施工图预算结果见表 10-10 及表 10-11。

表 10-9　　　　　　　　　　　　　　工程量计算书

工程名称：××办公楼部分房间空调水管路　　　　　　　年　月　日　共　页第　页

| 序号 | 分部分项工程名称 | 单位 | 工程量 | 计　算　公　式 |
|---|---|---|---|---|
| 1 | 镀锌钢管（丝接）DN100（管井内） | m | 1.20 | 管井内供 0.6　回 0.6 |
| 2 | 镀锌钢管（丝接）DN100 | m | 8.77 | 供 0.25＋3.70 |
|  |  | m |  | 回 0.40＋0.30＋3.70＋0.24＋0.18 |

| 序号 | 分部分项工程名称 | 单位 | 工程量 | 计 算 公 式 |
|---|---|---|---|---|
| 3 | 镀锌钢管（丝接）DN80 | m | 9.21 | 供 0.24＋0.41 |
|  |  |  |  | 回 0.28＋0.14＋5.10＋0.14＋2.90 |
| 4 | 镀锌钢管（丝接）DN70 | m | 5.38 | 供 0.14＋5.10＋0.14 |
| 5 | 镀锌钢管（丝接）DN50 | m | 21.28 | 供 右 2.90 |
|  |  |  |  | 供 左 3.10＋0.24 |
|  |  |  |  | 回 左 0.40＋0.20＋0.60＋2.25＋3.80＋3.40＋3.80＋0.20＋0.18＋0.20 |
| 6 | 镀锌钢管（丝接）DN40 |  | 7.2 | 供 左 3.40＋3.80 |
| 7 | 镀锌钢管（丝接）DN32 | m | 6.84 | 回 左 3.80 |
|  |  |  |  | 回 右 0.14＋2.90 |
| 8 | 镀锌钢管（丝接）DN25 | m | 7.44 | 供 左 3.80＋0.24 |
|  |  |  |  | 回 左 3.40 |
| 9 | 镀锌钢管（丝接）DN20 | m | 38.78 | 供 左 0.48　回 右 5.10 |
|  |  |  |  | a 盘管支管（供 0.21＋3.00＋回 3.00＋0.14）×2 |
|  |  |  |  | b 盘管支管（供 2.05＋回 2.50）×4 |
|  |  |  |  | c 盘管支管 供 1.20＋回 1.10 |
| 10 | 镀锌钢管（丝接）凝结水 DN40 | m | 3.98 | 凝 左 1＋0.98＋（3.1－1.1） |
| 11 | 镀锌钢管（丝接）凝结水 DN32 | m | 7.32 | 凝 左 3.20＋2.12＋3.10－1.10 |
| 12 | 镀锌钢管（丝接）凝结水 DN25 | m | 5.15 | 凝 左 2.95　凝 右 2.20 |
| 13 | 镀锌钢管（丝接）凝结水 DN20 | m | 14.46 | 凝 4.8＋支 0.5×2＋2.1×4＋0.43 |
| 14 | 铸钢法兰蝶阀 DN100（管井内） | 个 | 2 | |
| 15 | 法兰闸阀 DN80 | 个 | 2 | |
| 16 | 法兰闸阀 DN50 | 个 | 2 | |
| 17 | 铜球阀 DN20 | 个 | 15 | |
| 18 | Y 型过滤器 DN20 | 个 | 7 | |
| 19 | 自动排气阀 DN20 | 个 | 1 | |
| 20 | 金属软管（丝接） | 个 | 14 | |
| 21 | 橡胶软管（丝接） | 个 | 7 | |
| 22 | 螺纹法兰 DN100　井内 | 副 | 2 | |
| 23 | 螺纹法兰 DN80 | 副 | 2 | |
| 24 | 螺纹法兰 DN50 | 副 | 2 | |
| 25 | 一般穿墙套管制安 DN100 | 个 | 2 | 供 1　回 1 |
| 26 | 一般穿墙套管制安 DN40 | 个 | 1 | |
| 27 | 一般穿墙套管制安 DN32 | 个 | 1 | |
| 28 | 一般穿墙套管制安 DN25 | 个 | 2 | |
| 29 | 一般穿墙套管制安 DN20 | 个 | 22 | 供 7　回 7　凝 8 |

表 10-10　　　　　　　　　　　安装工程预算表

项目名称：××办公楼部分房间空调水管路预算

| 序号 | 定额编码 | 子目名称 | 单位 | 工程量 | 单价 | 合价 | 其中 | |
|---|---|---|---|---|---|---|---|---|
| | | | | | | | 省人工单价 | 省人工合价 |
| 1 | 10-3-2 | 空调冷热水镀锌钢管（螺纹连接）DN20 | 10m | 3.878 | 183.15 | 710.26 | 177.68 | 689.04 |
| | Z17000053@1 | 镀锌钢管　DN20 | m | 38.004 | | | | |
| | Z18000087@1 | 空调冷热水室内镀锌钢管螺纹管件 DN20 | 个 | 36.414 | | | | |
| 2 | 10-3-3 | 空调冷热水镀锌钢管（螺纹连接）DN25 | 10m | 0.744 | 203.31 | 151.26 | 194.77 | 144.91 |
| | Z17000053@2 | 镀锌钢管　DN25 | m | 7.291 | | | | |
| | Z18000087@2 | 空调冷热水室内镀锌钢管螺纹管件 DN25 | 个 | 7.135 | | | | |
| 3 | 10-3-4 | 空调冷热水镀锌钢管（螺纹连接）DN32 | 10m | 0.684 | 218.87 | 149.71 | 208.68 | 142.74 |
| | Z17000053@3 | 镀锌钢管　DN32 | m | 6.826 | | | | |
| | Z18000087@3 | 空调冷热水室内镀锌钢管螺纹管件 DN32 | 个 | 6.218 | | | | |
| 4 | 10-3-5 | 空调冷热水镀锌钢管（螺纹连接）DN40 | 10m | 0.72 | 228.28 | 164.36 | 217.54 | 156.63 |
| | Z17000053@4 | 镀锌钢管　DN40 | m | 7.186 | | | | |
| | Z18000087@4 | 空调冷热水室内镀锌钢管螺纹管件 DN40 | 个 | 5.155 | | | | |
| 5 | 10-3-6 | 空调冷热水镀锌钢管（螺纹连接）DN50 | 10m | 2.128 | 246.84 | 525.28 | 230.21 | 489.89 |
| | Z17000053@5 | 镀锌钢管　DN50 | m | 21.323 | | | | |
| | Z18000087@5 | 空调冷热水室内镀锌钢管螺纹管件 DN50 | 个 | 13.875 | | | | |
| 6 | 10-3-7 | 空调冷热水镀锌钢管（螺纹连接）DN65 | 10m | 0.538 | 267.25 | 143.78 | 246.27 | 132.49 |
| | Z17000053@6 | 镀锌钢管　DN65 | m | 5.391 | | | | |
| | Z18000087@6 | 空调冷热水室内镀锌钢管螺纹管件 DN65 | 个 | 3.04 | | | | |
| 7 | 10-3-8 | 空调冷热水镀锌钢管（螺纹连接）DN80 | 10m | 0.921 | 299.67 | 276 | 273.36 | 251.76 |
| | Z17000053@7 | 镀锌钢管　DN80 | m | 9.228 | | | | |
| | Z18000087@7 | 空调冷热水室内镀锌钢管螺纹管件 DN80 | 个 | 4.973 | | | | |

续表

| 序号 | 定额编码 | 子目名称 | 单位 | 工程量 | 单价 | 合价 | 其中 | |
|---|---|---|---|---|---|---|---|---|
| | | | | | | | 省人工单价 | 省人工合价 |
| 8 | 10-3-9 | 空调冷热水镀锌钢管（螺纹连接）DN100 | 10m | 0.877 | 338.6 | 296.95 | 301.89 | 264.76 |
| | Z17000053@8 | 镀锌钢管　DN100 | m | 8.788 | | | | |
| | Z18000087@8 | 空调冷热水室内镀锌钢管螺纹管件 DN100 | 个 | 4.438 | | | | |
| 9 | 10-3-9 换 | 空调冷热水镀锌钢管（螺纹连接）DN100 人工×1.2，机械×1.2 | 10m | 0.12 | 404.24 | 48.51 | 362.27 | 43.47 |
| | Z17000053 | 镀锌钢管　DN100 | m | 1.202 | | | | |
| | Z18000087 | 空调冷热水室内镀锌钢管螺纹管件 | 个 | 0.607 | | | | |
| 10 | 10-3-13 | 空调凝结水镀锌钢管（螺纹连接）DN20 | 10m | 1.446 | 123.44 | 178.49 | 119.89 | 173.36 |
| | Z17000053@1 | 镀锌钢管　DN20 | m | 14.72 | | | | |
| | Z18000093@1 | 空调凝结水室内镀锌钢管螺纹管件 DN20 | 个 | 8.531 | | | | |
| 11 | 10-3-14 | 空调凝结水镀锌钢管（螺纹连接）DN25 | 10m | 0.515 | 153.06 | 78.83 | 146.16 | 75.27 |
| | Z17000053@2 | 镀锌钢管　DN25 | m | 5.227 | | | | |
| | Z18000093@2 | 空调凝结水室内镀锌钢管螺纹管件 DN25 | 个 | 3.662 | | | | |
| 12 | 10-3-15 | 空调凝结水镀锌钢管（螺纹连接）DN32 | 10m | 0.732 | 153.81 | 112.59 | 146.26 | 107.06 |
| | Z17000053@3 | 镀锌钢管　DN32 | m | 7.43 | | | | |
| | Z18000093@3 | 空调凝结水室内镀锌钢管螺纹管件 DN32 | 个 | 4.246 | | | | |
| 13 | 10-3-16 | 空调凝结水镀锌钢管（螺纹连接）DN40 | 10m | 0.398 | 157.55 | 62.7 | 149.45 | 59.48 |
| | Z17000053@4 | 镀锌钢管　DN40 | m | 4.04 | | | | |
| | Z18000093@4 | 空调凝结水室内镀锌钢管螺纹管件 DN40 | 个 | 2.022 | | | | |
| 14 | 10-5-2 | 螺纹阀门安装≤DN20 | 个 | 15 | 17.61 | 264.15 | 10.3 | 154.5 |
| | Z19000129@1 | 螺纹阀门　DN20 | 个 | 15.15 | | | | |
| 15 | 10-5-2 R×1.2 | 螺纹阀门安装≤DN20 单个过滤器安装 人工×1.2 | 个 | 7 | 19.67 | 137.69 | 12.36 | 86.52 |
| | Z19000129@1 | 螺纹阀门　DN20 | 个 | 7.07 | | | | |
| 16 | 10-5-29 | 自动排气阀安装≤DN20 | 个 | 1 | 18.08 | 18.08 | 13.39 | 13.39 |
| | Z22000077@1 | 自动排气阀　DN20 | 个 | 1 | | | | |

续表

| 序号 | 定额编码 | 子目名称 | 单位 | 工程量 | 单价 | 合价 | 其中 | |
|---|---|---|---|---|---|---|---|---|
| | | | | | | | 省人工单价 | 省人工合价 |
| 17 | 10-5-39 | 法兰阀门安装≤DN50 | 个 | 2 | 38.9 | 77.8 | 25.75 | 51.5 |
| | Z19000121@1 | 法兰阀门　DN50 | 个 | 2 | | | | |
| 18 | 10-5-41 | 法兰阀门安装≤DN80 | 个 | 2 | 67.17 | 134.34 | 45.32 | 90.64 |
| | Z19000121@2 | 法兰阀门　DN80 | 个 | 2 | | | | |
| 19 | 10-5-70 | 对夹式蝶阀安装≤DN100 | 个 | 2 | 83.72 | 167.44 | 56.65 | 113.3 |
| | Z19000103@1 | 对夹式蝶阀　DN100 | 个 | 2 | | | | |
| 20 | 10-5-70 换 | 对夹式蝶阀安装≤DN100 人工×0.2，材料×0，机械×0.2 | 个 | 2 | 11.84 | 23.68 | 11.33 | 22.66 |
| 21 | 10-5-129 | 螺纹法兰安装≤DN50 | 副 | 2 | 36.33 | 72.66 | 26.78 | 53.56 |
| | Z20000093@1 | 螺纹法兰　DN50 | 片 | 4 | | | | |
| 22 | 10-5-131 | 螺纹法兰安装≤DN80 | 副 | 2 | 57.87 | 115.74 | 40.17 | 80.34 |
| | Z20000093@2 | 螺纹法兰　DN80 | 片 | 4 | | | | |
| 23 | 10-5-132 换 | 螺纹法兰安装≤DN100 人工×1.2，机械×1.2，扣减螺栓 | 副 | 2 | 74.22 | 148.44 | 51.91 | 103.82 |
| | Z20000093 | 螺纹法兰 | 片 | 4 | | | | |
| 24 | 10-5-449 | 螺纹式软接头安装≤DN20 | 个 | 14 | 15.96 | 223.44 | 15.45 | 216.3 |
| | Z18000337@1 | 螺纹式金属软管　DN20 | 个 | 14 | | | | |
| 25 | 10-5-449 | 螺纹式软接头安装≤DN20 | 个 | 7 | 15.96 | 111.72 | 15.45 | 108.15 |
| | Z18000337@2 | 螺纹式橡胶软管　DN20 | 个 | 7 | | | | |
| 26 | 10-11-25 | 一般钢套管制作安装 介质管道≤DN20 | 个 | 22 | 11.3 | 248.6 | 8.76 | 192.72 |
| | Z17000025 | 焊接钢管　DN32 | m | 6.996 | | | | |
| 27 | 10-11-26 | 一般钢套管制作安装 介质管道≤DN32 | 个 | 3 | 13.35 | 40.05 | 9.99 | 29.97 |
| | Z17000029 | 焊接钢管　DN50 | m | 0.954 | | | | |
| 28 | 10-11-27 | 一般钢套管制作安装 介质管道≤DN50 | 个 | 1 | 21.07 | 21.07 | 14.21 | 14.21 |
| | Z17000031 | 焊接钢管　DN80 | m | 0.318 | | | | |
| 29 | 10-11-30 | 一般钢套管制作安装 介质管道≤DN100 | 个 | 2 | 54.25 | 108.5 | 34.51 | 69.02 |
| | Z17000037 | 焊接钢管　DN150 | m | 0.636 | | | | |
| | | 定额子项　合计 | | | | 4812.12 | | 4131.46 |
| 30 | BM121 | 系统调试费（第十册给排水、采暖、燃气工程） | 元 | 1 | 413.14 | 413.14 | 144.6 | 144.6 |
| | | 分部分项工程费 | | | | 5225.26 | | 4276.06 |
| 31 | BM106 | 脚手架搭拆费（第十册给排水、采暖、燃气工程）（单独承担的室外埋地管道工程除外） | 元 | 1 | 206.57 | 206.57 | 72.3 | 72.3 |
| | | 合计 | | | | 5431.83 | 3383.66 | 4348.36 |

**表 10-11**　　　　　　　　　　　　　　　**安装工程费用表**

项目名称：××办公楼空调水系统

| 行号 | 序号 | 费用名称 | 费率% | 计算方法 | 费用金额 |
|---|---|---|---|---|---|
| 1 | 一 | 分部分项工程费 | | $\sum$｛［定额$\sum$（工日消耗量×人工单价）＋$\sum$（材料消耗量×材料单价）＋$\sum$（机械台班消耗量×台班单价）］×分部分项工程量｝ | 5225.26 |
| 2 | （一） | 计费基础 JD1 | | $\sum$（工程量×省人工费） | 4276.06 |
| 3 | 二 | 措施项目费 | | 2.1＋2.2 | 574.31 |
| 4 | 2.1 | 单价措施费 | | $\sum$｛［定额$\sum$（工日消耗量×人工单价）＋$\sum$（材料消耗量×材料单价）＋$\sum$（机械台班消耗量×台班单价）］×单价措施项目工程量｝ | 206.57 |
| 5 | 2.2 | 总价措施费 | | （1）＋（2）＋（3）＋（4） | 367.74 |
| 6 | （1） | 夜间施工费 | 2.5 | 计费基础 JD1×费率 | 106.9 |
| 7 | （2） | 二次搬运费 | 2.1 | 计费基础 JD1×费率 | 89.8 |
| 8 | （3） | 冬雨季施工增加费 | 2.8 | 计费基础 JD1×费率 | 119.73 |
| 9 | （4） | 已完工程及设备保护费 | 1.2 | 计费基础 JD1×费率 | 51.31 |
| 10 | （二） | 计费基础 JD2 | | $\sum$措施费中 2.1、2.2 中省价人工费 | 222.39 |
| 11 | 三 | 其他项目费 | | 3.1＋3.3＋3.4＋3.5＋3.6＋3.7＋3.8 | |
| 12 | 3.1 | 暂列金额 | | | |
| 13 | 3.2 | 专业工程暂估价 | | | |
| 14 | 3.3 | 特殊项目暂估价 | | | |
| 15 | 3.4 | 计日工 | | | |
| 16 | 3.5 | 采购保管费 | | | |
| 17 | 3.6 | 其他检验试验费 | | | |
| 18 | 3.7 | 总承包服务费 | | | |
| 19 | 3.8 | 其他 | | | |
| 20 | 四 | 企业管理费 | 55 | （JD1＋JD2）×管理费费率 | 2474.15 |
| 21 | 五 | 利润 | 32 | （JD1＋JD2）×利润率 | 1439.5 |
| 22 | 六 | 规费 | | 4.1＋4.2＋4.3＋4.4＋4.5 | 695.47 |
| 23 | 4.1 | 安全文明施工费 | | （1）＋（2）＋（3）＋（4） | 483.72 |
| 24 | （1） | 安全施工费 | 2.34 | （一＋二＋三＋四＋五）×费率 | 227.29 |
| 25 | （2） | 环境保护费 | 0.29 | （一＋二＋三＋四＋五）×费率 | 28.17 |
| 26 | （3） | 文明施工费 | 0.59 | （一＋二＋三＋四＋五）×费率 | 57.31 |
| 27 | （4） | 临时设施费 | 1.76 | （一＋二＋三＋四＋五）×费率 | 170.95 |
| 28 | 4.2 | 社会保险费 | 1.52 | （一＋二＋三＋四＋五）×费率 | 147.64 |
| 29 | 4.3 | 住房公积金 | 0.21 | （一＋二＋三＋四＋五）×费率 | 20.4 |
| 30 | 4.4 | 工程排污费 | 0.27 | （一＋二＋三＋四＋五）×费率 | 26.23 |

续表

| 行号 | 序号 | 费用名称 | 费率% | 计算方法 | 费用金额 |
|---|---|---|---|---|---|
| 31 | 4.5 | 建设项目工伤保险 | 0.18 | (一+二+三+四+五)×费率 | 17.48 |
| 32 | 七 | 设备费 | | ∑(设备单价×设备工程量) | |
| 33 | 八 | 税金 | 10 | (一+二+三+四+五+六+七-甲供材料、设备款)×税率 | 1040.87 |
| 34 | 九 | 不取费项目合计 | | | |
| 35 | 十 | 工程费用合计 | | 一+二+三+四+五+六+七+八+九 | 11449.56 |

# 第十一章 燃气安装工程施工图预算的编制

## 第一节 燃气工程基本知识

目前随着城市燃气事业的发展，城市气化率越来越高，对燃气设备及管道的设计、加工和敷设都应严格符合国家制定的规范要求，相应的对于有关燃气施工预算方面知识的需求也增加起来。本节内容主要以室内燃气管道施工预算为例，介绍了有关燃气施工预算方面的知识。

**一、燃气的种类**

燃气的种类很多，主要有天然气、人工燃气、液化石油气和沼气四种。

1. 天然气

天然气是指通过生物化学及地质变动作用，在不同地质条件下生成、运移，在一定压力下储集的可燃气体。天然气的主要成分为甲烷（$CH_4$），其密度为 $0.75\sim0.8kg/Nm^3$，发热值在 $35\ 000\sim50\ 000kJ/Nm^3$ 之间。天然气既是制取合成氨、炭黑、乙炔等化工产品的原料气，又是优质燃料气，是理想的城市气源。我国的天然气事业有很好的发展前景，估计我国的天然气储量超过 30 万亿～40 万亿 $m^3$，到目前已证实约 2 万亿 $m^3$。目前投入开发的有四川、陕甘宁、莺琼油气田等。国家已把发展天然气长输管道列入全国重点基础建设项目。

2. 人工燃气

以固体或液体可燃物为燃料，经各种热加工制得的可燃气体称为人工燃气。人工燃气的主要组分包括氢气、甲烷、一氧化碳、氮气等，其密度为 $0.4\sim0.5kg/Nm^3$，发热值一般在 $15\ 000kJ/Nm^3$ 左右。人工燃气生产历史长，长期以来是城市燃气中主要的气源之一，但由于其 CO 含量较高，城市居民用气中正逐步被天然气所代替。

3. 液化石油气

液化石油气是在开采和炼制石油过程中，作为副产品而获得的一部分碳氢化合物。其主要成分是丙烷、丙烯、丁烷、丁烯，习惯上又称液化石油气为 $C_3$、$C_4$。气态液化石油气的发热值为 $92\ 100\sim121\ 400kJ/Nm^3$，密度为 $1.9\sim2.5kg/Nm^3$，液态液化石油气的发热值为 $45\ 200\sim46\ 100kJ/kg$。液化石油气中烯烃部分可作为化工原料，而其烷烃部分可作为燃料。近几年来，国内外不少城市用它作为汽车燃料。在燃气事业中，由于发展液化石油气投资省，设备简单，供应方式灵活，建设速度快，所以液化石油气供应业发展很快。

4. 沼气

各种有机物在隔绝空气的条件下发酵，并在微生物的作用下产生的可燃气体，叫作沼气。其主要组分为甲烷和二氧化碳，还有少量的氮和一氧化碳，发热值为 $22\ 000kJ/Nm^3$。沼气主要面对的是广阔的农村市场。

**二、燃气用户**

城市燃气一般用于居民生活用气，公共建筑用气，工业、企业生产用气，建筑采暖用气四个方面。

居民生活用气主要用于炊事和日常生活用热水。公共建筑包括职工食堂、饮食业、幼儿园、托儿所、医院、旅馆、理发店、浴室、洗衣房、机关、学校等，主要用于炊事及生活用热水。工业企业用气主要用于生产工艺方面。城市居民用户和公共建筑用户是城市燃气供应的基本用户，城市燃气应优先供给居民生活用户。在工业企业用户中，应优先供应在工艺上使用燃气后，可使产品产量及质量有很大提高，用气量又不太大，而自建煤气站又不经济的工业企业。以燃气作采暖的热源，只是在技术经济论证为合理时才能采用。

### 三、燃气输配系统

燃气输配系统有两种基本形式：一种是管道输配系统；另一种是液化石油气瓶装输配系统。管道输送的燃气主要是四种气源中的天然气、人工燃气及液化石油气，而沼气仅限于小区域中使用。液化石油气作为瓶装这种形式，目前仍广泛应用。

1. 长距离管线输送系统

对于产量较大的天然气、人工燃气可通过长距离管线送至较远的用气区。作为这种长距离的输送系统通常由集输管网、气体净化设备、起点站、输气干线、输气支线、中间调压计量站、压气站、燃气分配站、管理维修站、通信与遥控设备、阴极保护站等组成。当燃气经管线输送到城市后，再经由城市燃气输配系统送至用户使用，见图 11-1。

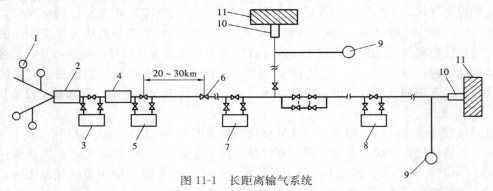

图 11-1 长距离输气系统

1—井场装置；2—集气站；3—矿场压气站；4—天然气处理厂；5—起点站（或起点压气站）；
6—阀门；7—中间压气站；8—终点压气站；9—储气设施；10—燃气分配站；11—城镇或工业基地

2. 城市燃气输配系统

现代化的城市燃气输配系统是复杂的综合设施，主要由下列几部分构成：

（1）低压、中压以及高压等不同压力的燃气管网。

（2）城市燃气分配站或压送机站、调压计量站或区域调压室。

（3）储气站。

（4）电信与自动化设备，电子计算机中心。

城市燃气管网通常包括街道燃气管网和庭院燃气管网两部分。在大城市中，街道燃气管网大都布置成环状，局部地区可采用枝状管网布置。燃气由城市高压管网，经过燃气调压站进入城市街道中压管网，然后经过区域燃气调压站进入街道低压管网，再经庭院燃气管网进入用户。庭院燃气管网是指燃气总阀门井以后至各建筑物前的户外管网。

3. 室内燃气管道系统

燃气管道由引入管进入用户以后，到燃气用气设备燃烧器以前为室内燃气管道。燃气供应压力应根据用气设备燃烧器的额定压力及其允许的压力波动范围来确定，故引入管道有中压管网和低压管网之分。输送干燃气的管道可不设置坡度。输送湿燃气的管道，其敷设坡度不应小于 0.003，且应坡向凝水缸或燃气分配管道。为了安全，引入管道不得敷设在卧室、浴室、地下室、易燃易爆的仓库、有腐蚀性介质的房间、配电室、变电室、电缆沟、烟道和进风道等地方，应设在厨房或走廊等便于检修的非居住房间内。特殊情况下，引入管道可从楼梯间引入，此时引入管上设阀门且易设在室外。引入管穿过建筑物基础、墙或管沟时，均应设置较燃气管道大 1～2 号的套管，套管内用油麻填实，两端用沥青堵严，并应考虑沉降的影响，必要时应采取补偿措施。燃气立管上接每层的横支管，横支管上接阀门，然后折向燃气表，表后接支管再接燃烧设备。燃烧设备与燃气管道的连接宜采用硬管连接；当采用软管连接时，应采用耐油橡胶管，且不得穿墙、窗和门。家用燃气灶和实验室燃烧设备的连接软管长度不应超过 2m，工业生产用的需要移动的燃烧设备的连接软管长度不应超过 30m。

**四、燃气管道材料**

高压和中压 A 地下燃气管道应采用钢管；中压 B 和低压燃气管道，宜采用钢管或机械接口铸铁管；户内或车间内部燃气管道一般都采用钢管。中、低压地下燃气管道采用塑料管材时，应符合有关标准的规定。燃气输送压力（表压）分级见表 11-1。

表 11-1　　　　　　　　　　　　　燃气输送压力（表压）分级

| 名　称 | 低压燃气管道 | 中压燃气管道 | | 高压燃气管道 | |
| --- | --- | --- | --- | --- | --- |
| | | B | A | B | A |
| 压　力<br>（MPa） | $p \leq 0.01$ | $0.01 < p \leq 0.2$ | $0.2 < p \leq 0.4$ | $0.4 < p \leq 0.8$ | $0.8 < p \leq 1.6$ |

**（一）钢管**

（1）无缝钢管。无缝钢管一般采用优质碳素钢或低合金结构钢制造，通常选用 10 号或 20 号钢锭，经热轧或冷拔成型，质量比较可靠。无缝钢管可用于高压长输管线和小口径（DN150 以下）的城市燃气管道。

（2）水、燃气输送钢管。水、燃气输送钢管有表面镀锌（俗称白铁管）钢管和不镀锌（黑铁管）两种。按壁厚不同可分为普通铁管、加厚钢管和薄壁钢管，前两种可用于室内燃气管道。

（3）螺旋缝焊接钢管。螺旋缝焊接钢管直径通常是 DN200～DN1400，可用于长输管线和城市燃气管道。

钢管的连接方式主要有：丝扣连接，一般适用于小管径钢管连接，其接口填料为铅油麻丝或聚四氟乙烯薄膜；法兰连接，一般用于阀门井、场站室内设备连接处，或者经常需要拆卸检修的管道处，法兰之间衬以软质垫圈，以保证连接的气密性；焊接连接，是钢管连接的常用方法，钢管壁厚在 4mm 以下时，采用气焊，即可保证连接处焊缝质量，壁厚大于 4mm 时钢管的连接必须采用电焊，见图 11-2 和图 11-3。

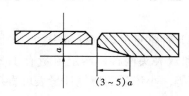

图 11-2　不同壁厚钢管的对接

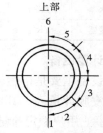

图 11-3　水平钢管固定口焊接位置分布
1—半圆起点；2—仰焊；3—仰立焊；4—平
立焊；5—平焊；6—半圆终点

## （二）铸铁管

铸铁管按材质可分为普通铸铁管、高级铸铁管和球墨铸铁管。我国的铸铁管按承受的压力大小分为三种级别，即高压管、普压管及低压管。高压管的工作压力不大于 1.0MPa，普压管的工作压力不大于 0.75MPa，低压管的工作压力不大于 0.45MPa。城市地下燃气管道可采用高压管和普压管两种。地下燃气铸铁管的连接方式主要有承插式、柔性机械接口和套接式三种。铸铁管承插式接口与填料见图 11-4。

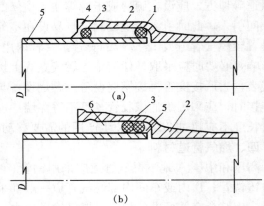

图 11-4　铸铁管承插式接口与填料
(a) 水泥承插式接口；(b) 精铅承插式接口
1—橡胶圈；2—铸铁接口；3—油绳环圈；
4—水泥；5—铸铁插管；6—精铅

## （三）塑料管

可用作燃气管道的塑料管有两大类：一类是热塑性塑料管；另一类是热固性环氧树脂管，通称玻璃钢管。热塑性塑料管材主要有丙烯腈—丁二烯（ABS）、醋酸—丁酸纤维（CAB）、聚酰胺（PA）（俗称尼龙）、聚丁烯（PB）、聚乙烯（PE）和聚氯乙烯（PVC）等。塑料管具有抗腐蚀能力强，没有电化学腐蚀现象，管材轻、便于运输，可卷成盘，减少接头、便于安装。其连接方式主要有溶剂粘接、热熔连接，燃烧连接分为承插式热熔接、热熔对接、鞍型热熔接、电阻丝热熔接。

### 五、燃气燃烧器具的种类

燃气燃烧器具主要有家庭用燃气灶、工业炊事器具、烘烤器具、烧水器具、冷藏器具以及空调采暖器具等。各种燃气燃烧器具的适用燃气种类、额定燃气用量等性能参数见表 11-2。

表 11-2　　　　　　　　　　　燃气燃烧器具性能参数表

| 序号 | 名　称 | 型　号 | 燃气种类 | 燃气压力（×0.1MPa） | 额定热负荷（kJ/h） | 进气连接管尺寸 |
|---|---|---|---|---|---|---|
| 1 | 双眼灶 | JZ2 | 人工燃气 | 100±20 | 10 500×2 | 1/2″ |
| 2 | 双眼灶 | JZT2-I | 天然气 | 200 | 10 500×2 | |
| 3 | 双眼灶 | JZY2-W | 液化石油气 | 280±50 | 9240×2 | φ9 软管 |
| 4 | 公用炊事灶 | YR-2 | 液化石油气 | 280±50 | 84 000 | 1/2″ |
| 5 | 150L 开水炉 | YL-150 | 液化石油气 | 280±50 | 133 978 | φ8 软管 |
| 6 | 快速热水器 | TSZ4 | 天然气 | 200±30 | 35 700 | |
| 7 | 热风采暖器 | YRQ | 液化石油气 | 280±50 | 14 280 | |

### 六、燃气计量设备

燃气计量设备主要是指燃气计量表。下面介绍几种常见的燃气计量表。

（1）干式皮膜计量表。其民用型号有单表头和双表头两种，额定流量有 1.2、1.5、2、3m³/h；公共事业用户额定流量有 6、10、20m³/h 等。小流量的燃气计量表可直接安装在墙上，大流量的宜设在单独房间内。

（2）干式罗茨计量表。此种表主要为工业燃气使用，其额定流量为 100~1000m³/h。

（3）IC卡智能燃气表。此种表采用最新单片机技术和IC卡技术，结合先进的生产制造工艺和质量管理制造而成，具有精确度高、自动计量、安全可靠、使用寿命长等优点。IC卡智能燃气表的出现实现了燃气计量的科学管理模式。目前民用型号主要是DC2.5型IC卡。

### 七、燃气施工图常见图例

燃气施工图常用图例见表11-3。

表 11-3　　　　　　　　　　　　　　　　燃气施工图常见图例

| 序号 | 名　称 | 图　例 | 序号 | 名　称 | 图　例 |
|---|---|---|---|---|---|
| 1 | 地上燃气管道 |  | 10 | 球阀 |  |
| 2 | 地下燃气管道 |  | 11 | 调压器 |  |
| 3 | 螺纹连接管道 |  | 12 | 开放式弹簧安全阀 |  |
| 4 | 法兰连接管道 |  | 13 | 燃气灶具 |  |
| 5 | 焊接连接管道 |  | 14 | 凝水器 |  |
| 6 | 有套管燃气管道 |  | 15 | 燃气计量表 |  |
| 7 | 管帽 |  | 16 | 罗茨计量表 |  |
| 8 | 丝堵 |  | 17 | 扁形过滤器 |  |
| 9 | 活接头 |  |  |  |  |

## 第二节　燃气安装工程预算计算规则

### 一、燃气管道安装

燃气管道安装工程属于《山东省安装工程消耗量定额》（2016年版）第十册《给排水、采暖、燃气工程》的第四章。

（一）项目设置及适用范围

本定额适用于室内外燃气管道的安装，包括镀锌钢管、钢管、不锈钢管、铜管、铸铁管、塑料管、复合管等管道安装、室外管道碰头、氮气置换及警示带、示踪线、地面警示标志桩安装等项目，共10节171个子目。

本定额适用于室内外工作压力小于或等于0.4MPa（中压A）的燃气管道安装项目。如铸铁管道工作压力大于0.2MPa时，安装人工乘以系数1.3。室外管道安装不分地上与地下，均执行同一子目。室内外管道分界：

（1）地下引入室内的管道以室内第一个阀门为界。

（2）地上引入室内的管道以墙外三通为界。

（二）定额工作内容及施工工艺

（1）管道安装项目中，均包括管道及管件安装、强度试验、严密性试验、空气吹扫等内容。各种管件均按成品管件安装考虑，其数量系综合取定，执行定额时，管件数量可依据设计文件及施工方案或参照本册附录"管道管件数量取定表"计算，定额中其他消耗量均不做调整。本册定额管件含量中不含与螺纹阀门配套的活接、对丝，其用量含在螺纹阀门安装项目中。

（2）管道安装项目中，均不包括管道支架、管卡、托钩等制作安装以及管道穿墙、楼板套管制作安装、预留孔洞、堵洞、打洞、凿槽等工作内容，发生时，应按本册第十一章相应项目另行计算。

（3）已验收合格未及时投入使用的管道，使用前需做强度试验、严密性试验、空气吹扫的，执行第八册《工业管道工程》相应项目。

（三）工程量计算规则

（1）各类管道安装按室内外、材质、连接形式、规格分别列项，以"10m"为计量单位。定额中铜管、塑料管、复合管（除钢塑复合管外）按公称外径表示，其他管道均按公称直径表示。

（2）各类管道安装工程量，均按设计管道中心线长度，以"10m"为计量单位，不扣除阀门、管件、附件（包括器具组成）及井类所占长度。

（3）与已有管道碰头项目除钢管带介质碰头、塑料管带介质碰头以支管管径外，其他项目均按主管管径，以"处"为计量单位。遇室外管道碰头项目，支管的工程量应计算到主管管道中心线处。

（4）氮气置换区分管径，以"100m"为计量单位。

（5）警示带、示踪线安装，以"100m"为计量单位。

（6）地面警示标志桩安装，以"10个"为计量单位。

（四）定额应用说明

（1）燃气检漏管安装执行相应材质的管道安装项目。

（2）成品防腐管道需做电火花检测的，可另行计算。

（3）室外管道碰头项目适用于新建管道与已有气源管道的碰头连接，如已有气源管道已做预留接口则不执行相应安装项目。

与已有管道碰头项目中，不包含氮气置换、连接后的单独试压以及带气施工措施费。应根据施工方案另行计算。

**二、燃气器具及其他**

燃气器具及其他属于《山东省安装工程消耗量定额》（2016年版）第十册《给排水、采暖、燃气工程》的第八章。

（一）项目设置及适用范围

本定额包括燃气开水炉安装，燃气采暖炉安装，燃气沸水器、消毒器、燃气快速热水器安装，燃气表，燃气灶具，气嘴，调压器安装，调压箱、调压装置，燃气凝水缸，燃气管道调长器安装，引入口保护罩等安装项目，共 12 节 105 个子目。

（二）定额工作内容及施工工艺

（1）各种燃气炉（器）具安装项目，均包括本体及随炉（器）具配套附件的安装。

（2）壁挂式燃气采暖炉安装子目，考虑了随设备配备的托盘、挂装支架的安装。

（3）法兰式燃气流量计、流量计控制器、调压器、燃气管道调长器安装项目均包括与法兰连接一侧所用的螺栓、垫片。

（4）成品钢制凝水缸、铸铁凝水缸、塑料凝水缸安装，按中压和低压分别列项，是依据 05R502《燃气工程设计施工》进行编制的。凝水缸安装项目包括凝水缸本体、抽水管及其附件、管件安装以及与管道系统的连接。低压凝水缸还包括混凝土基座及铸铁护罩的安装。中压凝水缸不包括井室部分、凝水缸的防腐处理，发生时执行其他相应项目。

（5）燃气调压箱安装按壁挂式和落地式分别列项，其中落地式区分单路和双路。调压箱安装不包括支架制作安装、保护台、底座的砌筑，发生时执行其他相应项目。

（6）燃气管道引入口保护罩安装按分体型保护罩和整体型保护罩分别列项。砖砌引入口保护台及引入管的保温、防腐应执行其他相关定额。

（三）工程量计算规则

（1）燃气开水炉、采暖炉、沸水器、消毒器、热水器以"台"为计量单位。

（2）膜式燃气表安装按不同规格型号，以"块"为计量单位；燃气流量计安装区分不同管径，以"台"为计量单位；流量计控制器区分不同管径，以"个"为计量单位。

（3）燃气灶具区分民用灶具和公用灶具，以"台"为计量单位。

（4）气嘴安装以"个"为计量单位。

（5）调压器、调压箱（柜）区分不同进口管径，以"台"为计量单位。

（6）燃气管道调长器区分不同管径，以"个"为计量单位。

（7）燃气凝水缸区分压力、材质、管径，以"套"为计量单位。

（8）引入口保护罩安装以"个"为计量单位。

（四）定额应用说明

（1）公用灶具安装按进气口管径设项，实际使用时各类器具可参照表 11-4 选用相应定额。

表 11-4　　　　　　　　　公用灶具与灶具进气管管径对照表

| 管径 | DN15 | DN20 | DN25 | DN32 | DN40 |
|---|---|---|---|---|---|
| 器具名称 | 燃气单眼饼炉 | 燃气大锅灶 | 燃气煲仔炉 | 燃气三眼灶 | 燃气多功能蒸箱 |
| | | 燃气烹煮釜 | 燃气烤乳猪炉 | 燃气五眼灶 | 燃气鼓风式四眼灶 |
| | | 燃气双眼饼炉 | | | 燃气双头低汤灶 |
| | | 燃气方饼炉 | | | 燃气汤锅灶 |
| | | 燃气烤鸭炉 | | | |

注　参照《燃气工程设计施工》（05R502）。

（2）膜式燃气表安装项目适用于螺纹连接的民用或公用膜式燃气表，IC 卡膜式燃气表安装按膜式燃气表安装项目，其人工乘以系数 1.1。膜式燃气表安装项目中列有 2 个表接头，如随燃气表配套表接头时，应扣除所列表接头。膜式燃气表安装项目中不包括表托架制作安装，发生时根据工程要求另行计算。

（3）燃气流量计适用于法兰连接的腰轮（罗茨）燃气流量计、涡轮燃气流量计。

（4）燃气管道调长器安装项目适用于法兰式波纹补偿器和套筒式补偿器的安装。

（5）户内家用可燃气体检测报警器与电磁阀成套安装的，执行"第五章管道附件"中螺纹电磁阀项目，人工乘以系数1.3。

# 第十二章　通风空调工程施工图预算的编制

市场经济的深化改革，带来了社会经济的繁荣昌盛，人们对生活质量和生产工作环境也有了更高的要求。通风空调工程技术的普及与提高，使之在基本建设投资中的比例明显增大。所以，熟练掌握通风空调安装工程造价的计算方法，是工程造价专业人员不可缺少的业务技术知识。

## 第一节　通风空调工程基本知识

利用换气的方法，把室内被污染的空气直接或经过净化后排至室外，新鲜空气补充进室内，使室内环境符合卫生标准，满足人们生活或生产工艺要求的技术措施称为建筑通风。

把室内不符合卫生标准的空气直接或经处理后排出室外称为排风，把室外新鲜空气或经过处理的空气送入室内称为送风。排风和送风的设施总称为建筑通风系统。

建筑通风分类：

建筑通风按系统作用范围不同分为局部通风和全面通风两种。局部通风是仅限于建筑内个别地点或局部区域，全面通风是对整个车间或房间进行的通风。

建筑通风按系统的工作压力分为自然通风和机械通风两种。

### 一、自然通风

自然通风是借助于室外空气造成的风压和室内外空气由于温度不同而形成的热压使空气流动。

风压自然通风方式见图 12-1。在风压作用下，室外空气通过建筑迎风面上的门、窗、孔洞进入室内，室内空气通过背风面及侧面上的门、窗、孔洞排出室外。

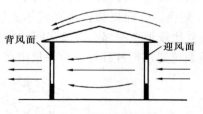
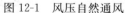

图 12-1　风压自然通风

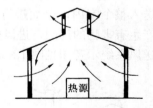

图 12-2　热压自然通风

热压自然通风见图 12-2。热压是由于室内外空气温度不同造成密度不同从而形成的重力压差。在热作用下，室内空气从上部窗孔排出，室外空气则从下部门、窗、孔洞进入室内。同时利用风压和热压的自然通风见图 12-3。管道式自然通风见图 12-4。

### 二、机械通风

机械通风是依靠机械力（风机）强制空气流动的一种通风方式。机械通风分为局部机械通风和全面机械通风。

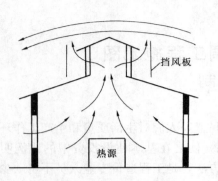

图 12-3　利用风压和热压的自然通风

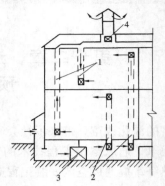

图 12-4　管道式自然通风系统

1—排风管道；2—送风管道；3—进风加热设备；

4—排风加热设备（为增大热压用）

（1）局部机械通风。为了保证某一局部区域的空气环境，依靠机械力将新鲜空气直接送到这个局部区域，或者将污浊空气或有害气体直接从产生的地方抽出，防止其扩散到全室，这种通风系统称为局部机械通风系统。局部机械排风系统见图 12-5，局部机械送风系统见图 12-6。

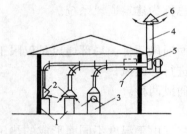

图 12-5　局部机械排风系统

1—工艺设备；2—局部排风罩；3—排风柜；4—风道；

5—风机；6—排风帽；7—排风处理装置

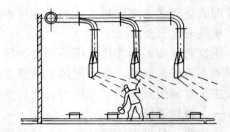

图 12-6　局部机械送风系统

（2）全面机械通风。全面机械通风就是依靠机械力将室内受污染的空气排除室内，或将室外新鲜空气送入整个室内，全面进行空气交换。全面机械排风系统示意图见图 12-7。这种系统设置于产生有害物的房间，进风则来自比较干净的邻室与该房间的自然进风。

全面机械送风系统示意图见图 12-8。该系统通常把各种处理设备集中在一个专用的房间

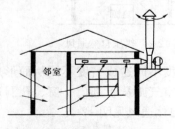

图 12-7　全面机械排风系统

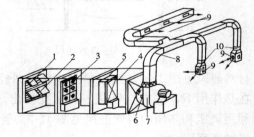

图 12-8　全面机械送风系统

1—百叶窗；2—保温阀；3—过滤器；4—空气加热器；5—旁通阀；6—启动阀；7—风机；8—风道；9—送风口；10—调节阀

内，对进风进行过滤和热处理。

# 第二节　通风空调工程常用设备及部件

### 一、通风常用设备和部件

通风系统形式不同，通风系统常用设备和构件也有所不同。自然通风只需进、排风窗及
附属开关等简单装置。机械通风和管道式自然
通风系统，则需要较多的设备和构件。

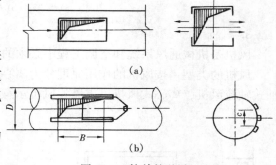

1. 室内送、排风口

室内送风口是在送风系统中把风道输送来
的空气以适当的速度分配到各指定地点的风道
末端装置。室内排风口是把室内被污染的空气
通过排风口进入排风管道。

室内送、排风口的种类很多，比较常用的
有简单的送风口（见图 12-9）和百叶式送风口
（见图 12-10）。

图 12-9　简单的送风口
(a) 风管侧送风口；(b) 插板式送、吸风口

风道制作材料有薄钢板、硬聚氯乙烯塑料
板、胶合板、纤维板、矿渣石膏板、砖和土等，截面有圆形和矩形两种。

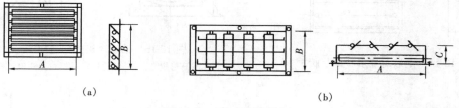

(a)　　　　　　　　　　　　　　　　(b)

图 12-10　百叶式送风口
(a) 单层百叶风口；(b) 双层百叶风口

2. 阀门

阀门安装在通风系统的风道上，用以关闭风道、风口和调节风量。常用的阀门有闸板
阀、防火阀、蝶阀和调节阀等。常用的几种阀门分别见图 12-11～图 12-14。

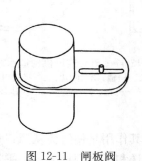

图 12-11　闸板阀

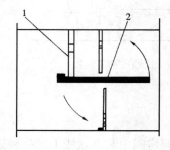

图 12-12　圆形风管防火阀
1—易熔片；2—阀门

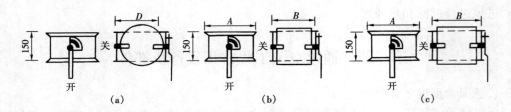

图 12-13　蝶阀

(a) 圆形；(b) 方形；(c) 矩形

### 3. 风机

风机是机械通风系统和空调工程中必须的动力设备。

风机的类型：按风机的作用原理分为离心式、轴流式和贯流式三类。轴流风机构造和长轴式轴流风机、离心式风机、贯流式风机示意图分别见图 12-15～图 12-19。

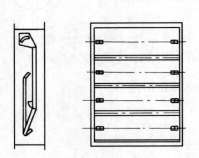

图 12-14　矩形对开多叶调节阀

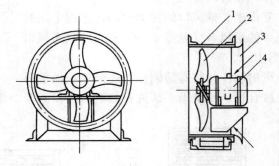

图 12-15　轴流风机的构造简图

1—圆筒形机壳；2—叶轮；3—进口；4—电动机

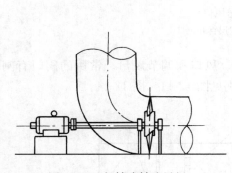

图 12-16　长轴式轴流风机

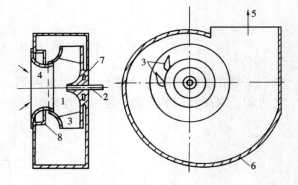

图 12-17　离心式风机构造示意图

1—叶轮；2—机轴；3—叶片；4—吸气口；5—出口；
6—机壳；7—轮毂；8—扩压环

### 4. 散流器

散流器是空调房间中装在顶棚上的一种送风口，其作用是使气流从风口向四周辐射状射出、诱导室内空气与射流迅速混合。散流器送风分平送和下送两种方式。平送散流器和流线型散流器构造示意图分别见图 12-20 和图 12-21。

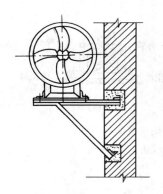 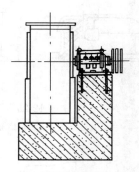

图 12-18　轴流风机在墙上安装　　　　图 12-19　离心风机在混凝土基础上安装

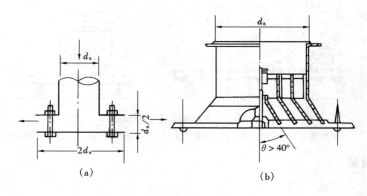

图 12-20　平送散流器示意图

(a) 盘式；(b) 圆形直片式

　　另外，在空调房间除设散流器送风外，还有孔板送风、喷口送风、回风口等。孔板材料可采用胶合板、硬质塑料板和铝板等。回风口通常设在房间的下部，孔口上一般要装设金属网，以防杂物吸入。

　　5. 消声减振器具

　　设于空调机房和制冷机房内的风机、水泵、压缩机等在运行中会产生噪声和振动，将影响人们的生活或工作，需采取消声减振措施。

　　常用的消声器有阻性消声器、共振性消声器、抗性消声器和宽频带复合消声器等。消声器构造示意图见图12-22。减振器见图12-23和图12-24。

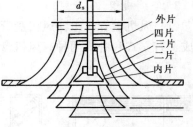

图 12-21　流线型散流器构造示意图

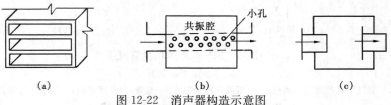

(a)　　　　　　(b)　　　　　　(c)

图 12-22　消声器构造示意图

(a) 阻性消声器；(b) 共振性消声器；(c) 抗性消声器

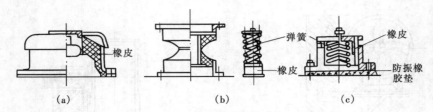

图 12-23　几种不同类型减振器结构示意图
(a) 压缩型；(b) 剪切型；(c) 复合型

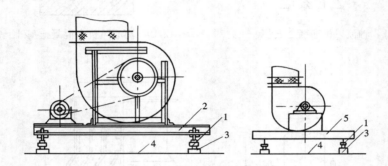

图 12-24　风机减振器安装
1—减振器；2—型钢支架；3—混凝土支墩；4—支撑结构；5—钢筋混凝土板

## 二、空调装置

1. 空调箱

空调箱是集中设置各种空气处理设备的专用小室或箱体。空调箱外壳可用钢板或非金属材料制成。

2. 室外进、排风装置

进风装置一般由进风口、风道，以及在进口处装设木制或薄钢板制百叶窗组成。

3. 空调机组

(1) 风机盘管机组。风机盘管机组由低噪声风机、盘管、过滤器、室温调节器和箱体等组成，有立式和卧式两种。风机盘管机组构造见图 12-25。

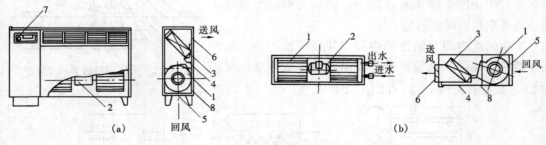

图 12-25　FP—5 型风机盘管机组
(a) 立式；(b) 卧式

1—双进风多叶离心式风机；2—低噪声电动机；3—盘管；4—凝水盘；5—空气过滤器；
6—出风格栅；7—控制器（电动阀）；8—箱体

（2）局部空调机组。空调机组是把空调系统（含冷源、热源）的全部设备或部分设备配套组装而成的整体。局部空调机组分为柜式和窗式两类。立柜式恒温恒湿空调机组见图12-26，热泵型窗式空调器见图12-27。

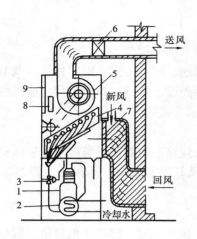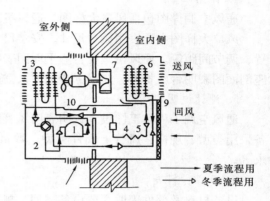

图 12-26　立柜式恒温恒湿空调机组

1—氟利昂制冷压缩机；2—水冷式冷凝器；3—膨胀阀；
4—蒸发器；5—风机；6—电加热器；7—空气过滤器；
8—电加湿器；9—自动控制屏

图 12-27　热泵型窗式空调器

1—全封闭氟利昂压缩机；2—四通换向阀；3—室外侧盘管；
4—制冷剂过滤器；5—节流毛细管；6—室内侧盘管；
7—风机；8—电动机；9—空气过滤器；10—凝水盘

## 第三节　通风空调工程施工图的组成与识图

**一、通风空调工程施工图**

通风空调工程施工图由施工图纸、施工图预算、设计说明、设备材料表和会审纪要等组成。施工图纸上标明施工内容、设备、管道、风口等布置位置，设备和附件安装要求和尺寸，管材材质和管道类型、规格及尺寸，风口类型及安装要求等。对于图纸不能直接表达的内容，如设计依据、质量标准、施工方法、材料要求等，一般在设计说明中阐明。因此，通风空调工程施工图是工程量计算和工程施工的依据。

通风空调工程施工图是按照国家颁布的、通用的图形符号绘制而成。通风空调工程常用图例见第四章。

**二、通风空调工程施工图识图**

通风空调工程施工图一般包括平面布置图、剖面图、系统图和设备、风口等安装详图。

1. 平面布置图

通风空调工程平面布置图主要表明通风管道平面位置、规格、尺寸，管道上风口位置、数量，风口类型，回风道和送风道位置，空调机、通风机等设备布置位置、类型，消声器、温度计等安装位置等。

2. 剖面图

剖面图表明通风管道安装位置、规格、安装标高，风口安装位置、标高、类型、数量、规格，空调机、通风机等设备安装位置、标高及与通风管道的连接，送风道、回风道位置等。

3．系统图

通风系统图表明通风支管安装标高、走向、管道规格、支管数量，通风立管规格、出屋面高度，风机规格、型号、安装方式等。

4．详图

通风空调详图包括风口大样图，通风机减震台座平、剖面图等。

风口大样图主要表明风口尺寸、安装尺寸、边框材质、固定方式、固定材料、调节板位置、调节间距等。通风机减震台座平面图表明台座材料类型、规格、布置尺寸。通风机械台座剖面图表明台座材料、规格（或尺寸）、施工安装要求方式等。

5．设计说明

通风空调工程施工图设计说明表明风管采用材质、规格、防腐和保温要求，通风机等设备采用类型、规格，风管上阀件类型、数量、要求，风管安装要求，通风机等设备基础要求等。

6．设备材料表

设备材料及部件表明主要设备类型、规格、数量、生产厂家，部件类型规格、数量等。

## 第四节　通风空调工程施工图预算的编制

**一、《通风空调工程》定额的编制情况**

（一）主要内容

《山东省安装工程消耗量定额》第七册《通风空调工程》，共分三章，518 个子目。具体章节划分如下：

第一章　通风空调设备及部件制作安装；

第二章　通风管道制作安装；

第三章　通风管道部件制作安装。

（二）适用范围

本定额适用于工业与民用建筑的新建、扩建工程中的通风空调安装工程。

（三）本册定额与其他册关系

（1）本册通风设备、除尘设备为专供通风工程配套的各种风机及除尘设备。其他工业用风机（如热力设备用风机）及除尘设备 安装执行第一册《机械设备安装工程》、第二册《热力设备安装工 程》相应定额。

（2）空调水系统管道安装执行第十册《给排水、采暖、燃气 工程》相应定额，制冷机房、锅炉房管道安装执行第八册《工业管 道工程》相应定额。

（3）本定额中未包括的刷油和绝热、防腐蚀项目，执行第十二册《刷油、防腐蚀、绝热工程》相应定额。

（4）本定额中未包括设备的基础灌浆和地脚螺栓孔的灌浆，执行第一册《机械设备安装工程》相应定额。

（5）制冷机组安装执行第一册《机械设备安装工程》相应定额。

（6）通风空调设备的电气接线项目执行第四册《电气设备安装工程》相应定额。

（四）本册定额编制的主要技术依据

（1）GB 50019—2015《工业建筑供暖通风与空气调节设计规范》；

（2）GB 50243—2002《通风与空调工程施工质量验收规范》；

（3）GB 50856—2013《通用安装工程工程量计算规范》；

（4）JGJ 141—2004《通风管道技术规程》；

（5）01（03）K403《风机盘管安装》；

（6）07 K120《风阀选用与安装》；

（7）08K132《金属、非金属风管支吊架》；

（8）FK01～02《防空地下室通风设计》。

（9）《暖通空调设计选用于册》（1999 年中国建筑标准设计研究所出版）；

（10）LD/T　74.1～4—2008《建设工程劳动定额　安装工程》；

（11）TY02-31—2015《通用安装工程消耗量定额》；

（12）DXD37-209—2002《山东省安装工程消耗量定额》。

（五）有关问题说明

（1）通风空调工程所用型钢及普通钢板的除锈、刷漆，除各章节另有说明外，定额中均已包括。型钢及部件用普通钢板按红丹防锈漆及调和漆各两遍、普通钢板风管按内外红丹防锈漆两遍考虑，如设计要求刷其他漆种时可进行换算。

（2）本定额按膨胀螺栓固定支、吊架考虑，除各章节另有说明外，风管、部件及通风空调设备定额项目中没有包括的型钢支架，执行第十册《给排水、采暖、燃气工程》相应定额。支架中所用的减震吊钩、弹簧减震器、橡胶减震垫等材料按实计入材料费。

（3）本定额子目中的法兰垫料按橡胶板编制，如与设计要求使用的材料品种不同时可以换算，但人工不变。使用泡沫塑料者每 1kg 橡胶板换算为泡沫塑料 0.125kg；使用闭孔乳胶海绵者每 1kg 橡胶板换算为闭孔乳胶海绵 0.5kg。

（4）脚于架搭拆费：按定额人工费的 4% 计算，其费用中人工费占 35%。

（5）建筑物超高增加费：在建筑物层数大于 6 层或建筑物高度大于 20m 以上的工业与民用建筑上进行安装时，按表 12-1 计算建筑物超高增加的费用，其费用中人工费占 65%。

**表 12-1　　建筑物超高增加费系数表**

| 建筑物高度（m） | ≤40 | ≤60 | ≤80 | ≤100 | ≤120 | ≤140 | ≤160 | ≤180 | ≤200 |
|---|---|---|---|---|---|---|---|---|---|
| 建筑层数（层） | ≤12 | ≤18 | ≤24 | ≤30 | ≤36 | ≤42 | ≤48 | ≤54 | ≤60 |
| 按人工费的百分比（%） | 6 | 10 | 14 | 21 | 31 | 40 | 49 | 58 | 68 |

（6）操作高度增加费：本册定额操作物高度是按距楼面或地面 6m 以内考虑的，当操作物高度超过 6m 时，超过部分工程量其定额人工、机械乘以表 12-2 系数。

**表 12-2　　操作高度增加费系数表**

| 操作物高度（m） | ≤10 | ≤30 | ≤50 |
|---|---|---|---|
| 系数 | 1.1 | 1.2 | 1.5 |

（7）系统调整费：按系统工程人工费 7% 计取，其费用中人工费占 35%。

（8）定额中制作和安装的人工、材料、机械比例见表 12-3。

表 12-3　　　　　　　　定额中制作、安装人工、材料、机械比例

| 序号 | 项目名称 | 制作（%） | | | 安装（%） | | |
|---|---|---|---|---|---|---|---|
| | | 人工 | 材料 | 机械 | 人工 | 材料 | 机械 |
| 1 | 空调部件制作安装 | 86 | 98 | 95 | 14 | 2 | 5 |
| 2 | 镀辞薄钢板法兰通风管道制作安装 | 60 | 95 | 95 | 40 | 5 | 5 |
| 3 | 镀辞薄钢板共板法兰通风管道制作安装 | 60 | 95 | 95 | 40 | 5 | 5 |
| 4 | 普通钢板通风管道制作安装 | 60 | 95 | 95 | 40 | 5 | 5 |
| 5 | 净化通风管道及部件制作安装 | 60 | 85 | 95 | 40 | 15 | 5 |
| 6 | 不锈钢板通风管道及部件制作安装 | 72 | 95 | 95 | 28 | 5 | 5 |
| 7 | 铝板通风管道及部件制作安装 | 68 | 95 | 95 | 32 | 5 | 5 |
| 8 | 塑料通风管道及部件制作安装 | 85 | 95 | 95 | 15 | 5 | 5 |
| 9 | 复合型风管制作安装 | 55 | 70 | 99 | 45 | 30 | 1 |
| 10 | 风帽制作安装 | 75 | 80 | 99 | 25 | 20 | 1 |
| 11 | 罩类制作安装 | 78 | 98 | 95 | 22 | 2 | 5 |

**二、通风空调设备及部件制作安装**

（一）本章定额设置

本章内容包括空气加热器（冷却器），除尘设备，空调器，多联体空调室外机，风机盘管，空气幕，VAV 变风量末端装置、钢板密闭门，钢板挡水板，滤水器，溢水盘制作、安装，金属壳体制作、安装，过滤器安装，过滤器框架制作、安装，净化工作台、风淋室，通风机，制冷剂管路安装。共 126 个定额子目。

（二）工程量计算规则

（1）空气加热器（冷却器）安装依据单台质量、按设计图示数量计算，以"台"为计量单位。

（2）除尘设备安装依据单台质量、按设计图示数量计算，以"台"为计量单位。

（3）空调器（吊顶式、落地式、壁挂式）依据单台制冷量、按设计图示数量计算，以"台"为计量单位。整体式空调机组安装依据单台风量、按设计图示数量计算，以"台"为计量单位。

（4）分段组装式空调机组安装，按设计图示质量计算，以"100kg"为计量单位。

（5）多联体空调机室外机安装依据制冷量，按设计图示数量计算，以"台"为计量单位。

（6）风机盘管安装按设计图示数量计算，以"台"为计量单位。

（7）空气幕安装按设计图示数量计算，以"台"为计量单位。

（8）VAV 变风量末端装置安装按设计图示数量计算，以"台"为计量单位。

（9）钢板密闭门安装按设计图示数量计算，以"个"为计量单位。

（10）挡水板安装按设计图示尺寸以空调器断面面积计算，以"m²"为计量单位。

（11）滤水器、溢水盘、电加热器外壳、金属空调器壳体制作安装按设计图示尺寸按质量计算，以"100kg"为计量单位。非标准部件制作安装按成品质量计算。

（12）高、中、低效过滤器安装、净化工作台安装按设计图示数量计算，以"台"为计

量单位。风淋室安装依据单台质量、按设计图示数量计算，以"台"为计量单位。

（13）过滤器框架制作安装按设计图示尺寸以质量计算，以"100kg"为计量单位。

（14）通风机安装依据类型、型号、按设计图示数量计算，以"台"为计量单位。

（15）风机箱安装依据安装方式、单台风量、按设计图示数量计算，以"台"为计量单位。

（16）空调制冷剂管路（注意：管道工作内容）。

1）本定额所称空调制冷剂管路，系指商用中央空调（一拖多）系统中，室内外机（机组）间连接的制冷剂气、液管路。

2）空调制冷剂管路、橡塑管套绝热及保护带包扎依据管外径不同，按设计图示延长米计算，以"10m"为计量单位。

3）制冷剂管路中的分液器、专用阀安装，依据管外径不同以"个"为计量单位。

4）空调制冷剂管路安装（钎焊），管道试压、吹扫、严密性试验均以氮气考虑。

5）空调制冷机管路的制冷剂（定额内按新型环保制冷剂 R410A 考虑）灌充已包括在定额内，如因制冷剂品种不同或不同厂家设备技术性能要求差异造成制冷剂灌充量不同的，可按实调整。

6）制冷剂管路橡塑管套绝热及保护带包扎定额中：

①闭孔橡塑管套按设计选用规格计算主材费。

②塑料保护带消耗量中已包括缠绕压边（不低于 50％）用量，并已考虑绝热后的气、液管路与电源线、控制线共同包扎的因素。

③制冷剂管路中管件、阀件绝热所需人工、材料已综合考虑在定额内，不再单独计算。

（三）有关说明

（1）多联体空调系统的室内机根据不同安装方式执行风机盘管安装相应定额。

（2）VAV 变风量末端装置适用单风道变风量末端和双风道变风量末端装置，风机动力型变风量末端装置人工乘以系数 1.1。

（3）双热源空调室内机安装执行风机盘管安装相应定额乘以系数 1.5。

（4）洁净室安装执行分段组装式空调机组安装定额。

（5）玻璃钢和 PVC 挡水板安装执行钢板挡水板定额。

（6）低效过滤器包括：M-A 型、WL 型、LWP 型等系列：中效过滤器包括：ZKL 型、YB 型、M 型、ZX-1 型等系列：高效过滤器包括：GB 型、GS 型、JX-20 型等系列。

（7）净化工作台包括：XHK 型、BZK 型、SXP 型、SZP 型、SZX 型、SW 型、SZ 型、SXZ 型、TJ 型、CJ 型等系列。

（8）本章除空气幕安装、风机盘管（吊顶式、卡式嵌入式）安装、VAV 变风量末端装置安装、诱导风机安装外，其余设备均未包括支架安装。设备支架安装执行第十册《给排水、采暖、燃气工程》相应定额。

（9）通风空调设备的电气接线执行第四册《电气设备安装工程》相应定额。

（10）通风机安装子目内包括电动机安装，其安装形式包括 A、B、C、D 等型，适用于碳钢、不锈钢、塑料通风机安装。

（11）风机箱减震台座上安装定额未包括减震台座的安装。设备减震台座安装执行第一册相关定额。

（12）本定额风机按型号设项，风机型号与风量对照见表12-4。

**表 12-4　　　　　　　　　　　　风机型号与风量对照表**

| 序号 | 名　　称 | 风机型号 | 对应风量（m³/h） |
|---|---|---|---|
| 一 | 离心式通风机 | | |
| 1 | 离心式通风机安装 | 4# | 4500m³/h 以下 |
| 2 | 离心式通风机安装 | 6# | 4501～7000m³/h |
| 3 | 离心式通风机安装 | 8# | 7001～19300m³/h |
| 4 | 离心式通风机安装 | 12# | 19301～62000m³/h |
| 5 | 离心式通风机安装 | 16# | 62001～123000m³/h |
| 6 | 离心式通风机安装 | 20# | 123000m³/h 以上 |
| 二 | 轴流式通风机 | | |
| 1 | 轴流式通风机 | 5# | 8900m³/h 以下 |
| 2 | 轴流式通风机 | 7# | 8901～25000m³/h |
| 3 | 轴流式通风机 | 10# | 25001～63000m³/h |
| 4 | 轴流式通风机 | 16# | 63001～140000m³/h |
| 5 | 轴流式通风机 | 20# | 140000m³/h 以上 |
| 三 | 屋顶式通风机 | | |
| 1 | 屋顶式通风机 | 3.6# | 2760m³/h 以下 |
| 2 | 屋顶式通风机 | 4.5# | 2761～9100m³/h |
| 3 | 屋顶工通风机 | 6.3# | 9100m³/h 以上 |

### 三、通风管道制作安装

（一）本章定额设置

本章内容包括镀锌薄钢板风管制作、安装，镀锌薄钢板共板法兰风管制作、安装，普通钢板风管制作、安装，镀锌薄钢板矩形净化风管制作、安装，不锈钢板风管制作、安装，铝板风管制作、安装，塑料风管制作、安装，玻璃钢风管安装，复合风管制作、安装，柔性软风管安装，弯头导流叶片及其他，共141个定额子目。

（二）定额包括的工作内容

本章各类通风管制作安装子目中，包含内容见表12-5。

**表 12-5　　　　　　　　　　　通风管制作安装包含的内容**

| 序号 | 项目名称 | 弯头、三通、变径管、天圆地方等管件制作、安装 | 法兰及加固框制作安装 | 吊托支架制作安装 | 型钢刷漆 | 钢板刷漆 | 落地支架 |
|---|---|---|---|---|---|---|---|
| 1 | 镀锌薄钢板法兰风管制作安装 | √ | √ | √ | √ | × | × |
| 2 | 镀锌薄钢板共板法兰风管制作安装 | √ | √ | √ | √ | × | × |
| 3 | 普通钢板法兰风管制作安装 | √ | √ | √ | √ | × | × |
| 4 | 镀锌薄钢板矩形净化风管制作安装 | √ | √ | √ | √ | × | × |

续表

| 序号 | 项目名称 | 弯头、三通、变径管、天圆地方等管件制作、安装 | 法兰及加固框制作安装 | 吊托支架制作安装 | 型钢刷漆 | 钢板刷漆 | 落地支架 |
|---|---|---|---|---|---|---|---|
| 5 | 不锈钢板风管制作安装 | √ | × | × | × | × | × |
| 6 | 铝板风管制作安装 | √ | × | × | × | × | × |
| 7 | 玻璃钢风管安装 | √ | √ | √ | √ | × | × |
| 8 | 塑料风管制作安装 | √ | × | × | × | √ | × |
| 9 | 复合风管制作安装 | √ | √ | √ | √ | × | × |

注　1. "√"为包含，"×"为不含。

　　2. 不锈钢板风管、铝板风管的法兰和吊托支架制作安装执行本册相应定额。

　　3. 塑料风管吊托支架制作安装执行第十册支架制作安装相应定额。

　　4. 落地支架制作安装执行第十册设备支架制作安装相应定额。

（三）工程量计算规则

（1）薄钢板风管、净化风管、不锈钢风管、铝板风管、塑料风管、玻璃钢风管、复合型风管以设计图示中心线长度（主管与支管以其中心线交点划分），包括弯头、变径管、天圆地方等管件的长度，不包括部件（阀门、消声器等）所占长度，按设计图示规格（其中玻璃钢风管、复合型风管按设计图示外径）以展开面积（包括风管末端堵头）计算，以"10m²"为计量单位，不扣除检查孔、测定孔、送风口、吸风口等所占面积。咬口重叠部分已包括在定额内，不再另行计算。

（2）风管直径和长边长以图示尺寸为准，变径管、天圆地方均按大头口径尺寸计算。风管通风系统设计采用渐缩管均匀送风者，圆形风管按平均直径、矩形风管按平均长边长计算工程量。

圆形风管
$$F = \pi \times D \times L \tag{12-1}$$

矩形风管
$$F = 2(A + B) \times L \tag{12-2}$$

式中　$F$——风管展开面积（m²）；

　　　$D$——圆形风管设计图示直径（m）；

　　　$L$——管道中心线长度（m）；

　　　$A$——矩形风管长边尺寸（m）；

　　　$B$——矩形风管短边尺寸（m）。

（3）柔性软风管安装按设计图示中心线长度计算，以"m"为计量单位。

（4）弯头导流叶片制作安装按设计图示叶片的面积计算，以"m²"为计量单位。

（5）软管（帆布）接口制作安装按设计图示尺寸，以展开面积计算，以"m²"为计量单位。

（6）风管检查孔制作安装按设计图示尺寸质量计算，以"100kg"为计量单位。

（7）温度、风量测定孔制作安装依据其型号，按设计图示数量计算，以"个"为计量单位。

（四）有关说明

（1）风管通风系统设计采用渐缩管均匀送风者，圆形风管按平均直径、矩形风管按平均长边长执行相应定额，其人工乘以系数 2.5。

（2）空气幕送风管制作安装执行相应风管制作安装定额，其人工乘以系数 3，其余不变。

（3）风机盘管的送吸风连接管，即风机盘管接至送、回风口的管段，按相应风管制作安装定额乘以系数 1.1。

（4）净化风管涂密封胶按全部口缝外表面涂抹考虑。如设计要求口缝不涂抹而只在法兰处涂抹时，每 $10m^2$ 风管应减去密封胶 1.5kg 和 0.37 个工日。

（5）净化风管及部件制作安装子目中，型钢未包括镀锌费，如设计要求镀锌时，应另加镀锌费。

（6）净化通风管道子目按空气洁净度 100000 级编制。

（7）塑料通风管道胎具材料摊销已包括在风管制作安装定额内。

（8）不锈钢板风管咬口连接制作安装按本章镀锌薄钢板风管咬口连接相应定额，人工、机械乘以 1.2，材料按设计要求换算。

（9）本定额玻璃钢风管及管件按外加工订做考虑，风管修补费用应按实际发生，计算在主材费内。

（10）复合风管制作安装定额适用于酚醛风管、玻纤风管制作安装。

（11）软管接口定额是按帆布配置角钢法兰编制的，如使用其他材料而不使用帆布时材料可以换算。若不采用角钢法兰时，可扣除定额子目中的角钢及螺栓含量，人工乘以系数 0.5。

（12）风管导流叶片不分单叶片和双叶片，均执行同一子目。

（13）柔性软风管适用于由金属、涂塑化纤织物、聚酯、聚乙烯、聚氯乙烯薄膜、铝箔等材料制成的软风管。柔性软风管安装是采用镀锌铁皮卡子连接、吊托支架固定的成品挠性管段。

（五）风管部件参数表

（1）每单片导流片的近似面积见表 12-6。

（2）在计算风管长度时，应减除的部件长度见表 12-7。

**表 12-6　　　　　　　　　矩形弯管内每单片导流片面积表**

| 规格 B（mm） | 200 | 250 | 320 | 400 | 500 | 630 | 800 | 1000 | 1250 | 1600 | 2000 |
|---|---|---|---|---|---|---|---|---|---|---|---|
| 面积（$m^2$） | 0.075 | 0.091 | 0.114 | 0.14 | 0.17 | 0.216 | 0.273 | 0.425 | 0.502 | 0.623 | 0.755 |

注　B 为风管的高度。

**表 12-7　　　　　　　　　　风管部件长度表　　　　　　　　　　单位：mm**

| 项目 | 蝶阀 | 止回阀 | | 密闭式对开多叶调节阀 | 圆形风管防火阀 | 矩形风管防火阀 |
|---|---|---|---|---|---|---|
| 长度 L | 150 | 300 | | 210 | 一般为 300～380 | 一般为 300～380 |

| 密闭式斜插板阀 | | | | | | | | | | | | | | | |
|---|---|---|---|---|---|---|---|---|---|---|---|---|---|---|---|
| 直径 D | 80 | 85 | 90 | 95 | 100 | 105 | 110 | 115 | 120 | 125 | 130 | 135 | 140 | 145 | 150 | 155 |
| 长度 L | 280 | 285 | 290 | 300 | 305 | 310 | 315 | 320 | 325 | 330 | 335 | 340 | 345 | 350 | 355 | 360 |
| 直径 D | 160 | 165 | 170 | 175 | 180 | 185 | 190 | 195 | 200 | 205 | 210 | 215 | 220 | 225 | 230 | 235 |
| 长度 L | 365 | 365 | 370 | 375 | 380 | 385 | 390 | 395 | 400 | 405 | 410 | 415 | 420 | 425 | 430 | 435 |
| 直径 D | 240 | 245 | 250 | 255 | 160 | 265 | 270 | 275 | 280 | 285 | 290 | 300 | 310 | 320 | 330 | 340 |
| 长度 L | 440 | 445 | 450 | 455 | 460 | 465 | 470 | 475 | 480 | 485 | 490 | 500 | 510 | 520 | 530 | 540 |

### 四、通风管道部件制作安装

（一）本章定额设置

本章内容包括碳钢调节阀安装，柔性软风管阀门安装，风口安装，不锈钢法兰、吊托支架制作、安装，铝制孔板口安装，碳钢风帽制作、安装，塑料风帽、伸缩节制作、安装，铝板风帽、法兰制作、安装，玻璃钢风帽安装，碳钢罩类制作、安装，塑料风罩制作、安装，消声器安装，消声静压箱安装，静压制作、安装，人防排气阀门安装，人防手动密闭阀门安装，人防其他部件制作、安装，共251个定额子目。

（二）定额包括的工作内容

（1）风阀安装：号孔、钻孔、对口、校正、制垫、加垫、上螺栓、紧固、试动。

（2）风口安装：对口、上螺栓、制垫、加垫、找正、找平、固定、试动、调整。

（3）碳钢风帽制作安装：放样、下料、卷制、咬口、制作法兰、零件、钻孔、铆焊、组装、找正、找平、制垫、加垫、上螺栓、拉筝绳、固定。

（4）碳钢罩类制作安装：放样、下料、卷圆、制作罩体、来回弯、零件、法兰、钻孔、铆焊、组合成型。埋设支架、吊装、对口、找正、制垫、加垫、上螺栓、固定配重环及钢丝绳。

（5）消声器安装：吊托支架制作安装、除锈、刷油漆、组对、安装、找正、找平、制垫、上螺栓、固定。

（6）静压箱制作安装：放样、下料、折方、咬口、开孔、制作箱体、出口短管及加固框、铆铆钉、嵌缝、焊锡、找标高、吊装、找平、找正、固定。

（三）工程量计算规则

（1）碳钢调节阀安装依据其类型、直径（圆形）或周长（方形），按设计图示数量计算，以"个"为计量单位。

（2）柔性软风管阀门安装按设计图示数量计算，以"个"为计量单位。

（3）各类风口、散流器的安装依据类型、规格尺寸按设计图示数量计算，以"个"为计量单位。

（4）钢百叶窗安装依据规格尺寸按设计图示数量计算，以"个"为计量单位。

（5）不锈钢圆形、矩形法兰制作安装按设计图示尺寸以质量计算，以"100kg"为计量单位。

（6）不锈钢板风管吊托支架制作安装按设计图示尺寸以质量计算，以"100kg"为计量单位。

（7）铝制孔板口安装按图示数量计算，以"个"为计量单位。

（8）碳钢风帽的制作安装均按其质量以"100kg"为计量单位。

（9）滴水盘制作安装按设计图示尺寸以质量计算，以"100kg"为计量单位。

（10）碳钢风帽筝绳制作安装按设计图示规格长度以质量计算，以"100kg"为计量单位。

（11）碳钢风帽泛水制作安装按设计图示尺寸以展开面积计算，以"m²"为计量单位。

（12）塑料风帽、罩类的制作安装均按其质量，以"100kg"为计量单位。

（13）塑料通风管道柔性接口及伸缩节制作安装依据连接方式按设计图示尺寸以展开面积计算，以"m²"为计量单位。

（14）铝板风帽、圆、矩形法兰制作安装按设计图示尺寸以质量计算，以"100kg"为计量单位。

（15）玻璃钢风帽安装依据成品质量按设计图示数量计算，以"100kg"为计量单位。

（16）碳钢罩类的制作安装均按其质量以"100kg"为计量单位。

（17）微穿孔板消声器、管式消声器、阻抗式消声器成品安装按设计图示数量计算，以"节"为计量单位。

（18）消声弯头安装按设计图示数量计算，以"个"为计量单位。

（19）消声静压箱安装按设计图示数量计算，以"个"为计量单位。

（20）静压箱制作安装、贴吸音材料按设计图示尺寸以展开面积计算，以"10m²"为计量单位。

（21）人防阀门安装按设计图示数量计算，以"个"为计量单位。

（22）人防通风机安装按设计图示数量计算，以"台"为计量单位。

（23）LWP 型滤尘器制作安装按设计图示尺寸以面积计算，以"m²"为计量单位。

（24）探头式含磷毒气报警器及 γ 射线报警器安装按设计图示数量计算，以"台"为计量单位。

（25）过滤吸收器、预滤器、除湿器安装按设计图示数量计算，以"台"为计量单位。

（26）密闭穿墙管制作安装按设计图示数量计算，以"个"为计量单位。

（27）密闭穿墙管填塞按设计图示数量计算，以"个"为计量单位。

（28）测压装置安装按设计图示数量计算，以"套"为计量单位。

（29）换气堵头安装按设计图示数量计算，以"个"为计量单位。

（30）波导窗安装按设计图示数量计算，以"个"为计量单位。

（四）有关说明

（1）百叶风口安装定额适用于带调节板活动百叶风口、单层百叶风口、双层百叶风口、三层百叶风口、连动百叶风口、活动金属百叶风口。

（2）风口的宽与长之比≤0.125 为条缝形风口，执行百叶风口定额，人工乘以系数 1.1。

（3）电动密闭阀安装执行手动密闭阀定额，人工乘以系数 1.05。

（4）风机防虫网罩定额执行风口安装相应定额乘以系数 0.8。

（5）蝶阀安装定额适用于圆形、矩形（保温、不保温）蝶阀安装。

（6）对开多叶调节阀安装定额适用于密闭式对开多叶调节阀安装。

（7）送吸风口安装定额适用于单面、双面送吸风口安装。

（8）球形喷口定额适用于旋转风口安装。

（9）铝制孔板风口如需电化处理时，电化处理费用另行计算。

（10）本章风管防火阀安装、消声器安装、消声弯头安装均已包括支架制作安装及除锈、刷防锈漆、调和漆各二遍。如设计要求刷其他漆种时可进行换算。

（11）碳钢罩类制作安装定额中均已包括普通钢板及型钢、支架刷防锈漆、调和漆各二遍。如设计要求刷其他漆种时可进行换算。

（12）探头式含磷毒气报警器安装包括探头固定和三角支架制作安装，报警器保护孔按建筑预留考虑。

（13）γ 射线报警器安装定额，探头安装孔按钢套管编制，地脚螺栓（M12×200，6 个）

按与设备自带考虑。定额包括安装孔孔底电缆穿管 0.5m，不包括电缆敷设。如电缆穿管长度大于 0.5m，超过部分另行计算。

（14）密闭穿墙管制作安装分类：Ⅰ型是指直接浇入混凝土墙内的密闭穿墙管；Ⅱ型是指取样管用密闭穿墙管；Ⅲ型是指通过套管穿墙的密闭穿墙管。

（15）密闭穿墙管按墙厚 0.3m 编制，如与设计墙厚不同，管材可以换算，其余不变。

（16）密闭穿墙管填塞定额按油麻丝做填料，黄油封堵考虑，如填料不同，不做调整。

# 第五节　工程预算实例

【例 12-1】某办公楼空调风管路施工图预算例题

（一）采用定额

本例题为山东省济南市市区某某办公楼（部分房间）空调用风管路预算。采用《山东省安装工程价目表》和《山东省安装工程消耗量定额》（2016 年版）（第七册通风空调工程）中的有关内容。

（二）工程概况

（1）本工程风管采用镀锌铁皮，咬口连接。其中：矩形风管 200mm×120mm，镀锌铁皮 $\delta=0.50$mm。矩形风管 320mm×250mm，镀锌铁皮 $\delta=0.5$mm。矩形风管 630mm×250mm，镀锌铁皮 $\delta=0.60$mm。1000mm×200mm、1000mm×250mm，镀锌铁皮 $\delta=0.75$mm。

（2）图中密闭对开多叶调节阀、风量调节阀、铝合金百叶送风口、铝合金百叶回风口、阻抗复合消声器 1000mm（宽）×800mm（高）均按成品考虑。

（3）风机盘管采用卧式暗装（吊顶式），主风管（1000mm×250mm）上均设温度测定孔和风量测定孔各一个。设备支架 30kg。

（4）本题暂不计主材费（只计主材消耗量）、刷油、保温、高层建筑增加费等内容。

（5）未尽事宜均参照有关标准或规范执行。

（6）图中标高以米计，其余以毫米计。

（7）本例题图见图 12-28，工程量计算结果见表 12-8～表 12-10。

表 12-8　　　　　　　　　　　　工程量计算书

工程名称：某办公楼空调风管路预算例题　　　　　　　　年　月　日　　共　页　第　页

| 序号 | 分部分项工程名称 | 单位 | 工程量 | 计 算 公 式 |
|---|---|---|---|---|
| 1 | 镀锌钢板(咬口)长边≤320mm | m² | 22.30 | 200×120(mm) |
| | | | | $L=3.40+[3.20-0.20+(3.40-0.20-2.70)]$ $\times3+[1.50-0.20+(3.40-0.20-2.70)]\times5=22.90$ |
| | | | | $S=(0.20+0.12)\times2\times22.90=14.66$ |
| | | | | 320×250(mm) |
| | | | | $L=2.80+3.90=6.70$ |
| | | | | $S=(0.32+0.25)\times2\times6.70=7.64$ |
| 2 | 镀锌钢板(咬口)长边≤630mm | m² | 19.71 | 630×250(mm) |
| | | | | $L=11.20$ |

| 序号 | 分部分项工程名称 | 单位 | 工程量 | 计　算　公　式 |
|---|---|---|---|---|
| | | | | $S=(0.63+0.25)\times2\times11.20=19.71$ |
| 3 | 镀锌钢板(咬口)长边≤1000mm | $m^2$ | 13.35 | $1000\times250(mm)$ |
| | | | | $L=8.90-0.20-0.30-1.00-0.30-1.76=5.34$ |
| | | | | $S=(1.00+0.25)\times2\times5.34=13.35$ |
| 4 | 风机盘管连接管(咬口)长边≤1000mm | $m^2$ | 29.40 | $1000\times200(mm)$ |
| | | | | $L=[1.75-0.30+(3.20-0.20-2.70)]\times7=12.25$ |
| | | | | $S=(1+0.20)\times2\times12.25=29.40$ |
| 5 | DBK 型新风机组(4000m³/h)/0.4t | 台 | 1 | |
| 6 | 阻抗复合式消声器安 T-701-6 型号 4♯1000(宽)mm×800(高)mm | 台 | 1 | |
| 7 | 风机盘管暗装(吊顶式) | 台 | 7 | |
| 8 | 密闭对开多叶调节阀安装(周长 2500mm) | 个 | 1 | |
| 9 | 风量调节阀安装(周长 640mm) | 个 | 8 | |
| 10 | 铝合金百叶送风口安装(周长 640mm) | | 8 | |
| 11 | 铝合金百叶送风口安装(周长 2400mm) | 个 | 7 | |
| 12 | 铝合金百叶回风口安装(周长 1300mm) | 个 | 7 | |
| 13 | 防雨百叶回风口(带过滤网)安装 (周长 2500mm) | 个 | 1 | |
| 14 | 帆布软管制作安装 | $m^2$ | 10.92 | $1000\times250\times300(mm)$ |
| | | | | $S=[(1.00+0.25)\times2\times0.30]\times2=1.5$ |
| | | | | $1000\times200\times300(mm)$ |
| | | | | $S=[(1.00+0.20)\times2\times0.30]\times7=5.04$ |
| | | | | $1000\times200\times200(mm)$ |
| | | | | $S=[(1.00+0.20)\times2\times0.20]\times7=3.36$ |
| | | | | $200\times120\times0.20(mm)$ |
| | | | | $S=[(0.20+0.12)\times2\times0.20]\times8=1.02$ |
| 15 | 温度测定孔 | 个 | 1 | |
| 16 | 风量测定孔 | 个 | 1 | |
| 17 | 设备支架 | kg | 30 | 30 |

注　$L$—风管长度，m；

　　$S$—风管面积，$m^2$。

表 12-9　　　　　　　　　　　　　　安装工程预算表

项目名称：某办公楼部分房间风管预算例题　　　　　　　　　　　　共　页　第　页

| 序号 | 定额编码 | 子目名称 | 单位 | 工程量 | 单价 | 合价 | 其中 | |
|---|---|---|---|---|---|---|---|---|
| | | | | | | | 省人工单价 | 省人工合价 |
| 1 | 7-1-22 | 整体式空调机组风量≤4000m³/h | 台 | 1 | 667.7 | 667.7 | 376.47 | 376.47 |
| 2 | 7-1-40 | 风机盘管安装吊顶式 | 台 | 7 | 214.96 | 1504.72 | 146.36 | 1024.52 |
| 3 | 7-2-6 | 镀锌薄钢板矩形法兰风管(≤δ=1.2mm 咬口)长边长≤320mm | 10m² | 2.23 | 1158.09 | 2582.54 | 878.59 | 1959.26 |
| | Z01000085 | 镀锌薄钢板　δ0.5 | m² | 25.377 | | | | |
| 4 | 7-2-7 | 镀锌薄钢板矩形法兰风管(≤δ=1.2mm 咬口)长边长≤630mm | 10m² | 1.971 | 883.67 | 1741.71 | 649.83 | 1280.81 |
| | Z01000089 | 镀锌薄钢板　δ0.6 | m² | 22.43 | | | | |
| 5 | 7-2-8 | 镀锌薄钢板矩形法兰风管(≤δ=1.2mm 咬口)长边长≤1000mm | 10m² | 1.335 | 762.84 | 1018.39 | 514.38 | 686.7 |
| | Z01000091 | 镀锌薄钢板　δ0.75 | m² | 15.192 | | | | |
| 6 | 7-2-8×1.1 | 镀锌薄钢板矩形法兰风管(≤δ=1.2mm 咬口)长边长≤1000mm 风机盘管接至送、回风口的管段单价×1.1 | 10m² | 2.94 | 839.13 | 2467.04 | 565.82 | 1663.51 |
| | Z01000091 | 镀锌薄钢板　δ0.75 | m² | 33.457 | | | | |
| 7 | 7-2-139 | 软管接口 | m² | 10.92 | 251.14 | 2742.45 | 130.91 | 1429.54 |
| 8 | 7-2-141 | 温度、风量测定孔 | 个 | 2 | 93.26 | 186.52 | 61.59 | 123.18 |
| 9 | 7-3-7 | 风管蝶阀　周长≤800mm | 个 | 8 | 24.21 | 193.68 | 21.22 | 169.76 |
| | Z19000001@1 | 蝶阀　周长 640mm | 个 | 8 | | | | |
| 10 | 7-3-19 | 对开多叶调节阀 周长≤2800mm | 个 | 1 | 57.65 | 57.65 | 45.32 | 45.32 |
| | Z22000079@1 | 对开多叶调节阀　周长 2500mm | 个 | 1 | | | | |
| 11 | 7-3-38 | 百叶风口 周长≤900mm | 个 | 8 | 18.95 | 151.6 | 16.27 | 130.16 |
| | Z22000039@1 | 百叶风口　周长 640mm | 个 | 8 | | | | |
| 12 | 7-3-40 | 百叶风口 周长≤1800mm | 个 | 7 | 47.1 | 329.7 | 40.79 | 285.53 |
| | Z22000039@3 | 百叶风口　周长 1300mm | 个 | 7 | | | | |
| 13 | 7-3-41 | 百叶风口 周长≤2500mm | 个 | 7 | 55.38 | 387.66 | 47.17 | 330.19 |
| | Z22000039@2 | 百叶风口　周长 2400mm | 个 | 7 | | | | |
| 14 | 7-3-41 | 百叶风口 周长≤2500mm | 个 | 1 | 55.38 | 55.38 | 47.17 | 47.17 |
| | Z22000039@2 | 百叶风口　周长 2500mm(带过滤网) | 个 | 1 | | | | |

续表

| 序号 | 定额编码 | 子目名称 | 单位 | 工程量 | 单价 | 合价 | 省人工单价 | 省人工合价 |
|---|---|---|---|---|---|---|---|---|
| | | | | | | | 其中 | |
| 15 | 7-3-191 | 阻抗式消声器安装 周长≤4000mm | 节 | 1 | 553.73 | 553.73 | 444.65 | 444.65 |
| | Z22000091@1 | 阻抗式消声器 周长3600mm | 节 | 1 | | | | |
| | | 7册定额子项 小计 | | | | 14640.47 | | 9996.77 |
| 16 | 10-11-19 | 设备支架制作 单件重量≤50kg | 100kg | 0.3 | 447.68 | 134.3 | 332.79 | 99.84 |
| | Z01000009 | 型钢(综合) | kg | 31.5 | | | | |
| 17 | 10-11-22 | 设备支架安装 单件重量≤50kg | 100kg | 0.3 | 264.07 | 79.22 | 167.79 | 50.34 |
| | | 10册定额子项 小计 | | | | 213.52 | | 150.18 |
| 18 | BM75 | 系统调试费(第七册通风空调工程) | 元 | 1 | 710.29 | 710.29 | 248.6 | 248.6 |
| | | 分部分项工程费合计 | | | | 15564.28 | | 10395.55 |
| 19 | BM74 | 脚手架搭拆费(第七册通风空调工程) | 元 | 1 | 399.87 | 399.87 | 139.95 | 139.95 |
| 20 | BM106 | 脚手架搭拆费(第十册给排水、采暖、燃气工程)(单独承担的室外埋地管道工程除外) | 元 | 1 | 7.51 | 7.51 | 2.63 | 2.63 |
| | | 脚手架搭拆费 小计 | | | | 407.38 | | 142.58 |

**表 12-10**            **民用安装工程费用表**

项目名称:某办公楼空调风管工程

| 行号 | 序号 | 费用名称 | 费率(%) | 计算方法 | 费用金额 |
|---|---|---|---|---|---|
| 1 | 一 | 分部分项工程费 | | $\sum\{[$定额$\sum($工日消耗量×人工单价$)+\sum($材料消耗量×材料单价$)+\sum($机械台班消耗量×台班单价$)]×$分部分项工程量$\}$ | 15564.28 |
| 2 | (一) | 计费基础JD1 | | $\sum($工程量×省人工费$)$ | 10395.55 |
| 3 | 二 | 措施项目费 | | 2.1+2.2 | 1301.41 |
| 4 | 2.1 | 单价措施费 | | $\sum\{[$定额$\sum($工日消耗量×人工单价$)+\sum($材料消耗量×材料单价$)+\sum($机械台班消耗量×台班单价$)]×$单价措施项目工程量$\}$ | 407.38 |
| 5 | 2.2 | 总价措施费 | | (1)+(2)+(3)+(4) | 894.03 |
| 6 | (1) | 夜间施工费 | 2.5 | 计费基础JD1×费率 | 259.89 |
| 7 | (2) | 二次搬运费 | 2.1 | 计费基础JD1×费率 | 218.31 |
| 8 | (3) | 冬雨季施工增加费 | 2.8 | 计费基础JD1×费率 | 291.08 |
| 9 | (4) | 已完工程及设备保护费 | 1.2 | 计费基础JD1×费率 | 124.75 |

续表

| 行号 | 序号 | 费用名称 | 费率(%) | 计算方法 | 费用金额 |
|---|---|---|---|---|---|
| 10 | (二) | 计费基础 JD2 | | ∑措施费中 2.1、2.2 中省价人工费 | 507.46 |
| 11 | 三 | 其他项目费 | | 3.1＋3.3＋3.4＋3.5＋3.6＋3.7＋3.8 | |
| 12 | 3.1 | 暂列金额 | | | |
| 13 | 3.2 | 专业工程暂估价 | | | |
| 14 | 3.3 | 特殊项目暂估价 | | | |
| 15 | 3.4 | 计日工 | | | |
| 16 | 3.5 | 采购保管费 | | | |
| 17 | 3.6 | 其他检验试验费 | | | |
| 18 | 3.7 | 总承包服务费 | | | |
| 19 | 3.8 | 其他 | | | |
| 20 | 四 | 企业管理费 | 55 | (JD1＋JD2)×管理费费率 | 5996.66 |
| 21 | 五 | 利润 | 32 | (JD1＋JD2)×利润率 | 3488.96 |
| 22 | 六 | 规费 | | 4.1＋4.2＋4.3＋4.4＋4.5 | 2839.87 |
| 23 | 4.1 | 安全文明施工费 | | (1)＋(2)＋(3)＋(4) | 1312.29 |
| 24 | (1) | 安全施工费 | 2.34 | (一＋二＋三＋四＋五)×费率 | 616.62 |
| 25 | (2) | 环境保护费 | 0.29 | (一＋二＋三＋四＋五)×费率 | 76.42 |
| 26 | (3) | 文明施工费 | 0.59 | (一＋二＋三＋四＋五)×费率 | 155.47 |
| 27 | (4) | 临时设施费 | 1.76 | (一＋二＋三＋四＋五)×费率 | 463.78 |
| 28 | 4.2 | 社会保险费 | 1.52 | (一＋二＋三＋四＋五)×费率 | 400.54 |
| 29 | 4.3 | 住房公积金 | 3.8 | (一＋二＋三＋四＋五)×费率 | 1001.35 |
| 30 | 4.4 | 工程排污费 | 0.3 | (一＋二＋三＋四＋五)×费率 | 79.05 |
| 31 | 4.5 | 建设项目工伤保险 | 0.177 | (一＋二＋三＋四＋五)×费率 | 46.64 |
| 32 | 七 | 设备费 | | ∑(设备单价×设备工程量) | |
| 33 | 八 | 税金 | 10 | (一＋二＋三＋四＋五＋六＋七一甲供材料、设备款)×税率 | 2919.12 |
| 34 | 九 | 不取费项目合计 | | | |
| 35 | 十 | 工程费用合计 | | 一＋二＋三＋四＋五＋六＋七＋八＋九 | 32110.3 |

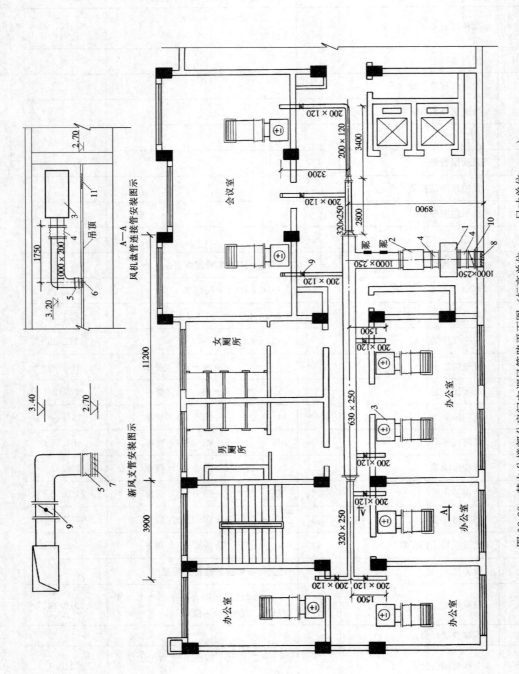

图 12-28　某办公楼部分房间空调风管路平面图（标高单位：m，尺寸单位：mm）

1—新风机组 DBK 型 1000×700（H）；2—消声器 1760×800mm（H）；3—风机盘管；4—帆布软管长 300mm；5—帆布软管长 200mm；6—铝合金双层百叶送风口 1000mm×200mm；7—铝合金双层百叶送风口 200mm×120mm；8—防雨单层百叶回风口（带过滤网）1000mm×250mm；9—风量调节阀长 200mm；10—密闭对开多叶调节阀长 200mm；11—铝合金回风口 400mm×250mm

# 第十三章　刷油、防腐蚀、绝热工程
# 施工图预算的编制

## 第一节　概　　述

　　《山东省安装工程消耗量定额》（2016年版）第十二册《刷油、防腐蚀、绝热工程》（以下简称本册定额）是以《通用安装工程消耗量标准》第十二册（刷油、防腐蚀、绝热工程）（TY02-31—2015）为基础进行修编的。其基本内容包括了原2003消耗量定额第十一册的定额项目内容，并根据规范标准的变化、施工技术的创新提高以及新型材料的应用等实际情况，对原有的定额项目进行了删减与增补，根据调研资料对原定额消耗量进行了合理调整，使之更加符合当前施工实际情况和反映施工活动社会平均消耗量水平，以适应目前建筑市场的需要。

**一、定额编制依据与项目设置**

（一）本定额编制所依据的标准规范

（1）GB 50726—2011《工业设备及管道防腐蚀工程施工规范》；

（2）GB 50727—2011《工业设备及管道防腐蚀工程施工质量验收规范》；

（3）GB 50126—2008《工业设备及管道绝热工程施工规范》；

（4）GB 50185—2010《工业设备及管道绝热工程施工质量验收规范》；

（5）GB 50645—2011《石油化工绝热工程施工质量验收规范》；

（6）GB 8923—2011《涂装前钢材表面锈蚀等级和除锈等级》；

（7）GB/T 8923.1—2011《涂覆涂料前钢材表面处理-表面清洁度的目视评定》；

（8）GB 18241.1—2014《橡胶衬里第一部分：设备防腐衬里》；

（9）GB/T 50590—2010《乙烯基酯树脂防腐蚀工程技术规范》；

（10）GB 14907—2002《钢结构防火涂料》；

（11）GB/T 11835—2007《绝热用岩棉、矿渣棉及其制品》；

（12）GB/T 8488—2008《耐酸砖》；

（13）HG/T 20676—1990《砖板衬里化工设备》；

（14）HG/T 20677—1990《橡胶衬里化工设备》；

（15）GB/T 17794—2008《柔性泡沫橡塑绝热制品》；

（16）GB/T 4272—2008《设备、管道保温技术通则》；

（17）08K507—1、08R418—1《管道与设备绝热-保温》；

（18）08K507—2、08R418—2《管道与设备绝热-保冷》；

（19）GB 50856—2013《通用安装工程工程量计算规范》；

（20）TY 02—31—2015《通用安装工程消耗量定额》；

（21）GJD—203—2006《全国统一安装工程基础定额》；

（22）DL/T 74.3—2008《建设工程劳动定额》；

（23）DL/T 76.8—2000《化工安装工程防腐、绝热劳动定额》；

（24）DXD 37—211—2002《山东省安装工程消耗量定额》。

（二）项目设置

（1）除锈工程：包括手工、动力工具、喷射及化学除锈等 4 节 74 个子目；

（2）刷油工程：包括管道、设备、金属结构等各类、各漆种刷油 10 节 254 个子目；

（3）防腐蚀涂料工程：包括使用各类树脂漆、聚氨酯漆、氯磺化聚乙烯漆等漆种的管道、设备、金属结构防腐项目 37 节 442 个子目；

（4）绝热工程：包括使用各种常用绝热材料的管道、设备和通风 管道的保温（冷）及其防潮层、保护层、钩钉、托盘、保温盒等共 18 节 260 个子目；

（5）手工糊衬玻璃钢工程：包括常用配比的各种玻璃钢内衬（设备）和塑料管道玻璃钢增强共 12 节 88 个子目；

（6）橡胶板及塑料板衬里工程：包括各种形状设备及管道、阀门橡胶衬里以及金属表面软聚氯乙烯板衬里共 7 节 33 个子目；

（7）衬铅及搪铅工程：包括设备与型钢等表面衬铅、搪铅 2 节 6 个子目；

（8）喷镀（喷涂）工程：包括管道、设备及型钢表面的喷镀（铝、钢、锌、铜）与喷塑共 6 节 29 个子目；

（9）耐酸砖、板衬里工程：包括以各种树脂胶泥为胶料的耐酸砖、板设备内衬及胶泥抹面等共 10 节 348 个子目；

（10）管道补口、补伤工程：包括管道接口现场补刷防腐涂料与涂层共 6 节 220 个子目；

（11）阴极保护及牺牲阳极：包括陆地上管路、埋地电缆、储罐、构筑物的阴极保护，共 4 节 47 个子目。

**二、本册定额中共性问题的说明**

（1）大型型钢：H 型钢结构及任何一边大于 300mm 以上的型钢，均以"10m²"为计量单位。

管廊：除管廊上的平台、栏杆、梯子以及大型型钢以外的钢结构均为管廊，以"100kg"为计量单位。

一般钢结构：除大型型钢和管廊以外的其他钢结构，如：平台、栏杆、梯子、管道支吊架及其他金属构件，均以"100kg"为计量单位。

联合平台、花纹板式平台中的钢板铺设面积，以"10m²"为计量单位。罐顶的小平台、斜体踏步和零星平台若使用花纹板铺设，不适用这种情况。

（2）用管材制作的钢结构（如火炬钢管塔架）除锈、刷油、防腐蚀，按管材展开面积套用相应管道定额子目并乘以系数 1.20。

（3）下列费用可按系数分别计取：

1）脚手架搭拆费：刷油、防腐蚀工程按定额人工费的 7％；绝热工程按定额人工费的 10％；其中人工费占 35％。除锈工程的脚手架搭拆费计算随同刷油或防腐蚀工程计算，即刷油或防腐蚀工程在计算其脚手架措施费用时应包括除锈工程人工费。

2）操作高度增加费：工业工程以设计标高±0.00 为基准，民用工程以地面或楼地面为基准，当操作物高度超过±6m 时，超过部分工程量按定额人工、机械费乘以表 13-1 系数。

**表 13-1**　　　　　　　　　　操作高度增加费系数表

| 操作物高度（m） | ≤30 | ≤50 | ≤70 | >70 |
|---|---|---|---|---|
| 系数 | 1.20 | 1.50 | 1.70 | 1.95 |

（4）本册定额的工程量计算规则中列出了管道、设备、阀门等的刷油面积或绝热层、保护层的面积、体积工程量计算公式，其中设备封头、阀门和法兰的计算公式属于参考性质，因为各种封头的形状尺寸不一、各种阀门外形尺寸不同，同样的阀门、法兰采用不同的保温结构时工程量也会有差别，如根据施工图或相关标准图能够较准确的计算出工程量时，就不必使用这些计算公式；难以准确计算时，可按上述近似公式计算。

（5）在计算除锈、刷油、防腐蚀工程量时，各种管件、阀件、设备人孔、管口凹凸部分已在定额消耗量中综合考虑，不再另外计算工程量。

（6）本册定额中安装前集中刷油项目不再按系数单独计算，在编制定额时已综合考虑在相应的定额项目中，可直接套用定额，不再调整。

（7）计算设备、管道内壁刷油、防腐蚀工程量时，当壁厚≥10mm 时按内径计算，壁厚<10mm 时，可按其外径计算。

（8）防腐蚀工程，若现场没发生强制通风，轴流通风机台班可调减。

（9）阀门、法兰保温除棉席（被）类、纤维类散状保温材料单列外，其他保温材料项目中均已考虑阀门、法兰保温，其工程量需要按定额附表中给定的数量计算，执行相应的管道绝热定额项目。

### 三、工程量的计算

（一）除锈、刷油、防腐蚀工程

1. 计算公式

设备筒体管道表面积计算公式：

$$S = \pi \times D \times L \tag{13-1}$$

式中　$\pi$——圆周率；

　　$D$——设备或管道直径；

　　$L$——设备筒体高或管道延长米。

2. 计量规则

（1）各种管件、阀门、人孔、管口凹凸部分，定额消耗量已综合考虑，不再另外计算工程量；

（2）管道、设备与矩形管道、大型型钢钢结构、铸铁管暖气片（散热面积为准）的除锈工程以"10m²"为计量单位；

（3）一般钢结构、管廊钢结构的除锈工程以"100kg"为计量单位；

（4）灰面、玻璃布、白布面、麻布、石棉布面、气柜、玛蹄脂面刷油工程以"10m²"为计量单位。

（二）绝热工程

1. 设备筒体或管道绝热、防潮和保护层计算式

$$V = \pi \times (D + 1.03\delta) \times 1.03\delta \times L \tag{13-2}$$

$$S = \pi \times (D + 2.1\delta) \times L \tag{13-3}$$

式中　$D$——直径；

1.03、2.1——调整系数；

$\delta$——绝热层厚度；

$L$——设备简体或管道延长米。

2. 伴热管道绝热工程量计算式

(1) 单管伴热或双管伴热（管径相同，夹角小于90°时）。

$$D' = D_1 + D_2 + (10 \sim 20\text{mm}) \tag{13-4}$$

式中　　　$D'$——伴热管道综合值；

$D_1$——主管道直径；

$D_2$——伴热管道直径；

$(10\sim20\text{mm})$——主管道与伴热管道之间的间隙。

(2) 双管伴热（管径相同，夹角大于90°时）。

$$D' = D_1 + 1.5D_2 + (10 \sim 20\text{mm}) \tag{13-5}$$

(3) 双管伴热（管径不同，夹角小于90°时）。

$$D' = D_1 + D_{伴大} + (10 \sim 20\text{mm}) \tag{13-6}$$

式中　$D'$——伴热管道综合值；

$D_1$——主管道直径。

将上述 $D'$ 计算结果分别代入式（13-2）、式（13-3）计算出伴热管道的绝热层、防潮层和保护层工程量。

3. 设备封头绝热、防潮和保护层工程量计算式

$$V = [(D+1.03\delta)/2]^2 \times \pi \times 1.03\delta \times 1.5 \times N \tag{13-7}$$

$$S = [(D+2.1\delta)/2]^2 \times \pi \times 1.5 \times N \tag{13-8}$$

式中　$N$——封头个数。

4. 拱顶罐封头绝热、防潮和保护层计算公式

$$V = 2\pi r(h+1.03\delta) \times 1.03\delta \tag{13-9}$$

$$S = 2\pi r(h+2.1\delta) \tag{13-10}$$

5. 绝热分层计算工程量计算式

当绝热需分层施工时，工程量分层计算，执行相应子目

第一层　　　　　$$V = \pi \times (D+1.03\delta) \times 1.03\delta \times L \tag{13-11}$$

第二层至第 $N$ 层　　　$$D' = D + 2.1\delta \times (N-1) \tag{13-12}$$

将 $D'$ 计算结果代入式（13-11）计算出第二层至第 $N$ 层工程量。

6. 矩形通风管道绝热、防潮和保护层计算公式

$$V = [2(A+B) \times 1.033\delta + 4(1.033\delta)^2] \times L \quad (\text{m}^3) \tag{13-13}$$

$$S = [2(A+B) + 8(1.05\delta + 0.0041)] \times L \quad (\text{m}^2) \tag{13-14}$$

式中　*A*——风管长边尺寸（m）；

　　　*B*——风管短边尺寸（m）。

# 第二节　除锈、刷油、防腐蚀、绝热工程量计算

## 一、除锈工程

（一）项目设置及适用范围

本章定额适用于金属表面的手工、动力工具、喷射及化学除锈工程，包括管道、设备、一般钢结构、管廊钢结构、大型型钢钢结构以及气柜各部结构等。

（二）定额使用中有关问题的说明

1. 锈蚀标准

手工、动力工具除锈锈蚀标准分为轻、中、重三种。

轻锈：已发生锈蚀，并且部分氧化皮已经剥落的钢材表面。

中锈：氧化皮已锈蚀而剥落，或者可以刮除，并且有少量点蚀的钢材表面。

重锈：大部分氧化皮脱落，呈片状锈层或凸起的锈斑，除锈后出现麻点或麻坑。

2. 除锈区分标准

（1）手工、动力工具除锈过的钢材表面分为 St2 和 St3 两个标准。

St2 标准：钢材表面应无可见的油脂和污垢，并且没有附着不牢的氧化皮、铁锈和油漆涂层等附着物。

St3 标准：钢材表面应无可见的油脂和污垢，并且没有附着不牢的氧化皮、铁锈和油漆涂层等附着物。除锈应比 St2 标准更为彻底，底材显露出部分的表面应具有金属光泽。

（2）喷射除锈过的钢材表面分为 Sa2、Sa2½ 和 Sa3 三个标准。

Sa2 级：彻底的喷射或抛射除锈。

钢材表面会无可见的油脂、污垢，并且氧化皮、铁锈和油漆层等附着物已基本清除，其残留物应是牢固附着的。

Sa2½ 级：非常彻底的喷射或抛射除锈。

钢材表面会无可见的油脂、污垢、氧化皮、铁锈和油漆层等附着物，任何残留的痕迹应仅是点状或条纹状的轻微色斑。

Sa3 级：使钢材表观洁净的喷射或抛射除锈。

钢材表面应无可见的油脂、污垢、氧化皮、铁锈和油漆层等附着物，该表面应显示均匀的金属色泽。

3. 关于下列各项费用的规定

（1）手工和动力工具除锈按 St2 标准确定。若变更级别标准，如按 St3 标准定额乘以系数 1.1。

（2）喷射除锈按 Sa2½ 级标准确定。若变更级别标准时，Sa3 级定额乘以系数 1.1，Sa2 级定额乘以系数 0.9。

（3）本章不包括除微锈（标准：氧化皮完全紧附，仅有少量锈点），发生时执行轻锈定额乘以系数 0.2。

4. 因施工需要发生的二次除锈，其工程量应另行计算

## 二、刷油工程

（一）项目设置及适用范围

本章内容包括金属管道、设备、通风管道、金属结构、玻璃布面、石棉布面、玛蹄脂面、抹灰面等刷（喷）油漆工程。

（二）定额使用中有关问题的说明

（1）关于下列各项费用的规定：

1）特殊标志、色环、介质名称及流向标示等零星刷油，执行本章定额相应项目，其人工乘以系数 2.0，材料消耗量乘以系数 1.2。

2）本章定额中的刷油项目若实际采用喷涂施工时，执行刷油定额子目人工乘以系数 0.45，材料乘以系数 1.16，增加喷涂机械电动空气压缩机 $3m^3/min$（其台班消耗量同调整后的合计工日消耗量）。

（2）本章中的主材和稀干料品种与定额不同时，可参照与主材性质相近子目执行，相应材料可以换算，当主材消耗量超过定额消耗量±15％时，消耗量可参照厂家产品说明书进行调整，人工和机械消耗量不变。

（3）本章已综合考虑现场集中刷油因素，不再另行计算。

## 三、防腐蚀涂料工程

（一）项目设置及适用范围

本章定额适用于设备、管道、金属结构的各种涂料防腐工程。

（二）定额使用中有关问题的说明

（1）涂料配合比与实际设计配合比不同时，可根据设计要求进行换算，其人工、机械消耗量不变。

（2）本章聚合热固化是采用蒸汽及红外线间接聚合固化考虑的，如采用其他方法，应按施工方案另行计算。

（3）本章未包括的新品种涂料，应按相近定额项目执行，其人工、机械消耗量不变。

（4）本章定额除过氯乙烯漆、无溶剂环氧涂料、H87、H8701、硅酸锌防腐蚀涂料等是按喷涂施工方法考虑外，其他涂料均按刷涂考虑。若其他涂料发生喷涂施工，其人工乘以系数 0.3，材料乘以系数 1.16，同时增加喷涂机械台班消耗量（其台班消耗量同调整后的合计工日消耗量）。

## 四、绝热工程

（一）项目设置及适用范围

本章定额适用于设备、管道、通风管道的绝热工程，包括硬质瓦块（珍珠岩瓦、蛭石瓦、微孔硅酸钙等）、泡沫玻璃瓦块与板材、纤维类制品（岩棉、矿棉、玻璃棉及超细玻璃棉、泡沫石棉及硅酸铝纤维等材质的管壳、板材）、聚氨酯及聚苯乙烯泡沫塑料瓦块与板材、各种岩棉、玻璃棉缝毡、棉席（被）类制品、纤维类散状材料（散棉）、橡塑保温管套与板材、铝箔复合玻璃棉管壳与板材以及硅酸盐类涂抹材料和聚氨酯现场喷涂发泡等；此外还设置各种防潮层与保护层安装等项目。

（二）定额使用中有关问题的说明

（1）管道绝热工程中，均已包括管件保温；阀门、法兰保温除棉席（被）类、纤维类散

状保温材料单列外，其他保温材料项目中均已考虑阀门、法兰保温，其工程量需要按定额附表中给定的数量计算，执行相应的管道绝热定额项目。

（2）在计算管道绝热工程量时不扣除阀门、法兰所占长度（阀门、法兰工程量计算式中已做考虑）。而在计算阀门与法兰绝热工程量时注意一点：与法兰阀门配套的法兰已含在阀门绝热工程量中，不再单独计算。

（3）计算设备绝热工程量时不扣除人孔、接管开孔面积，并应参照设备筒体绝热工程量计算式增计人孔与接管的管节部位绝热工程量。

（4）在管道绝热工程中，根据绝热工程施工及验收规范，保温厚度大于 100mm、保冷厚度大于 75mm 时，或设计要求保温厚度小于 100mm、保冷厚度小于 75mm 需分层施工时，应分层计算工程量，并分别按管道直径套用相应定额项目（第一层按介质管道直径套用定额，第二层按介质管道保温后的直径套用定额）。

（5）现场补口、补伤等零星绝热工程，按相应材质定额项目人工、机械乘以系数 2.0，材料消耗量乘以系数 1.20（包括主材）。

（6）在绝热工程中未使用黏结剂的，应扣除定额中黏结剂材料，定额人工消耗量乘以系数 0.8。

（7）聚氨酯泡沫塑料发泡安装，是按无模具直喷施工考虑的。若采用有模具浇注安装，其模具（制作安装）费另行计算：由于批量不同，相差悬殊的，可另行协商，分次数摊销。发泡效果受环境温度条件影响较大，环境温度低于 15℃ 应采取措施，其费用另计。

（8）镀锌铁皮保护层厚度按 0.8mm 以下综合考虑，如铁皮厚度大于 0.8mm，定额人工乘以系数 1.20；卧式设备包铁皮其人工乘以系数 1.05；如设计另有涂抹密封胶、加箍钢带等要求时，按铁皮保护层辅助项目计算。

（9）铝皮保护层执行镀锌铁皮保护层安装项目，主材可以换算，若厚度大于 1mm 时，其人工乘以系数 1.2。

（10）采用不锈钢薄板作保护层，执行金属保护层相应项目，其人工乘以系数 1.25，钻头消耗量乘以系数 2.0，机械乘以系数 1.15。

（11）卷材安装应执行相同材质的板材安装项目，其人工、铁丝消耗量不变，但卷材损耗率按 3.1% 考虑。

（12）复合成品材料安装执行相同材质瓦块（或管壳）安装项目。复合材料分别安装时应按分层计算，内层保温层外径视为管道直径。执行定额时，按不同的材质分别执行相应定额项目。

**五、手工糊衬玻璃钢工程**

（一）项目设置及适用范围

本章定额适用于碳钢设备手工糊衬玻璃钢和塑料管道玻璃钢增强工程，不适用于手工糊制或机械成型的玻璃钢制品工程。

（二）定额使用中有关问题的说明

（1）如设计要求或施工条件不同，所用胶液配合比、材料品种与定额不同时，以各种胶液中树脂用量为基数进行换算。

（2）糊衬玻璃钢定额内包括设备金属表面清洗，但不包括除锈，定额材料内的铁砂布用于刮涂腻子和刷胶衬布后的表面打磨修整。

（3）玻璃钢工程的底漆、腻子、衬贴玻璃布、面漆等实际层数超过定额的层数时，每超过一层，套用相应定额子目一次。

（4）塑料管道玻璃钢增强项目也可用于与其施工工艺相同的其他管道。

（5）定额中玻璃布厚度按 0.2～0.25mm 考虑，实际采用玻璃布厚度不同时，玻璃布消耗量不变（价格可变），胶料按［胶料定额用量（kg）/定额玻璃布厚度（mm）］×实际玻璃布厚度（mm）进行换算。

（6）玻璃钢聚合固化按蒸汽加热间接聚合方法考虑，如采用其他方法时应按施工方案另行计算。自然固化即能满足需要的则不需计算加热聚合固化。

### 六、橡胶板及塑料板衬里工程

（一）项目设置及适用范围

本章定额适用金属管道、管件、阀门、多孔板及设备的橡胶衬里和金属表面的软聚氯乙烯板衬里工程。

（二）定额使用中有关问题的说明

（1）本章定额中橡胶板及塑料板用量包括：

1）有效面积需用量（不扣除人孔）；

2）搭接面积需用量；

3）法兰翻边及下料时的合理损耗量。

（2）热硫化橡胶板的硫化方法，按间接硫化处理考虑，需要直接硫化处理时，其人工乘以系数 1.25，所需材料、机械费用按施工方案另行计算。

（3）储槽、塔类设备橡胶衬里，如其所带零件衬里面积超过总面积 15%，定额人工乘以系数 1.40。

（4）定额中塑料板衬里的搭接缝按胶接考虑，如采用焊接时，定额人工乘以系数 1.80，胶浆用量乘以系数 0.50，并增加塑料焊条用量（$5.19kg/10m^2$）。

### 七、衬铅及搪铅工程

（一）项目设置及适用范围

本章定额适用于金属设备、型钢及部件等表面衬铅、搪铅工程。

（二）定额使用中有关问题的说明

（1）设备衬铅是按安装前在滚动器（转胎）上施工考虑的，若设备安装就位后进行挂衬铅板施工时，其人工乘以系数 1.39。

（2）设备、型钢表面衬铅，铅板厚度按 3mm 考虑，若铅板厚度大于 3mm 时，其人工乘以系数 1.29，材料按实际进行计算。

### 八、喷镀（涂）工程

（一）项目设置及适用范围

本章定额适用于管道、设备、型钢和设备零部件的表面气喷镀（铅、钢、锌、铜）及喷塑工程，增加管道喷涂砂浆 1 项子目。

（二）定额使用中有关问题的说明

（1）定额不包括金属表面除锈工作，发生时按第一章相应定额计算。

（2）施工工具：喷镀采用国产 SQP-1（高速、中速）气喷枪；喷塑采用塑料粉末喷枪。

（3）喷镀和喷塑采用氧乙炔焰。

## 九、块材衬里工程

（一）项目设置及适用范围

本章定额适用于各种金属设备的耐酸砖、板衬里工程，不适用于建筑防腐工程。

（二）定额使用中有关问题的说明

（1）设备衬砌定额中对设备底、壁、人孔、拱门等不同部位所耗用工料均已做了综合考虑，使用定额时不做区分。

（2）硅质胶泥衬砌砖、板项目，定额内已包括酸化处理工作内容。

（3）衬砌砖、板定额按揉挤法考虑；如采用勾缝法施工时，相应定额人工和胶泥用量乘以系数 1.10。

（4）衬砌砖、板定额按规范进行自然养护考虑，如采用其他养护法，应按施工方案另行计算。

（5）树脂胶泥衬砌耐酸砖、板砌体需加热固化处理时，按砌体热处理项目计算，定额按采用电炉加热考虑；方法不同时按施工方案另计。

## 十、管道补口补伤工程

（一）项目设置及适用范围

本章定额适用于金属管道的补口补伤防腐工程，供选用的防腐涂料有环氧煤沥青漆（又分为普通、加强与特加强级）、氯磺化聚乙烯漆、聚氨酯漆及无机富锌漆；其中环氧煤沥青加强与特加强防腐已包括缠玻璃布工作内容和相应工料消耗。

（二）定额使用中有关问题的说明

（1）本章定额计量单位为"10 个口"。每口涂刷长度取定为：$\phi426$ 以下（含 $\phi426$）管道每个口补口长度为 400mm；$\phi426$ 以上管道每个口补口长度为 600mm。

（2）各类涂料涂层厚度：

1）氯磺化聚乙烯漆为 0.3～0.4mm 厚；

2）聚氨酯漆为 0.3～0.4mm 厚；

3）环氧煤沥青漆涂层厚度：

普通级，0.3mm 厚，包括底漆一遍、面漆两遍；

加强级，0.5mm 厚，包括底漆一遍、面漆三遍及玻璃布一层；

特加强级，0.8mm 厚，包括底漆一遍、面漆四遍及玻璃布二层。

## 十一、阴极保护及牺牲阳极

阴极保护，为了防止通信线路或设备被腐蚀，是利用电化学原理，使被保护的设备对地保持负电位的一种防腐蚀措施，是向被腐蚀金属结构物表面施加一个外加电流，被保护对象（结构物）为阴极，从而使得金属腐蚀发生的电子迁移得到抑制，避免或减弱腐蚀的发生。两种阴极保护法：外加电流阴极保护和牺牲阳极保护。

牺牲阳极阴极保护是将电位较负的金属与被保护金属连接，并处于同一电解质中，使该金属上的电子转移到被保护金属上去，使整个被保护金属处于一个较负的相同的电位下。该方式简便易行，不需要外加电源，很少产生腐蚀干扰，广泛应用于保护小型（电流一般小于1 安培）或处于低土壤电阻率环境下（土壤电阻率小于 100 欧姆，米）的金属结构。原理图如图 13-1 所示。

外加电流阴极保护是通过外加直流电源以及辅助阳极，是给金属补充大量的电子，使被

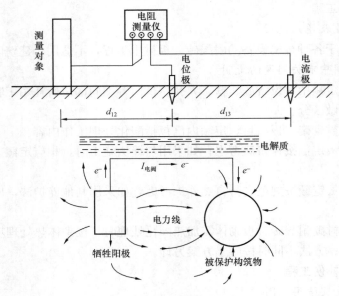

图 13-1　牺牲阳极保护

保护金属整体处于电子过剩的状态，使金属表面各点达到同一负电位，使被保护金属结构电位低于周围环境。该方式主要用于保护大型或处于高土壤电阻率土壤中的金属结构，如：长输埋地管道，大型罐群等。原理图如图 13-2 所示。

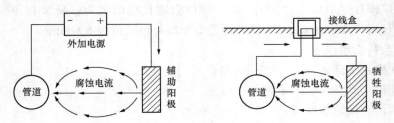

图 13-2　外加电流阴极保护

（一）项目设置及适用范围

本章内容包括陆地上管路、长输管线、埋地电缆、储罐、构筑物的阴极保护。

（二）定额应用有关说明

（1）定额中同保护体连接的焊点是按铝焊点考虑的，若设计为铜焊点，可以将用于铝焊点的材料（铝热焊剂、铝热模具）换成铜焊材料，消耗量按实际用量。

（2）均压线连接适用于管线或金属结构间的均压电缆直接连接或绝缘法兰的跨接电缆直接连接，通过测试桩连接的均压线不得套用本项定额。

（3）测试桩接线仅指测试桩同管线或金属结构间的连线。测试桩同牺牲阳极、接地电池、探头、检查片、参比电极间的接线已计入该连接体的安装定额中。

（4）牺牲阳极阴极保护的牺牲阳极安装适用于强制电流排流保护的阳极接地极安装。

（5）检查片制安定额适用于测试桩辅助试片制安。

（6）绝缘装置性能测试亦适用于套管同主管间的绝缘性能测试。

（7）阳极钻（井）孔，执行建筑有关定额。

（8）阴极保护工程中阳极埋设土石方开挖、回填等执行建筑土方开挖定额。

（9）电缆敷设、电缆沟开挖、阳极线杆架设、保护管敷设执行第四册《电气设备安装工程》。

（10）防爆接线箱、测试桩安装、绝缘法兰、绝缘接头、绝缘短管等电绝缘装置执行第四册《电气设备安装工程》。

（11）降阻绝缘测试执行第四册《电气设备安装工程》。

（12）与第三方设备（微机、DCS）通信执行第六册《自动化控制仪表安装工程》。

（13）水上、港口、船只阴极保护，由于技术比较复杂，本册不适用。

（三）阴极保护工程

强制电流阴极保护：

（1）恒电位仪、整流器、工作台安装，不分型号、规格，以"台"为计量单位。

（2）TEG、CCVT、断电器：不分型号、规格，按成套供应，以"台"为计量单位。

（3）辅助阳极安装：

1）棒式阳极，包括石墨阳极、高硅铸铁阳极、磁性氧化铁阳极，按接线方式不同分为单接头和双接头两种，不分型号、规格以"根"为单位。

2）钢铁阳极制安，不分阳极材料、规格，以"根"为单位，主材可按管材或型材用量乘以损耗率3％计列。

3）柔性阳极，按图示长度（包括同测试桩连接部分），以"100m"为计量单位，柔性阳极主材损耗率1％，阳极弯接头、三通接头等配套主材按设计计算，用量以主材形式计列。

4）深井阳极，按设计阳极井个数，以"根"为计量单位，深井中阳极支数可按设计用量以主材形式计列。

（4）参比阳极安装：分别按长效 CuSO4 参比电极和锌阳极划分，按参比电极个数，以"根"为计量单位。

（5）接线箱及电缆敷设执行第四册《电气设备安装工程》，现场一次设备材料与现场接线箱接头已包含定额内。

（6）通电点和均压线电缆连接：

1）通电点，按自恒电位仪引出的零位接阴电缆和阴极电缆同管线或金属结构的二点连接点的数量，以"处"为计量单位。

2）均压线连接，按两条管线或金属结构之间，同一管线间不同绝缘隔离段间的直接均压线连接数量，以"处"为计量单位。

（四）牺牲阳极阴极保护

（1）块状牺牲阳极：不分品、规格、埋设方式，按设计数量，以"10支"为计量单位，阳极填料用量和配比可按设计要求换算。

（2）带状牺牲阳极：

1）同管沟敷设，按图纸阳极带标识长度，以"10m"为计量单位。

2）套管内敷设，按缠绕阳极带的螺旋线展开长度，以"10m"为计量单位。

3）等电位垫，按等电位垫铺设的个数，以"处"为计量单位，等电位垫阳极带主材按展开长度计算。

（五）排流保护

（1）排流器：强制排流器和极性排流器不分型号、规格，以"台"为计量单位。

（2）接地极：

1）钢制接地极，以"支"为计量单位。

2）接地降阻测试，以组成接地系统的接地极以组为计量单位计列。

3）降阻处理，按设计要求需降阻处理的钢制接地极支数以"支"为计量单位。

4）降阻材料为未计价材料，用量按设计要求另计。

（六）其他

（1）测试桩接线、检查片、测试探头安装：

1）测试桩接线，按接线数量，以"对"为计量单位，每支测试桩同管线或金属结构的接线为一对接线。

2）检查片制安，以"对"为计量单位，每对检查片包括一片同管线（或测试桩）相连的试片和一片自然腐蚀的试片。

3）测试探头安装，按设计数量，以"个"为计量单位。

（2）绝缘性能测试和保护装置安装：

1）绝缘性能测试，以"处"为计量单位，每个绝缘法兰、绝缘接头为1处，每条穿越处的全部绝缘支撑、绝缘堵头为1处。

2）绝缘保护装置安装，按保护装置的个数，以"个"为计量单位。

（3）阴极保护系统调试：

1）线路：按阴极保护系统保护的管线里程，以"km"为计量单位，单独施工的穿跨越工程阴极保护工程量不足1km时，按1km计算。

2）站内：强制电流阴极保护，按阴极保护站数量，以"站"为计量单位，牺牲阳极阴极保护，按牺牲阳极的阳极组数量，以"组"为计量单位。

# 第三节　工程预算实例

【例 13-1】××住宅楼供暖刷油保温施工图预算例题。

（一）采用定额

本例题为山东省济南市市区××住宅楼室内供暖工程（本例题图及工程量见第十章××住宅楼供暖例题）。采用《山东省安装工程价目表》，《山东省安装工程消耗量定额》（第十二册刷油、防腐蚀、绝热工程）中的有关内容（2016年出版）。

（二）工程概况

（1）所有管道、散热器及型钢支架安装前集中除轻锈刷红丹防锈漆二道，安装后明装管道、散热器及型钢支架均刷银粉漆两道，保温管不刷银粉。散热器散热面积 $0.28m^2/$片。

（2）所有地沟内管道均保温，采用岩棉瓦块 $\delta=40mm$，外缠玻璃丝布一层，玻璃丝布面不刷油漆；阀门及法兰均不保温。

（3）工程量计算表中的保温层、保护层单位工程量，查十二册附录二（钢管刷油、绝热工程量计算表）。

（4）本例题暂不计主材费，只计主材消耗量。

（5）图中标高以米计，其余以毫米计。

（6）未尽事宜均参照有关标准或规范执行。

（7）工程量计算结果见表 13-2，安装工程施工图预算结果见表 13-3、表 13-4。

**表 13-2**　　　　　　　　　　　　**工程量计算书**

工程名称：××住宅楼供暖刷油、保温预算例题　　　　　年　月　日　共　页　第　页

| 序号 | 分部分项工程名称 | 单位 | 工程量 | 计　算　公　式 |
|---|---|---|---|---|
| 1 | 焊接钢管除锈刷漆面积（不保温管） | m² | 22.80 | DN70　$L=32.40-8.90$（保温管）$=23.50$ |
| | | | | $S=23.50\times(23.91\div100)=5.62$ |
| | | | | DN50　$L=6.30-1.60$（保温管）$=4.70$ |
| | | | | $S=4.70\times(18.94\div100)=0.89$ |
| | | | | DN40　$L=13.69-7.10$（保温管）$=6.59$ |
| | | | | $S=6.59\times(15.17\div100)=1.00$ |
| | | | | DN32　$L=26.91-13.40$（保温管）$=13.51$ |
| | | | | $S=13.51\times(13.32\div100)=1.79$ |
| | | | | DN25　$L=24.30-6.40$（保温管）$=17.90$ |
| | | | | $S=17.90\times(10.59\div100)=1.90$ |
| | | | | DN20　$L=144.48-7.10=137.38$ |
| | | | | $S=137.38\times(8.45\div100)=11.60$ |
| 2 | 焊接钢管除锈刷防锈漆面积（保温管） | m² | 6.57 | $S=(7.1\times8.45+6.4\times10.59+13.4\times13.32+7.1$ $\times15.17+1.6\times18.94+8.9\times23.91)\div100=6.57$ |
| 3 | 型钢支架除锈刷漆 | kg | 40 | |
| 4 | 散热器除锈刷漆面积 | m² | 122.08 | $436\times0.28=122.08$ |
| 5 | 管道保温岩棉瓦 $\delta=40$mm $\phi133$ 以内 | m³ | 0.14 | DN70　供保温 $2.50+1.20=3.70$ |
| | | | | 回保温 $2.50+[-0.40-(-1.20)]+1.90=5.20$ |
| | | | | $L=8.90$ |
| | | | | $V=8.90\times(1.518\div100)=0.14$ |
| 6 | 管道保温岩棉瓦 $\delta=40$mm $\phi57$ 以内 | m³ | 0.35 | DN50　回保温 1.60 |
| | | | | $L=1.60$ |
| | | | | $V=1.60\times(1.314\div100)=0.02$ |
| | | | | DN40　回保温 $6.60+0.50$（旁通管）$=7.10$ |
| | | | | $L=7.10$ |
| | | | | $V=7.10\times(1.16\div100)=0.08$ |
| | | | | DN32　回保温 $2.20+0.25+10.36+0.24+0.35$ $=13.40$ |
| | | | | $L=13.40$ |
| | | | | $V=13.40\times(1.082\div100)=0.15$ |

续表

| 序号 | 分部分项工程名称 | 单位 | 工程量 | 计　算　公　式 |
|---|---|---|---|---|
| | | | | DN25 回保温 6.00 |
| | | | | L2 保温 0.40 |
| | | | | $L = 6.00 + 0.40 = 6.40$ |
| | | | | $V = 6.40 \times (0.969 \div 100) = 0.06$ |
| | | | | DN20　回保温 4.70 |
| | | | | 立 L1、L3、L4、L5、L6、L7 保温 $0.40 \times 6 = 2.4$ |
| | | | | $L = 4.70 + 2.40 = 7.10$ |
| | | | | $V = 7.10 \times (0.88 \div 100) = 0.06$ |
| 7 | 管道外缠玻璃丝布一道 | m² | 18.32 | DN70　$L = 8.90$ |
| | | | | $S = 8.90 \times (50.3 \div 100) = 4.48$ |
| | | | | DN50　$L = 1.60$ |
| | | | | $S = 1.60 \times (45.33 \div 100) = 0.73$ |
| | | | | DN40　$L = 7.10$ |
| | | | | $S = 7.10 \times (41.56 \div 100) = 2.95$ |
| | | | | DN32　$L = 13.40$ |
| | | | | $S = 13.40 \times (39.71 \div 100) = 5.32$ |
| | | | | DN25　$L = 6.40$ |
| | | | | $S = 6.40 \times (36.98 \div 100) = 2.37$ |
| | | | | DN20　$L = 7.10$ |
| | | | | $S = 7.10 \times (34.84 \div 100) = 2.47$ |

注　$L$——管道长度，m；

　　$S$——管道外表面积，m²；

　　$V$——管道保温体积，m³。

表 13-3　　　　　　　　　　安装工程预（结）算表

项目名称：××住宅楼采暖刷油保温预算例题

| 序号 | 定额编码 | 子目名称 | 单位 | 工程量 | 单价 | 合价 | 其中 | |
|---|---|---|---|---|---|---|---|---|
| | | | | | | | 省人工单价 | 省人工合价 |
| 1 | 12-1-1 | 手工除锈　管道　轻锈 | 10m² | 2.937 | 34.29 | 100.71 | 31.21 | 91.66 |
| 2 | 12-1-7 | 手工除锈　一般钢结构　轻锈 | 100kg | 0.4 | 42.12 | 16.85 | 31.21 | 12.48 |
| 3 | 12-1-16 | 手工除锈　铸铁散热器　轻锈 | 10m² | 12.208 | 65.81 | 803.41 | 60.26 | 735.65 |
| 4 | 12-2-1 | 管道刷红丹防锈漆　第一遍 | 10m² | 2.937 | 18.73 | 55.01 | 17.82 | 52.34 |
| | Z13000085 | 醇酸防锈漆　C53-1 | kg | 4.317 | | | | |
| 5 | 12-2-2 | 管道刷红丹防锈漆　增一遍 | 10m² | 2.937 | 17.81 | 52.31 | 17 | 49.93 |
| | Z13000085 | 醇酸防锈漆　C53-1 | kg | 3.818 | | | | |
| 6 | 12-2-22 | 管道刷银粉漆　第一遍 | 10m² | 2.28 | 22.86 | 52.12 | 21.53 | 49.09 |

| 序号 | 定额编码 | 子目名称 | 单位 | 工程量 | 单价 | 合价 | 其中 | |
|---|---|---|---|---|---|---|---|---|
| | | | | | | | 省人工单价 | 省人工合价 |
| | Z13000003 | 银粉漆 | kg | 1.528 | | | | |
| 7 | 12-2-23 | 管道刷银粉漆　增一遍 | 10m² | 2.28 | 21.58 | 49.2 | 20.7 | 47.2 |
| | Z13000003 | 银粉漆 | kg | 1.436 | | | | |
| 8 | 12-2-55 | 一般钢结构　红丹防锈漆　第一遍 | 100kg | 0.4 | 21.28 | 8.51 | 16.89 | 6.76 |
| | Z13000085 | 醇酸防锈漆　C53-1 | kg | 0.464 | | | | |
| 9 | 12-2-56 | 一般钢结构　红丹防锈漆　增一遍 | 100kg | 0.4 | 21.23 | 8.49 | 16.27 | 6.51 |
| | Z13000085 | 醇酸防锈漆　C53-1 | kg | 0.38 | | | | |
| 10 | 12-2-60 | 一般钢结构　银粉漆　第一遍 | 100kg | 0.4 | 20.85 | 8.34 | 19.57 | 7.83 |
| | Z13000003 | 银粉漆 | kg | 0.132 | | | | |
| 11 | 12-2-61 | 一般钢结构　银粉漆　增一遍 | 100kg | 0.4 | 19.79 | 7.92 | 18.64 | 7.46 |
| | Z13000003 | 银粉漆 | kg | 0.116 | | | | |
| 12 | 12-2-130 | 铸铁管、暖气片刷防锈漆一遍 | 10m² | 24.416 | 31.4 | 766.66 | 30.39 | 742 |
| | Z13000091 | 酚醛防锈漆（各色） | kg | 25.637 | | | | |
| 13 | 12-2-132 | 铸铁管、暖气片刷银粉漆　第一遍 | 10m² | 12.208 | 31.57 | 385.41 | 29.36 | 358.43 |
| | Z13000003 | 银粉漆 | kg | 6.592 | | | | |
| 14 | 12-2-133 | 铸铁管、暖气片刷银粉漆　增一遍 | 10m² | 12.208 | 30.37 | 370.76 | 28.43 | 347.07 |
| | Z13000003 | 银粉漆 | kg | 5.86 | | | | |
| | | 除锈刷油小计 | | | | 2685.7 | | 2514.41 |
| 15 | 12-4-20 | 纤维类制品（管壳、板）安装 管道外径≤φ57 | m³ | 0.35 | 537.55 | 188.14 | 490.49 | 171.67 |
| | Z15000035 | 岩棉管壳 | m³ | 0.361 | | | | |
| 16 | 12-4-21 | 纤维类制品（管壳、板）安装 管道外径≤φ133 | m³ | 0.14 | 276.83 | 38.76 | 238.75 | 33.43 |
| | Z15000035 | 岩棉管壳 | m³ | 0.144 | | | | |
| 17 | 12-4-135 | 管道玻璃丝布保护层 | 10m² | 1.832 | 37.44 | 68.59 | 37.18 | 68.11 |
| | Z15000073 | 玻璃丝布　δ0.5 | m² | 25.648 | | | | |
| | | 绝热小计 | | | | 295.49 | | 273.21 |
| 18 | BM120 | 系统调试费（第十册给排水、采暖、燃气工程） | 元 | 1 | 278.77 | 278.77 | 97.57 | 97.57 |

续表

| 序号 | 定额编码 | 子目名称 | 单位 | 工程量 | 单价 | 合价 | 省人工单价 | 省人工合价 |
|---|---|---|---|---|---|---|---|---|
| | | | | | | | 其中 | |
| | | 分部分项工程费 | | | | 3259.96 | | 2885.19 |
| 19 | BM124 | 脚手架搭拆费(第十二册刷油、防腐蚀、绝热工程) | 元 | 1 | 176.01 | 176.01 | 61.6 | 61.6 |
| 20 | BM125 | 脚手架搭拆费(第十二册刷油、防腐蚀、绝热工程) | 元 | 1 | 27.32 | 27.32 | 9.56 | 9.56 |
| | | 脚手架搭拆费小计 | | | | 203.33 | | 71.16 |

**表 13-4**      **安装工程费用表**

项目名称:×住宅楼除锈刷油保温工程

| 行号 | 序号 | 费用名称 | 费率(%) | 计算方法 | 费用金额 |
|---|---|---|---|---|---|
| 1 | 一 | 分部分项工程费 | | ∑{[定额∑(工日消耗量×人工单价)+∑(材料消耗量×材料单价)+∑(机械台班消耗量×台班单价)]×分部分项工程量} | 3259.96 |
| 2 | (一) | 计费基础 JD1 | | ∑(工程量×省人工费) | 2885.19 |
| 3 | 二 | 措施项目费 | | 2.1+2.2 | 451.46 |
| 4 | 2.1 | 单价措施费 | | ∑{[定额∑(工日消耗量×人工单价)+∑(材料消耗量×材料单价)+∑(机械台班消耗量×台班单价)]×单价措施项目工程量} | 203.33 |
| 5 | 2.2 | 总价措施费 | | (1)+(2)+(3)+(4) | 248.13 |
| 6 | (1) | 夜间施工费 | 2.5 | 计费基础 JD1×费率 | 72.13 |
| 7 | (2) | 二次搬运费 | 2.1 | 计费基础 JD1×费率 | 60.59 |
| 8 | (3) | 冬雨季施工增加费 | 2.8 | 计费基础 JD1×费率 | 80.79 |
| 9 | (4) | 已完工程及设备保护费 | 1.2 | 计费基础 JD1×费率 | 34.62 |
| 10 | (二) | 计费基础 JD2 | | ∑措施费中 2.1、2.2 中省价人工费 | 172.43 |
| 11 | 三 | 其他项目费 | | 3.1+3.3+3.4+3.5+3.6+3.7+3.8 | |
| 12 | 3.1 | 暂列金额 | | | |
| 13 | 3.2 | 专业工程暂估价 | | | |
| 14 | 3.3 | 特殊项目暂估价 | | | |
| 15 | 3.4 | 计日工 | | | |
| 16 | 3.5 | 采购保管费 | | | |
| 17 | 3.6 | 其他检验试验费 | | | |
| 18 | 3.7 | 总承包服务费 | | | |
| 19 | 3.8 | 其他 | | | |
| 20 | 四 | 企业管理费 | 55 | (JD1+JD2)×管理费费率 | 1681.69 |

| 行号 | 序号 | 费用名称 | 费率(%) | 计算方法 | 费用金额 |
|---|---|---|---|---|---|
| 21 | 五 | 利润 | 32 | (JD1+JD2)×利润率 | 978.44 |
| 22 | 六 | 规费 | | 4.1+4.2+4.3+4.4+4.5 | 456.2 |
| 23 | 4.1 | 安全文明施工费 | | (1)+(2)+(3)+(4) | 317.3 |
| 24 | (1) | 安全施工费 | 2.34 | (一+二+三+四+五)×费率 | 149.09 |
| 25 | (2) | 环境保护费 | 0.29 | (一+二+三+四+五)×费率 | 18.48 |
| 26 | (3) | 文明施工费 | 0.59 | (一+二+三+四+五)×费率 | 37.59 |
| 27 | (4) | 临时设施费 | 1.76 | (一+二+三+四+五)×费率 | 112.14 |
| 28 | 4.2 | 社会保险费 | 1.52 | (一+二+三+四+五)×费率 | 96.85 |
| 29 | 4.3 | 住房公积金 | 0.21 | (一+二+三+四+五)×费率 | 13.38 |
| 30 | 4.4 | 工程排污费 | 0.27 | (一+二+三+四+五)×费率 | 17.2 |
| 31 | 4.5 | 建设项目工伤保险 | 0.18 | (一+二+三+四+五)×费率 | 11.47 |
| 32 | 七 | 设备费 | | ∑(设备单价×设备工程量) | |
| 33 | 八 | 税金 | 10 | (一+二+三+四+五+六+七一甲供材料、设备款)×税率 | 682.78 |
| 34 | 九 | 不取费项目合计 | | | |
| 35 | 十 | 工程费用合计 | | 一+二+三+四+五+六+七+八+九 | 7510.53 |

**【例 13-2】** 某办公楼空调风管路保温预算例题

本例题为山东省济南市市区某某办公楼（部分房间）空调用风管路保温预算。（本例题图及工程量见第十二章空调工程例题）采用《山东省安装工程价目表》和《山东省安装工程消耗量定额》（第十二册刷油、防腐蚀、绝热工程）中的有关内容。（2016 年出版）

（1）本工程风管采用镀锌铁皮，咬口连接。其中：矩形风管 200mm×120mm，镀锌铁皮 $\delta=0.50$mm。矩形风管 320mm×250mm，镀锌铁皮 $\delta=0.5$mm。矩形风管 630mm×250mm，镀锌铁皮 $\delta=0.60$mm。1000mm×200mm、1000mm×250mm，镀锌铁皮 $\delta=0.75$mm。

（2）风管保温采用岩棉板，$\delta=25$mm。外缠玻璃丝布一道，玻璃丝面不刷油漆。管道保温时使用黏结剂、保温钉。暂不计风阀、设备保温。

（3）风管在现场按先绝热后安装施工。

（4）本例题暂不计主材费（只计主材消耗量）。

（5）未尽事宜均参照有关标准或规范执行。

（6）工程量计算结果见表 13-5，安装工程施工图预算结果见表 13-6。

**表 13-5**　　　　　　　　　　　**工程量计算书**

工程名称：某办公楼空调风管路保温预算例题　　　　　　　　年　月　日　共　页第　页

| 序号 | 分部分项工程名称 | 单位 | 工程量 | 计 算 公 式 |
|---|---|---|---|---|
| 1 | 风管岩棉板保温体积（$\delta=25$mm） | m³ | 2.345 | $V=[2\times(A+B)\times1.033\delta+4(1.033\delta)^2]\times L$ |
| | | | | 200×120（mm） |

| 序号 | 分部分项工程名称 | 单位 | 工程量 | 计 算 公 式 |
|---|---|---|---|---|
| | | | | $L=22.90$ |
| | | | | $V=[2\times(0.2+0.12)\times1.033\times0.025+4(1.033\times0.025)^2]\times22.90=0.440$ |
| | | | | $320\times250$（mm） |
| | | | | $L=6.70$ |
| | | | | $V=[2\times(0.32+0.25)\times1.033\times0.025+4(1.033\times0.025)^2]\times6.70=0.215$ |
| | | | | $630\times250$（mm） |
| | | | | $L=11.20$ |
| | | | | $V=[2\times(0.63+0.25)\times1.033\times0.025+4(1.033\times0.025)^2]\times11.20=0.539$ |
| | | | | $1000\times250$（mm） |
| | | | | $L=5.34$ |
| | | | | $V=[2\times(1.00+0.25)\times1.033\times0.025+4(1.033\times0.025)^2]\times5.34=0.359$ |
| | | | | 风机盘管连接管$1000\times200$（mm） |
| | | 、 | | $L=12.25$ |
| | | | | $V=[2\times(1.00+0.20)\times1.033\times0.025+4(1.033\times0.025)^2]\times12.25=0.792$ |
| 2 | 玻璃丝布保护层面积 | m² | 98.261 | $S=[2\times(A+B)+8(1.05\delta+0.0041)]\times L$ |
| | | | | $200\times120$（mm） |
| | | | | $L=22.90$ |
| | | | | $S=[2\times(0.20+0.12)+8(1.05\times0.025+0.0041)]\times22.90=20.216$ |
| | | | | $320\times250$（mm） |
| | | | | $L=6.70$ |
| | | | | $S=[2\times(0.32+0.25)+8(1.05\times0.025+0.0041)]\times6.70=9.265$ |
| | | | | $630\times250$（mm） |
| | | | | $L=11.20$ |
| | | | | $S=[2\times(0.60+0.25)+8(1.05\times0.025+0.0041)]\times11.20=21.759$ |
| | | | | $1000\times250$（mm） |
| | | | | $L=5.34$ |
| | | | | $S=[2\times(1.00+0.25)+8(1.05\times0.025+0.0041)]\times5.34=14.647$ |
| | | | | 风机盘管连接管$1000\times200$（mm） |
| | | | | $L=12.25$ |

| 序号 | 分部分项工程名称 | 单位 | 工程量 | 计 算 公 式 |
|---|---|---|---|---|
| | | m² | 98.261 | $S = [2 \times (1.00 + 0.20) + 8(1.05 \times 0.025 + 0.0041)] \times 12.25$ $= 32.374$ |

注 式中 $L$——风管长度（m）；

$V$——风管保温体积（m²）；

$S$——风管保护层面积（m²）；

$A$——风管长边尺寸（m）；

$B$——风管短边尺寸（m）。

**表 13-6**　　　　　　　　　　安装工程预（结）算表

项目名称：××办公楼空调风管路保温预算例题

| 序号 | 定额编码 | 子目名称 | 单位 | 工程量 | 单价 | 合价 | 其中 省人工单价 | 其中 省人工合价 |
|---|---|---|---|---|---|---|---|---|
| 1 | 12-4-28 | 纤维类制品（管壳、板）安装 矩形管道 | m³ | 2.345 | 873 | 2047.19 | 428.27 | 1004.29 |
| | Z15000033 | 岩棉板 | m³ | 2.462 | | | | |
| 2 | 12-4-135 | 管道玻璃丝布保护层 | 10m² | 9.826 | 37.44 | 367.89 | 37.18 | 365.33 |
| | Z15000073 | 玻璃丝布 δ0.5 | m² | 137.564 | | | | |
| | | 定额子项小计 | | | | 2415.08 | | 1369.62 |
| 3 | BM75 | 系统调试费（第七册通风空调工程） | 元 | 1 | 95.88 | 95.88 | 33.56 | 33.56 |
| | | 分部分项工程费 | | | | 2510.96 | | 1403.18 |
| 4 | BM125 | 脚手架搭拆费（第十二册刷油、防腐蚀、绝热工程） | 元 | 1 | 136.97 | 136.97 | 47.94 | 47.94 |
| | | 合计 | | | | 2647.93 | 546.95 | 1451.12 |

# 第十四章　安装工程工程量清单计价

## 第一节　工程量清单概念及术语

### 一、工程量清单概念

工程量清单是由建设工程招标人发出的，载明建设工程分部分项工程项目、措施项目、其他项目的名称和相应数量以及规费、税金项目等内容的明细清单。

工程量清单（BQ）是在 19 世纪 30 年代产生的，西方国家把计算工程量、提供工程量清单专业化为业主估价师的职责，所有的投标都要以业主提供的工程量清单为基础，从而使得最后的投标结果具有可比性。在国际工程施工承发包中，使用 FIDIC 合同条款时一般配套使用 FIDIC 工程量计算规则。它是在英国工程量计算规则（SMM）的基础上，根据工程项目、合同管理中的要求，由英国皇家特许测量师学会指定的委员会编写的。

建筑工程招标中，为了评标时有统一的尺度和依据，便于承包商公平地进行竞争，在招标文件中列出工程量清单，此举的目的并不是禁止承包商计算、复核工程量，但对承包商的要求是：必须按照工程量清单中的数量进行投标报价。如果工程量清单中的工程量与承包商自己计算复核的数量差别不大时，承包商的估价比较容易操作；但当业主工程量清单中的工程量与承包商计算复核的工程量差别较大时，承包商应尽可能在标前会议上提出加以解决。如果承包商认为该差异部分能够加以利用并可能为自己带来额外的利润时，承包商则可能通过相应的报价技巧加以处理。工程量清单中的数量属于"估量"的性质，只能作为承包商投标报价的依据。

工程量清单的应用基本涵盖了工程施工阶段的全过程：在建设前期用于招标控制价、投标报价的编制、合同价款的约定；在建设中期用于工程量的计量和价款支付、索赔与现场签证，工程价款调整等；在建设后期用于竣工结算的办理及工程计价争议的处理。

### 二、术语

（1）招标工程量清单：招标人依据国家标准、招标文件、设计文件以及施工现场实际情况编制的，随招标文件发布供投标报价的工程量清单，包括其说明和表格。

（2）已标价工程量清单：构成合同文件组成部分的投标文件中已标明价格，经算术性错误修正（如有）且承包人已确认的工程量清单，包括其说明和表格。

（3）分部分项工程：分部工程是单项或单位工程的组成部分，是按结构部位、路段长度及施工特点或施工任务将单项或单位工程划分为若干分部的工程；分项工程是分部工程的组成部分，是按不同施工方法、材料、工序及路段长度等将分部工程划分为若干个分项或项目的工程。

（4）措施项目：为完成工程项目施工，发生于该工程施工准备和施工过程中的技术、生活、安全、环境保护等方面的项目。

（5）项目编码：分部分项工程和措施项目清单名称的阿拉伯数字标识。

（6）项目特征：构成分部分项工程项目、措施项目自身价值的本质特征。

（7）综合单价：完成一个规定清单项目所需的人工费、材料和工程设备费、施工机具使用费和企业管理费、利润以及一定范围内的风险费用。

（8）风险费用：隐含于已标价工程量清单综合单价中，用于化解发承包双方在工程合同中约定内容和范围内的市场价格波动风险的费用。

（9）工程变更：合同工程实施过程中由发包人提出或由承包人提出经发包人批准的合同工程任何一项工作的增、减、取消或施工工艺、顺序、时间的改变；设计图纸的修改；施工条件的改变；招标工程量清单的错、漏从而引起合同条件的改变或工程量的增减变化。

（10）工程量偏差：承包人按照合同工程的图纸（含经发包人批准由承包人提供的图纸）实施，按照现行国家计量规范规定的工程量计算规则计算得到的完成合同工程项目应予计量的工程量与相应的招标工程量清单项目列出的工程量之间出现的量差。

（11）暂列金额：招标人在工程量清单中暂定并包括在合同价款中的一笔款项。用于工程合同签订时尚未确定或者不可预见的所需材料、工程设备、服务的采购，施工中可能发生的工程变更、合同约定调整因素出现时的合同价款调整以及发生的索赔、现场签证确认等的费用。

（12）暂估价：招标人在工程量清单中提供的用于支付必然发生但暂时不能确定价格的材料、工程设备以及专业工程的金额。

（13）计日工：在施工过程中，承包人完成发包人提出的工程合同范围以外的零星项目或工作，按合同中约定的单价计价的一种方式。

（14）总承包服务费：总承包人为配合协调发包人进行的专业工程发包，对发包人自行采购的材料、工程设备等进行保管以及施工现场管理、竣工资料汇总整理等服务所需的费用。

（15）安全文明施工费：在合同履行过程中，承包人按照国家法律、法规、标准等规定，为保证安全施工、文明施工，保护现场内外环境和搭拆临时设施等所采用的措施而发生的费用。

（16）提前竣工（赶工）费：承包人应发包人的要求而采取加快工程进度措施，使合同工程工期缩短，由此产生的应由发包人支付的费用。

（17）误期赔偿费：承包人未按照合同工程的计划进度施工，导致实际工期超过合同工期（包括经发包人批准的延长工期），承包人应向发包人赔偿损失的费用。

（18）不可抗力：发承包双方在工程合同签订时不能预见的，对其发生的后果不能避免，并且不能克服的自然灾害和社会性突发事件。

（19）缺陷责任期：指承包人对已交付使用的合同工程承担合同约定的缺陷修复责任的期限。

（20）质量保证金：发承包双方在工程合同中约定，从应付合同价款中预留，用以保证承包人在缺陷责任期内履行缺陷修复义务的金额。

（21）工程计量：发承包双方根据合同约定，对承包人完成合同工程的数量进行的计算和确认。

（22）招标控制价：招标人根据国家或省级、行业建设主管部门颁发的有关计价依据和办法，以及拟订的招标和招标工程量清单，结合工程具体情况编制的招标工程的最高投标限价。

(23) 投标价：投标人投标时响应招标文件要求所报出的对已标价工程量清单汇总后标明的总价。

(24) 签约合同价（合同价款）：发承包双方在工程合同中约定的工程造价，即包括了分部分项工程费、措施项目费、其他项目费、规费和税金的合同总金额。

(25) 预付款：在开工前，发包人按照合同约定，预先支付给承包人用于购买合同工程施工所需的材料、工程设备，以及组织施工机械和人员进场等的款项。

(26) 进度款：在合同工程施工过程中，发包人按照合同约定对付款周期内承包人完成的合同价款给予支付的款项，也是合同价款期中结算支付。

(27) 合同价款调整，在合同价款调整因素出现后，发承包双方根据合同约定，对合同价款进行变动的提出、计算和确认。

(28) 竣工结算价：发承包双方依据国家有关法律、法规和标准规定，按照合同约定确定的，包括在履行合同过程中按合同约定进行的合同价款调整，是承包人按合同约定完成了全部承包工作后，发包人应付给承包人的合同总金额。

(29) 安装工程：是指各种设备、装置的安装工程。通常包括：工业、民用设备、电气、智能化控制设备、自动化控制仪表、通风空调、工业管道、消防管道及给排水燃气管道以及通信设备安装等。

(30) 单价合同：发承包双方约定以工程量清单及其综合单价进行合同价款计算、调整和确认的建设工程施工合同。

(31) 总价合同：发承包双方约定以施工图及其预算和有关条件进行合同价款计算、调整和确认的建设工程施工合同。

(32) 成本加酬金合同：承包双方约定以施工工程成本再加合同约定酬金进行合同价款计算、调计算、调整和确认的建设工程施工合同。

(33) 企业定额：施工企业根据本企业的施工技术、机械装备和管理水平而编制的人工、材料和施工机械台班等消耗标准。

# 第二节　工程量清单编制

## 一、工程量清单编制一般规定

(1) 招标工程量清单应由具有编制能力的招标人或受其委托、具有相应资质的工程造价咨询人编制。

(2) 招标工程量清单必须作为招标文件的组成部分，其准确性和完整性应由招标人负责。

采用工程量清单方式招标发包工程，招标工程量清单必须作为招标文件的组成部分。招标人应将工程量清单连同招标文件的其他内容一并发（或发售）给投标人，招标人对编制的招标工程量清单的准确性和完整性负责。作为投标人报价的共同平台，招标工程量清单准确性、完整性均应由招标人负责。如招标人委托，工程造价咨询人编制，责任仍应由招标人承担。

投标人依据招标工程量清单进行投标报价，对工程量清单不负有核实的义务，更不具有修改和调整的权利。

（3）招标工程量清单是工程量清单计价的基础，应作为编制招标控制价、投标报价、计算或调整工程量、索赔等的依据之一。

（4）招标工程量清单应以单位（项）工程为单位编制，应由分部分项工程项目清单、措施项目清单、其他项目清单、规费和税金项目清单组成。

（5）编制招标工程量清单应依据：

1）《建设工程工程量清单计价规范》（GB 50500—2013）、《通用安装工程工程量计算规范》（GB 50856—2013）。

2）国家或省级、行业建设主管部门颁发的计价定额和办法。

3）建设工程设计文件及相关资料。

4）与建设工程有关的标准、规范、技术资料。

5）拟定的招标文件。

6）施工现场情况、地勘水文资料、工程特点及常规施工方案。

7）其他相关资料。

（6）编制工程量清单出现附录中未包括的项目，编制人应作补充，并报省级或行业工程造价管理机构备案。安装工程补充项目的编码由《通用安装工程工程量计算规范》的代码03与B和3位阿拉伯数字组成，并应从03B001起顺序编制，同一招标工程的项目不得重码。工程量清单中需附有补充项目的名称、项目特征、计量单位、工程量计算规则、工程内容。

（7）招标人向投标人提供工程量清单时，应对下列内容予以说明：

1）工程概况：建设项目的建设地址、建设规模、工程特征、交通运输、自然地理、环保要求、施工现场条件等；

2）工程招标和分包范围；

3）工程量清单编制依据；

4）工程质量、工期、施工、材料等特殊要求；

5）承包人对专业工程项目以及其他服务内容；

6）招标人自行采购材料的名称、规格型号及其单价；

7）其他需要说明的问题。

**二、分部分项工程量清单编制**

（1）分部分项工程项目清单必须载明项目编码、项目名称、项目特征、计量单位和工程量。

构成一个分部分项工程项目清单的五个要件是项目编码、项目名称、项目特征、计量单位和工程量，它们在分部分项工程量清单的组成中缺一不可，这五个要件是在工程量清单编制和计价时，全国实行五个统一（统一项目编码、统一项目名称、统一项目特征、统一计量单位、统一工程量计算规则）的规范化和具体化。

（2）分部分项工程项目清单必须根据相关工程现行国家计量规范规定的项目编码、项目名称、项目特征、计量单位和工程量计算规则进行编制。

（3）工程量清单的项目编码，应采用十二位阿拉伯数字表示，一至九位应按计量规范的规定设置，十至十二位应根据拟建工程的工程量清单项目名称和项目特征设置，同一招标工程的项目编码不得有重码。

（4）工程量清单项目特征应按计量规范附录中规定的项目特征，结合拟建工程项目的实际予以描述。

分部分项工程量清单的项目特征是确定一个清单项目综合单价的重要依据，在编制的工程量清单中必须对其项目特征进行准确和全面的描述。在以往工程量清单执行过程中，经常遇到由于招标人提供的工程量清单对项目特征描述不具体、不清晰，使投标人无法准确理解工程量清单项目的构成要素，导致报价出现较大差异，评标时难以合理的评定中标价，结算时发、承包双方引发争议，这在一定程度上影响了工程量清单计价模式的推进。因此，在工程量清单中准确地描述其项目特征是有效推进工程量清单计价的重要一环，意义在于：

1）项目特征是区分清单项目的依据。工程量清单项目特征是用来表述分部分项清单项目的实质内容，用于区分计价规则中同一清单条目下各个具体的清单项目。没有项目特征的准确描述，对于相同或相似的清单项目名称，就无从区分。

2）项目特征是确定综合单价的前提。由于工程量清单项目的特征决定了工程实体的实质内容，必然直接决定了工程实体的自身价值。因此，工程量清单项目特征描述得准确与否，直接关系到工程量清单项目综合单价的准确确定。

3）项目特征是履行合同义务的基础。实行工程量清单计价，工程量清单及其综合单价是施工合同的组成部分，因此，如果工程量清单项目特征的描述不清甚至漏项、错误，从而引起在施工过程中的更改，都会引起分歧，导致纠纷。

由此可见，招标人应高度重视分部分项工程量清单项目特征的描述。为达到规范、简捷、准确、全面描述项目特征的要求，在描述工程量清单项目特征时应按以下原则进行：

项目特征描述的内容按《计价规范》和《计算规范》中有关项目特征和工程内容的要求，结合技术规范、标准图集、施工图纸，按照拟建工程的工程结构、使用材质及规格或安装位置等实际要求，予以详细而准确的表述和说明，以能满足确定综合单价的需要为前提。对采用标准图集或施工图纸能够全部满足项目特征描述要求且能计价的，项目特征描述可直接采用详见××图集或××图号的方式。但对不能满足项目特征描述要求的，仍应用文字描述进行说明。

虽然对同一个清单项目，由不同的人进行编制，会有不同的描述，但体现项目本质区别的特征和对报价有实质影响的内容都必须描述，这一点是无可置疑的。

项目安装高度若超过基本高度时，应在"项目特征"中描述。计量规范规定的基本安装高度为：机械设备安装工程 10m；电气设备安装工程 5m；建筑智能化工程 5m；通风空调工程 6m；消防工程 5m；给排水、采暖、燃气工程 3.6m；刷油、防腐蚀、绝热工程 6m。

**三、措施项目清单编制**

措施项目分为通用措施项目和专业工程措施项目，措施项目清单应根据拟建工程的实际情况列项。编制时，同分部分项工程一样，必须列出项目编码、项目名称、项目特征、计量单位、工程量计算规则，体现了对措施项目清单内容规范管理的要求。

措施项目清单的编制需考虑多种因素，除工程本身的因素外，还涉及水文、气象、环境、安全等因素。由于影响措施项目设置的因素太多，计量规范不可能将施工中可能出现的措施项目一一列出。在编制措施项目清单时，因工程情况不同，出现计量规范附录中未列的措施项目，可根据工程的具体情况对措施项目清单作补充。

计算规范将措施项目划分为两类：一类是不能计算工程量的项目，如文明施工和安全防护、临时设施等，就以"项"计价，称为"总价项目"；另一类是可以计算工程量的项目，如脚手架、降水工程等，就以"量"计价，更有利于措施费的确定和调整，称为"单价项目"。

**四、其他项目清单编制**

（1）其他项目清单应按照下列内容列项：

1）暂列金额；

2）暂估价，包括材料暂估单价、工程设备暂估单价、专业工程暂估价；

3）计日工；

4）总承包服务费。

工程建设标准的高低、工程的复杂程度、工程的工期长短、工程的组成内容、发包人对工程管理要求等都直接影响其他项目清单的具体内容，规范提供了 4 项内容作为列项参考，不足部分可根据工程的具体情况进行补充。

（2）暂列金额应根据工程特点按有关计价规定估算。暂列金额已经定义为招标人暂定并包括在合同中的一笔款项。不管采用何种合同形式，其理想的标准是，一份合同的价格就是其最终的竣工结算价格，或者至少两者应尽可能接近。我国规定对政府投资工程实行概算管理，经项目审批部门批复的设计概算是工程投资控制的刚性指标，即使商业性开发项目也有成本的预先控制问题，否则，无法相对准确地预测投资的收益和科学合理地进行投资控制。但工程建设自身的特性决定了工程的设计需要根据工程进展不断地进行优化和调整，业主需求可能会随工程建设进展而出现变化，工程建设过程还会存在一些不能预见、不能确定的因素。消化这些因素必然会影响合同价格的调整，暂列金额正是因应这类不可避免的价格调整而设立，以便达到合理确定和有效控制工程造价的目标。暂列金额可根据工程的规模、范围、复杂程度、工程环境条件（包括地质、水文、气候条件等）进行估算，一般可按分部分项工程费的 $10\%\sim15\%$ 作为参考。

（3）暂估价中的材料、工程设备暂估单价应根据工程造价信息或参照市场价格估算，列出明细表；专业工程暂估价应分不同专业按有关计价规定估算，列出明细表。

暂估价是指招标阶段直至签订合同协议时，招标人在招标文件中提供的用于支付必然要发生但暂时不能确定价格的材料以及专业工程的金额。暂估价类似于 FIDIC 合同条款中的主要成本项目（prime cost items），在招标阶段预见肯定要发生，只是因为标准不明确或者需要由专业承包人完成，暂时无法确定价格。暂估价数量和拟用项目应当结合工程量清单中的"暂估价表"予以补充说明。

为方便合同管理，需要纳入分部分项工程项目清单综合单价中的暂估价应只是材料、工程设备费，以方便投标人组价。

专业工程的暂估价应是综合暂估价，包括防规费和税金以外的管理费、利润等。总承包招标时，专业工程设计深度往往是不够的，一般需要交由专业设计人设计，出于提高可建造性考虑，按照国际上惯例，一般由专业承包人负责设计，以发挥其专业技能和专业施工经验的优势。这类专业工程交由专业分包人完成是国际工程的良好实践,目前在我国工程建设领域也已经比较普遍。公开透明、合理地确定这类暂估价的实际开支金额的最佳途径就是通过施工总承包人与工程建设项目招标人共同组织招标。

(4)计日工应列出项目名称、计量单位和暂估数量。计日工是为了解决现场发生的零星工作的计价而设立的。国际上常见的标准合同条款中,大多数都设立了计日工(day work)计价机制。计日工对完成零星工作所消耗的人工工时、材料数量、施工机械台班进行计量,并按照计日工表中填报的适用项目的单价进行计价支付。计日工适用的所谓零星工作一般是指合同约定之外或者因变更而产生的、工程量清单中没有相应项目的额外工作,尤其是那些时间不允许事先商定价格的额外工作。

(5)总承包服务费应列出服务项目及其内容等。总承包服务费是为了解决招标人在法律、法规允许的条件下进行专业工程发包以及自行供应材料、工程设备,并需要总承包人对发包的专业工程提供协调和配合服务,对甲供材料、工程设备提供收、发和保管服务以及进行施工现场管理时发生并向总承包人支付的费用。招标人应预计该项费用,并按投标人的投标报价向投标人支付该项费用。

**五、规费清单编制**

是指按国家法律、法规规定,由省级政府和省级有关权力部门规定必须缴纳或计取的费用,规费项目清单应按照下列内容列项。

(1)安全文明施工费:

1)环境保护费:是指施工现场为达到环保部门要求所需要的各项费用。

2)文明施工费:是指施工现场文明施工所需要的各项费用。

3)安全施工费:是指施工现场安全施工所需要的各项费用。

4)临时设施费:是指施工企业为进行建设工程施工所必须搭设的生活和生产用的临时建筑物、构筑物和其他临时设施费用。临时设施包括:办公室、加工场(棚)、仓库、堆放场地、宿舍、卫生间、食堂、文化卫生用房与构筑物,以及规定范围内的道路、水、电、管线等临时设施和小型临时设施。临时设施费,包括临时设施的搭设、维修、拆除、清理费或摊销费等。

(2)社会保险费:

1)养老保险费:是指企业按照规定标准为职工缴纳的基本养老保险费。

2)失业保险费:是指企业按照规定标准为职工缴纳的失业保险费。

3)医疗保险费:是指企业按照规定标准为职工缴纳的基本医疗保险费。

4)生育保险费:是指企业按照规定标准为职工缴纳的生育保险费。

5)工伤保险费:是指企业按照规定标准为职工缴纳的工伤保险费。

(3)住房公积金:是指企业按规定标准为职工缴纳的住房公积金。

(4)工程排污费:是指按规定缴纳的施工现场的工程排污费。

(5)建设项目工伤保险:按鲁人社发〔2015〕15号《关于转发人社部发〔2014〕103号文件明确建筑业参加工伤保险有关问题的通知》,在工程开工前向社会保险经办机构交纳,应在建设项目所在地参保。

出现规范未列的项目,应根据省级政府或省级有关部门的规定列项。

**六、税金清单编制**

税金：是指国家税法规定应计入建筑安装工程造价内的增值税。

出现规范未列的项目，应根据税务部门的规定列项。

# 第三节　工程量清单计价实例

**【例 14-1】**××住宅楼采暖工程工程量清单计价实例

按照［例 10-1］和［例 13-1］的采暖工程条件，用工程量清单计价方式，计算该采暖工程的安装工程费。计算结果见表 14-1～表 14-8。

表 14-1　　　　　　　　　　　　　单位工程投标报价汇总表

| 序号 | 项目名称 | 金额（元） | 其中：材料暂估价（元） |
|---|---|---|---|
| 一 | 分部分项工程费 | 26068.62 | |
| 二 | 措施项目费 | 2115.4 | |
| 2.1 | 单价措施项目 | 796.59 | |
| 2.2 | 总价措施项目 | 1318.81 | |
| 三 | 其他项目费 | | |
| 3.1 | 暂列金额 | | |
| 3.2 | 专业工程暂估价 | | |
| 3.3 | 特殊项目暂估价 | | |
| 3.4 | 计日工 | | |
| 3.5 | 采购保管费 | | |
| 3.6 | 其他检验试验费 | | |
| 3.7 | 总承包服务费 | | |
| 3.8 | 其他 | | |
| 四 | 规费 | 2017.99 | |
| 五 | 设备费 | | |
| 六 | 税金 | 3020.2 | |
| 投标报价合计＝一＋二＋三＋四＋五＋六 | | 33222.21 | |

表 14-2　　　　　　　　　　　　分部分项工程量清单与计价表

| 序号 | 项目编码 | 项目名称 项目特征 | 计量单位 | 工程数量 | 金额（元） | | |
|---|---|---|---|---|---|---|---|
| | | | | | 综合单价 | 合价 | 其中：暂估价 |
| 1 | 031001002001 | 钢管<br>1. 安装部位：室内<br>2. 介质：采暖<br>3. 规格、压力等级：DN20<br>4. 连接形式：螺纹 | m | 144.48 | 33.89 | 4896.43 | |

| 序号 | 项目编码 | 项目名称<br>项目特征 | 计量单位 | 工程数量 | 金额（元） | | |
|---|---|---|---|---|---|---|---|
| | | | | | 综合单价 | 合价 | 其中：暂估价 |
| 2 | 031001002002 | 钢管<br>1. 安装部位：室内<br>2. 介质：采暖<br>3. 规格、压力等级：DN25<br>4. 连接形式：螺纹 | m | 24.3 | 40.92 | 994.36 | |
| 3 | 031001002003 | 钢管<br>1. 安装部位：室内<br>2. 介质：采暖<br>3. 规格、压力等级：DN32<br>4. 连接形式：焊接 | m | 26.91 | 31.53 | 848.47 | |
| 4 | 031001002004 | 钢管<br>1. 安装部位：室内<br>2. 介质：采暖<br>3. 规格、压力等级：DN40<br>4. 连接形式：焊接 | m | 13.69 | 37.1 | 507.9 | |
| 5 | 031001002005 | 钢管<br>1. 安装部位：室内<br>2. 介质：采暖<br>3. 规格、压力等级：DN50<br>4. 连接形式：焊接 | m | 6.3 | 44.65 | 281.3 | |
| 6 | 031001002006 | 钢管<br>1. 安装部位：室内<br>2. 介质：采暖<br>3. 规格、压力等级：DN70<br>4. 连接形式：焊接 | m | 32.4 | 50.89 | 1648.84 | |
| 7 | 031002001001 | 管道支架<br>1. 材质：碳钢<br>2. 管架形式：型钢 | kg | 40 | 21.69 | 867.6 | |
| 8 | 031002001002 | 管道支架<br>1. 材质：碳钢<br>2. 管架形式：管卡 DN20 | 套 | 24 | 2.49 | 59.76 | |
| 9 | 031002001003 | 管道支架<br>1. 材质：碳钢<br>2. 管架形式：管卡 DN25 | 套 | 4 | 2.7 | 10.8 | |
| 10 | 031002003001 | 套管<br>1. 材质：碳钢<br>2. 规格：DN20 | 个 | 32 | 18.92 | 605.44 | |

续表

| 序号 | 项目编码 | 项目名称<br>项目特征 | 计量单位 | 工程数量 | 金额（元） | | |
|---|---|---|---|---|---|---|---|
| | | | | | 综合单价 | 合价 | 其中：暂估价 |
| 11 | 031002003002 | 套管<br>1. 材质：碳钢<br>2. 规格：DN32 | 个 | 9 | 22.04 | 198.36 | |
| 12 | 031002003003 | 套管<br>1. 材质：碳钢<br>2. 规格：DN50 | 个 | 3 | 33.44 | 100.32 | |
| 13 | 031002003004 | 套管<br>1. 材质：碳钢<br>2. 规格：DN65 | 个 | 5 | 45.52 | 227.6 | |
| 14 | 031003001001 | 螺纹阀门<br>1. 类型：螺纹铜球阀<br>2. 规格、压力等级：DN20 | 个 | 45 | 26.58 | 1196.1 | |
| 15 | 031003001002 | 螺纹阀门<br>1. 类型：螺纹铜球阀<br>2. 规格、压力等级：DN25 | 个 | 2 | 30.01 | 60.02 | |
| 16 | 031003001003 | 螺纹阀门<br>1. 类型：螺纹自动排气阀<br>2. 规格、压力等级：DN20 | 个 | 1 | 29.72 | 29.72 | |
| 17 | 031003001004 | 螺纹阀门<br>类型：手动放风阀 DN10 | 个 | 32 | 5.8 | 185.6 | |
| 18 | 031003003001 | 焊接法兰阀门<br>类型：法兰闸阀 DN40 | 个 | 1 | 110.69 | 110.69 | |
| 19 | 031003003002 | 焊接法兰阀门<br>类型：法兰闸阀 DN65 | 个 | 2 | 166.37 | 332.74 | |
| 20 | 031005001001 | 铸铁散热器<br>1. 型号、规格：四柱 813<br>2. 安装方式：落地 | 片 | 436 | 13.56 | 5912.16 | |
| 21 | 030601001001 | 温度仪表 | 支 | 2 | 25.37 | 50.74 | |
| 22 | 030601002001 | 压力仪表 | 台 | 2 | 55.91 | 111.82 | |
| 23 | 031201001001 | 管道刷油<br>1. 除锈级别：轻锈<br>2. 油漆品种：红丹防锈漆、银粉漆<br>3. 涂刷遍数、漆膜厚度：各 2 遍 | m² | 6.57 | 12.82 | 84.23 | |

| 序号 | 项目编码 | 项目名称<br>项目特征 | 计量单位 | 工程数量 | 综合单价 | 合价 | 其中：暂估价 |
|------|----------|---------------------|----------|----------|----------|------|--------------|
| 24 | 031201001003 | 管道刷油<br>1. 除锈级别：轻锈<br>2. 油漆品种：红丹防锈漆、银粉漆<br>3. 涂刷遍数、漆膜厚度：各2遍 | m² | 22.8 | 20.96 | 477.89 | |
| 25 | 031201003001 | 金属结构刷油<br>1. 除锈级别：轻锈<br>2. 油漆品种：红丹防锈漆、银粉漆<br>3. 涂刷遍数、漆膜厚度：各2遍 | kg | 40 | 2.15 | 86 | |
| 26 | 031201004001 | 铸铁管、暖气片刷油<br>1. 除锈级别：轻<br>2. 油漆品种：红丹防锈漆、银粉漆<br>3. 涂刷遍数、漆膜厚度：各2遍 | m² | 122.08 | 34.6 | 4223.97 | |
| 27 | 031208002001 | 管道绝热<br>1. 绝热材料品种：岩棉瓦<br>2. 绝热厚度：40mm<br>3. 管道外径：$\phi$57 以内 | m³ | 0.35 | 964.28 | 337.5 | |
| 28 | 031208002002 | 管道绝热<br>1. 绝热材料品种：岩棉瓦<br>2. 绝热厚度：40mm<br>3. 管道外径：$\phi$133 以内 | m³ | 0.14 | 484.61 | 67.85 | |
| 29 | 031208007001 | 防潮层、保护层<br>1. 材料：玻璃丝布<br>2. 层数：一层 | m² | 18.32 | 6.99 | 128.06 | |
| 30 | 031009001001 | 采暖工程系统调试 | 系统 | 1 | 1426.35 | 1426.35 | |
| 合　计 | | | | | | 26068.62 | |

表 14-3　　　　　　　　　　　　　　　**工程量清单综合单价分析表**

| 序号 | 编码 | 名称 | 单位 | 工程量 | 综合单价组成（元） | | | | | 综合单价（元） |
| --- | --- | --- | --- | --- | --- | --- | --- | --- | --- | --- |
| | | | | | 人工费 | 材料费 | 机械费 | 计费基础 | 管理费和利润 | |
| 1 | 031001002001 | 钢管<br>1. 安装部位：室内<br>2. 介质：采暖<br>3. 规格、压力等级：DN20<br>4. 连接形式：螺纹 | m | 144.48 | 17.81 | 0.38 | 0.2 | 17.81 | 15.5 | 33.89 |
| | 10-2-13 | 室内采暖镀锌钢管（螺纹连接）DN20 | 10m | 14.448 | 17.81 | 0.38 | 0.2 | 17.81 | 15.49 | 33.89 |
| | Z17000053@1 | 镀锌钢管 DN20 | m | 140.1456 | | | | | | |
| | Z18000061@1 | 采暖室内镀锌钢管螺纹管件 DN20 | 个 | 181.1779 | | | | | | |
| | | 材料费中：暂估价合计 | | | | | | | | |
| 2 | 031001002002 | 钢管<br>1. 安装部位：室内<br>2. 介质：采暖<br>3. 规格、压力等级：DN25<br>4. 连接形式：螺纹 | m | 24.3 | 21.33 | 0.52 | 0.51 | 21.33 | 18.56 | 40.92 |
| | 10-2-14 | 室内采暖镀锌钢管（螺纹连接）DN25 | 10m | 2.43 | 21.33 | 0.52 | 0.51 | 21.33 | 18.56 | 40.92 |
| | Z17000053@2 | 镀锌钢管 DN25 | m | 23.571 | | | | | | |
| | Z18000061@2 | 采暖室内镀锌钢管螺纹管件 DN25 | 个 | 29.9133 | | | | | | |
| | | 材料费中：暂估价合计 | | | | | | | | |
| 3 | 031001002003 | 钢管<br>1. 安装部位：室内<br>2. 介质：采暖<br>3. 规格、压力等级：DN32<br>4. 连接形式：焊接 | m | 26.91 | 15.76 | 0.7 | 1.36 | 15.76 | 13.71 | 31.53 |
| | 10-2-36 | 室内采暖钢管（电弧焊）≤DN32 | 10m | 2.691 | 15.76 | 0.7 | 1.36 | 15.76 | 13.71 | 31.52 |
| | Z17000015@1 | 钢管 DN32 | m | 27.3137 | | | | | | |
| | Z18000063@1 | 采暖室内钢管焊接管件 DN32 | 个 | 2.2604 | | | | | | |
| | | 材料费中：暂估价合计 | | | | | | | | |
| 4 | 031001002004 | 钢管<br>1. 安装部位：室内<br>2. 介质：采暖<br>3. 规格、压力等级：DN40<br>4. 连接形式：焊接 | m | 13.69 | 18.41 | 0.9 | 1.77 | 18.41 | 16.02 | 37.1 |

| 序号 | 编码 | 名称 | 单位 | 工程量 | 综合单价组成（元） | | | | | 综合单价（元） |
|---|---|---|---|---|---|---|---|---|---|---|
| | | | | | 人工费 | 材料费 | 机械费 | 计费基础 | 管理费和利润 | |
| | 10-2-37 | 室内采暖钢管（电弧焊）≤DN40 | 10m | 1.369 | 18.41 | 0.9 | 1.77 | 18.41 | 16.01 | 37.09 |
| | Z17000015@2 | 钢管 DN40 | m | 13.8954 | | | | | | |
| | Z18000063@2 | 采暖室内钢管焊接管件 DN40 | 个 | 1.1637 | | | | | | |
| | | 材料费中：暂估价合计 | | | | | | | | |
| 5 | 031001002005 | 钢管<br>1. 安装部位：室内<br>2. 介质：采暖<br>3. 规格、压力等级：DN50<br>4. 连接形式：焊接 | m | 6.3 | 21.54 | 1.3 | 3.07 | 21.54 | 18.74 | 44.65 |
| | 10-2-38 | 室内采暖钢管（电弧焊）≤DN50 | 10m | 0.63 | 21.54 | 1.3 | 3.07 | 21.54 | 18.74 | 44.65 |
| | Z17000015@3 | 钢管 DN50 | m | 6.3945 | | | | | | |
| | Z18000063@3 | 采暖室内钢管焊接管件 DN50 | 个 | 0.819 | | | | | | |
| | | 材料费中：暂估价合计 | | | | | | | | |
| 6 | 031001002006 | 钢管<br>1. 安装部位：室内<br>2. 介质：采暖<br>3. 规格、压力等级：DN70<br>4. 连接形式：焊接 | m | 32.4 | 24.27 | 1.68 | 3.82 | 24.27 | 21.12 | 50.89 |
| | 10-2-39 | 室内采暖钢管（电弧焊）≤DN65 | 10m | 3.24 | 24.27 | 1.68 | 3.82 | 24.27 | 21.11 | 50.88 |
| | Z17000015@4 | 钢管 DN65 | m | 32.5944 | | | | | | |
| | Z18000063@4 | 采暖室内钢管焊接管件 DN65 | 个 | 3.5964 | | | | | | |
| | | 材料费中：暂估价合计 | | | | | | | | |
| 7 | 031002001001 | 管道支架<br>1. 材质：碳钢<br>2. 管架形式：型钢 | kg | 40 | 8.9 | 1.97 | 3.07 | 8.9 | 7.75 | 21.69 |
| | 10-11-1 | 管道支架制作　单件重量≤5kg | 100kg | 0.4 | 5.79 | 0.6 | 1.88 | 5.79 | 5.04 | 13.31 |
| | 10-11-6 | 管道支架安装　单件重量≤5kg | 100kg | 0.4 | 3.12 | 1.36 | 1.2 | 3.12 | 2.71 | 8.39 |

续表

| 序号 | 编码 | 名称 | 单位 | 工程量 | 综合单价组成（元） | | | | | 综合单价（元） |
|---|---|---|---|---|---|---|---|---|---|---|
| | | | | | 人工费 | 材料费 | 机械费 | 计费基础 | 管理费和利润 | |
| | Z01000009@1 | 支架（综合） | kg | 42 | | | | | | |
| | | 材料费中：暂估价合计 | | | | | | | | |
| 8 | 031002001002 | 管道支架<br>1. 材质：碳钢<br>2. 管架形式：管卡 DN20 | 套 | 24 | 1.13 | 0.38 | | 1.13 | 0.98 | 2.49 |
| | 10-11-11 | 成品管卡安装≤DN20 | 个 | 24 | 1.13 | 0.38 | | 1.13 | 0.98 | 2.49 |
| | Z18000371@1 | 成品管卡 DN20 | 套 | 25.2 | | | | | | |
| | | 材料费中：暂估价合计 | | | | | | | | |
| 9 | 031002001003 | 管道支架<br>1. 材质：碳钢<br>2. 管架形式：管卡 DN25 | 套 | 4 | 1.24 | 0.38 | | 1.24 | 1.08 | 2.7 |
| | 10-11-12 | 成品管卡安装≤DN32 | 个 | 4 | 1.24 | 0.38 | | 1.24 | 1.08 | 2.7 |
| | Z18000371@2 | 成品管卡 DN32 | 套 | 4.2 | | | | | | |
| | | 材料费中：暂估价合计 | | | | | | | | |
| 10 | 031002003001 | 套管<br>1. 材质：碳钢<br>2. 规格：DN20 | 个 | 32 | 8.76 | 1.88 | 0.66 | 8.76 | 7.62 | 18.92 |
| | 10-11-25 | 一般钢套管制作安装　介质管道≤DN20 | 个 | 32 | 8.76 | 1.88 | 0.66 | 8.76 | 7.62 | 18.92 |
| | Z17000025 | 焊接钢管 DN32 | m | 10.176 | | | | | | |
| | | 材料费中：暂估价合计 | | | | | | | | |
| 11 | 031002003002 | 套管<br>1. 材质：碳钢<br>2. 规格：DN32 | 个 | 9 | 9.99 | 2.61 | 0.75 | 9.99 | 8.69 | 22.04 |
| | 10-11-26 | 一般钢套管制作安装　介质管道≤DN32 | 个 | 9 | 9.99 | 2.61 | 0.75 | 9.99 | 8.69 | 22.04 |
| | Z17000029 | 焊接钢管 DN50 | m | 2.862 | | | | | | |
| | | 材料费中：暂估价合计 | | | | | | | | |
| 12 | 031002003003 | 套管<br>1. 材质：碳钢<br>2. 规格：DN50 | 个 | 3 | 14.21 | 6.06 | 0.8 | 14.21 | 12.37 | 33.44 |
| | 10-11-27 | 一般钢套管制作安装　介质管道≤DN50 | 个 | 3 | 14.21 | 6.06 | 0.8 | 14.21 | 12.37 | 33.44 |
| | Z17000031 | 焊接钢管 DN80 | m | 0.954 | | | | | | |
| | | 材料费中：暂估价合计 | | | | | | | | |

| 序号 | 编码 | 名称 | 单位 | 工程量 | 综合单价组成（元） | | | | | 综合单价（元） |
|---|---|---|---|---|---|---|---|---|---|---|
| | | | | | 人工费 | 材料费 | 机械费 | 计费基础 | 管理费和利润 | |
| 13 | 031002003004 | 套管<br>1. 材质：碳钢<br>2. 规格：DN65 | 个 | 5 | 19.16 | 8.85 | 0.84 | 19.16 | 16.67 | 45.52 |
| | 10-11-28 | 一般钢套管制作安装　介质管道≤DN65 | 个 | 5 | 19.16 | 8.85 | 0.84 | 19.16 | 16.67 | 45.52 |
| | Z17000033 | 焊接钢管 DN100 | m | 1.59 | | | | | | |
| | | 材料费中：暂估价合计 | | | | | | | | |
| 14 | 031003001001 | 螺纹阀门<br>1. 类型：螺纹铜球阀<br>2. 规格、压力等级：DN20 | 个 | 45 | 10.3 | 6.43 | 0.88 | 10.3 | 8.97 | 26.58 |
| | 10-5-2 | 螺纹阀门安装≤DN20 | 个 | 45 | 10.3 | 6.43 | 0.88 | 10.3 | 8.97 | 26.58 |
| | Z19000129@1 | 螺纹阀门 DN20 | 个 | 45.45 | | | | | | |
| | | 材料费中：暂估价合计 | | | | | | | | |
| 15 | 031003001002 | 螺纹阀门<br>1. 类型：螺纹铜球阀<br>2. 规格、压力等级：DN25 | 个 | 2 | 11.33 | 7.67 | 1.15 | 11.33 | 9.86 | 30.01 |
| | 10-5-3 | 螺纹阀门安装≤DN25 | 个 | 2 | 11.33 | 7.67 | 1.15 | 11.33 | 9.86 | 30.01 |
| | Z19000129@2 | 螺纹阀门 DN25 | 个 | 2.02 | | | | | | |
| | | 材料费中：暂估价合计 | | | | | | | | |
| 16 | 031003001003 | 螺纹阀门<br>1. 类型：螺纹自动排气阀<br>2. 规格、压力等级：DN20 | 个 | 1 | 13.39 | 4.58 | 0.11 | 13.39 | 11.64 | 29.72 |
| | 10-5-29 | 自动排气阀安装≤DN20 | 个 | 1 | 13.39 | 4.58 | 0.11 | 13.39 | 11.64 | 29.72 |
| | Z22000077@1 | 自动排气阀 DN20 | 个 | 1 | | | | | | |
| | | 材料费中：暂估价合计 | | | | | | | | |
| 17 | 031003001004 | 螺纹阀门<br>类型：手动放风阀 DN10 | 个 | 32 | 3.09 | 0.02 | | 3.09 | 2.69 | 5.8 |
| | 10-5-31 | 手动放风阀安装 φ10 | 个 | 32 | 3.09 | 0.02 | | 3.09 | 2.69 | 5.8 |
| | Z22000075 | 手动放风阀 φ10 | 个 | 32.32 | | | | | | |
| | | 材料费中：暂估价合计 | | | | | | | | |
| 18 | 031003003001 | 焊接法兰阀门<br>类型：法兰闸阀 DN40 | 个 | 1 | 46.35 | 18.45 | 5.57 | 46.35 | 40.32 | 110.69 |
| | 10-5-38 | 法兰阀门安装≤DN40 | 个 | 1 | 23.69 | 9.57 | 1.09 | 23.69 | 20.61 | 54.96 |
| | 10-5-138 | 碳钢平焊法兰安装≤DN40 | 副 | 1 | 22.66 | 8.88 | 4.48 | 22.66 | 19.71 | 55.73 |

续表

| 序号 | 编码 | 名称 | 单位 | 工程量 | 综合单价组成（元） | | | | | 综合单价（元） |
|---|---|---|---|---|---|---|---|---|---|---|
| | | | | | 人工费 | 材料费 | 机械费 | 计费基础 | 管理费和利润 | |
| | Z19000121@1 | 法兰阀门 DN40 | 个 | 1 | | | | | | |
| | Z20000033@1 | 碳钢平焊法兰 DN40 | 片 | 2 | | | | | | |
| | | 材料费中：暂估价合计 | | | | | | | | |
| 19 | 031003003002 | 焊接法兰阀门<br>类型：法兰闸阀 DN65 | 个 | 2 | 72.1 | 22.87 | 8.67 | 72.1 | 62.73 | 166.37 |
| | 10-5-40 | 法兰阀门安装≤DN65 | 个 | 2 | 32.96 | 12.38 | 1.85 | 32.96 | 28.68 | 75.87 |
| | 10-5-140 | 碳钢平焊法兰安装≤DN65 | 副 | 2 | 39.14 | 10.49 | 6.82 | 39.14 | 34.05 | 90.5 |
| | Z19000121@2 | 法兰阀门 DN65 | 个 | 2 | | | | | | |
| | Z20000033@2 | 碳钢平焊法兰 DN65 | 片 | 4 | | | | | | |
| | | 材料费中：暂估价合计 | | | | | | | | |
| 20 | 031005001001 | 铸铁散热器<br>1. 型号、规格：四柱 813<br>2. 安装方式：落地 | 片 | 436 | 3.88 | 6.29 | 0.02 | 3.88 | 3.37 | 13.56 |
| | 10-7-11 | 铸铁散热器组对柱型（柱翼型）落地安装 | 10 片 | 43.6 | 3.88 | 6.29 | 0.02 | 3.88 | 3.38 | 13.57 |
| | Z22000007 | 铸铁散热器片 | 片 | 440.36 | | | | | | |
| | | 材料费中：暂估价合计 | | | | | | | | |
| 21 | 030601001001 | 温度仪表 | 支 | 2 | 12.15 | 2.27 | 0.38 | 12.15 | 10.57 | 25.37 |
| | 6-1-1 | 膨胀式温度计 工业液体温度计 | 支 | 2 | 12.15 | 2.27 | 0.38 | 12.15 | 10.57 | 25.37 |
| | Z22000027 | 插座带丝堵 | 套 | 2 | | | | | | |
| | | 材料费中：暂估价合计 | | | | | | | | |
| 22 | 030601002001 | 压力仪表 | 台 | 2 | 26.99 | 4.75 | 0.69 | 26.99 | 23.48 | 55.91 |
| | 6-1-46 | 压力表　就地 | 块 | 2 | 26.99 | 4.75 | 0.69 | 26.99 | 23.48 | 55.91 |
| | Z24000045 | 取源部件 | 套 | 2 | | | | | | |
| | Z24000035 | 仪表接头 | 套 | 2 | | | | | | |
| | | 材料费中：暂估价合计 | | | | | | | | |
| 23 | 031201001001 | 管道刷油<br>1. 除锈级别：轻锈<br>2. 油漆品种：红丹防锈漆、银粉漆<br>3. 涂刷遍数、漆膜厚度：各 2 遍 | m² | 6.57 | 6.6 | 0.48 | | 6.6 | 5.74 | 12.82 |
| | 12-1-1 | 手工除锈　管道　轻锈 | 10m² | 0.657 | 3.12 | 0.31 | | 3.12 | 2.72 | 6.14 |
| | 12-2-1 | 管道刷红丹防锈漆　第一遍 | 10m² | 0.657 | 1.78 | 0.09 | | 1.78 | 1.55 | 3.42 |

| 序号 | 编码 | 名称 | 单位 | 工程量 | 综合单价组成（元） | | | | | 综合单价（元） |
|---|---|---|---|---|---|---|---|---|---|---|
| | | | | | 人工费 | 材料费 | 机械费 | 计费基础 | 管理费和利润 | |
| | 12-2-2 | 管道刷红丹防锈漆　增一遍 | 10m² | 0.657 | 1.7 | 0.08 | | 1.7 | 1.48 | 3.26 |
| | Z13000085 | 醇酸防锈漆 C53-1 | kg | 1.8199 | | | | | | |
| | | 材料费中：暂估价合计 | | | | | | | | |
| 24 | 031201001003 | 管道刷油<br>1. 除锈级别：轻锈<br>2. 油漆品种：红丹防锈漆、银粉漆<br>3. 涂刷遍数、漆膜厚度：各2遍 | m² | 22.8 | 10.83 | 0.7 | | 10.83 | 9.43 | 20.96 |
| | 12-1-1 | 手工除锈　管道　轻锈 | 10m² | 2.28 | 3.12 | 0.31 | | 3.12 | 2.72 | 6.15 |
| | 12-2-1 | 管道刷红丹防锈漆　第一遍 | 10m² | 2.28 | 1.78 | 0.09 | | 1.78 | 1.55 | 3.42 |
| | 12-2-2 | 管道刷红丹防锈漆　增一遍 | 10m² | 2.28 | 1.7 | 0.08 | | 1.7 | 1.48 | 3.26 |
| | 12-2-22 | 管道刷银粉漆　第一遍 | 10m² | 2.28 | 2.15 | 0.13 | | 2.15 | 1.87 | 4.16 |
| | 12-2-23 | 管道刷银粉漆　增一遍 | 10m² | 2.28 | 2.07 | 0.09 | | 2.07 | 1.8 | 3.96 |
| | Z13000085 | 醇酸防锈漆 C53-1 | kg | 6.3156 | | | | | | |
| | Z13000003 | 银粉漆 | kg | 2.964 | | | | | | |
| | | 材料费中：暂估价合计 | | | | | | | | |
| 25 | 031201003001 | 金属结构刷油<br>1. 除锈级别：轻锈<br>2. 油漆品种：红丹防锈漆、银粉漆<br>3. 涂刷遍数、漆膜厚度：各2遍 | kg | 40 | 1.03 | 0.05 | 0.17 | 1.03 | 0.9 | 2.15 |
| | 12-1-7 | 手工除锈　一般钢结构　轻锈 | 100kg | 0.4 | 0.31 | 0.02 | 0.09 | 0.31 | 0.27 | 0.69 |
| | 12-2-55 | 一般钢结构　红丹防锈漆第一遍 | 100kg | 0.4 | 0.17 | | 0.04 | 0.17 | 0.15 | 0.36 |
| | 12-2-56 | 一般钢结构　红丹防锈漆增一遍 | 100kg | 0.4 | 0.16 | 0.01 | | 0.16 | 0.14 | 0.35 |
| | 12-2-60 | 一般钢结构　银粉漆　第一遍 | 100kg | 0.4 | 0.2 | 0.01 | | 0.2 | 0.17 | 0.38 |
| | 12-2-61 | 一般钢结构　银粉漆　增一遍 | 100kg | 0.4 | 0.19 | 0.01 | | 0.19 | 0.16 | 0.36 |
| | Z13000085 | 醇酸防锈漆 C53-1 | kg | 0.844 | | | | | | |
| | Z13000003 | 银粉漆 | kg | 0.248 | | | | | | |
| | | 材料费中：暂估价合计 | | | | | | | | |

| 序号 | 编码 | 名称 | 单位 | 工程量 | 综合单价组成（元） | | | | | 综合单价（元） |
|------|------|------|------|--------|------|------|------|------|------|------|
| | | | | | 人工费 | 材料费 | 机械费 | 计费基础 | 管理费和利润 | |
| 26 | 031201004001 | 铸铁管、暖气片刷油<br>1. 除锈级别：轻锈<br>2. 油漆品种：红丹防锈漆、银粉漆<br>3. 涂刷遍数、漆膜厚度：各 2 遍 | m² | 122.08 | 17.88 | 1.17 | | 17.88 | 15.55 | 34.6 |
| | 12-1-16 | 手工除锈　铸铁散热器　轻锈 | 10m² | 12.208 | 6.03 | 0.55 | | 6.03 | 5.24 | 11.82 |
| | 12-2-130 | 铸铁管、暖气片刷防锈漆　一遍 | 10m² | 24.416 | 6.08 | 0.2 | | 6.08 | 5.29 | 11.57 |
| | 12-2-132 | 铸铁管、暖气片刷银粉漆　第一遍 | 10m² | 12.208 | 2.94 | 0.22 | | 2.94 | 2.56 | 5.71 |
| | 12-2-133 | 铸铁管、暖气片刷银粉漆增一遍 | 10m² | 12.208 | 2.84 | 0.19 | | 2.84 | 2.47 | 5.51 |
| | Z13000003 | 银粉漆 | kg | 12.4522 | | | | | | |
| | Z13000091 | 酚醛防锈漆（各色） | kg | 25.6368 | | | | | | |
| | | 材料费中：暂估价合计 | | | | | | | | |
| 27 | 031208002001 | 管道绝热<br>1. 绝热材料品种：岩棉瓦<br>2. 绝热厚度：40mm<br>3. 管道外径：φ57 以内 | m³ | 0.35 | 490.49 | 28.29 | 18.77 | 490.49 | 426.73 | 964.28 |
| | 12-4-20 | 纤维类制品（管壳、板）安装　管道外径≤φ57 | m³ | 0.35 | 490.49 | 28.29 | 18.77 | 490.49 | 426.74 | 964.29 |
| | Z15000035 | 岩棉管壳 | m³ | 0.3605 | | | | | | |
| | | 材料费中：暂估价合计 | | | | | | | | |
| 28 | 031208002002 | 管道绝热<br>1. 绝热材料品种：岩棉瓦<br>2. 绝热厚度：40mm<br>3. 管道外径：φ133 以内 | m³ | 0.14 | 238.79 | 19.29 | 18.79 | 238.75 | 207.74 | 484.61 |
| | 12-4-21 | 纤维类制品（管壳、板）安装　管道外径≤φ133 | m³ | 0.14 | 238.79 | 19.29 | 18.79 | 238.75 | 207.71 | 484.57 |
| | Z15000035 | 岩棉管壳 | m³ | 0.1442 | | | | | | |
| | | 材料费中：暂估价合计 | | | | | | | | |

续表

| 序号 | 编码 | 名称 | 单位 | 工程量 | 综合单价组成（元） | | | | | 综合单价（元） |
|---|---|---|---|---|---|---|---|---|---|---|
| | | | | | 人工费 | 材料费 | 机械费 | 计费基础 | 管理费和利润 | |
| 29 | 031208007001 | 防潮层、保护层<br>1. 材料：玻璃丝布<br>2. 层数：一层 | m² | 18.32 | 3.72 | 0.03 | | 3.72 | 3.24 | 6.99 |
| | 12-4-135 | 管道玻璃丝布保护层 | 10m² | 1.832 | 3.72 | 0.03 | | 3.72 | 3.23 | 6.98 |
| | Z15000073 | 玻璃丝布 δ0.5 | m² | 25.648 | | | | | | |
| | | 材料费中：暂估价合计 | | | | | | | | |
| 30 | 031009001001 | 采暖工程系统调试 | 系统 | 1 | 382.69 | 710.72 | | 382.69 | 332.94 | 1426.4 |
| | BM253 | 系统调试费（第十册给排水、采暖、燃气工程） | 元 | 1 | 382.69 | 710.72 | | 382.69 | 332.94 | 1426.4 |
| | | 材料费中：暂估价合计 | | | | | | | | |

表 14-4　　　　　　　　　　　措施项目清单计价汇总表

| 序号 | 项目名称 | 金额（元） |
|---|---|---|
| 1 | 总价措施项目 | 1318.81 |
| 2 | 单价措施项目 | 796.59 |
| 合　计 | | 2115.4 |

表 14-5　　　　　　　　　　　总价措施项目清单与计价表

| 序号 | 项目编码 | 项目名称 | 计算基础 | 费率（%） | 金额（元） | 备注 |
|---|---|---|---|---|---|---|
| 1 | 031302002001 | 夜间施工费 | 省人工费 | 2.5 | 405.99 | |
| 2 | 031302004001 | 二次搬运费 | 省人工费 | 2.1 | 320.35 | |
| 3 | 031302005001 | 冬雨季施工增加费 | 省人工费 | 2.8 | 427.14 | |
| 4 | 031302006001 | 已完工程及设备保护费 | 省人工费 | 1.2 | 165.33 | |
| 合　计 | | | | | 1318.81 | |

表 14-6　　　　　　　　　　　单价措施项目清单与计价表

| 序号 | 项目编码 | 项目名称<br>项目特征 | 计量单位 | 工程数量 | 金额（元） | | |
|---|---|---|---|---|---|---|---|
| | | | | | 综合单价 | 合价 | 其中：暂估价 |
| 1 | 031301017001 | 脚手架搭拆 | 项 | 1 | 796.59 | 796.59 | |
| 本页小计 | | | | | | 796.59 | |
| 合　计 | | | | | | 796.59 | |

**表 14-7**　　　　措施项目清单综合单价分析表

| 序号 | 项目编码 | 项目名称 | 计量单位 | 工程量 | 综合单价组成（元） | | | | | 综合单价（元） |
|---|---|---|---|---|---|---|---|---|---|---|
| | | | | | 人工费 | 材料费 | 机械费 | 计费基础 | 管理费和利润 | |
| 1 | 031301017001 | 脚手架搭拆 | 项 | 1 | 213.72 | 396.93 | | 213.72 | 185.94 | 796.59 |
| | BM239 | 脚手架搭拆费（第十册给排水、采暖、燃气工程）（单独承担的室外埋地管道工程除外） | 元 | 1 | 141.19 | 262.22 | | 141.19 | 122.83 | 526.24 |
| | BM206 | 脚手架搭拆费（第六册自动化控制仪表安装工程） | 元 | 1 | 1.37 | 2.54 | | 1.37 | 1.19 | 5.1 |
| | BM257 | 脚手架搭拆费（第十二册刷油、防腐蚀、绝热工程） | 元 | 1 | 61.6 | 114.41 | | 61.6 | 53.59 | 229.6 |
| | BM258 | 脚手架搭拆费（第十二册刷油、防腐蚀、绝热工程） | 元 | 1 | 9.56 | 17.76 | | 9.56 | 8.32 | 35.64 |

**表 14-8**　　　　规费、税金项目清单与计价表

| 序号 | 项目名称 | 计算基础 | 费率（%） | 金额（元） |
|---|---|---|---|---|
| 1 | 规费 | | | 2017.99 |
| 1.1 | 安全文明施工费 | | | 1403.57 |
| 1.1.1 | 安全施工费 | 分部分项工程费＋措施项目费＋其他项目费－不取规费_合计 | 2.34 | 659.51 |
| 1.1.2 | 环境保护费 | 分部分项工程费＋措施项目费＋其他项目费－不取规费_合计 | 0.29 | 81.73 |
| 1.1.3 | 文明施工费 | 分部分项工程费＋措施项目费＋其他项目费－不取规费_合计 | 0.59 | 166.29 |
| 1.1.4 | 临时设施费 | 分部分项工程费＋措施项目费＋其他项目费－不取规费_合计 | 1.76 | 496.04 |
| 1.2 | 社会保险费 | 分部分项工程费＋措施项目费＋其他项目费－不取规费_合计 | 1.52 | 428.4 |
| 1.3 | 住房公积金 | 分部分项工程费＋措施项目费＋其他项目费－不取规费_合计 | 0.21 | 59.19 |
| 1.4 | 工程排污费 | 分部分项工程费＋措施项目费＋其他项目费－不取规费_合计 | 0.27 | 76.1 |
| 1.5 | 建设项目工伤保险 | 分部分项工程费＋措施项目费＋其他项目费－不取规费_合计 | 0.18 | 50.73 |
| 2 | 税金 | 分部分项工程费＋措施项目费＋其他项目费＋规费＋设备费－不取税金_合计－甲供材料费－甲供主材费－甲供设备费 | 10 | 3020.2 |
| | 合　　计 | | | 5038.19 |

# 参 考 文 献

[1]　李英姿. 建筑电气施工技术. 北京：机械工业出版社，2003.

[2]　唐海. 建筑电气设计与施工. 北京：中国建筑工业出版社，2000.

[3]　侯志伟. 建筑电气工程识图与施工. 北京：机械工业出版社，2008.

[4]　刘钦. 建筑安装工程预算. 北京：机械工业出版社，2007.

[5]　谢秀颖，郭宏祥. 电气照明技术. 北京：中国电力出版社，2008.

[6]　唐定曾. 建筑工程电气概算. 北京：中国建筑工业出版社，2003.

[7]　郑发泰. 建筑电气工程预算. 北京：中国建筑工业出版社，2005.

[8]　李作富，李德兴. 电气设备安装工程预算知识问答. 北京：机械工业出版社，2006.

[9]　孙第，孙俊英. 怎样编制电气设备安装工程预算. 北京：中国电力出版社，2005.

[10]　山东省住房和城乡建设厅. 山东省安装工程消耗量定额：SD 02-31—2016. 北京：中国计划出版社，2016.

[11]　中华人民共和国住房和城乡建设部，中华人民共和国国家质量监督检验检疫总局. 建设工程工程量清单计价规范：GB 50500—2013. 北京：中国计划出版社，2013.

[12]　中华人民共和国住房和城乡建设部，中华人民共和国国家质量监督检验检疫总局. 通用安装工程工程量计算规范：GB 50856—2013. 北京：中国计划出版社，2013.